21世纪高等学校计算机类专业

核心课程系列教材

网页设计与开发

HTML、CSS、JavaScript 实例教程

（第4版）微课视频版

◎ 郑娅峰 主编

清華大學出版社

北京

内 容 简 介

本书从实用角度出发，详细讲解 HTML5、CSS3 和 JavaScript 的基本语法和设计技巧。在 HTML5 部分，强调 HTML5 基本语法及新增元素和属性的应用。在 CSS3 部分，通过评析精选的知名网站典型页面，加强学生对商业网站页面设计基本原则及页面布局技术的理解和应用。在 JavaScript 部分，讲授基本语法和程序结构，并通过案例加强学生对页面元素交互编程的理解。最后通过一个班级网站整站设计案例详细介绍网站从规划、设计、实现到发布的完整过程。本书不仅为各章配有习题和学生实验，还提供了面向商业应用开发的配套实验教材，力求达到理论知识与实践操作的完美结合。

本书可作为普通高校计算机及相关专业的教材，也可供网页设计与制作、网站开发、网页编程等从业人员参考。

图书在版编目(CIP)数据

网页设计与开发：HTML、CSS、JavaScript 实例教程：微课视频版/郑娅峰主编. —4 版. —北京：清华大学出版社，2021.7(2025.2重印)
21 世纪高等学校计算机类专业核心课程系列教材
ISBN 978-7-302-56274-0

Ⅰ. ①网… Ⅱ. ①郑… Ⅲ. ①超文本标记语言－程序设计－高等学校－教材 ②网页制作工具－高等学校－教材 ③JAVA 语言－程序设计－高等学校－教材 Ⅳ. ①TP312.8 ②TP393.092.2

中国版本图书馆 CIP 数据核字(2020)第 152946 号

策划编辑：魏江江
责任编辑：王冰飞
封面设计：刘 键
责任校对：李建庄
责任印制：刘 菲

出版发行：清华大学出版社
网 址：https://www.tup.com.cn，https://www.wqxuetang.com
地 址：北京清华大学学研大厦 A 座 **邮 编**：100084
社 总 机：010-83470000 **邮 购**：010-62786544
投稿与读者服务：010-62776969，c-service@tup.tsinghua.edu.cn
质量反馈：010-62772015，zhiliang@tup.tsinghua.edu.cn
课件下载：https://www.tup.com.cn，010-83470236
印 装 者：北京鑫海金澳胶印有限公司
经 销：全国新华书店
开 本：185mm×260mm **印 张**：23 **字 数**：589 千字
版 次：2009 年 7 月第 1 版 2021 年 7 月第 4 版 **印 次**：2025年2月第11次印刷
印 数：181501～184500
定 价：59.80 元

产品编号：088079-01

第 4 版前言

党的二十大报告中指出：教育、科技、人才是全面建设社会主义现代化国家的基础性、战略性支撑。必须坚持科技是第一生产力、人才是第一资源、创新是第一动力，深入实施科教兴国战略、人才强国战略、创新驱动发展战略，这三大战略共同服务于创新型国家的建设。高等教育与经济社会发展紧密相连，对促进就业创业、助力经济社会发展、增进人民福祉具有重要意义。

"网页设计"课程是高等院校计算机及其相关专业的一门重要的基础课程。本书第 1 版自 2009 年 7 月由清华大学出版社出版以来，受到兄弟院校同仁的厚爱，并被国家新闻出版广电总局中国书刊发行协会评为"2010 年度全行业优秀畅销品种"。自 2016 年 1 月第 3 版出版以来，百所高校采用本书作为授课教材，近百余所大中专院校将本书作为教学参考书，累计销售 14 万余册。

在第 4 版中，编者坚持第 3 版所遵循的特色和原则，即本书不仅通过提供丰富的小实例来介绍 HTML5、CSS3、JavaScript 的基本语法，而且将一个完整的案例——班级网站贯穿于全书始终，教会读者如何将各个知识点综合应用于一个实用系统中，并通过每章后附有的针对性实验，巩固各章所学的知识。这样可以避免读者学习的知识停留于表面、局限于理论，使这些知识可以马上应用于实际的相关工作中。

在第 4 版的修订中，我们又充分追踪了前沿技术发展趋势以及一些读者的建议，从几个方面进行了修订。

第一，内容的更新。第 4 版主要删除了一些新的 Web 标准中已经废弃和极少用到的标签和属性，重点突出一些实用的标签属性，还删除了内容较少的多媒体章节及目前实际应用中较少使用的框架章节。在 CSS 部分，增加了 CSS3 中最常用的新特性，并配合相应案例进行细致讲解。

第二，商业化应用的体现。书中所选案例都是从商业化应用网站中直接选取，符合现代网页的设计原则和要求，使学生所学即所用。

第三，实验题目和素材库的充实。第 4 版提供了丰富的网页素材，对课后实验依据素材进行了更明确的要求，有利于实验的指导和完成。

本书的主要内容包括基础内容和进阶提高两部分。基础内容部分共分 10 章，循序渐进地讲述了 HTML、CSS、JavaScript 技术。第 1 章和第 2 章重点介绍 HTML 设计和开发所需了解的基本概念和框架结构；第 3～7 章系统介绍文字与段落、列表、超链接、表格和表单在页面开发中的应用；第 8 章和第 9 章详细介绍 CSS 在实际开发中的应用技巧；第 10 章介绍 JavaScript 在动态网页开发中的基本概念和应用，并结合案例进行细致描述。进阶提高部分分为4章,第11章系统讲述Web设计的基本原则和方法;第12章通过实际案例介绍基于表格的页面布局方法和基于DIV+CSS的页面布局方法,以及常见导航菜单的制作;第13章介绍HTML5的新特性和应用;第14章通过综合案例系统介绍网站开发从规划、设计、实现到发布的完整过程。

为帮助任课教师更好地使用本书,本书配套了各种辅助教学材料,包括教学大纲、教学课件、课程教学设计、各章教学指南、程序源码、习题答案、习题素材、期末试卷;本书还根据课程内容配套10套试卷,包括选择题、填空题、设计题等类型,满足学生知识测评等多种需求;作者还为本书精心录制了800分钟的微课视频。

资源下载提示

课件等资源:扫描封底的"课件下载"二维码,在公众号"书圈"下载。

素材(源码)等资源:扫描目录上方的二维码下载。

在线作业:扫描封底作业系统二维码,登录网站在线做题及查看答案。

视频等资源:扫描封底刮刮卡中的二维码,再扫描书中相应章节中的二维码,可以在线学习。

在本书的编写过程中,得到了清华大学出版社魏江江分社长和王冰飞编辑的大力支持;此外,韦付芝、赵文燕等老师在整理、校对、绘图等工作中都付出了艰辛的劳动,使本书能如期地与读者见面。在此谨向以上各位表示衷心感谢。

本书的几位作者都是工作于教学与科研一线的骨干教师,具有丰富的教学实践经验。全书由郑娅峰负责规划。具体分工如下:第1章和第3章由郭节编写;第2章和第13章由张潇文编写;第4章由李洁颖编写;第5章和第6章由李继蕊编写;第7章和第8章由杨玉叶编写;第9章和第14章由郑娅峰编写;第10章由李洁颖、米慧超编写;第11章和第12章由张巧荣编写。全书由郑娅峰、杨玉叶进行编排和审定。

虽经多次校对审稿,但限于编者水平,在本次修订再版的书中,仍难免会有错误和不当之处,恳请读者批评指正。

编　者

2021年3月

目录

源码下载

第1章

网页设计简介

万维网是当今时代最重要的信息传播途径，几乎任何人都可以创建自己的网站，然后把它发布到网上。所有网页都要用某种形式的 HTML 来编写，在 HTML 页面中可以包含文字、Flash 动画、图片、音频和视频等多种类型的资源。

本章重点

- 了解万维网的用途。
- 了解网页设计的基本概念。
- 了解 HTML、CSS、JavaScript 在网页设计中的重要作用。

1.1 万维网概述

视频讲解

WWW(World Wide Web)是一个基于超文本(Hypertext)方式的信息检索服务工具。这种把全球范围内的信息组织在一起的超文本方法不是采用自上向下的树状结构，也不是按图书资料管理中的编目结构，而是采用由指针链接的超网状结构。通过指针链接方式可以使任何地方的信息产生联系，这种联系可以是直接的或间接的，也可以是单向的或双向的，所以在检索数据时非常灵活，通过指针能够从一处信息资源迅速跳到本地或异地的另一信息资源。不仅如此，信息的重新组织也非常方便，包括随意增加或删除数据、归并已有数据。

WWW 系统允许超文本指针所指向的目标信息源不仅可以是文本，也可以是其他媒体，如图形、图像、声音、动画等信息，更重要的是可以把分散在不同主机上的资源有机地组织在一起，这种超文本结构与多媒体的结合体被称为“超媒体”(Hypermedia)。由于使用了超媒体技术，WWW 提供的信息变得丰富多彩。

超文本和超媒体具有的灵活性以及 Internet 覆盖面的广阔性赋予了 WWW 强大的生命力。现在，WWW 系统已在教育、科学技术、商业广告、公共关系、大众媒体和娱乐等多方面起着愈来愈重要的作用。

以前，最新的科学研究成果在杂志上发表之前，研究机构或大学要先出版预印本(preprint)。而现在，在 WWW 上已经可以获得当天提交的论文预印本。因此，WWW 自然成为科学家们进行交流的一种途径，报纸、杂志的出版者也纷纷到 WWW 系统上开办电子版本。目前，全世界大部分知名的报纸、杂志都在 WWW 上设有自己的网站。

现在世界上的主要研究机构和大学在 WWW 上都建立了自己的网站。一些大学教授开始利用 WWW 创造一种全新的教育方法，教授可能不是就某一课程指定几本教科书，而是让学生们自己在 WWW 系统寻找必要的信息，然后由学生报告或课堂讨论。

政府和公众服务机构也积极地利用 WWW 扩大和公众的交流。例如，政府部门已经在网上就某些政策极大范围地征求公众的意见，且代价极低；公共图书馆纷纷推出了网上图书馆；在气象部门的网站上甚至可以得到两小时之前的卫星云图。人们可以为一次体育比赛建立专门的网站，例如 2008 年的北京奥运会网站对所有赛事都进行了及时、大量的报道，提供了所有参赛队的详尽背景资料、比赛日程以及对每场赛事的评论等，并在线销售各个场次的赛票。

WWW 的优越性自然也备受企业界的青睐，在世界范围内有数以万计的公司纷纷开辟了自己的 WWW 主页，介绍公司发展的最新动态，提供产品信息，甚至为用户免费提供联机试用设备和软件的服务。随着互联网服务的发展，涉及 WWW 信息服务行业的企业应运而生，一些公司向用户提供企业名录检索服务，用户可以在网上按行业或名称直接查询到某个企业，然后进入该企业的主页；一些公司则在 WWW 上开辟了自己的电子商场，如著名的淘宝网；有一家供应意大利烤饼的餐馆甚至让用户在自己的网站上下单，用户可以指明要多大尺寸的烤饼，要不要放奶酪或蘑菇，烤饼做好后再由物流送到用户家门口。WWW 在商业营销和商业交易方面的应用前景是非常广阔的，可以说，没有 WWW 就没有电子商务，就没有我们今天便捷的生活。

现在 WWW 的应用已远远超出了人们原有的设想，成为 Internet 上最受欢迎的应用之一，它的出现极大地推动了 Internet 的推广。WWW 获得成功的秘诀在于它制定了一套标准的且易于人们掌握的超文本开发语言 HTML、信息资源统一定位格式 URL 和超文本传送通信协议 HTTP，用户在掌握这些内容后可以很容易地建立自己的网站。

视频讲解

1.2 HTML

在网上，如果要在全球范围内发布信息，需要有一种能够被计算机广泛理解的语言，即所有的计算机都能够理解的一种用于发布信息的“母语”，这种 WWW 所使用的母语就是 HTML。HTML 是 Hypertext Text Markup Language 的英文缩写，即超文本标记语言，它是构成 Web 页面(Page)的基础。

设计 HTML 的目的是把存放在一台计算机中的资料与另一台计算机中的资料方便地联系在一起，形成有机的整体，人们不用考虑具体信息是在网络中的哪台计算机上存储，只需使用鼠标在某一文档中单击一个链接，Internet 就会将与此链接相关的内容下载并显示在我们眼前。

用 HTML 编写的超文本文档称为 HTML 文档，它是由很多标记组成的一种文本文件，HTML 标记可以说明文字、图形、动画、声音、表格、链接等。HTML 在 WWW 上取得了巨大的成功，通过它我们可以在因特网上展示任何信息。使用 HTML 描述的文件能独立于各种操作系统平台(如 UNIX、Windows 等)，访问它只需要一个 WWW 浏览器，人们所看到的网页就是浏览器对 HTML 文件进行解释的结果。图 1-1 所示为新浪网的首页。

用户可以通过浏览器直接查看上述页面的 HTML 源代码，在 IE 浏览器的菜单栏上选择“查看→源文件”命令即可。下面是新浪网首页的代码片段。

图 1-1　新浪网首页

```
<div class = "nav_2">
        <ul>
            <li><a href = "https://news.sina.com.cn/"><b>新闻</b></a></li>
            <li><a href = "https://mil.news.sina.com.cn">军事</a></li>
            <li><a href = "https://news.sina.com.cn/society/">社会</a></li>
        </ul>
        <ul>
            <li><a href = "https://finance.sina.com.cn/"><b>财经</b></a></li>
            <li><a href = "https://finance.sina.com.cn/stock/">股票</a></li>
            <li><a href = "https://finance.sina.com.cn/fund/">基金</a></li>
        </ul>
        <ul>
            <li><a href = "https://tech.sina.com.cn/"><b>科技</b></a></li>
            <li><a href = "https://mobile.sina.com.cn/">手机</a></li>
            <li><a href = "https://digi.sina.com.cn/">数码</a></li>
        </ul>
    </div>
```

代码中的<div>、<ul>、<li>和<a>等都是HTML的标记，代表了特殊的含义，浏览器能够解释这种标记，并把它们的内容显示在窗口中。

1.3　网页设计相关概念

视频讲解

本节介绍几个基本的网页设计概念，包括超链接、统一资源定位器、网站和网页等。这些概念在网页设计中会经常遇到，理解它们的含义和用途对设计和制作网页非常重要。

1.3.1 超链接

网页是使用HTML编写的,其特点就在于网页有“超链接”。超链接(Hyper Link)是特殊的文字标识,它指向WWW中的资源,例如一个网页、各种格式的文件、网页的一个段落或者WWW中的其他资源等,这些资源均可放在任何一个服务器上。图1-2所示的是某班级网站的主页,页面上方的导航条中(如班级日志、个人主页、班级相册等)是一个个超链接,当用鼠标单击这些超链接时就会跳转到超链接所指向的资源,从WWW上下载所指向的资源信息。

图1-2 超链接的例子

在网页中,一个超链接可以是一些文字,也可以是一张图片。文字超链接在浏览器中一般显示为带有下画线的文字。判断网页中的某个对象是否是超链接有一个简单的方法,就是将鼠标的光标箭头拖动到这个文字或者图片上,如果是超链接,浏览器会将光标改变为一只手的形状。

1.3.2 统一资源定位器

统一资源定位器(Uniform Resource Locator,URL)用于描述Internet上资源的位置和访问方式,它的功能相当于我们在实际生活中写信时的通信地址,因此也可以把URL称为网址。下面是新华网站的一个网页的网址:

```
http://www.xinhuanet.com/politics/2020-02/25/c_1125623440.htm
```

基本语法：

scheme://host.domain:port/path/filename

语法说明：

URL 通常包括三部分，第一部分是 Scheme，告诉浏览器该如何工作，第二部分是文件所在的主机，第三部分是文件的路径和文件名。

(1) Scheme：定义因特网服务的类型，告诉浏览器如何解析将要打开的文件内容。最流行的类型是 http，其他的参见表 1-1。

表 1-1 URL 中的服务类型

服务类型	含义
file	引用本地 PC 上的文件
ftp	文件传输协议(File Transfer Protocol)，用于下载服务器上的文件
http	World Wide Web 服务器上的文件，超文本传输协议
https	安全超文本传输协议，可用于处理信用卡交易和其他的敏感数据
gopher	Gopher 服务器上的文件
news	Usenet 新闻组
telnet	Telnet 连接
WAIS	WAIS 服务器上的文件

(2) domain(域)：定义因特网域名，例如 xinhuanet.com。

(3) host(主机)：定义此域中的主机。如果省略，默认的支持 http 的主机是 www，上例中是 news。

(4) port(端口)：定义服务的端口号，端口号通常是被省略的。http 默认的端口号是 80。

(5) path(路径)：由零或多个"/"符号隔开的字符串，一般用来表示主机上的一个目录或文件地址。上例中是"politics/2020-02/25"。如果 path 路径被省略，资源会被定位到网站的根目录上。

(6) filename(文件名)：定义文档的名称。上例中是"c_1125623440.htm"。

1.3.3 网站

网站(Web Site)是一个存放在网络服务器上的完整信息的集合体。它包含一个或多个网页，这些网页以一定的方式链接在一起，成为一个整体，用来描述一组完整的信息或达到某种期望的宣传效果。

1.3.4 网页

网页(Web Pages)是网站的组成部分，制作者可以将需要公布的信息按照一定的方式分类，放在每个网页上，网页里可以有文字、图像、声音及视频信息等。网页可以看成是一个单一体，是网站的一个元素。

网页经由网址(URL)识别与存取，当在浏览器中输入网址后，浏览器可以从 WWW 上下载指定的网页，传送到本地计算机，然后通过浏览器解释网页的内容，再展示到窗口内。

1.3.5 首页

首页(Home Page)也可以称为主页，它是一个单独的网页，和一般网页一样，可以存放各种信息,同时又是一个特殊的网页,作为整个网站的起始点和汇总点,是浏览者访问一个网站的第一个网页。人们通常将首页作为体现网站形象的重中之重,首页也是网站中所有信息的归类目录或分类缩影,所以在制作首页的时候一定要突出重点、分类准确,在设计上引人注意、在操作上简单方便,使浏览者在看到首页后能够进一步深入关注网站的内容。

视频讲解

1.4 网页制作开发工具

1.4.1 编辑工具

HTML 代码可以使用 Windows 操作系统中自带的记事本(Notepad)进行编辑,在使用时只需用鼠标单击"开始"按钮,然后选择"程序→附件"即可找到该记事本编辑器,如图 1-3 所示。

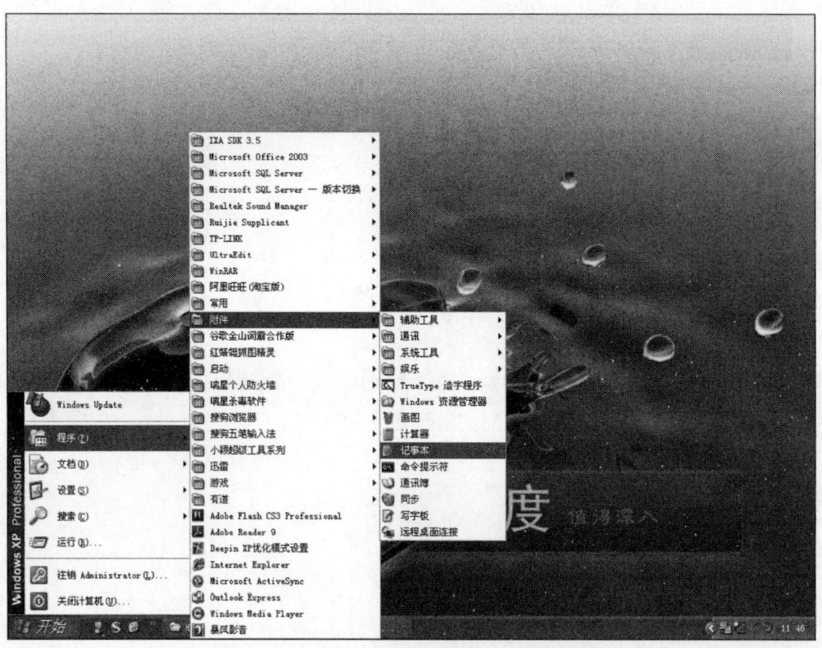

图 1-3 使用记事本编辑 HTML 页面

在记事本中输入如程序 1-1 所示的代码。

```
<!-- 程序 1-1 -->
<html>
<head>
    <title>我们的班级主页</title>
</head>
<body>
    <h2 align="center">欢迎来到我们的班级网站</h2>
    <hr>
    <p>这是我们开发的第一个网页</p>
</body>
</html>
```

这是一段简单的 HTML 代码,从菜单中选择"文件→另存为"命令,将该文本文件命名为

“1-1. html”。之后在文件夹中双击“1-1. html”，即可用 IE 浏览器打开该网页文件，网页效果如图 1-4 所示。

图 1-4　一个简单的页面

不仅可以在记事本中编写 HTML 代码，在任何文本编辑器中都可以编写 HTML，例如写字板、Word 等，但在保存的时候文件扩展名必须为. html 或. htm。

一些专业的文本编辑器提供了更便捷的功能，例如自动添加标记、高亮显示一些关键字等。取代记事本的文本编辑器拥有无限制的撤销与重做、英文拼字检查、自动换行、列数标记、搜寻取代、同时编辑多文件、全屏幕浏览等功能。EditPlus 就是这样一款非常好用的 HTML 编辑器，它除了支持颜色标记、HTML 标记以外，同时支持 C、C++、Perl、Java 等其他语言，另外，它还内建了完整的 HTML & CSS 指令功能，对于习惯用记事本编辑网页的朋友而言，它可以帮助节省一半以上的网页制作时间。若用户安装有 IE 3.0 以上的版本，它还可以将 IE 浏览器集成于 EditPlus 窗口中，让用户可以直接预览编辑好的网页(若没安装 IE，也可指定相应的浏览器路径)。

图 1-5 是 EditPlus 的一个界面截图。

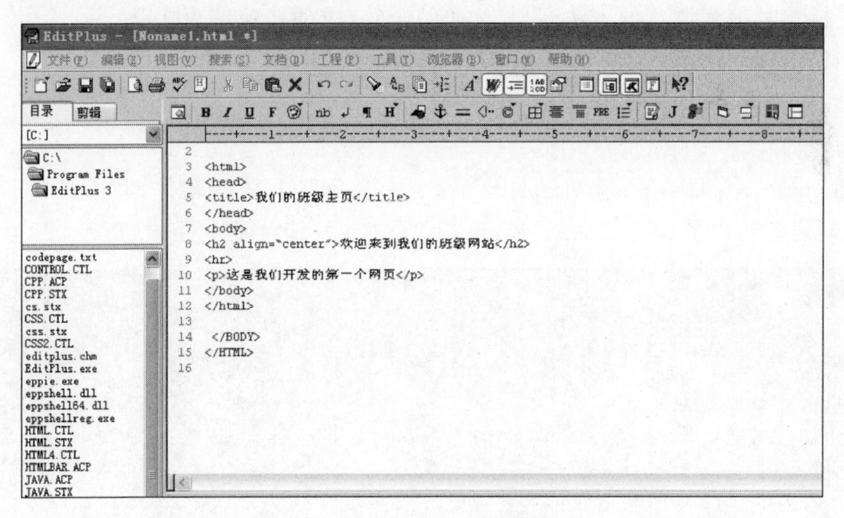

图 1-5　EditPlus 界面视图

人们一般刚开始学习网页设计时都会觉得比较困难，尤其是没有写过程序的人。但是现在很多的可视化网页开发工具强调的是所见即所得(What You See is What You Get!)，即使一个不懂得 HTML 语法的人也可以用这些工具设计出很复杂的网页，如 Adobe 公司推出的 Dreamweaver 软件。Dreamweaver 是一款专业的 HTML 编辑器，用于设计网页和 Web 应用程序，它提供了很多实用工具，利用这些工具，可以更加方便、快速地制作网页，还可以与其他 Adobe 产品配合使用，为用户提供全面的网页制作功能。图 1-6 是 Dreamweaver 的一个操作视图。

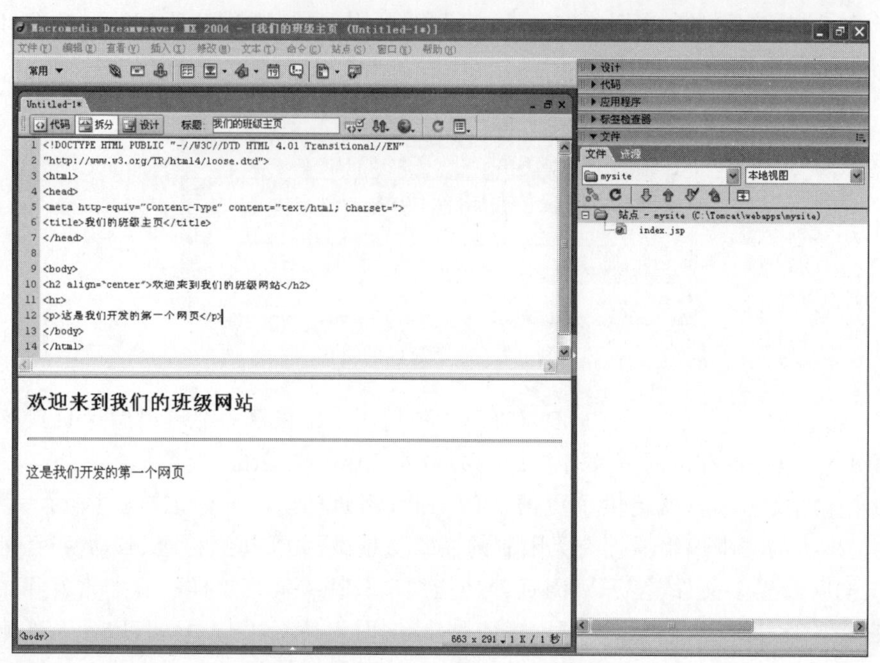

图 1-6 Dreamweaver 界面视图

另外一个当前较为专业和流行的开发工具要数微软的 Visual Studio Code,它是一款可以快速开发适用于 Android、iOS、Mac、Windows、Web 和云的应用跨平台源代码编辑器。开发工具拥有以下特点。

(1) 支持多种编程语言的语法高亮,代码补全等,方便快速编写代码;

(2) 轻松调试和诊断;

(3) 扩展和自定义功能;

(4) 高效协作。

登录 https://visualstudio.microsoft.com 可以免费下载此软件,其内部提供大量的插件,用户安装之后可以根据需要加载与自己相关的插件,其界面如图 1-7 所示。

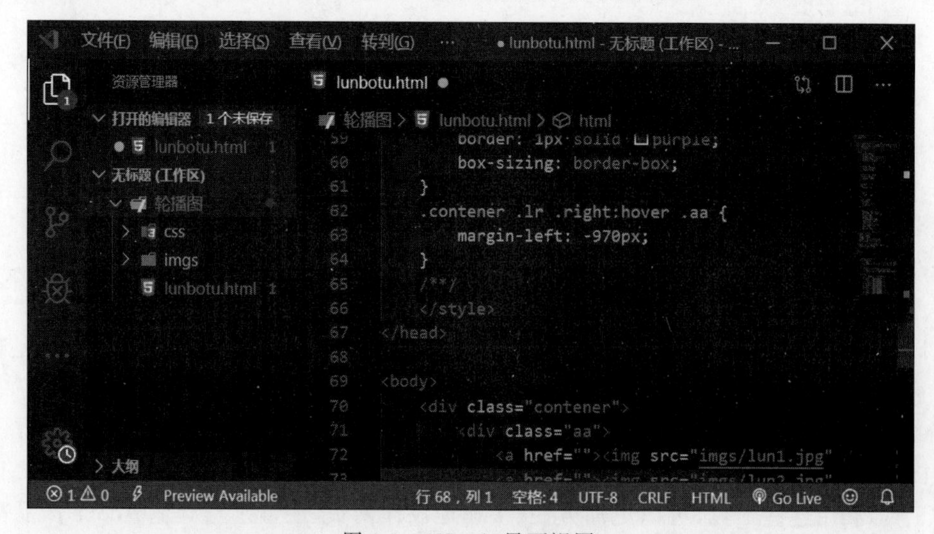

图 1-7 VScode 界面视图

1.4.2　浏览工具

访问WWW需要用浏览器。浏览器是阅读WWW上的信息资源的一个软件,它的作用是在网络上与WWW服务器"打交道",从服务器上下载文件。如果是一个HTML文件,浏览器会翻译文件中的HTML代码,进行格式化,并显示文件内容;如果文件中包含图像及其他类型文件的链接,它也能处理相应的图像及其他类型的文件等信息,例如调用事先安装好的播放软件播放视频等。

浏览器产品有很多选择,使用它们都可以浏览WWW上的内容。目前,最普及的浏览器当属微软(Microsoft)公司的Internet Explorer(俗称"IE"),它是和Windows系统绑定在一起的,其他的一些浏览器包括Opera、Mozilla Firefox(俗称"火狐狸"或"火狐")、360急速浏览器、谷歌Chrome等。这些浏览器的基本功能都是浏览网页,因此具体使用哪个浏览器没有特别限制,除非需要访问一些使用了某个浏览器专有技术开发的网页。

1.5　网页制作相关技术

视频讲解

为了更好地设计HTML页面,除了HTML语言外,还有层叠样式表CSS、JavaScript等技术与网页设计密切相关。

1.5.1　CSS

CSS是一种叫样式表(Style Sheet)的技术,也有人称为层叠样式表(Cascading Style Sheet)。CSS语言是一种标记语言,它不需要编译,属于浏览器解释型语言,可以直接由浏览器解释执行,CSS是由W3C的CSS工作组制定和维护的。

在制作主页时采用CSS技术可以有效地对页面的布局、字体、颜色、背景和其他效果实现更加精确的控制,只要对相应的代码做一些简单的修改,就可以改变同一页面的不同部分,或者不同页面中相同部分的外观和格式。它的作用可以达到:

(1) 在几乎所有的浏览器上都可以使用。

(2) 以前一些必须通过图片转换实现的功能现在只要用CSS就可以轻松实现,从而更快地下载页面。

(3) 使页面的文字变得更漂亮、更容易编排,使页面真正赏心悦目。

(4) 轻松地控制页面的布局。

(5) 将许多网页的风格同时更新,而不用再一页一页地更新了。用户可以将站点上所有网页的风格使用一个CSS文件进行控制,只要修改这个CSS文件中相应的行,那么整个站点中的所有页面都会随之发生变动。

1.5.2　JavaScript

JavaScript是为了适应动态网页制作的需要而诞生的一种新的编程语言,如今越来越被广泛地用于Internet网页制作上。JavaScript是由Netscape公司开发的一种脚本语言(Scripting Language)。

在HTML基础上使用JavaScript可以开发交互式Web网页,例如可以在线填写各类表格、联机编写文档并发布等。JavaScript的出现使得网页和用户之间实现了一种实时的、动态的、交互的关系,使网页包含更多活跃的元素和更加精彩的内容。

一个 JavaScript 程序其实是一个文档,一个文本文件,它需要嵌入到 HTML 文档中,所以任何可以编写 HTML 文档的软件都可以用来开发 JavaScript。

小　结

HTML、CSS、JavaScript 是制作网页的三大法宝,它们在网页设计中扮演了重要的角色。HTML 是基础架构,CSS 用来美化页面,而 JavaScript 用来实现网页的动态性、交互性。

习　题

1. HTML 指的是(　　)。
   A. 超文本标记语言(Hyper Text Markup Language)
   B. 家庭工具标记语言(Home Tool Markup Language)
   C. 超链接和文本标记语言(Hyperlinks and Text Markup Language)
2. Web 标准的制定者是(　　)。
   A. 微软　　B. 万维网联盟(W3C)　　C. 网景公司(Netscape)
3. 用 HTML 标记语言编写一个简单的网页,网页最基本的结构是(　　)。
   A. <html><head>…</head><frame>…</frame></html>
   B. <html><title>…</title><body>…</body></html>
   C. <html><title>…</title><frame>…</frame></html>
   D. <html><head>…</head><body>…</body></html>
4. 从 IE 浏览器菜单中选择________命令,可以在打开的记事本中查看到网页的源代码。
5. 实现网页交互性的核心技术是________________。
6. CSS 的全称是________________。
7. 写出几个你了解的专业网页编辑制作工具。
8. URL 的全称是________________。
9. 写出 URL 包含的三个部分内容的作用。

实　验

打开记事本,编写第一个页面。

(1) 打开记事本:单击“开始”按钮,选择“程序”→“附件”→“记事本”命令。

(2) 输入下面的代码:

```
<html>
<head>
    <title>欢迎你!我的朋友</title>
    <style type="text/css">
    h1{
        font-family:幼圆;
        font-size:x-large;
```

```
        color:red;
    }
    </style>
</head>
<body>
    <h1>当你进入 HTML 编程世界的时候,你的<br>感觉是全新的! </h1>
    <script language="JavaScript">
        alert("welcome!朋友们");
    </script>
</body>
</html>
```

(3) 选择"文件→保存"命令,设置文件类型为"所有文件",文件名输入"index. html",并选择文件保存地址(记住一定要把文件的扩展名存为. html 或. htm,否则网页无法显示)。

(4) 用浏览器打开这个文件,看一下效果。

(5) 由于使用了 JavaScript 代码,浏览器出于安全设置会在地址栏下方出现"为帮助保护您的安全,Internet Explorer 已经限制此文件显示可能访问您的计算机的活动内容"的提示信息,单击提示条选择"允许阻止的内容"选项即可。

第2章

HTML 基础介绍

超文本标记语言——HTML(Hyper Text Markup Language)是编写 Web 应用程序的一种语言,学习本章的目的是掌握 HTML 文件的基本框架、语法和元素,为编写 Web 程序打下基础。

本章重点

- 了解 HTML 文档的基本结构。
- 了解标记属性的使用方法和规则。

视频讲解

2.1 HTML 文档结构

2.1.1 基本结构

一个完整的 HTML 文件包含头部和主体两个部分的内容,在头部内容里可定义标题、样式等,文档的主体内容就是要显示的信息。

HTML 文档的基本结构如程序 2-1 所示。

```
<! -- 程序 2-1 -->
<html>
<head>
    <title>一个简单的 HTML 示例</title>
</head>
<body>
    <h1>欢迎光临我的主页</h1>
</body>
</html>
```

<html>标记通常作为 HTML 文档的开始代码,出现在文档的第一句,而</html>标记通常作为 HTML 文档的结束代码,出现在文档的尾部,其他的所有 HTML 代码都位于这两个标记之间,该标记用于告知浏览器或其他程序这是一个 Web 文档,应该按照 HTML 语言规则对文档内容的标记进行解释;<head>…</head>是 HTML 文档的头部标记;<body>…</body>标记之间的文本是要在浏览器中显示的页面内容。

以上标记在文档中都是唯一的,<head>…</head>标记和<body>…</body>标记嵌套在 HTML 标记中。

2.1.2 头部内容

<head>…</head>是 HTML 文档的头部标记,在浏览器窗口中,头部信息是不被显示在正文中的,在此标记中可以插入其他用于说明文件的标题和一些公共属性的标记。

注意：如果不需要头部信息可以省略此标记，但这不是一个良好的编程习惯。

如果要指定 HTML 文档的网页标题（它将显示在浏览器窗口的顶部标题栏），就要在头部内容中提供有关信息。通常用 title 元素指定网页标题，即在< title >和</title >之间写上网页标题，如程序 2-2 所示。

```
<! -- 程序 2-2 -- >
< html >
< head >
    < title >我的第一个网站</title >
</head >
< body >
</body >
</html >
```

程序 2-2 在浏览器中的显示效果如图 2-1 所示，注意右上角的窗口标题已经换成了"我的第一个网站"。

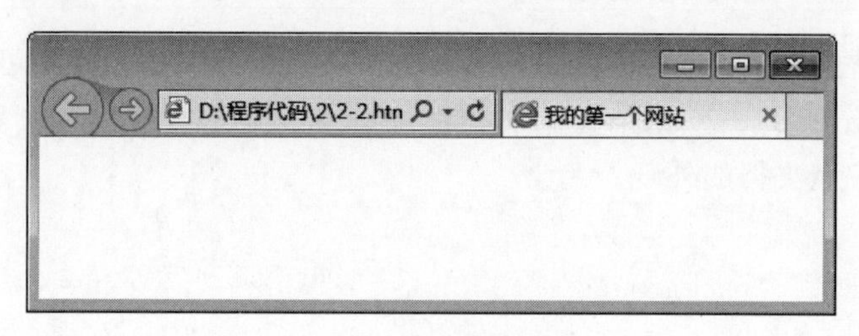

图 2-1　页面标题设置

另外，可以在头部文件中使用< META >标记描述不包含在标准 HTML 里的一些文档信息，例如显示字符集、开发工具、作者、网页关键字、网页描述、页面定时刷新及跳转等。这些定义内容并不在网页页面中显示，但是使用一些搜索引擎可以检索这些信息，浏览者可以根据这些关键字或描述查找到该网页，如程序 2-3 所示。

```
<! -- 程序 2-3  -- >
< html >
< head >
    < title >我的第一个网页</title >
    < META http - equiv = "Content - Type" content = "text/html; charset = gb2312">
    < META NAME = "Generator" CONTENT = "editplus">
    < META NAME = "Author" CONTENT = "zhaoming">
    < META NAME = "Keywords" CONTENT = "title">
    < META NAME = "Description" CONTENT = "sampleweb">
    < META http - equiv = "refresh" CONTENT = "5">
</head >
< body >
</body >
</html >
```

除了< title >和< meta >之外，在< head >部分通常还有< script >和< style >等标记。

2.1.3 主体内容

在标记<body>和</body>中放置的是页面中所有的内容,如图片、文字、表格、表单、超链接等元素。

例如,程序 2-4 在 body 部分添加了几个关于文本和段落的标记。

```
<!-- 程序 2-4 -->
<html>
<head>
    <title>我的第一个页面</title>
</head>
<body>
    <h1>这里是文章的标题.</h1>
    <p>这里是文章的段落.</p>
</body>
</html>
```

这里的标记<h1>将文字显示成大一级标题字号,<p>指示这是一个段落的开始。

<body>标签有很多属性,用来控制文档的颜色和背景等。不同的浏览器有不同的扩展标签,能够更好地控制文档的外观。

基本语法:

```
<body bgcolor=" " background=" " alink=" " link=" " text=" " vlink=" "
      topmargin=" " leftmargin=" ">
```

语法说明:

(1) bgcolor 用来设置页面的背景颜色。在网页设计中,HTML 提供了两种设置颜色的方法,即直接使用颜色的英文名称和使用十六进制数。例如要表示红色的值,表示方法为#FF0000。

(2) background 设置背景图像。

(3) alink 规定文档中活动链接的颜色,即鼠标指向链接时链接文字所显示的颜色。

(4) link 规定文档中所有链接的颜色。

(5) text 规定文档中所有文本的颜色。

(6) vlink 规定文档中所有被访问过的链接的颜色。

2.1.4 编写网页的开头

大多数页面的开头通常使用 DOCTYPE 标记来声明要使用什么风格的 HTML 或 XHTML。DOCTYPE 使浏览器知道应该如何处理文档,并且让验证器知道按照什么样的标准检查代码的语法,然后用 html 标记标出实际代码的起始位置。

在过去的 HTML4 或 XHTML1.0 版本中多使用过渡型的 DOCTYPE 标记声明,声明代码如下:

```
<!DOCTYPE HTML PUBLIC "-//W3C//DTD HTML 4.01 Transitional//EN"
    "http://www.w3.org/TR/html4/loose.dtd">
<html>
</html>
```

由于第一行的 DOCTYPE 过于冗长，在实际的 Web 应用中也没有什么意义。在 HTML5 中遵循化繁为简的设计原则，简化了 DOCTYPE 声明及字符集，简化后的 DOCTYPE 声明代码如下：

```
<!DOCTYPE html>
<html>
</html>
```

字符集的声明也很重要，它决定了页面文件的编码方式。在过去都是使用以下方式指定字符集的：

```
<meta http-equiv="content-type" content="text/html; charset=ISO-8859-1">
```

在 HTML5 中简化为：

```
<meta charset="ISO-8859-1">
```

charset 属性用于设置网页的字符集类型，对于要显示汉字的，经常设置为“GB2312”和 UTF-8 代表简体中文，英文是“ISO-8859-1”。

视频讲解

2.2　HTML 基本语法

2.2.1　标记语法

HTML 用于描述功能的符号称为“标记”，<html>、<head>、<body>等都是标记。标记通常分为单标记和双标记两种类型。

1. 单标记

单独使用单标记就可以表达完整的意思。

基本语法：

<标记名称>

语法说明：

最常用的单标记是
，它表示换行。

2. 双标记

双标记由首标记和尾标记两部分构成，它必须成对使用。首标记告诉 Web 浏览器从此处开始执行该标记所表示的功能，尾标记告诉 Web 浏览器在这里结束该标记。

基本语法：

<标记名称>内容</标记名称>

语法说明：

其中，“内容”部分就是要被这对标记施加作用的部分。

例如，“b”标记的作用是告诉浏览器介于标记<b>和</b>之间的文本以粗体显示，这里的“b”是“粗体(bold)”的意思。

标记可以包含标记，即标记可以成对嵌套，但是不能交叉嵌套。下面的代码就是错误的：

```
<B><I>这是错误的交叉嵌套代码</B></I>
```

2.2.2 属性语法

HTML 通过标记告诉浏览器如何展示网页,例如
告诉浏览器显示一个换行。另外还可以为某些元素附加一些信息,这些附加信息被称为属性(attribute)。

例如,标记<hr>的作用是在网页中插入一条水平线,那么这条水平线的粗细、对齐方式等就是该标记的属性,如:

```
<hr size = "5px" align = "center">
```

基本语法:

<标记名称 属性名 1="属性值" 属性名 2="属性值">

语法说明:

属性应写在首标记内,并且和标记名之间有一个空格分隔。例如,在上例的 hr 标记中,align 为属性、center 为属性值,属性值可以直接书写,也可以使用""括起来。以下写法也是正确的:

```
<hr size = 5px align = center>
```

视频讲解

2.3 编写 HTML 文件时的注意事项

编写 HTML 文件时的注意事项如下:

(1) "<"和">"是任何标记的开始和结束。元素的标记要用这对尖括号括起来,并且结束的标记总是在开始的标记前加一个斜杠"/"。

(2) 标记可以嵌套使用,但不能交叉使用。例如:

```
<h2><center>我的第一个 HTML 文件</center></h2>
```

(3) 在源代码中不区分大小写,例如以下几种写法都是正确并且相同的标记:<HEAD>、<head>、<Head>,但推荐在一个项目中使用一种风格。

(4) 任何回车符和空格在 HTML 代码中都不起作用。为了使代码清晰,建议不同的标记单独占一行。

(5) 在标记中可以放置各种属性,属性值都用""括起来。

(6) 编写代码一般使用缩进风格,以便更好地理解页面的结构,便于阅读和维护。

(7) 编写代码中标点符号使用英文输入法输入,以免出现编译错误。

为了使浏览器能正常浏览网页,在用记事本或其他 HTML 开发工具编写好 HTML 文件之后,在保存 HTML 文件时,对 HTML 文件的命名要注意以下几点:

(1) 文件的扩展名为.htm 或.html,建议统一使用.html 作为文件的扩展名。

(2) 文件名只能由英文字母、数字或下画线组成。

(3) 文件名中不能包含特殊符号,例如空格、$ 等。

(4) 文件名区分大小写。

(5) 网站首页的文件名一般是 index.html 或 default.html。

视频讲解

2.4　实　　例

编写一个 HTML 文件,如程序 2-5 所示。在编写代码时要注意编写注意事项,养成良好的编码习惯。

```
<! -- 程序 2-5 -- >
< html >
< head >
    < title >页面的标题</title >
</head >
< body >
    < p >这是我的第一个页面.< b >这是粗体文本.</b ></p >
    < img src = "welcome.jpg">
</body >
</html >
```

(1) 打开 Windows 记事本,先写好 HTML 文档的主体框架,即把 HTML 文档的头部结构和主体结构写好;

(2) 在< head >和</head >之间定义头部信息;

(3) 在< body >和</body >之间写代码,插入一张名为 welcome.jpg 的图片和一段文字;

(4) 将这个文件保存为 mypage.html,保存时编码类型选择为 UTF-8;

(5) 启动 Internet Explorer 浏览器,选择“文件→打开”命令,在“打开”对话框中单击“浏览”按钮,定位并选择刚才创建的文件 mypage.html,然后单击“打开”按钮,再单击“打开”对话框中的“确定”按钮,浏览器的显示效果如图 2-2 所示。

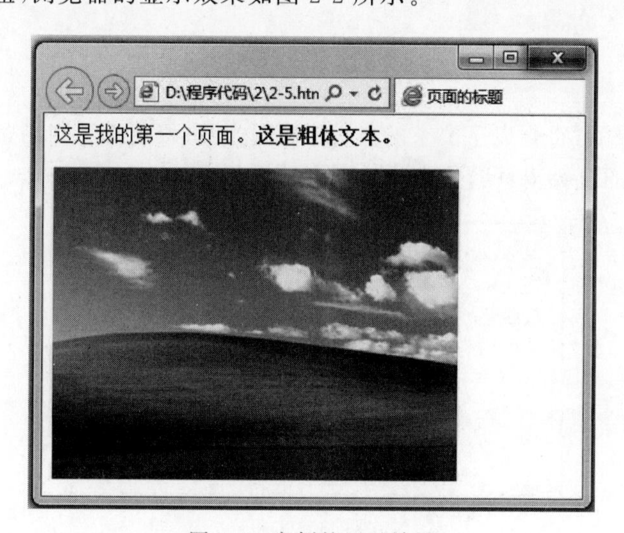

图 2-2　实例的显示效果

小　结

本章主要介绍 HTML 文件的基本结构和基本语法。HTML 文件的基本结构包含三大部分：

(1) <html>…</html>分别表示一个 HTML 文件的开始和结束；

(2) <head>…</head>分别表示文件头部的开始和结束；

(3) <body>…</body>分别表示文件主体的开始和结束。<body>…</body>是 HTML 文件的核心部分，大家在浏览器中看到的任何信息都定义在这个标记之内。

习　题

1. 在以下标记符中，用于设置页面标题的是（　　）。

   A. <title>　　B. <caption>　　C. <head>　　D. <html>

2. 在以下标记符中，没有对应的结束标记的是（　　）。

   A. <body>　　B.
　　C. <html>　　D. <title>

3. 文件头标记也就是大家通常见到的________标记。

4. 创建一个 HTML 文档的开始标记符是________，结束标记符是________。

5. 标记是 HTML 中的主要语法，分________标记和________标记两种。大多数标记是________出现的，由________标记和________标记组成。

6. 把 HTML 文档分为________和________两部分。________部分就是在 Web 浏览器窗口的用户区内看到的内容，而________部分用来设置该文档的标题（出现在 Web 浏览器窗口的标题栏中）和文档的一些属性。

7. 简述一个 HTML 文档的基本结构。

实　验

用 HTML 语言编写符合以下要求的文档：标题为“班级主页”，在浏览器窗口的用户区内显示“欢迎来到我们的班级主页”，完成后的页面效果如图 2-3 所示。

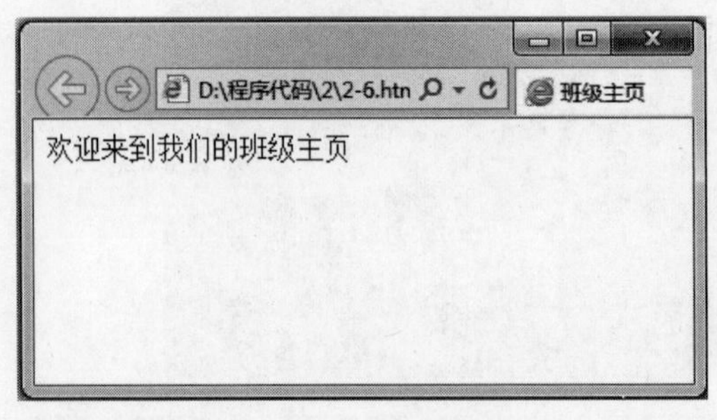

图 2-3　实验

第3章

文字与段落

文字不仅是传达网页信息的一种常用方式，也是视觉传达最直接的方式，使用经过精心处理的文字材料可以制作出效果很好的版面。本章详细介绍如何通过对文字与段落属性的设置来提高文字的艺术表现力。

本章重点

- 对网页中的文字格式化。
- 对网页中的段落格式化。

3.1 文字内容

3.1.1 添加文字

文字是网页的基础部分，可以通过一些 HTML 标记实现对文字的格式化。在 HTML 文件中添加文字的方式与在 Word、记事本等中添加文字的方式相同，在需要输入文字的地方输入即可，但是需要添加在<body>和</body>标记之间，具体内容包括在浏览器中要显示的文字、空格符、特殊符号以及注释语句。

程序 3-1 是一个在网页中添加文字的实例。

```
<!-- 程序 3-1 -->
<html>
<head>
    <title>在网页中添加文字</title>
</head>
<body>
    这是一本介绍 HTML、CSS、JAVASCRIPT 的专业书籍。
</body>
</html>
```

在该程序中，在<body>和</body>内输入了普通文字，页面效果如图 3-1 所示。

图 3-1 在网页中添加文字

3.1.2 标题字

标题字就是以几种固定的字号显示文字。在HTML中定义了六级标题,从一级到六级,每级标题的字体大小依次递减。

基本语法:

<h# align="left|center|right|justify">标题文字</h#>

语法说明:

(1) 标题标记本身具有换行的作用,标题总是从新的一行开始。

(2) #用来指定标题文字的大小,#取1~6的整数值,取1时文字最大,取6时文字最小。其详细用法如表3-1所示。

表3-1 标题字标记

标　记	描　述	标　记	描　述
<h1>…</h1>	一级标题	<h4>…</h4>	四级标题
<h2>…</h2>	二级标题	<h5>…</h5>	五级标题
<h3>…</h3>	三级标题	<h6>…</h6>	六级标题

(3) align设置标题字的对齐属性,例如设置<h2 align="left">…</h2>可以使标题字居左,若居中用center,若居右用right,两端对齐用justify(IE5+专有属性)。

程序3-2给出了一个在网页中添加标题字的实例。

```
<!-- 程序 3-2 -->
<html>
<head>
    <title>网页设计与开发</title>
</head>
<body>
    <h1 align="center">第 3 章 文字与段落</h1>
    <h2>3.1 文字内容</h2>
    <h3>3.1.1 添加文字</h3>
    <h4 align=left>1.基本语法</h4>
    <h5 align=left>2.语法说明</h5>
    <h6 align=right>返回</h6>
</body>
</html>
```

该程序中表示了6种不同大小的标题字。页面效果如图3-2所示。

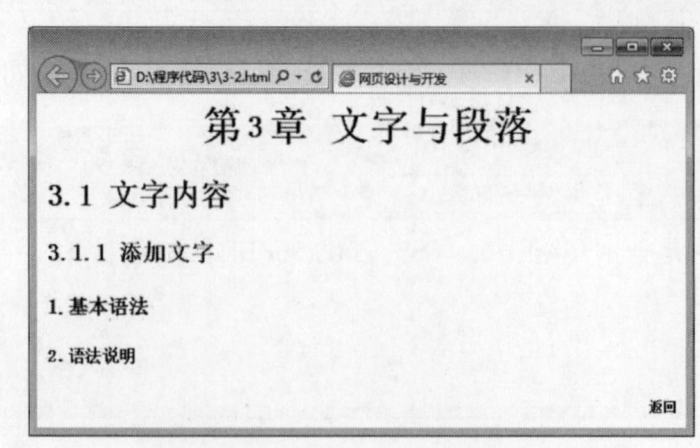

图3-2 在网页中添加标题字

3.1.3　添加空格

通常情况下，HTML 会自动删除文字内容中的多余空格，不管文字中有多少空格都被视作一个空格。例如，两个字之间加了 10 个空格，HTML 会截去 9 个空格，只保留一个。为了在网页中增加空格，可以明确使用" "表示空格。这种使用代码控制的方式与在文本编辑软件中通过输入空格键添加空格的方式不同。

基本语法：

语法说明：

输入一个空格使用一个" "表示，输入多少个空格就添加多少个" "。

程序 3-3 是一个在网页中添加空格的实例。

```
<!-- 程序 3-3 -->
<html>
<head>
    <title>在网页中添加空格</title>
</head>
<body>
    这是一本   介绍 HTML、CSS、JAVASCRIPT  的专业书籍。
</body>
</html>
```

该程序中"介绍 HTML、CSS、JAVASCRIPT"的前面空了两格，后面也空了两格。页面效果如图 3-3 所示。

图 3-3　在网页中添加空格

3.1.4　添加特殊符号

特殊符号和空格一样，也是通过在 HTML 文件中输入符号代码来添加的。使用特殊符号可以将键盘上没有的字符输出。

基本语法：

```
<body>
    &amp;
</body>
```

语法说明：

在需要添加特殊符号的地方添加相应的符号代码即可。常用特殊符号及其对应的符号代码如表 3-2 所示。

表 3-2　特殊符号

特殊符号	符号代码	特殊符号	符号代码
&	&	>	>
©	©	“	"
®	®	·	·
£	£	§	§
¥	¥	¢	¢
±	±	€	€
×	×	™	™
<	<		

程序 3-4 是一个在网页中添加特殊符号的实例。

```
<! -- 程序 3-4 -->
<html>
<head>
    <title>在网页中添加特殊符号</title>
</head>
<body>
    <center>
        <img src="class.jpg">
        <hr>
        <! -- 下面的文字中加入了版权符号的符号代码 -->
        版权所有 &copy; 多媒体技术一班 All rights reserved.</h6>
    </center>
</body>
</html>
```

页面效果如图 3-4 所示。

图 3-4　在网页中添加特殊符号

3.1.5　注释语句

用户可以在 HTML 文档中添加注释，增加代码的可读性，以便于以后维护和修改。访问者在浏览器中是看不见这些注释的，只有在用文本编辑器打开文档源代码时才能看到。

基本语法：

<!-- … -->

语法说明：

需要注意的是，注释不可以嵌套在其他注释中。

程序 3-5 是一个在网页中添加注释的实例。

```
<! -- 程序 3-5 -- >
< html >
< head >
    < title >在网页中添加注释</title >
</head >
< body >
    <! -- body 标记是主体内容 -- >

    < center >
    < pre ><! -- pre 代表原样显示排版格式 -- >
        我们永远的家
      ——多媒体专业!
    </pre >
    </center >
</body >
</html >
```

页面效果如图 3-5 所示，注释的内容并不会出现。

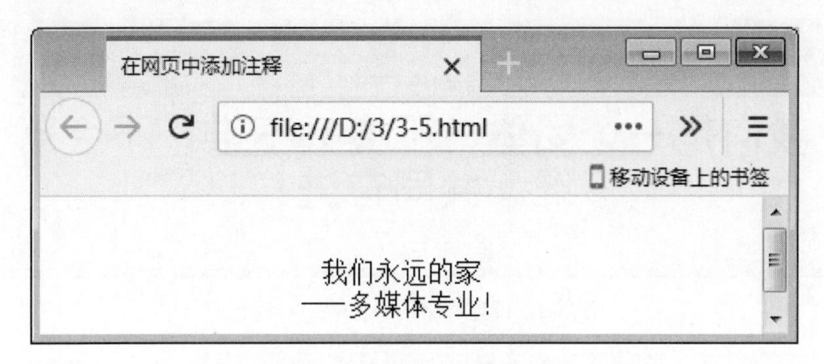

图 3-5　在网页中添加注释

3.2　文 字 样 式

视频讲解

在网页中添加文字之后，可以利用< font >标记及其属性对网页文字的字体、字号、颜色进行定义。

基本语法：

< font face=" " size=" " color=" ">…</font >

语法说明：

(1) < font >标记的 face 属性用来定义字体，任何安装在操作系统中的字体都可以显示在浏览器中。用户可以给 face 属性一次定义多个字体，字体之间使用“,”分隔，浏览器在读取字体时，如果第 1 种字体在系统中不存在，则显示第 2 种字体，如果第 2 种字体在系统中不存在，则显示第 3 种字体，以此类推，如果这些字体都不存在，则显示计算机系统的默认字体。

(2) size 属性用来定义字号，取值范围为＋1～＋7、－1～－7。

(3) color 属性用来定义颜色，其值为该颜色的英文单词或十六进制数值。

程序 3-6 是一个设置文字的字体、字号、颜色的实例。

```
<! -- 程序 3-6 -- >
< html >
< head >
    < title >设置文字的字体、字号、颜色</title >
</head >
< body >
    < center >
    < font face = "黑体" size = 6 color = "red" >
        我们是一个团体,不会丢下谁,不会落下谁。共同奋进!!
    </font >
    </center >
</body >
</html >
```

该程序中定义了 IE 中要显示的文字，文字字体为黑体、字号为 6 号、颜色为红色。页面效果如图 3-6 所示。

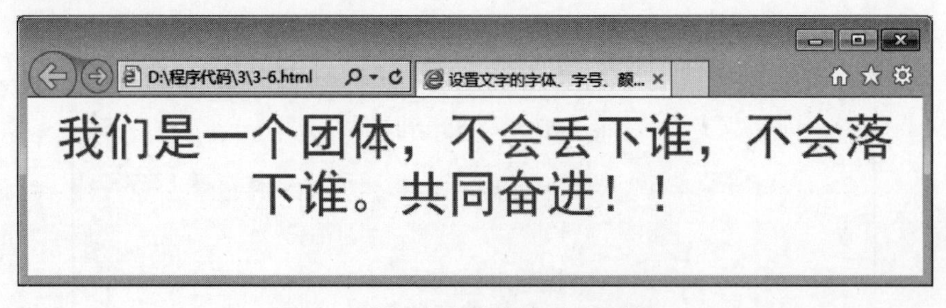

图 3-6　设置文字的字体、字号、颜色

视频讲解

3.3　文字的修饰

3.3.1　粗体、斜体、下画线

基本语法：

< b >…</b >

<i>…</i>

<u>…</u>

语法说明：

(1) <b>标记实现加粗文字显示。

(2) <i>标记实现斜体文字显示。

(3) <u>标记实现给文字添加下画线。

程序 3-7 是一个文字加粗、斜体和下画线的实例。

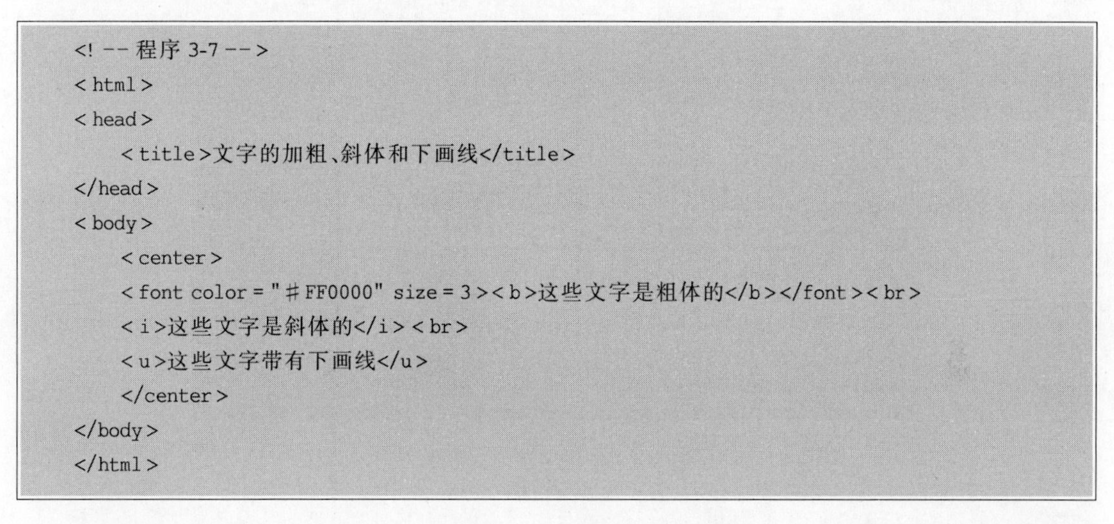

```
<!-- 程序 3-7 -->
<html>
<head>
    <title>文字的加粗、斜体和下画线</title>
</head>
<body>
    <center>
    <font color="#FF0000" size=3><b>这些文字是粗体的</b></font><br>
    <i>这些文字是斜体的</i><br>
    <u>这些文字带有下画线</u>
    </center>
</body>
</html>
```

该程序中分别对三行文字进行了修饰，显示效果分别为粗体、斜体和带下画线。页面效果如图 3-7 所示。

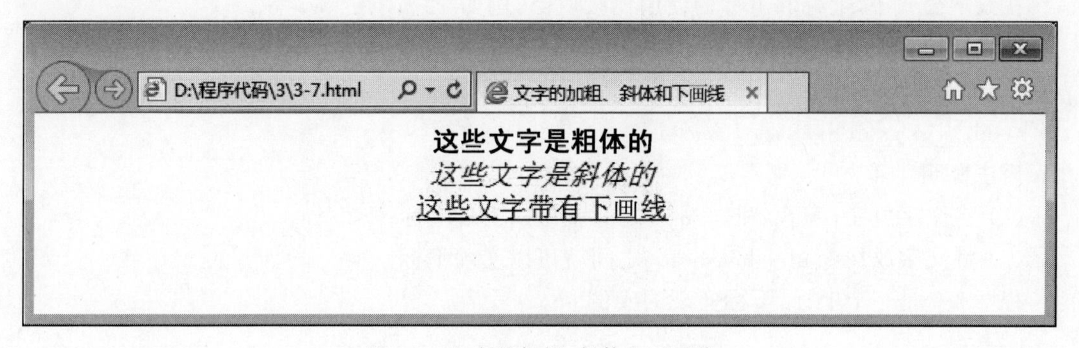

图 3-7　文字的加粗、斜体和下画线

3.3.2　删除线

基本语法：

<del>…</del>

语法说明：

将文字放在<del>和</del>之间就可以为文字添加删除线了。

程序 3-8 是一个文字添加删除线的实例。

```
<! -- 程序 3-8 -- >
< html >
< head >
    < title >给文字添加删除线</title >
</head >
< body >
    作者信箱由< del > junmeihao@gmail.com </del >更改为 hongmei@gmail.com
    <! -- 添加删除线 -- >
</body >
</html >
```

页面效果如图 3-8 所示。

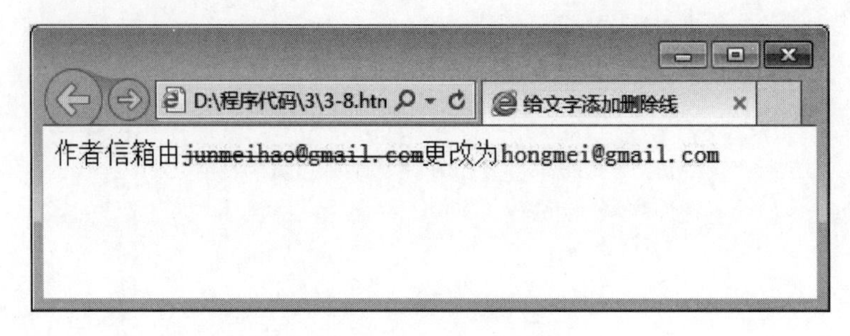

图 3-8　给文字添加删除线

3.3.3　上标、下标

在数学公式中,上标和下标的使用比较广泛,例如 x^1、x_2、y^1、y_2 等。

基本语法:

< sup >…</sup >

< sub >…</sub >

语法说明:

(1) 将文字放在< sup >和</sup >之间就可以实现上标;

(2) 将文字放在< sub >和</sub >之间就可以实现下标。

程序 3-9 是一个上标、下标实现的实例。

```
<! -- 程序 3-9 -- >
< html >
< head >
    < title >上标、下标的实现</title >
</head >
< body >
    < h2 >解下面的代数方程式</h2 >
    x < sup > 2 </sup > - 3x + 2 = 0 < br >
    解: x < sub > 1 </sub > = 2; x < sub > 2 </sub > = 1 < br >
</body >
</html >
```

该程序中用< sup >标记显示数字表达式的上标，用< sub >标记显示数字表达式的下标。页面效果如图 3-9 所示。

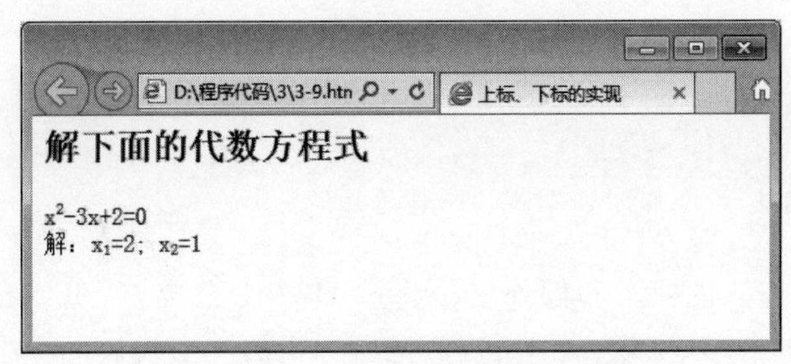

图 3-9　上标、下标的实现

3.3.4　设置地址文字

< address >标记用来表示 HTML 文档的特定信息，例如 E-mail、地址、签名、作者、文档信息等。

基本语法：

< address >…</address >

语法说明：

将内容文字放在< address >和</address >之间，address 通常被呈现为斜体。大多数浏览器会在 address 元素的前后添加一个换行符。

程序 3-10 是一个设置地址文字的实例。

```
<! -- 程序 3-10 -->
<html>
<head>
<title>设置地址文字</title>
</head>
<body>
    给我们写信:<address> wangtao@gmail.com </address>
</body>
</html>
```

程序中利用< address >标记突出显示了邮箱地址：wangtao@gmail. com。页面效果如图 3-10 所示。

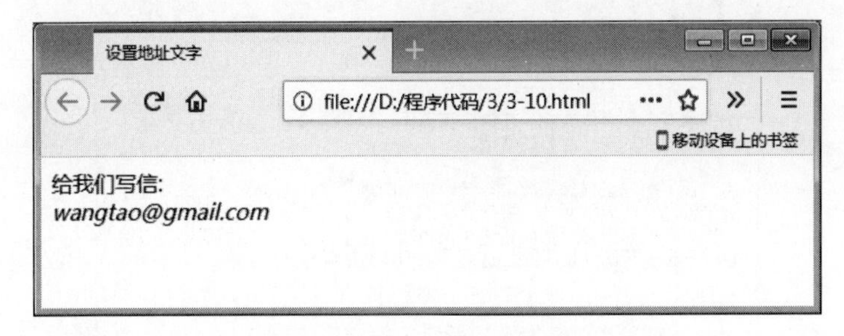

图 3-10　设置地址文字

视频讲解

3.4 段　　落

文字的组合就是段落,段落就是格式上统一的文本。下面介绍和段落相关的 HTML 标记。

3.4.1 段落标记

在文本编辑器中输入的回车和额外空格将被 HTML 忽略,所以要在网页中开始一个段落需要通过使用标记< p >来实现。由< p >标记所标识的文字代表同一个段落的文字。不同段落间的间距等于连续加了两个换行符,用于区别文字的不同段落。

基本语法:

< p >…</p >

语法说明:

< p >是段落标记,利用它可以对文字进行段落的定义。它可以单独使用,也可以成对使用。在单独使用时,下一个< p >的开始意味着上一个< p >的结束,良好的习惯是成对使用。

程序 3-11 是一个段落的实例。

```
<!-- 程序 3-11 -->
<html>
<head>
    <title>段落</title>
</head>
<body>
    <p>      五十个不同的分子,在不同状态下进入了同一容器,这就组成了我们的家——多媒体专业。在这个容器里,我们碰撞着,摩擦着,产生了各色各样的灵感,活力与情绪。
</p>
    <p>      在不断地碰撞和摩擦中,分子也不断地变化,成长着,最终可走出这个容器,勇敢地面对、挑战外面的世界。不管外面如何复杂、艰难,请大家彼此珍惜这段我们相逢相识相知的日子,在这里我们痛过笑过哭过,不论是苦的还是甜的,这都是我们年轻的见证。</p>
</body>
</html>
```

在该程序中用< p >标记定义了两个不同的段落。页面效果如图 3-11 所示。

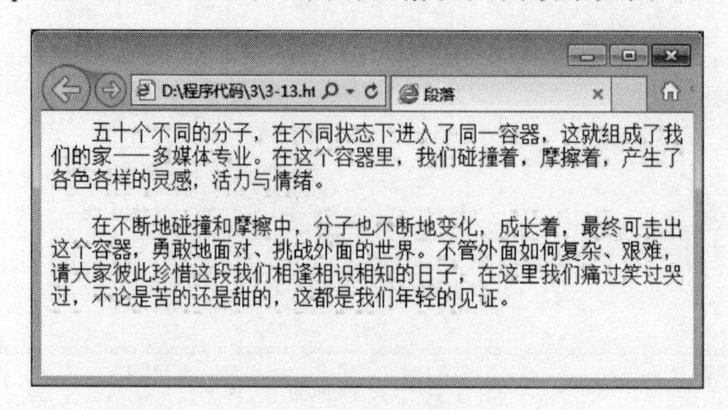

图 3-11　段落

3.4.2　换行标记

用户可以使用
控制段落中文字的换行显示。一般情况下，浏览器会根据窗口的宽度自动将文本进行换行显示，如果想强制浏览器不换行显示，可以使用<nobr>标记。

基本语法：

<nobr>…</nobr>

语法说明：

(1)
是换行标记，它是一个单标记，一次换行使用一个
，多次换行可以使用多个
。

(2) <nobr>和</nobr>标记之间的内容不换行。

程序 3-12 是一个换行实例。

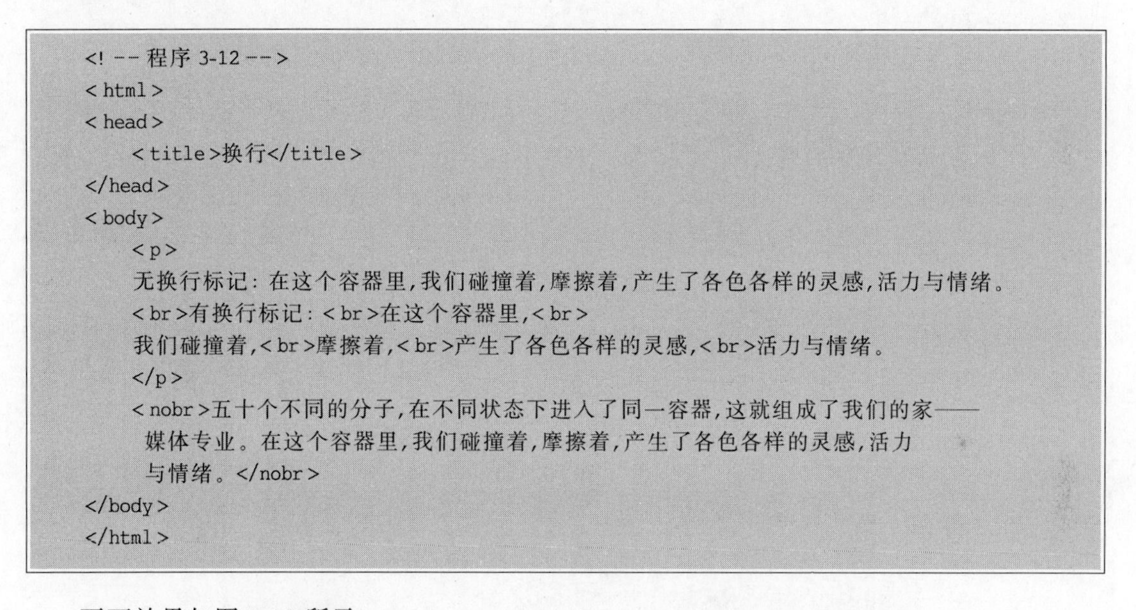

```
<!-- 程序 3-12 -->
<html>
<head>
    <title>换行</title>
</head>
<body>
    <p>
    无换行标记：在这个容器里，我们碰撞着，摩擦着，产生了各色各样的灵感，活力与情绪。
    <br>有换行标记：<br>在这个容器里，<br>
    我们碰撞着，<br>摩擦着，<br>产生了各色各样的灵感，<br>活力与情绪。
    </p>
    <nobr>五十个不同的分子，在不同状态下进入了同一容器，这就组成了我们的家——
     媒体专业。在这个容器里，我们碰撞着，摩擦着，产生了各色各样的灵感，活力
     与情绪。</nobr>
</body>
</html>
```

页面效果如图 3-12 所示。

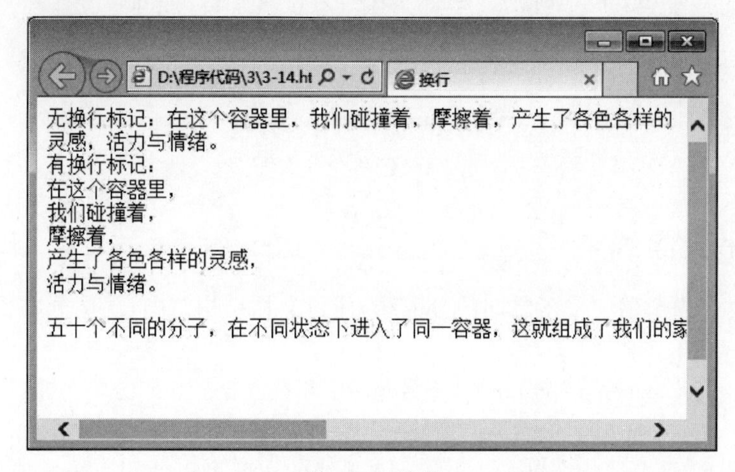

图 3-12　换行

3.4.3 居中标记

如果希望网页中的段落居中显示,可以采用标记< center >。该标记也可以使图片等网页元素居中显示。

基本语法:

< center >…</center >

语法说明:

使用该标记可以使标记中间的内容在网页中居中显示。需要注意的是,在 HTML 4.01 中 center 元素不被赞成使用。通常,文本居中可以使用 CSS text-align 属性实现。

程序 3-13 是一个居中对齐标记实例。

```
<! -- 程序 3-13 -->
<html>
<head>
    <title>居中对齐标记</title>
</head>
<body>
    <center>《关于我们》</center>
    <center> </center>
    <center>
        五十个不同的分子,在不同状态下进入了同一容器,这就组成了我们的家——多媒体专业。
        <! -- 文字内容自动居中对齐 -->
    </center>
    <center> </center>
</body>
</html>
```

页面效果如图 3-13 所示。

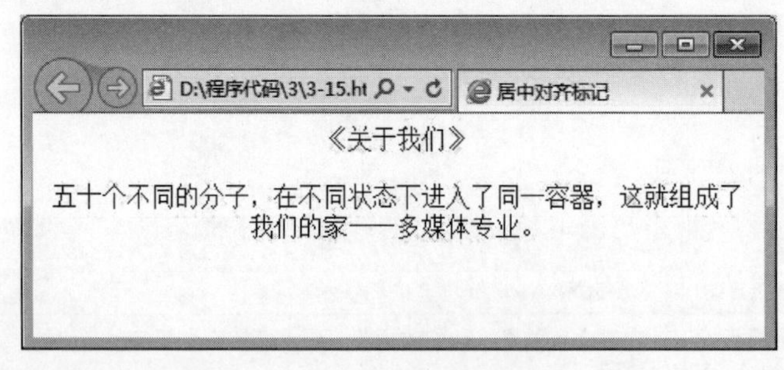

图 3-13　居中对齐标记

3.4.4 水平分隔线

水平线可以作为段落与段落之间的分隔线,使得文档结构清晰、层次分明。

基本语法:

< hr width=" " size=" " color=" " align=" ">

语法说明:

在默认情况下,水平线的宽度为 100%。水平线的宽度可以使用百分比或像素作为单位,但是水平线的高度必须使用像素作为单位;水平线的对齐方式可以为居左(left)、居中

(center)、居右(right)。水平线的属性见表3-3。

表3-3　水平线的属性

属　性	说　明	属　性	说　明
align	水平线的对齐方式	color	水平线的颜色
width	水平线的宽度	noshade	水平线不出现阴影
size	水平线的高度		

程序3-14是一个水平分隔线实例。

```
<! -- 程序3-14 -->
<html>
<head>
    <title>水平分隔线</title>
</head>
<body>
    <center>关于我们</center>
    <hr size = "6" width = "10 %" align = "center" noshade color = red>
    <p>五十个不同的分子,</p>
    <p>在不同状态下进入了同一容器,</p>
    <p>这就组成了我们的家——多媒体专业。</p>
    <p>在这个容器里,我们碰撞着,摩擦着,产生了各色各样的灵感,活力与情绪。</p>
    <hr>
</body>
</html>
```

该程序中以<hr size="6" align="center" noshade color="red">定义的水平线为6个像素、居中、无阴影、红色。页面效果如图3-14所示。

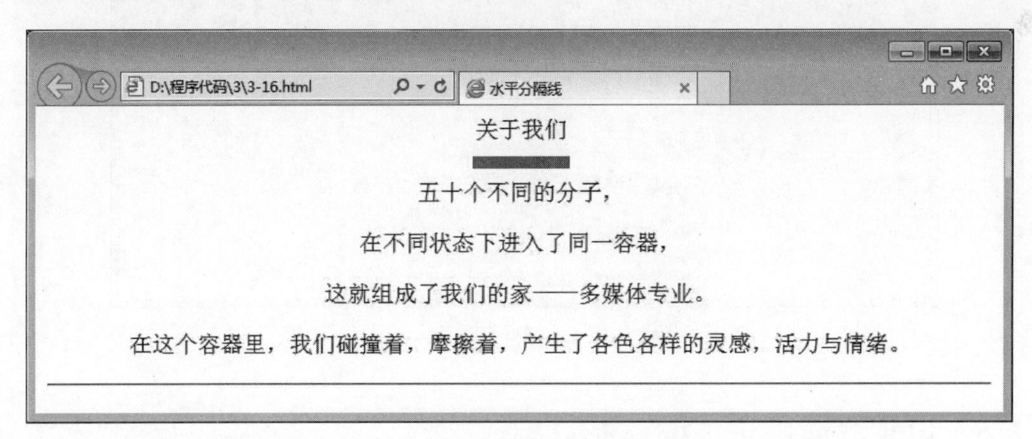

图3-14　水平分隔线

3.4.5　预格式化标记

浏览器在显示HTML页面时通常会将页面中所有的额外空白和回车进行压缩,并根据窗口宽度自动换行。如果想保留原始文字的排版格式,可以通过<pre>标记来实现。

基本语法:

<pre>…</pre>

语法说明:

在制作好的文字排版内容前后分别加上始标记<pre>和尾标记</pre>,可以实现预格式化的效果。

程序 3-15 是一个原样显示文字标记的实例。

```
<!-- 程序 3-15 -->
<html>
<head>
    <title>原样显示文字标记</title>
</head>
<body>
<pre>
    请记住我们是一个团体,

                不会丢下谁,

                    不会落下谁。

                        共同奋进!!
</pre>
</body>
</html>
```

页面效果如图 3-15 所示,页面中的空格和换行等格式信息并没有被删除,如果去掉了<pre>标记,输出结果就成了一行文字了。

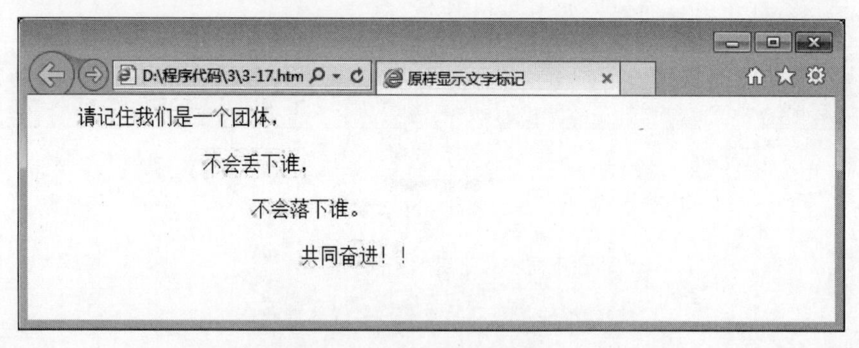

图 3-15 原样显示文字标记

3.4.6 设置段落缩进

利用段落的缩进可以增加段落的层次效果。

基本语法:

<blockquote>…</blockquote>

语法说明:

(1) 利用<blockquote>可以实现文字的缩排,一对缩排标记可以缩进 5 个字符,要实现多次缩排需要使用多次< blockquote >。

(2) 文本和行内元素不应该直接放入标记内，而是应该将内容包围在一个块级标记(如 P 标记)内，然后再将这个标记放在< blockquote >标记中。

程序 3-16 是一个段落缩进实例。

```
<! -- 程序 3-16 -- >
< html >
< head >
    < title >段落缩进</title >
</head >
< body >
    关于我们< br >
    < blockquote >
        < p >五十个不同的分子,在不同状态下进入了同一容器,</p ><! -- 缩进了 5 个字符 -- >
    </blockquote >
    < blockquote >< blockquote >
        < p >这就组成了我们的家——083007 班。</p >
    </blockquote ></blockquote >
    <! -- 缩进了 10 个字符 -- >
</body >
</html >
```

页面效果如图 3-16 所示，第二组内容由于包含在两个嵌套的< blockquote >标记中，所以连续向后缩进了 10 个字符。

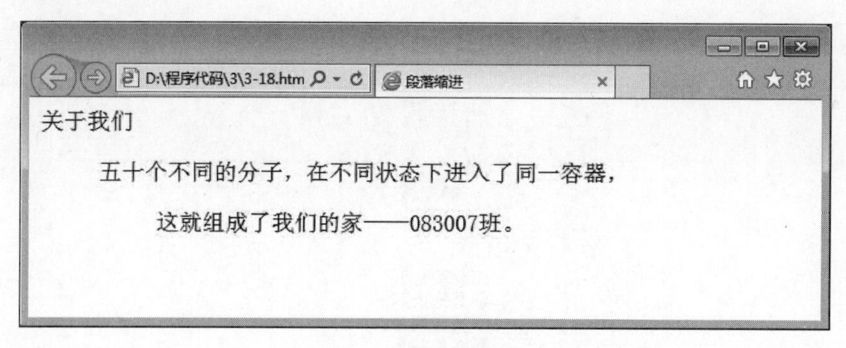

图 3-16　段落缩进

3.5　小　实　例

视频讲解

本节给出一个唐诗欣赏页面，其 HTML 代码如程序 3-17 所示，在这个实例中综合运用本章所介绍的标记对普通文字进行格式化。

```
<! -- 程序 3-17 -- >
< html >
< head >
< title >文字网页</title >
```

```
</head>
<body>
    <h2 align=center>唐诗欣赏</h2>
    <hr width="100%" size="1" color="#00ffee">
    <p align="center"><b><font size="3">静夜思</font></b></p>
    <p align="center"><font size="2">李白</font></p>
    <p align="center"><b>床前明月光,<br>
                          疑是地上霜。<br>
                          举头望明月,<br>
                          低头思故乡。</b></p>
    <p> </p>
    <hr width="100%" size="1" color="#00ffee">
    <p><font class="text"><b>【简析】</b><br>
    <p>    这是写远客思乡之情的诗,诗以明白如话的语言雕琢出明静醉人
的秋夜的意境。它不追求想象的新颖奇特,也摒弃了辞藻的精工华美;<br>它以清新朴素的笔触,抒
写了丰富深曲的内容。境是境,情是情,那么逼真,那么动人,百读不厌,耐人寻味。无怪乎有人赞它
是"妙绝古今"。
    </p>
    <hr width="400" size="3" color="#00ee99" align="left">
    版权 &copy;:版权所有,违者必究
     <address>E-mail:limingwei@gmail.com</address>
</body>
</html>
```

页面效果如图 3-17 所示。

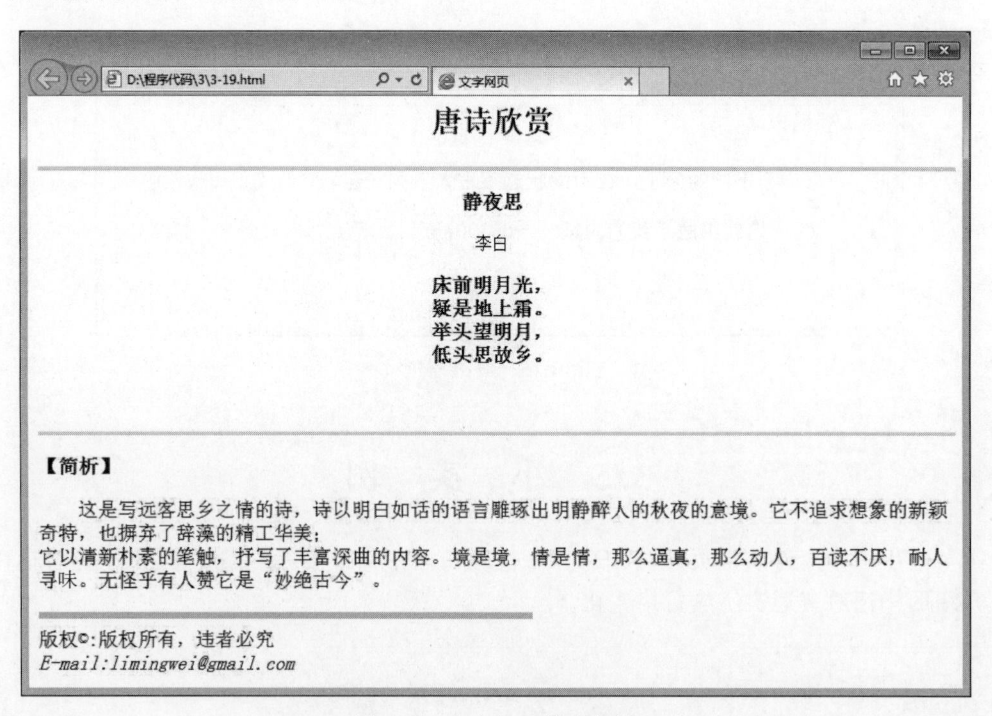

图 3-17　文字与段落小实例

小结

本章介绍了文字与段落的格式设置，主要内容包括文字内容标记、文字样式标记、文字修饰标记、段落修饰标记的使用。

(1) 将浏览器中显示的文字内容写在<body>和</body>标记之间，内容包括普通的文字、空格符号、特殊符号以及页面的注释语句，标题字标记<h>在 HTML 中定义了 6 级标题。

(2) 通过文字修饰标记可实现网页文字的斜体、加粗、上标、下标、大小字号、下画线、删除线、地址等设置。

(3) 通过段落格式设置可实现段落的对齐方式、换行、预格式化、水平线设置、缩进等设置。

习题

1. 下列选项中，(　　)是换行符标记。

A. <body>　　B. <font>　　C.
　　D. <p>

2. 在 HTML 中，标记<font>的 size 属性的最大取值是(　　)。

A. 5　　B. 6　　C. 7　　D. 8

3. 在 HTML 中，标记<pre>的作用是(　　)。

A. 标题标记　　B. 预排版标记

C. 转行标记　　D. 文字效果标记

4. 下面的(　　)表示的是空格。

A. "　　B.

C. &　　D. ©

5. 如果要设置一条 1 像素粗的水平线，应使用的 HTML 语句是________。

6. 在 HTML 文件中，版权符号的代码是________。

7. 使页面的文字居中的方法有________。

8. 标题字的标记是________。

实验

1. 采用本章介绍的 HTML 标记完成如图 3-18 所示的文字内容，其中文字修饰标记要求可实现网页文字的标题设置、斜体、加粗、添加颜色；段落要求能够进行对齐、换行等设置。

2. 采用本章介绍的 HTML 标记完成如图 3-19 所示的新闻内容显示，标题用<h1>标题字，斜体居中显示，新闻来源用 4 号字居中显示，内容部分使用系统默认，并用段落表现文章的层次。

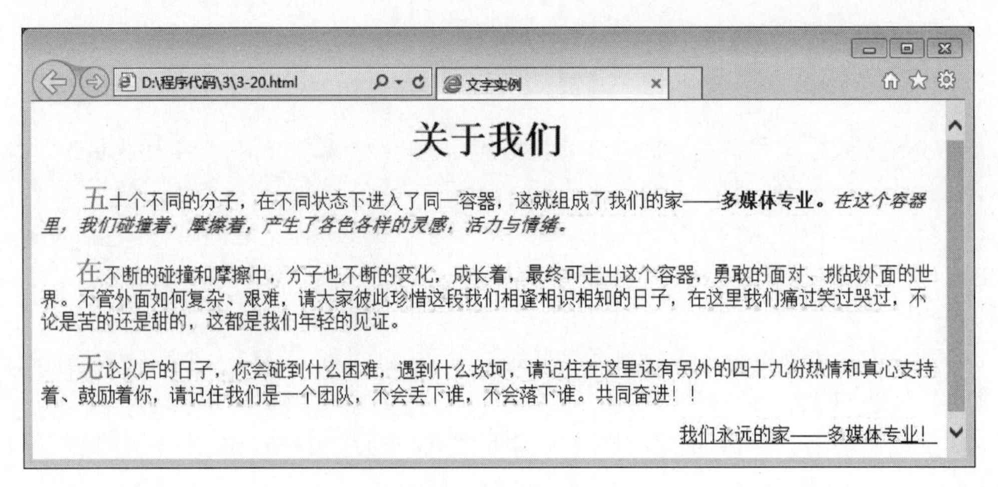

图 3-18　文字实例

图 3-19　新闻内容效果图

第4章

列表

在制作网页时，列表经常被用于写提纲和品种说明书，通过使用列表标记能使这些内容在网页中条理清晰、层次分明、格式美观。本章重点介绍列表标记的使用。

本章重点

- 重点掌握列表的嵌套。
- 掌握定义列表。
- 了解菜单列表和目录列表。

4.1 列表简介

视频讲解

列表(List)，顾名思义就是在网页中将相关资料以条目的形式有序或者无序排列而形成的表。常用的列表有无序列表、有序列表和定义列表三种，另外还有不太常用的目录列表和菜单列表。表4-1列出了与列表类型相对应的标记符号。

表4-1　列表类型与标记符号

列表类型	标记符号	列表类型	标记符号
无序列表	ul	目录列表	dir
有序列表	ol	菜单列表	menu
定义列表	dl		

4.2 无序列表

视频讲解

无序列表(Unordered List)是一个没有特定顺序的相关条目(也称为列表项)的集合。在无序列表中，各个列表项之间属并列关系，没有先后顺序之分，它们之间以一个项目符号来标记。

基本语法：

```
<ul type=" ">
    <li>项目名称</li>
    <li>项目名称</li>
    <li>项目名称</li>
     ⋮
</ul>
```

语法说明：

在HTML文件中，可以利用成对的<ul></ul>标记来插入无序列表，其中间的列表项标记<li></li>(list-items)用来定义列表项序列。

使用无序列表标记的 type 属性,用户可以指定出现在列表项前的项目符号的样式,其取值以及相对应的符号样式如下。

(1) disc:指定项目符号为一个实心圆点(IE 浏览器的默认值是 disc);

(2) circle:指定项目符号为一个空心圆点;

(3) square:指定项目符号为一个实心方块。

程序 4-1 是一个简单的无序列表实例,实现了对班级新闻层次的清晰排列。

```
<! -- 程序 4-1 -->
<html>
<head>
    <title>无序列表</title>
</head>
<body>
    <b>班级新闻</b>
    <ul type="disc">
        <li>最新课程表</li>
        <li>关于普通话考试的通知</li>
        <li>钢琴名曲音乐欣赏——献给爱丽丝</li>
        <li>中国奥运屈辱史</li>
        <li>div+css 高级应用学习</li>
    </ul>
</body>
</html>
```

页面效果如图 4-1 所示。改变程序中 type 属性的值,列表项前的项目符号将按指定的样式显示。若去掉默认值 type="disc",显示效果将和本例一致,不会发生变化。

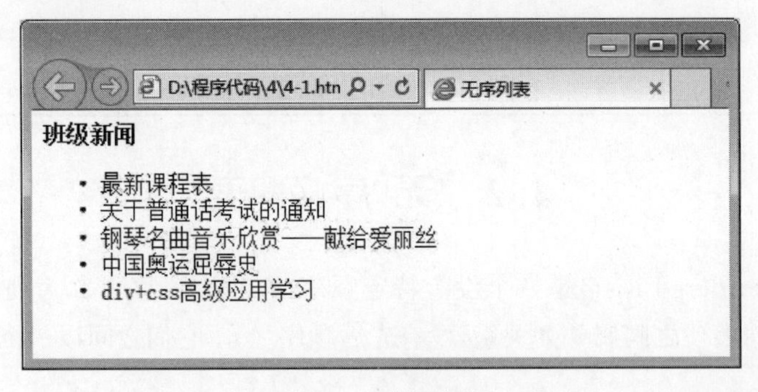

图 4-1 无序列表

视频讲解

4.3 有序列表

4.3.1 有序列表及其编号样式

有序列表(Ordered List)是一个有特定顺序的相关条目(也称为列表项)的集合。在有序列表中,各个列表项有先后顺序之分,它们之间以编号来标记。

基本语法：

```
<ol type=" ">
    <li>项目名称</li>
    <li>项目名称</li>
    <li>项目名称</li>
    ⋮
</ol>
```

语法说明：

在 HTML 文件中，可以利用成对的<ol></ol>标记插入有序列表，其中间的列表项标记<li></li>用来定义列表项的顺序。

使用有序列表标记的 type 属性，用户可以指定出现在列表项前的项目编号的样式，其取值以及相对应的编号样式如下。

(1) 1：指定项目编号为阿拉伯数字(IE 浏览器的默认值是 disc)；

(2) a：指定项目编号为小写英文字母；

(3) A：指定项目编号为大写英文字母；

(4) i：指定项目编号为小写罗马数字；

(5) I：指定项目编号为大写罗马数字。

程序 4-2 是一个简单的有序列表实例，实现了对报名时间、地点、费用等清晰的有序排列。

```
<! -- 程序 4-2 -->
<html>
<head>
    <title>有序列表</title>
</head>
<body>
    <strong>报名</strong>
    <ol type = "A">
        <li>报名时间：3 月 16—21 日，逾期不予受理。</li>
        <li>报名地点：所在院系办公室。</li>
        <li>报名费用：按物价局规定 85 元/人/次(含培训费用)，报名时交齐。</li>
        <li>提交资料及注意事项：</li>
    </ol>
</body>
</html>
```

页面效果如图 4-2 所示。改变程序中 type 属性的值，列表项前的项目编号将按指定的样式显示。

4.3.2 编号起始值

通常，在指定列表的编号样式后，浏览器会从 1、a、A、i 或 I 开始自动编号。而在使用有序列表标记的 start 属性后，用户则可改变编号的起始值。start 属性值是一个整数，表示从哪一个数字或字母开始编号。例如设置 start="3"，则有序列表的列表项将从 3、c、C、ⅲ 或 Ⅲ 开始编号。

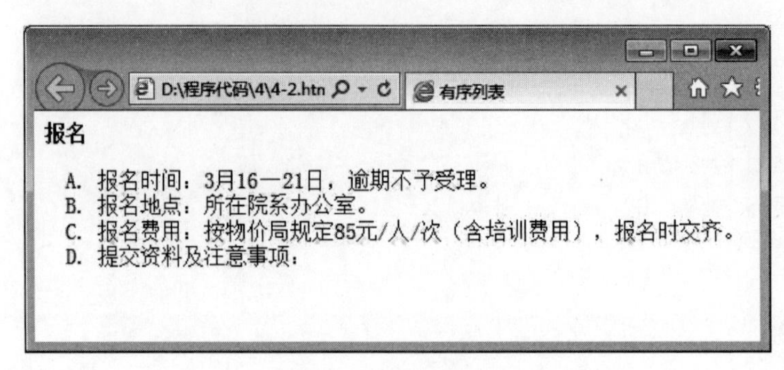

图 4-2 有序列表

程序 4-3 使用了有序列表的 start 属性来指定编号的起始值，此时，尽管列表类型 type="A"，start 的值仍需取阿拉伯数字"3"，而不能取大写英文字母"C"。

```
<! -- 程序 4-3 -->
<html>
<head>
    <title>编号起始值的指定</title>
</head>
<body>
    <strong>报名</strong>
    <ol type = "A" start = "3">
        <li>报名时间：3 月 16—21 日，逾期不予受理。</li>
        <li>报名地点：所在院系办公室。</li>
        <li>报名费用：按物价局规定 85 元/人/次(含培训费用)，报名时交齐。</li>
        <li>提交资料及注意事项：</li>
    </ol>
</body>
</html>
```

页面效果如图 4-3 所示。列表从设置的第三个字母 C 开始编号。

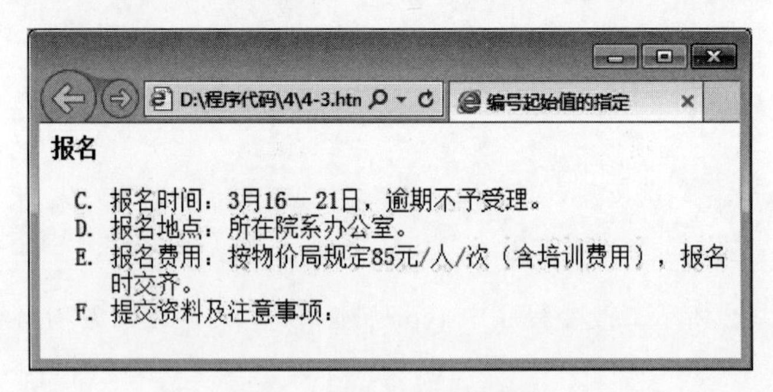

图 4-3 编号起始值的指定

4.3.3 列表项样式

用户除了可以对列表标记<ol></ol>进行属性设置外，还可以对列表项标记<li></li>进行属性设置。使用列表项标记<li></li>的 type 属性，用户可以指定单个列表项的符号(对于无序列表而言)或编号(对于有序列表而言)。在列表标记<ol></ol>的 type 属性和列表项标记<li></li>的 type 属性发生冲突的情况下,所指定的单个列表项遵循<li></li>的 type 属性进行显示。

程序 4-4 在程序 4-2 的基础上指定了第二个列表项的样式。

```
<!-- 程序 4-4 -->
<html>
<head>
    <title>列表项样式的指定</title>
</head>
<body>
    <strong>报名</strong>
    <ol type="A">
        <li>报名时间: 3 月 16—21 日,逾期不予受理。</li>
        <li type="1">报名地点: 所在院系办公室。</li>
        <li>报名费用: 按物价局规定 85 元/人/次(含培训费用),报名时交齐。</li>
        <li>提交资料及注意事项: </li>
    </ol>
</body>
</html>
```

页面效果如图 4-4 所示。第二个列表项的样式变为阿拉伯数字 2。

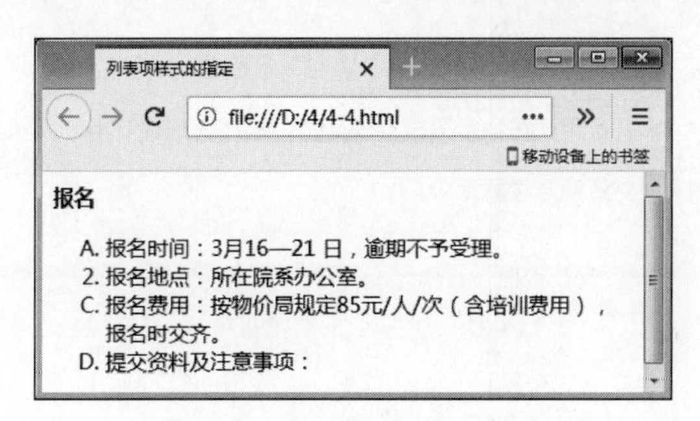

图 4-4 列表项样式的指定

注意:

(1) 所指定的单个列表项只有样式发生了变化,其顺序值大小不变。

(2) 列表项标记<li></li>的 type 属性只影响当前列表项,后续的列表项标记将恢复遵循列表中设置的 type 属性。

(3) 列表项标记<li></li>的 type 属性的指定既可用于无序列表也可用于有序列表,此处不再针对无序列表举例。

4.3.4 列表项编号

如 4.3.3 节中的"注意"所述,列表项标记的 type 属性只能改变当前列表项的符号或编号的样式,并不会改变其值的大小,而使用列表项标记<li></li>的 value 属性,不仅可以改变当前列表项的编号大小,还会影响其后所有列表项的编号大小,但该属性只适用于有序列表。

程序 4-5 使用了列表项的 value 属性来改变编号的值,和程序 4-3 类似,此时尽管列表类型 type="A",value 的值仍需取阿拉伯数字"5",而不能取大写英文字母"E"。

```
<! -- 程序 4-5 -->
<html>
<head>
    <title>列表项编号的指定</title>
</head>
<body>
    <strong>报名</strong>
    <ol type = "A">
        <li>报名时间: 3 月 16—21 日,逾期不予受理。</li>
        <li value = "5">报名地点: 所在院系办公室。</li>
        <li>报名费用: 按物价局规定 85 元/人/次(含培训费用),报名时交齐。</li>
        <li>提交资料及注意事项: </li>
    </ol>
</body>
</html>
```

页面效果如图 4-5 所示。第二个列表项以后从字母 E 开始编号。

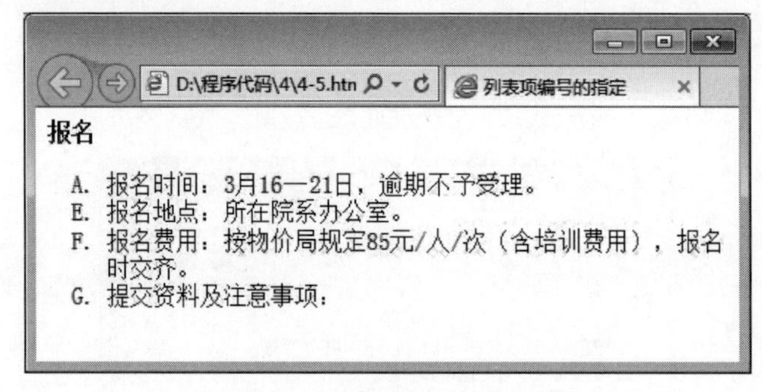

图 4-5 列表项编号的指定

视频讲解

4.4 嵌套列表

列表还可以嵌套使用,也就是在一个列表中还可以包含多层子列表。在网页文件中,对于内容层次较多的情况,使用嵌套列表不仅使网页的内容布局更加合理、美观,而且使其内容看起来更加清晰、明了。嵌套列表可以是无序列表的嵌套,也可以是有序列表的嵌套,还可以是无序列表和有序列表的混合嵌套。

程序 4-6 是嵌套列表的一个简单实例,在该实例中实现了有序列表的嵌套。

```
<! -- 程序 4-6 -->
<html>
<head>
    <title>嵌套列表</title>
</head>
<body>
    <h2><center><b>普通话考试通知</b></center></h2>
```

```
    我院今年3月份的普通话水平测试开始接受报名,具体事项通知如下: <br>
    <ol type="1">
        <li><strong>报名</strong></li>
        <ol type="A">
            <li>报名时间: 3月16—21日,逾期不予受理。</li>
            <li>报名地点: 所在院系办公室。</li>
            <li>报名费用: 按物价局规定85元/人/次(含培训费用),报名时交齐。</li>
            <li>提交资料及注意事项: </li>
                <ol type="a">
                    <li>参加测试的学生须填写《普通话水平测试报名表》一份(准考证号码不用
                    填写); </li>
                    <li>填写准考证一份(编号不用填写),所填姓名和出生年月等须与身份证一
                    致; </li>
                    <li>提交小一寸彩色证件照3张(照片不能是打印版、不能是生活照,3张照片
                    必须统一底片),其中两张照片贴在报名表和准考证上,另一张用钢笔在背面写
                    上校名、系别和姓名,与表格一起上交。</li>
                </ol>
        </ol>
        <li><strong>培训</strong></li>
        <li><strong>测试</strong></li>
        <p>(注: 具体时间和地点按学院网站发回的准考证上所列。)</p>
    </ol>
</body>
</html>
```

页面效果如图4-6所示。和前面一样,在嵌套列表中也可以根据需要更改某层列表或某层单个列表项的符号(或编号)的样式或其值的大小。

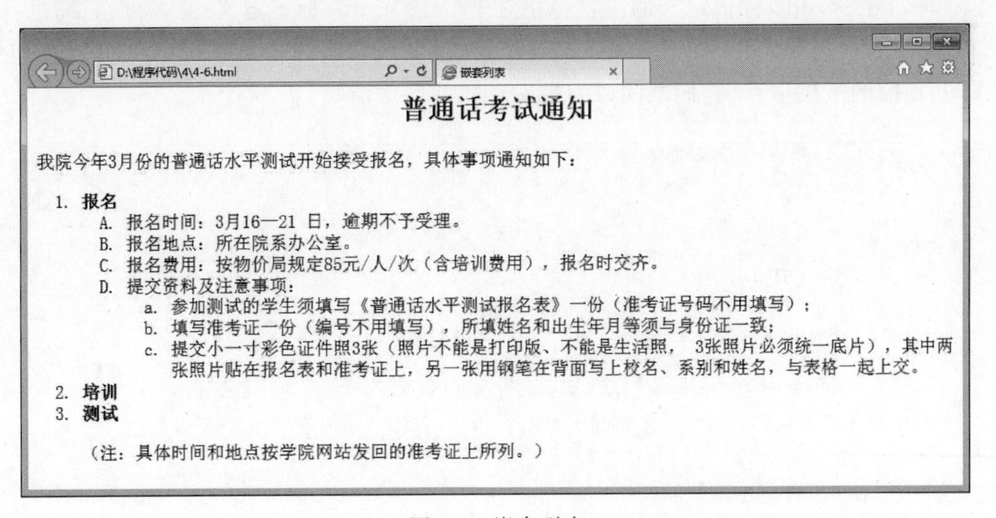

图4-6 嵌套列表

细心的同学还会发现:对于无序列表,在IE浏览器中除一级条目(嵌套列表的第一层)默认使用实心圆点外(见4.2节),列表二级条目默认使用空心圆点,而三级以下条目默认使用实心方块,此处不再举例,请读者自己验证。

视频讲解

4.5 定义列表

在HTML文件中，只要在适当的地方插入<dl></dl>标记，即可自动生成定义列表(Definition List)。在它的每一项前既没有项目符号，也没有编号，它通过缩进的形式使内容层次清晰。

基本语法：

```
<dl>
        <dt>…</dt>
            <dd>…</dd>
            <dd>…</dd>
             ⋮
        <dt>…</dt>
            <dd>…</dd>
            <dd>…</dd>
             ⋮
</dl>
```

语法说明：

(1) <dl></dl>标记用来创建定义列表。

(2) <dt></dt>标记用来创建列表中的上层项目，此标记只能在<dl></dl>标记中使用，显示时<dt></dt>标记定义的内容将左对齐。

(3) <dd></dd>标记用来创建列表中的下层项目，此标记也只能在<dl></dl>标记中使用，显示时<dd></dd>标记定义的内容将相对于<dt></dt>标记定义的内容向右缩进。

程序4-7用<dt></dt>标记定义了上层项目“报名”和“培训”，并用<dd></dd>标记分别定义了其相应的下层项目，它们之间以缩进的形式使层次清晰。

```
<!-- 程序 4-7 -->
<html>
<head>
    <title>定义列表</title>
</head>
<body>
    <h2><center><b>普通话考试通知</b></center></h2>
    我院今年 3 月份的普通话水平测试开始接受报名,具体事项通知如下:<br>
    <dl>
        <dt>报名</dt>
            <dd>报名时间: 3 月 16—21 日,逾期不予受理。</dd>
            <dd>报名地点: 所在院系办公室。</dd>
            <dd>报名费用: 按物价局规定 85 元/人/次(含培训费用),报名时交齐。</dd>
            <dd>提交资料及注意事项: </dd>
        <dt>培训</dt>
```

```
            <dd>培训时间: 3 月 31 日(星期六)。</dd>
            <dd>培训地点: 4 号楼 503 教室(如有变动,以通知为准)。</dd>
            <dd>注意事项: 报考同学请自带《普通话水平测试指导》用书(新版)。</dd>
    </dl>
</body>
</html>
```

页面效果如图 4-7 所示。

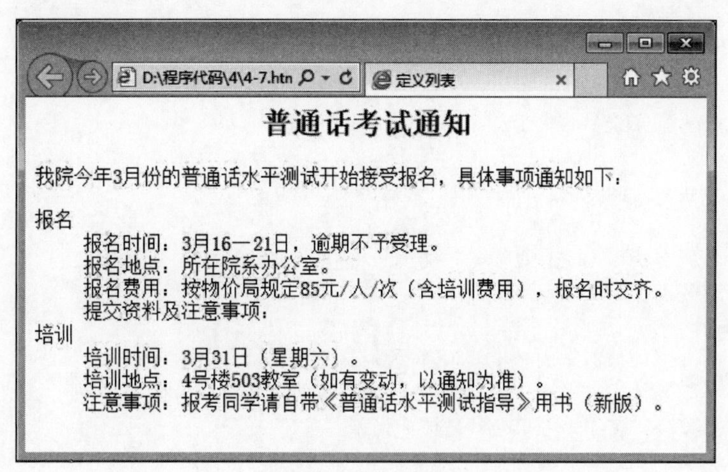

图 4-7　定义列表

4.6　菜单列表和目录列表

视频讲解

菜单列表(Menu List)通常用于显示一个简单的单列列表,一般不做嵌套。目录列表(Directory List)通常用于显示一个多列的文件列表,可以做嵌套。它们的使用均和无序列表类似,并且可以看作是无序列表的一种特殊形式。一般不建议使用这两种列表。

基本语法:

```
<menu>                              <dir>
    <li>项目名称</li>                     <li>项目名称</li>
    <li>项目名称</li>                     <li>项目名称</li>
    <li>项目名称</li>                     <li>项目名称</li>
     ⋮                                     ⋮
</menu>                             </dir>
```

程序 4-8 中使用了菜单列表和目录列表,并使用目录列表做了嵌套,可以把它们改为无序列表进行效果的比较。

```
<!-- 程序 4-8 -->
<html>
<head>
```

```
    <title>菜单列表和目录列表</title>
</head>
<body>
    <h3><b>班级新闻</b></h3>
    <menu type="disc">
        <li>最新课程表</li>
        <li>关于普通话考试的通知</li>
        <li>钢琴名曲音乐欣赏——献给爱丽丝</li>
        <li>中国奥运屈辱史</li>
        <li>div+css 高级应用学习</li>
    </menu>
    <hr>
    <h3><b>普通话考试报名通知</b></h3>
    <dir>
        <li>报名时间:3 月 16—21 日,逾期不予受理。</li>
        <li>报名地点:所在院系办公室。</li>
        <li>报名费用:按物价局规定 85 元/人/次(含培训费用),报名时交齐。</li>
        <li>提交资料及注意事项:</li>
        <dir>
            <li>参加测试的学生须填写《普通话水平测试报名表》一份;</li>
            <li>填写准考证一份(编号不用填写),所填姓名和出生年月等须与身份证一致;</li>
            <li>提交小一寸彩色证件照 3 张。</li>
        </dir>
    </dir>
</body>
</html>
```

页面效果如图 4-8 所示。

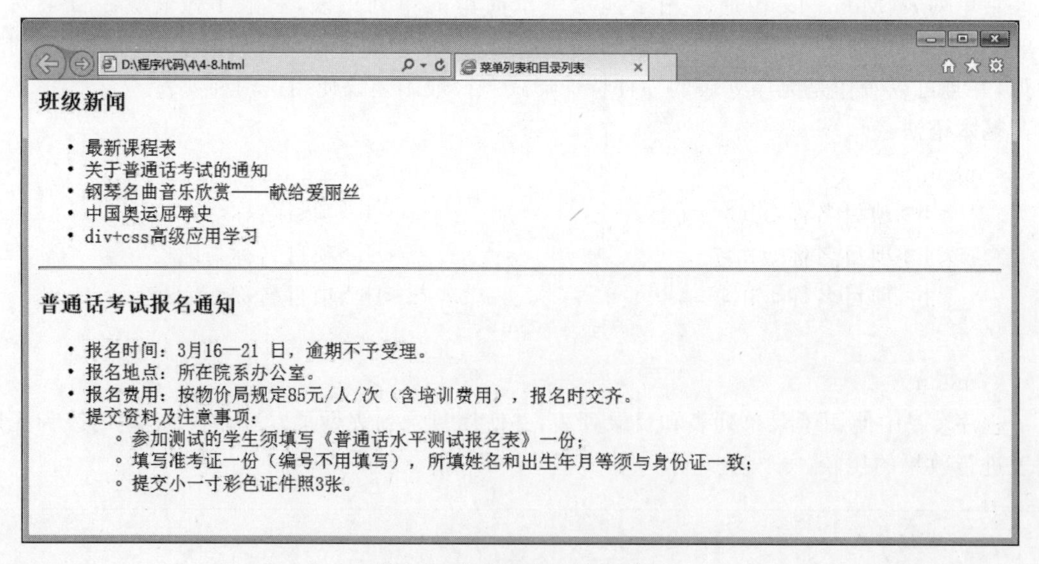

图 4-8 菜单列表和目录列表

4.7 小 实 例

综合本章知识，以前面的实例为基础写的小实例如程序 4-9 所示。该实例使用了有序列表不同样式的多层嵌套，层次清晰地表达了普通话考试的通知。读者可以试着把它改为无序列表的嵌套或有序列表与无序列表的混合嵌套。

```
<!-- 程序 4-9 -->
<html>
<head>
    <title>小实例</title>
</head>
<body>
    <h2><center><b>普通话考试通知</b></center></h2>
    我院今年 3 月份的普通话水平测试开始接受报名，具体事项通知如下：<br>
    <ol type = "1">
        <li><strong>报名</strong></li>
        <ol type = "A">
            <li>报名时间：3 月 16—21 日，逾期不予受理。</li>
            <li>报名地点：所在院系办公室。</li>
            <li>报名费用：按物价局规定 85 元/人/次(含培训费用)，报名时交齐。</li>
            <li>提交资料及注意事项：</li>
            <ol type = "a">
                <li>参加测试的学生须填写《普通话水平测试报名表》一份；</li>
                <li>填写准考证一份(编号不用填写)，所填姓名和出生年月等须与身份证一致；
                </li>
                <li>提交小一寸彩色证件照 3 张。</li>
            </ol>
        </ol>
        <li><strong>培训</strong></li>
            <ol type = "A">
                <li>培训时间：3 月 31 日(星期六)；</li>
                <li>培训地点：4 号楼 503 教室(如有变动，以通知为准)；</li>
                <li>注意事项：报考同学请自带《普通话水平测试指导》用书(新版)；</li>
            </ol>
        <li><strong>测试</strong></li>
            <ol type = "A">
                <li>测试时间：4 月 7 日、8 日(星期六、星期日)；</li>
                <li>测试地点：3 号楼 401 教室。</li>
            </ol>
            <p>(注：具体时间和地点按学院网站发回的准考证上所列。)</p>
    </ol>
</body>
</html>
```

页面效果如图 4-9 所示。

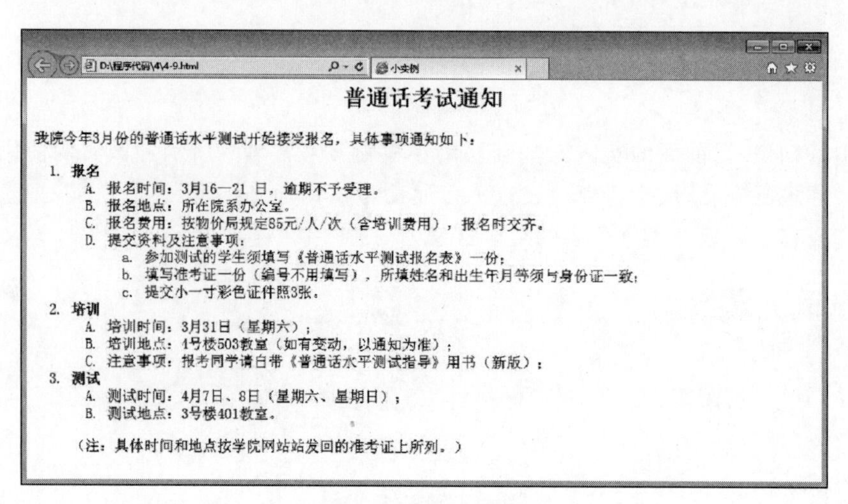

普通话考试通知

我院今年3月份的普通话水平测试开始接受报名，具体事项通知如下：

1. 报名
   A. 报名时间：3月16—21日，逾期不予受理。
   B. 报名地点：所在院系办公室。
   C. 报名费用：按物价局规定85元/人/次（含培训费用），报名时交齐。
   D. 提交资料及注意事项：
      a. 参加测试的学生须填写《普通话水平测试报名表》一份；
      b. 填写准考证一份（编号不用填写），所填姓名和出生年月等须与身份证一致；
      c. 提交小一寸彩色证件照3张。
2. 培训
   A. 培训时间：3月31日（星期六）；
   B. 培训地点：4号楼503教室（如有变动，以通知为准）；
   C. 注意事项：报考同学请自带《普通话水平测试指导》用书（新版）；
3. 测试
   A. 测试时间：4月7日、8日（星期六、星期日）；
   B. 测试地点：3号楼401教室。

（注：具体时间和地点按学院网站站发回的准考证上所列。）

图 4-9　列表小实例

小　　结

本章主要介绍了无序列表、有序列表、列表的嵌套、定义列表、菜单列表和目录列表等的使用。通过本章的学习，读者应以无序列表和有序列表为基础，重点掌握列表的嵌套使用，同时也应熟悉定义列表的使用，为制作出层次清晰、界面美观的网页打下坚实的技术基础。

习　　题

1. 列表(List)，顾名思义就是________________________。常用的列表有________、________和________三种。

2. 无序列表标记<ul>的 type 属性可以指定出现在列表项前的项目符号的样式，其取值可以是________、________和________三种。

3. 有序列表标记<ol>的 type 属性可以指定出现在列表项前的项目编号的样式，其取值可以是________、________、________、________和________ 5种。

4. 使用有序列表标记的________属性，用户可以改变编号的起始值。该属性值是一个________，表示从哪个数字或字母开始编号。

5. 使用列表项标记<li></li>的 type 属性，用户可以指定________________。

6. 使用列表项标记<li></li>的________属性，用户可以改变当前列表项的编号大小，并会影响其后所有列表项的编号大小。该属性只适用于________中。

实　　验

1. 根据本章所讲知识，采用有序列表技术编写出具有如图 4-10 所示运行效果的程序。

2. 根据本章所讲知识，采用无序列表的多层嵌套技术编写出具有如图 4-11 所示的运行效果的 HTML 程序。

数字列表：

1. 苹果
2. 香蕉
3. 柠檬
4. 桔子

字母列表：

A. 苹果
B. 香蕉
C. 柠檬
D. 桔子

小写字母列表：

a. 苹果
b. 香蕉
c. 柠檬
d. 桔子

罗马字母列表：

I. 苹果
II. 香蕉
III. 柠檬
IV. 桔子

小写罗马字母列表：

i. 苹果
ii. 香蕉
iii. 柠檬
iv. 桔子

图 4-10　有序列表实验

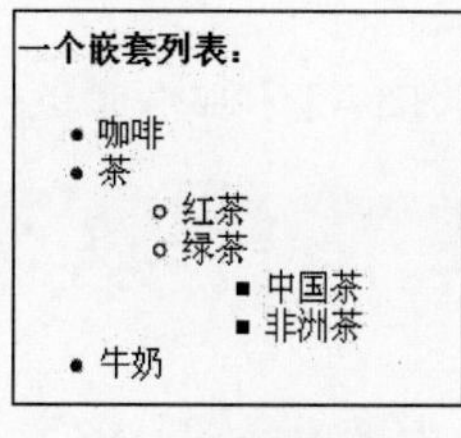

一个嵌套列表：
咖啡
茶
红茶
绿茶
中国茶
非洲茶
牛奶

图 4-11　嵌套列表实验

3. 使用无序列表实现水平导航和垂直导航，如图 4-12 所示。

水平导航：

搜狐首页 - 新闻 - 体育 - 娱乐圈 - 财经 - IT - 汽车 - 房产 - 家居 - 女人 - 短信 - 邮件

垂直导航：

公司简介
组织机构
荣誉称号
联系我们

图 4-12　页面导航

第5章

超链接

使 Web 充满生机的是页面之间的链接、图像和 Flash 动画等内容。这些资源并没有放在 HTML 中，而只是在页面中引用了它们。它们是单独保存的，甚至和页面保存在不同的主机上。本章主要介绍超链接的基本概念和原理，以及如何创建常见形式的链接。

本章重点

- 为网页添加超链接。
- 添加书签链接、电子邮件超链接、FTP 链接。

视频讲解

5.1 超链接简介

网页文件的最大魅力是超越各个文件的空间，通过超链接相互连接构成一个纷繁复杂的互联网世界。超链接(hyperlink)是一个网站的精髓，超链接在本质上属于一个网页的一部分，它是一种允许一个网页同其他网页或站点之间进行链接的元素。各个网页链接在一起后才能真正构成一个网站。超链接除了可链接文本外，还可链接各种媒体，如声音、图像和动画等，通过它们可以将网站建设成一个丰富多彩的多媒体世界。当浏览者单击已经链接的文字或图片后，链接目标将显示在浏览器上，并且根据目标的类型打开或运行。

一般网站首页上的导航条会有很多栏目，每个栏目对应一个链接。图 5-1 所示的是一个班级网站的首页，该首页的顶端就是导航条。

图 5-1　班级网站首页

单击“班级新闻”栏目，页面就会跳转到班级新闻页面 news.html（见图 5-2）中，实现了与网站中其他网页的链接。

图 5-2　班级新闻页面

视频讲解

5.2　创建超链接

建立超链接的标记是<a>（anchor，锚），以<a>开始，以</a>结束。锚可以指向网络上的任何资源，例如一个 HTML 页面、一幅图像、一个声音或视频文件等。

基本语法：

<a href="url" title="指向链接显示的文字" target="窗口名称">超链接名称</a>

语法说明：

一个链接有三个基本部分，即目标地址（URL）、链接标签（title）和打开位置（target）。

(1) <a>：标记<a>表示一个链接的开始，</a>表示链接的结束。

(2) href：链接的属性，和 url 结合定义了这个链接所指的目标地址。

(3) url：资源地址，指要链接到的网页或者文件的地址。url 可以是一个绝对网页，例如“https://www.w3school.com.cn”，或者是一个相对网页，还可以是一个 PDF 等文档，一般全部使用小写字母表示，以免某些对大小写敏感的服务器出现识别问题。

(4) target：用于指定打开链接的目标窗口，其默认方式是原窗口，对于其具体的属性描述用户可参考表 5-1，此参数常常被省略。

(5) title：用于指定指向链接时所显示的提示信息。

(6) 超链接名称：链接目标资源的文字显示说明，浏览者单击“超链接名称”，就会链接到指定 url 的资源。

(7) 可以在标记中添加 tabindex＝"n"这样的属性,规定用户使用制表符键时的移动顺序。

表 5-1 target 属性

属 性 值	描 述
_parent	在上一级窗口中打开,一般使用分帧的框架页会经常使用
_blank	在新窗口中打开
_self	在同一个帧或窗口中打开,该项一般不用设置,它是默认的
_top	在浏览器的整个窗口中打开,忽略任何框架

程序 5-1 是一个创建链接的实例,分别使用了< a >标记、href、title 和 target 属性。

```
<! -- 程序 5-1 -->
< html >
< head >
    < title >创建链接</title >
</head >
< body >
    < center >
    < h2 >创建链接</h2 >
    < hr >
    < p >< a href = "https://www.sina.com.cn" title = "打开新浪首页">新浪</a >
    <! -- 添加新浪链接 -->
    < br >
    < a href = "https://www.baidu.com" target = _blank >百度</a > <! -- 添加百度链接 -->
    < br >
    < a href = "https://www.pku.edu.cn">北 京 大 学</a >  <! -- 添加北京大学链接 -->
    </p >
    </center >
</body >
</html >
```

在图 5-3 所示的运行界面中,把鼠标移向"新浪",就会在鼠标附近显示一个"打开新浪首页"的提示框。通过单击超链接名称"新浪""百度""北京大学"即可进入相关网站,这些被添加了链接的标记文本常常显示为带下画线的蓝色文本。

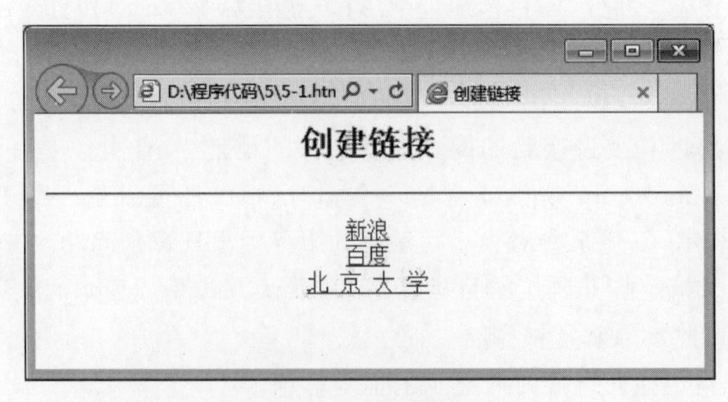

图 5-3 创建链接

被单击的链接标签可以是文本，也可以是图像。标签文本通常带有蓝色的下画线，以表示这是一个链接，但对于图像就不合适了。在网站设计中，标签的外观和效果越漂亮，访问者就越有可能单击它。实际上，设计网站的一个重要的考虑因素就是如何吸引访问者单击自己的网站。

5.2.1　设置超链接路径

在建立链接时，属性 href 定义了这个链接所指的目标地址，也就是路径。理解一个文件到要链接的那个文件之间的路径关系是创建链接的根本。每一个网页都具有独一无二的地址，在英文中被称为 URL(Uniform Resource Locator)，即统一资源定位器。同一个网站下的每一个网页都有不同的地址，但是在创建一个网站的网页时不需要为每一个链接都输入完整的地址，我们只需要确定当前文档同站点根目录之间的相对路径关系就可以了。

在 HTML 文件中主要提供了三种路径，即绝对路径、相对路径和根路径，不同的路径用在不同的链接中。HTML 将链接分为内部链接和外部链接，内部和外部是相对于站点文件夹而言的。所谓内部链接，就是站点文件夹内文件之间的链接；所谓外部链接，就是站点文件夹内的文件链接到站点文件夹之外的文件。在添加内部链接的时候常用到相对路径和根路径；在添加外部链接的时候常用到绝对路径。内部链接和外部链接将在 5.2.2 节和 5.2.3 节中介绍，这里先介绍绝对路径、相对路径和根路径。

1. 绝对路径

绝对路径指文件的完整路径，包括完整的协议名称、主机名称、文件夹名称和文件名称，一般用于网站的外部链接(参见 5.2.3 节)。常见的绝对路径有以下两种。

(1) https 链接：例如 https://www.sina.com.cn。

(2) ftp 链接：例如 ftp:// 202.38.218.16。

需要注意的是，如果链接的资源和当前页面都在一个网站内，尽量不要使用绝对路径，在同一网站内使用相对路径便于页面的移植。

2. 相对路径

相对路径适用于创建网站的内部链接。相对路径是以当前文件所在的路径为起点进行相对文件的查找，它包含了从当前文件指向目的文件的路径。一个相对路径不包括协议和主机地址信息，因为它的路径与当前文档的访问协议和主机名相同，甚至有相同的目录路径，所以通常只包含文件夹名和文件名，有时甚至只有文件名。用户可以用相对路径指向与源文档位于同一服务器或同一文件夹中的文件，下面举例说明。

(1) 如果链接到同一目录下的文件 main.html，则只需输入要链接文件的名称，例如 href="main.html"。

(2) 如果要链接到下级子目录中的文件，如 main.html 是本地当前路径下被称为“web”子目录下的文件，只需先输入目录名，然后加“/”，再输入文件名，即 href="web/main.html"。

(3) 如果要链接到上一级子目录中的文件，如 main.html 是本地当前目录的上一级子目录下的文件，则先输入“../”，再输入文件名，即 href="../main.html"。

(4) 如果要链接到上两级子目录中的文件，如 main.html 是本地当前目录的上两级子目录下的文件，则先输入“../../”，再输入文件名，即 href="../../main.html"。

3. 根路径

根路径也适用于创建内部链接，但是在大多数情况下不建议使用根路径。当一个站点放置在几个服务器上或者在一个服务器上放置了几个站点的时候，可以使用根路径。在绝大多数情况下,链接本地机器上的文件时使用相对路径比较好,不仅在本地机器环境下适合,就是上传到网络或其他系统下也不需要进行多少更改就能准确链接。

根路径目录地址的书写也很简单,首先以一个斜杠开头,代表根目录,然后书写文件夹名,最后书写文件名,例如/download/main.html;如果根目录要写盘符,则在盘符后使用"|"而不用":",这一点与DOS的写法不同,例如"C|/web/news/index.html",它代表C盘web/news/目录下的文件index.html。

5.2.2 内部链接

所谓内部链接,指的是在同一个网站内部不同HTML页面之间的链接关系,在建立网站内部链接的时候,要明确哪个是主链接文件(即当前页),哪个是被链接文件。内部链接采用相对路径链接比较好。根据图5-4所示的某班级网站站点目录结构,表5-2所示的是内部链接语句中相对路径的写法。

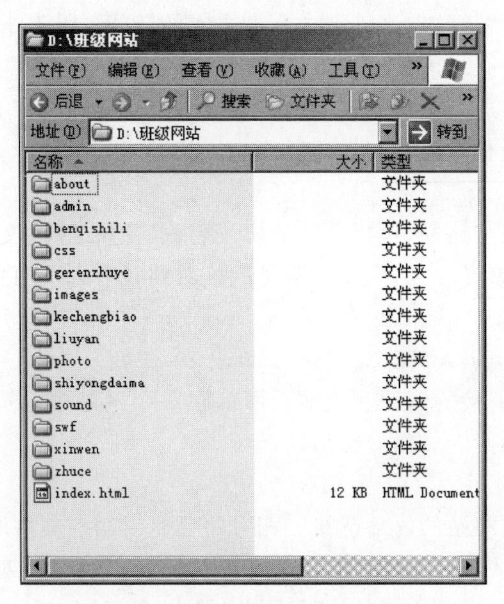

图5-4 某班级网站站点目录结构

表5-2 站点内部链接

主链接文件描述	被链接文件描述	超链接代码
从班级网站文件夹下的文件index.html	链接到班级网站新闻目录xinwen下的文件news.html	<a href="xinwen/news.html" class="head">班级新闻</a>
新闻目录xinwen下的文件news.html	链接到xinwen目录上一级目录(班级网站文件夹下)的文件index.html	<a href="../index.html" class="head"><b>首页</b></a>
新闻目录xinwen下的文件news.html	链接到本级目录中的文件news1.html	<a href=news1.html>关于普通话考试的通知</a>

5.2.3 外部链接

所谓外部链接,指的是跳转到当前网站外部,与其他网站中的页面或其他元素之间的链接关系。这种链接的URL地址一般用绝对路径,要有完整的URL地址。最常用的外部链接格式是<a href="https://网址">，还有其他的格式，如表 5-3 所示。

表 5-3　常用的 URL 格式

服　务	URL 格式	描　述
WWW	http://www.sina.com	进入万维网站点
FTP	ftp://192.168.0.1	进入文件传输服务器
News	news://news.newsfan.net	启动新闻讨论组
E-mail	mailto://abc@gmail.com	启动邮件

注意：如果链接目标是一种浏览器不知道如何处理的文件（如 Excel 等），那么浏览器会尝试打开一个辅助程序来查看这个文件，或者下载到访问者的硬盘上。

视频讲解

5.3　链接对象

5.3.1　图片链接

用户可以为一个图片指定链接。

基本语法：

<a href="url" target="目标窗口的打开方式"><img src="图片地址"></a>

语法说明：

(1) href：用来设置图片链接的页面地址 URL。

(2) target：用来设置目标窗口的打开方式，其具体设置可参考本章的表 5-1。

(3) <img>：img 标记表示插入图片，在一个 HTML 文件中显示图片通常使用<img>标记，这在本书后面的章节中会详细介绍，属性 src 是图片的地址。

程序 5-2 是建立图片链接的实例。

```
<!-- 程序 5-2 -->
<html>
<head>
<title>建立图片链接</title>
</head>
<body>
<center>
<h2>图片链接</h2>
<hr>
<a href = "https://www.baidu.com" target = "_blank">
<img src = "images/baidu_logo.gif" /></a>
</center>
</body>
</html>
```

该程序运行时，通过单击页面中显示的图片就可以打开一个新的页面，进入百度网站。页面效果如图 5-5 所示。

有时可以在网页上装载一些小图片，例如某些图像的缩小版本或称为缩略图。访问者可以选择某个希望查看的小图片，单击后可以链接到该图像的全尺寸版本。具体例子见本章

图 5-5 建立图片链接

5.4 节中的实例“班级相册”。

注意：

（1）不要使用“单击这里”作为显示标签，应该使用文本中已经存在的关键词来表示链接。

（2）对于图像链接的边框，如果没有设置 img 的边框属性 border="0"，就会出现边框。

5.3.2 书签链接

在浏览页面时，如果页面篇幅很长，要不断地拖动滚动条，这给浏览带来不便，要使浏览者既可以从头阅读到尾，又可以很快地寻找到自己感兴趣的特定内容进行部分阅读，这个时候可以通过书签链接来实现。当浏览者单击页面上的某一“标签”时就能自动跳到网页中相应的位置进行阅读，给浏览者带来方便。

基本语法：

（1）在同一页面内使用书签链接的格式：

```
<a href = "#书签名称" target = "窗口名称">链接标题</a>
```

（2）在不同页面之间使用书签链接的格式（在不同页面中链接的前提是需要指定好链接的页面地址和链接的书签名称）：

```
<a href = "URL 地址#书签名称" target = "窗口名称">链接标题</a>
```

对于以上两种书签链接形式，链接到的目标为：

```
<a name = "书签名称">链接内容</a>
```

语法说明：

书签链接可以在同一页面内链接，也可以在不同页面之间链接。

1. 建立书签

选择一个目标定位点，用<a>标记的 name 属性的值来确定书签名称：

```
<a name = "书签名称">链接内容</a>
```

2. 为书签制作链接

在网页的某个地方建立对这个书签名称的链接标题，在链接标题的基础上建立链接，该链接的 href 属性的值要和书签名称相同，前面还要加上“#”号，例如<a href="#书签名称"

target="窗口名称">链接标题</a>(同一页面内要使用书签链接)或<a href=" URL 地址#书签名称">链接内容</a>(不同页面内使用书签链接)。设置好后,单击链接标题就跳转到书签名称所标识的链接内容了。图 5-6 是关于书签应用的一个实例的运行效果。

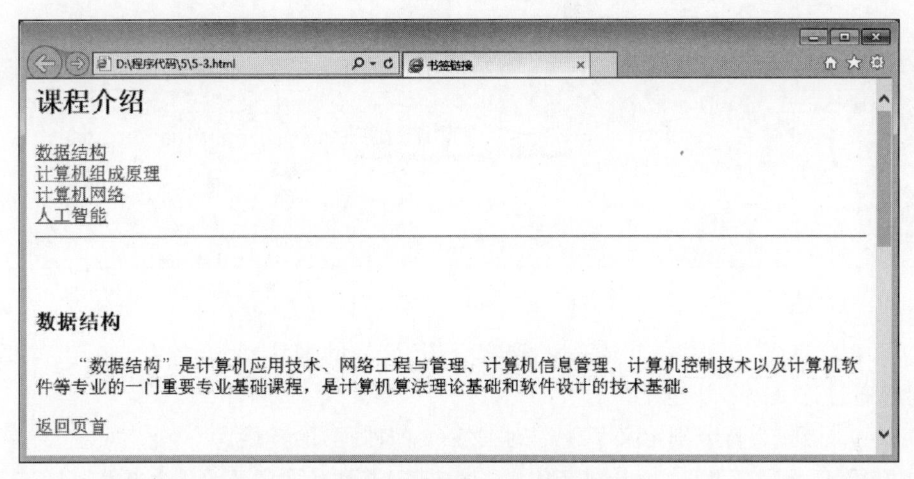

图 5-6 建立书签链接

程序 5-3 和程序 5-4 组成的实例实现了图 5-6 所示的效果,在 5-3.html 页面内可实现同一页面内的书签链接,在 5-3.html 和 5-4.html 之间可以实现不同页面之间的书签链接。

```
<! -- 程序 5-3 -->
<html>
<head>
    <title>书签链接</title>
</head>
<body>
    <p>
    <a name = "top"><h2>课程介绍</h2></a>
    <a href = "#T1">数据结构</a><br>
    <a href = "#T2">计算机组成原理</a><br>
    <a href = "#T3">计算机网络</a><br>
    <a href = "#T4">人工智能</a>
    <hr>
    <br><br>
    <h3><a name = "T1">数据结构</a></h3>
    <p>    "数据结构"是计算机应用技术、网络工程与管理、计算机信息管
理、计算机控制技术以及计算机软件等专业的一门重要专业基础课程,是计算机算法理论基础和软件
设计的技术基础。</p>
    <a href = "#top">返回页首</a>
    <h3><a name = "T2">计算机组成原理</a></h3>
    <p>    "计算机组成原理"是计算机专业本科生必修的一门硬件专业基础
课,该课程主要讲解简单、单台计算机的完整组成原理和内部运行机制。</p>
    <a href = "#top">返回页首</a>
    <h3><a name = "T3">计算机网络</a></h3>
```

```
    <p>    "计算机网络"是信息管理与信息系统专业本科生的专业课之一。本课程的内容包括传输介质、局域异步通信、远程通信、差错检测、局域网技术、网络拓扑、硬件编址、网络安全等。</p>
    <a href="#top">返回页首</a>
    <h3><a name="T4">人工智能</a></h3>
    <p>    "人工智能"是计算机科学的重要分支,是计算机科学与技术专业的核心课程之一,也是自动化、电子信息工程等专业的一门重要的选修课程。</p>
    <p><a href="5-4.html#zhineng">人工智能发展现状介绍</a></p>
    <a href="#top">返回页首</a>
</body>
</html>
```

在程序 5-3 中:

(1) 第 8 行首先定义了一个显示为"课程介绍"这样的书签,标记名为 top,当需要回到顶端时,能够通过这个书签快速定位。

(2) 第 9 行到 12 行分别定义了 4 个到书签(4 门课程)的链接。

(3) 在第 15、20、24 和 29 行分别定义了 4 个书签,并和前面定义的 4 个书签链接一一对应。

(4) 每门课程后都提供了一个"返回页首"的定义。

(5) 第 9 行定义了一个到其他页面内书签的链接,见程序 5-4。

显示页面内容后,单击其中一门课程的名称,如"人工智能",可以跳到该页面中"人工智能"文字内容的位置,如图 5-7 所示,实现了同一页面内的书签链接。其他几个书签链接的方法类似,而且每个文字段落后都有一个"返回页首"的链接,单击之后页面位置将定位在 top 书签开始的位置。

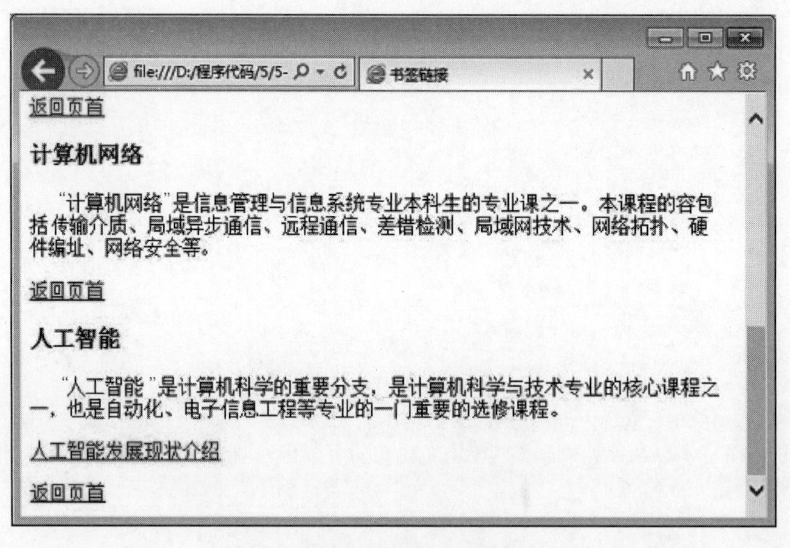

图 5-7 同一页面内的书签链接

程序 5-4 是页面间书签的应用,它需要和程序 5-3 结合在一起使用。

```
<!-- 程序 5-4 -->
<html>
```

```
<head>
<title>人工智能发展现状介绍</title>
</head>
<body>
    <h1><font color="#339933">人工智能发展现状介绍</font></h1>
    <p>    目前人工智能研究的三个热点是：智能接口、数据挖掘、主体及多主体系统。</p>
    <p>    智能接口技术是研究如何使人们能够方便自然地与计算机交流。为了实现这一目标,要求计算机能够看懂文字、听懂语言、说话表达,甚至能够进行不同语言之间的翻译。</p>
    <p>    <a name="zhineng">人工智能</a>的诞生与普及是科技发展的必然的结果,生命与智能的物理过程终将被人们所解开。而对机器智能对人类的超越及由此造成的威胁的担心也是必要的。但终究,人工智能是一个兴起的,具有无可匹敌的重大意义的,并将长期使人们为之兴奋的研究话题</p>
    <a href="5-3.html#top">返回</a>
</body>
</html>
```

在浏览程序 5-3 的内容时，单击“人工智能发展现状介绍”书签链接，浏览器将打开程序 5-4，显示如图 5-8 所示的内容，在该图中单击页面中最后的“返回”链接，浏览器将回到程序 5-3 的内容，从而实现不同页面内的书签链接。

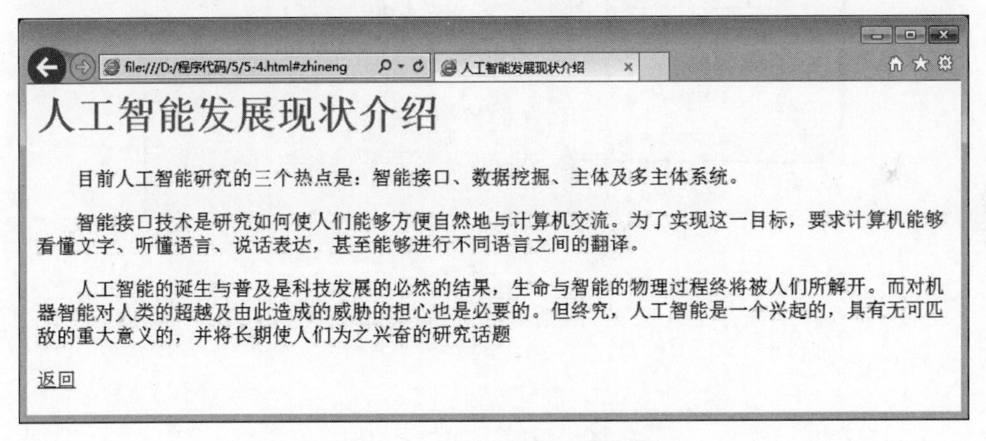

图 5-8　不同页面内的书签链接

5.3.3　下载文件的链接

如果希望制作下载文件的链接，只需在链接地址处输入文件所在的位置即可。当浏览器用户单击链接后，浏览器会自动判断文件的类型，以做出不同情况的处理。

基本语法：

<a href="url">链接内容</a>

语法说明：

(1) url：代表文件所在的相对路径或绝对路径。

(2) 文件类型可以是 Word 文档、PDF 文档、可执行文件、压缩文件等。

程序 5-5 是下载文件的实例。

```
<!-- 程序 5-5 -->
<html>
<head>
    <title>下载文件</title>
</head>
<body>
    <p>
        这是一本电子书:
        <a href="ds.rar">数据结构 -- C#</a>
</p>
</body>
</html>
```

程序运行后,单击“数据结构”链接,浏览器会自动打开新的对话框,我们可以选择是否将文件保存到磁盘,单击“保存”按钮,选择存盘路径,就可以开始文件下载。若不想保存,可以单击“取消”按钮。页面效果如图 5-9 所示。

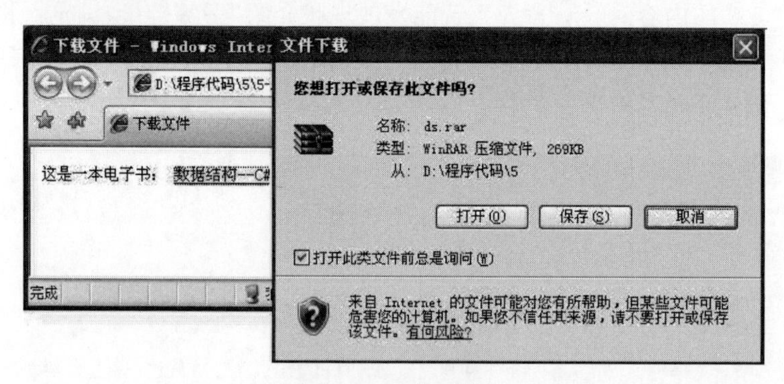

图 5-9　文件下载

下载的文件,如果是 Word 文档等,通过服务器端的配置可以直接用程序打开相应的文档。

5.4　小　实　例

程序 5-6 描述了班级网站首页中导航条的简单创建,这里综合运用了链接和样式来设计导航。在 head 部分的 style 标记中定义了导航条的使用效果(a 和 navi 部分),当访问者将鼠标移向每个栏目的名称时,字的颜色会发生变化,单击栏目名,则进入相应的页面。

```
<!-- 程序 5-6 -->
<html>
<head>
    <title>班级网站</title>
    <meta http-equiv="Content-Type" content="text/html; charset=gb2312">
    <style type="text/css">
```

```
        td {font-size:12px;line-height: 20px;}
        a:link {color: #ffffff;text-decoration: none;}
        a:visited {text-decoration: none;color: #ffffff;}
        a:hover {text-decoration: underline;color: #FF0000;}
        a:active {text-decoration: none;color: #ffffff;}
        .navi{color: #ffffff; height:40px; line-height:40px;
            text-align:right;background-image:url(images/menu-bg.gif);}
    </style>
</head>
<body>
    <table width="940" border="0" align="center"
        cellpadding="0" cellspacing="0">
        <tr>
            <td class="navi">
                <a href="index"><b>首页</b></a>
                <a href="xinwen/news.html">班级新闻</a>
                <a href="photo/photo1.html">班级相册</a>
                <a href="gerenzhuye/student.html">个人主页</a>
                <a href="liuyan/message.html">留言本</a>
                <a href="benqishili/li.html">网页设计</a>
                <a href="about/about.html">关于我们</a>
            </td>
        </tr>
    </table>
</body>
</html>
```

页面效果如图5-10所示。

图5-10 班级网站首页导航条的创建

该程序中的CSS代码部分可以参考本书中对CSS的内容介绍。该页面中定义了网站主页的7个链接，通过单击这些链接可以进入相关主题的页面。

程序5-7是创建班级网站相册的例子。此页面中显示了需要显示的图像文件的缩略图，例如004_s.jpg(缩略图可以使用ACDSee等工具制作)，当访问者单击图片时再显示原始图像。

```
<!-- 程序5-7 -->
<html>
<head>
    <title>班级相册</title>
```

```
</head>
<style type="text/css">
    .img_x{margin:15px;height:80px;width: 120px;border:1px solid #8397A0;}
</style>
<body>
    <center>
    <h2>图片链接</h2>
    <HR>
    <table>
        <tr>
            <td align="center">
                <a href="images/004.jpg" target="_blank">
                 <img src="images/004_s.jpg" width="400" height="545"
                   border="0" class="img_x" alt="单击图片查看大图"></a>
            </td>
            <td align="center">
                <a href="images/005.jpg" target="_blank">
                <img src="images/005_s.jpg" width="600" height="404"
                 border="0" class="img_x" alt="单击图片查看大图"></a>
            </td>
             <td align="center">
                <a href="images/006.jpg" target="_blank">
                <img src="images/006_s.jpg" width="600" height="404"
                    border="0" class="img_x" alt="单击图片查看大图"></a>
            </td>
         </tr>
    </table>
    </center>
</body>
</html>
```

页面效果如图 5-11 所示。使用缩小版本(即缩略图)是在页面上提供大量的图像信息,同时避免访问者长时间等待的好方法。程序 5-7 中的缩略图一般只有原始图像的 1/15,下载花费的时间很少。

图 5-11　班级相册

注意:和缩略图一起出现的文本提示信息可以说明图像文件的实际大小,让访问者知道将要下载文件的大小。

小　结

本章主要介绍了关于各种链接的定义。建立超链接的标记是<a>，以<a>开始，以</a>结束，锚可以指向网络上的任何资源，例如一个 HTML 页面、一幅图像、一个声音或视频文件等。

在具体应用链接时需要考虑下面的建议：

(1) 一般规则是对于自己站点上的网页的链接使用相对 URL，对于其他站点上的资源链接使用绝对 URL。

(2) 如果指定路径但省略文件名，就会链接到目录下的默认文件(网站可以自己定义默认页面)，如果路径也省略，就会链接到网站的默认主页。

(3) URL 内容部分最好使用小写字母来表示。

(4) 不要使用"单击这里"作为显示标签，应该使用文本中已经存在的关键词来表示链接。

(5) 可以对链接应用样式进行格式化，如使用图像作为标签来吸引用户的注意力。

(6) 可以为页面内的链接规定制表符顺序，这样访问者就可以用键盘在页面上移动。

(7) 对于供下载的资源，如果超出了一定的大小，最好事先进行压缩，甚至把一个文件分成几个压缩文件来保证传输的安全。

习　题

1. (　　)是在新窗口中打开网页文档。

A. _self　　B. _blank　　C. _top　　D. _parent

2. 在网页中必须使用(　　)标记完成超链接。

A. <a>…</a>　　B. <p>…</p>

C. <link>…</link>　　D. <li>…</li>

3. 超链接是建立网站、网页的主要元素之一。若要建立同一网页内的链接，应采用(　　)链接形式。

A. 链接到一个 E-mail　　B. 书签式链接

C. 框架间链接　　D. 链接到一个网站

4. 关于超链接，下列说法正确的是(　　)。

A. 不同网页上的图片或文本可以链接到同一网页或网站

B. 不同网页上的图片或文本只能链接到同一网页或网站

C. 同一网页上被选定的一个图片或一处文本可以同时链接到几个不同网站

D. 同一网页上的图片或文本不能链接到同一书签

5. 若要在页面中创建一个图像超链接，要显示的图形为 myhome.jpg，所链接的地址为"http://www.pcnetedu.com"，以下用法正确的是(　　)。

A. <a href=http://www.pcnetedu.com"> myhome.jpg </a>

B. <a href="http://www.pcnetedu.com"><img src="myhome.jpg"></a>

C. <img src="myhome.jpg"><a href ="http://www.pcnetedu.com"></a>

D. <a href =http://www.pcneredu.com ><img src="myhome.jpg">

6. 下列选项中,(　　)是相对路径。

A. http://www.sina.com.cn　　B. ftp://219.153.40.150

C. ../a.html　　D. /a.html

7. 在 HTML 文件中,URL 是____________________。

8. 在 HTML 文件中,超链接可以分为____________________。

9. 关于超链接,________属性用于指定链接的目标窗口。

实　验

1. 用列表实现新闻列表项,并加超链接,如图 5-12 所示。

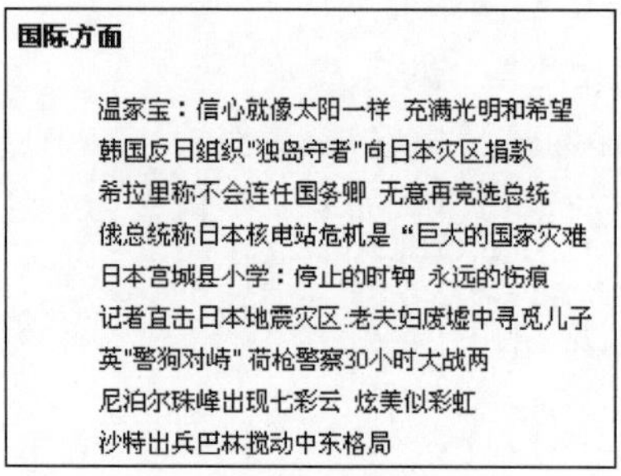

国际方面

温家宝：信心就像太阳一样 充满光明和希望
韩国反日组织"独岛守者"向日本灾区捐款
希拉里称不会连任国务卿 无意再竞选总统
俄总统称日本核电站危机是"巨大的国家灾难
日本宫城县小学：停止的时钟 永远的伤痕
记者直击日本地震灾区:老夫妇废墟中寻觅儿子
英"警狗对峙" 荷枪警察30小时大战两
尼泊尔珠峰出现七彩云 炫美似彩虹
沙特出兵巴林搅动中东格局

图 5-12　新闻列表

2. 利用书签链接制作帮助文档。要求在同一个页面内实现文件不同内容的链接,如图 5-13 所示。

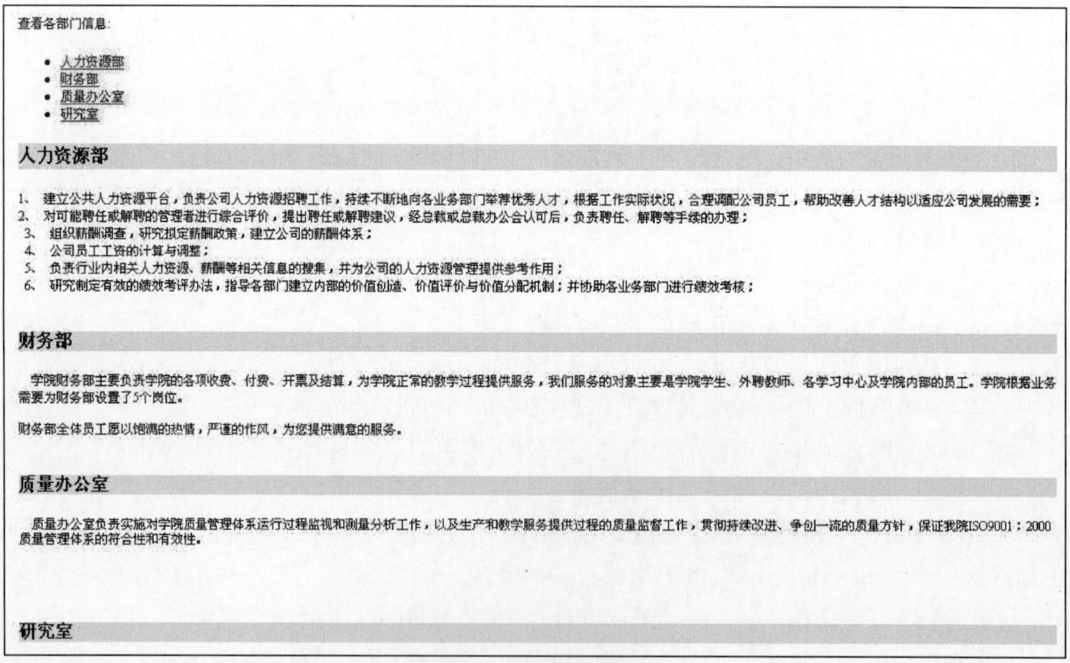

查看各部门信息:

- 人力资源部
- 财务部
- 质量办公室
- 研究室

人力资源部

1、建立公共人力资源平台，负责公司人力资源招聘工作，持续不断地向各业务部门举荐优秀人才，根据工作实际状况，合理调配公司员工，帮助改善人才结构以适应公司发展的需要；
2、对可能聘任或解聘的管理者进行综合评价，提出聘任或解聘建议，经总裁或总裁办公会认可后，负责聘任、解聘等手续的办理；
3、组织薪酬调查，研究拟定薪酬政策，建立公司的薪酬体系；
4、公司员工工资的计算与调整；
5、负责行业内相关人力资源、薪酬等相关信息的搜集，并为公司的人力资源管理提供参考作用；
6、研究制定有效的绩效考评办法，指导各部门建立内部的价值创造、价值评价与价值分配机制；并协助各业务部门进行绩效考核；

财务部

学院财务部主要负责学院的各项收费、付费、开票及结算，为学院正常的教学过程提供服务，我们服务的对象主要是学院学生、外聘教师、各学习中心及学院内部的员工。学院根据业务需要为财务部设置了5个岗位。

财务部全体员工愿以饱满的热情，严谨的作风，为您提供满意的服务。

质量办公室

质量办公室负责实施对学院质量管理体系运行过程监视和测量分析工作，以及生产和教学服务提供过程的质量监督工作，贯彻持续改进、争创一流的质量方针，保证我院ISO9001：2000质量管理体系的符合性和有效性。

研究室

图 5-13　帮助文档

3. 相册的制作,要求展示个人照片,缩略图的照片能够链接到高清晰的照片,如图 5-14 所示。

图 5-14　个人相册

第6章

表格

表格是网页制作中的一种常用页面布局工具，通过表格可以精确地控制网页各元素在网页中的位置，从而方便页面的排版和布局，所以表格是网页排版的“灵魂”。浏览各大网站，大家会发现几乎所有的网站在页面布局上都采用了表格，因此熟练掌握表格的相关内容非常有必要。

本章重点

- 熟练掌握表格的各种标记及其属性。
- 熟练掌握表格行标记的属性。
- 熟练掌握表格单元格内的各属性。
- 能利用表格进行页面的排版布局，创建出形式多样、风格各异的页面。

视频讲解

6.1 表格简介

表格在网站中的应用非常广泛，几乎所有的 HTML 页面中都或多或少地采用了表格，表格可以方便、灵活地实现对网页的排版，可以把相互关联的信息元素层次清晰地集中定位，使浏览页面的人一目了然。所以要制作好网页就要学好表格，熟练掌握和运用表格的各种属性。

表格和 DIV(一种另外的布局组织技术)标记相比，最大的优点就是在所有浏览器上的表现几乎完全一致；表格的另外一个优点就是利用百分比设置宽度，使得页面随着浏览器窗口的大小按比例缩放。

创建一个表格的基本步骤如下：

(1) 用合适的工具设计表格草图；

(2) 确定表头；

(3) 确定需要的行数和列数，标识出需要跨越多个单元格的行和列；

(4) 合理地运用表格嵌套，尽量少用，避免结构混乱；

(5) 根据内容确定采用固定的或可缩放的设计；

(6) 如果是一个需要分页的表格，需要考虑分页的设计效果。

视频讲解

6.2 表格标记和表格标题

6.2.1 表格标记

在 HTML 语法中，表格主要由三个标记构成，即< table >、< tr >、< td >。

基本语法：

```
<table>
  <tr>
    <td>…</td>
    …
  </tr>
  <tr>
    <td>…</td>
    …
  </tr>
  …
</table>
```

语法说明：

(1) <table>标记代表表格的开始，</table>标记代表表格的结束。

(2) <tr>标记代表行的开始，</tr>标记代表行的结束。

(3) <td>和</td>标记之间是单元格的内容，可以是文字，也可以是其他标记，例如一个按钮等。

(4) 在一个表格中，<tr>的个数代表表格的行数，每对<tr>…</tr>之间<td>的个数代表该行的单元格数。

表6-1列出了主要表格的标记。

表6-1 表格标记

标 记	描 述
<table>…</table>	用于定义一个表格的开始和结束
<tr>…</tr>	定义一组行标记，在一组行标记内可以建立多组由<td>标记定义的单元格
<td>…</td>	定义单元格标记，<td>标记必须放在<tr>标记内

程序6-1是一个简单课程表格的设计。

```
<!-- 程序6-1 -->
<html>
<head>
    <title>定义表格</title>
</head>
<body>
    <table width="600" border="1">
        <tr>                    <!-- 表格第一行 -->
            <td>节次\日期</td>
            <td>星期一</td>
            <td>星期二</td>
            <td>星期三</td>
            <td>星期四</td>
            <td>星期五</td>
        </tr>
```

```
        <tr>                  <!-- 表格第二行 -->
            <td>第 12 节</td>
            <td>体育</td>
            <td>大学英语</td>
            <td>高等数学</td>
            <td>数据结构实验</td>
            <td>Web 开发</td>
        </tr>
        <tr>                  <!-- 表格第三行 -->
            <td>第 34 节</td>
            <td>大学英语</td>
            <td>高等数学</td>
            <td>数据结构</td>
            <td>数据结构</td>
            <td>Web 开发实验</td>
        </tr>
    </table>
</body>
</html>
```

页面效果如图 6-1 所示。

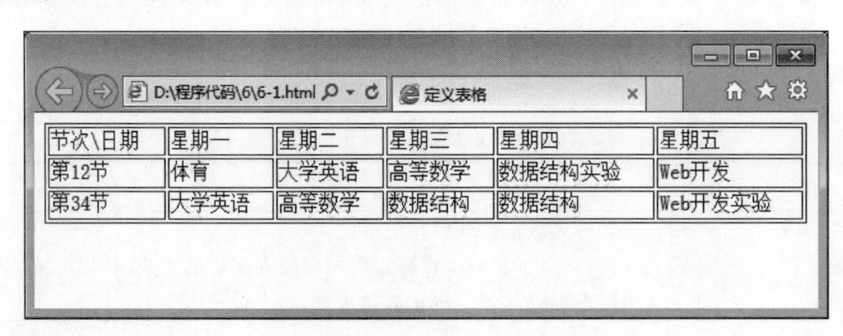

图 6-1　定义表格

6.2.2　表格标题

表格标题一般放在表格的外部上面，是对表格内容的简单说明，用<caption>标记实现。

基本语法：

<caption>…</caption>

语法说明：

<caption>和</caption>标记之间是标题的内容。

下面的代码片段添加了标题的内容，具体程序可以参考程序 6-2。

```
<!-- 程序 6-2 -->
…
<table width="600" border="1">
    <caption>课程表</caption>
```

```
    <tr>                    <! -- 表格第一行 -->
        <td>节次\日期</td>
        <td>星期一</td>
        <td>星期二</td>
        <td>星期三</td>
        <td>星期四</td>
        <td>星期五</td>
</tr>
…
</table>
…
```

程序 6-2 中，在< table >标记后面紧跟着添加了“课程表”这样的标题。页面效果如图 6-2 所示。

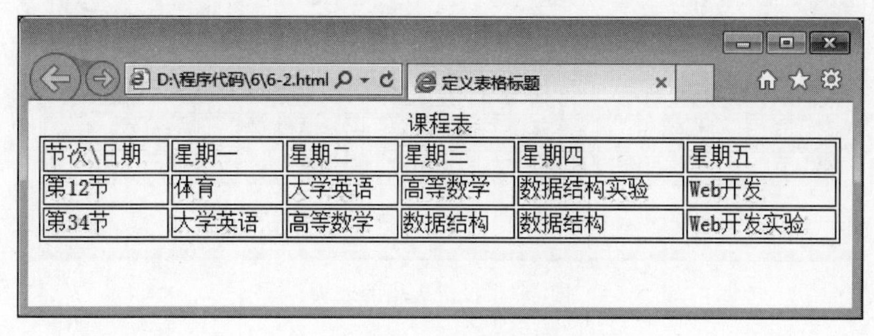

图 6-2　设定表格标题

6.2.3　表格表头

表头是指表格的第一行或第一列等对表格内容的说明，文字样式为居中、加粗显示，通过< th >标记实现。

基本语法：

```
<tr>
  <th>…</th>
  …
</tr>
```

语法说明：

(1) < th >：表头标记，包含在< tr >标记中。

(2) 在表格中只要把标记< td >改为< th >就可以实现表格的表头。

下面是程序 6-3 的片段，修改了课程表的表头用< th >标记定义。

```
<! -- 程序 6-3 -->
…
<table width = "600" border = "1">
    <caption>课程表</caption>
    <tr>                    <! -- 表格表头 -->
```

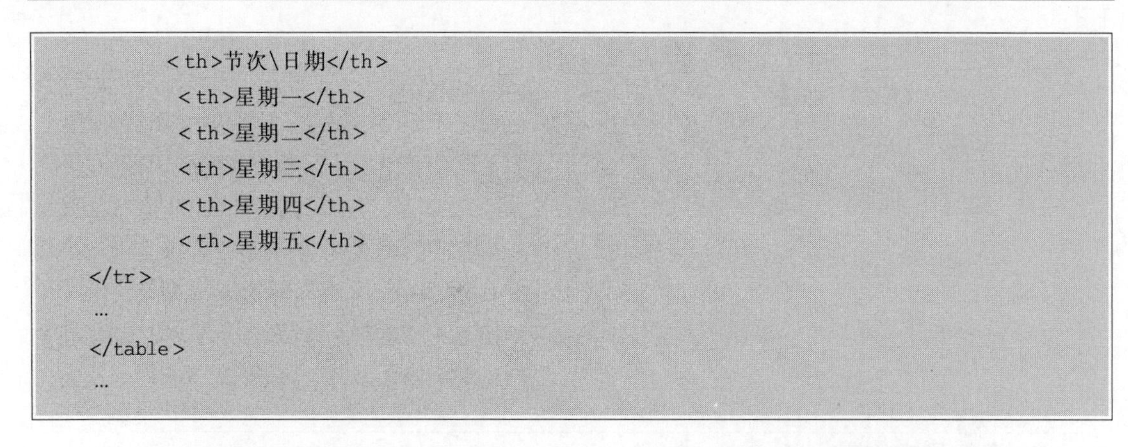

```
        <th>节次\日期</th>
        <th>星期一</th>
        <th>星期二</th>
        <th>星期三</th>
        <th>星期四</th>
        <th>星期五</th>
</tr>
…
</table>
…
```

该程序中表格的表头分别为节次\日期、星期一、星期二等。页面效果如图 6-3 所示。

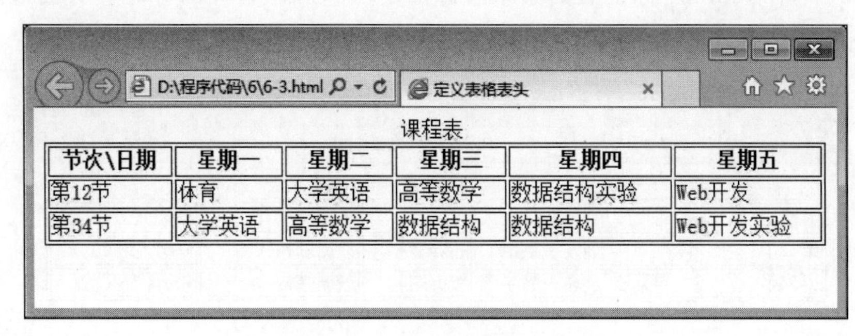

图 6-3 设定表格的表头

视频讲解

6.3 表格的属性修饰

表格是网页布局中的重要元素,它有丰富的属性,可以对其进行相关设置。常用的属性如表 6-2 所示。

表 6-2 表格标记的属性

属性	描述
border	设置边框粗细(默认值为 0)
bordercolor	设置边框颜色
width	设置表格宽度
height	设置表格高度
bgcolor	设置背景颜色
background	设置背景图片
frame	设置边框样式
rules	设置内部边框样式
cellspacing	设置单元格间距
cellpadding	设置单元格边距
align	设置表格的水平对齐方式

6.3.1 设置表格的边框属性

用户可以通过添加 border、bordercolor 属性为表格设置边框线以及美化表格。

基本语法：

<table border＝" " bordercolor＝" ">

语法说明：

border 属性用于设置边框的宽度，单位为像素。在定义边框颜色的时候可以使用颜色的英文单词或 6 位十六进制颜色值。

程序 6-4 在 table 标记中添加了相关的属性，设置了边框线宽度 border 为 1。下面是程序中关于这些属性的定义代码。

```
<! -- 程序 6-4 -- >
…
< table width = "600" border = "1" bordercolor = "＃00FF00"
…
</table >
```

6.3.2 设置表格的宽度和高度

在表格设计中，width 属性用于设置表格的宽度，height 属性用于设置表格的高度。

基本语法：

<table width＝" " height＝" ">

语法说明：

(1) width 和 height 属性的值可以是像素或百分比。

(2) 对于非嵌套表格，百分比表示的是表格应该占据的浏览器窗口的百分比；对于嵌套表格，百分比表示的是相对嵌套表格所在的单元格宽度。

(3) 用百分比设置大小的表格会随着浏览器窗口或嵌套表格所在的单元格的大小变化调整，而用像素设置大小的表格是绝对大小。

(4) 默认情况下，表格的宽度和高度会根据内容自动调整。

程序 6-5 是对表格宽度和高度的定义。

```
<! -- 程序 6-5 -- >
…
< table width = "600" height = "200" border = "1">
…
</table >
```

程序运行结果如图 6-4 所示，它的宽度一直保持为 600 像素，但高度设定为 200 像素，和前面程序的运行相比，每行的高度自动增加了。

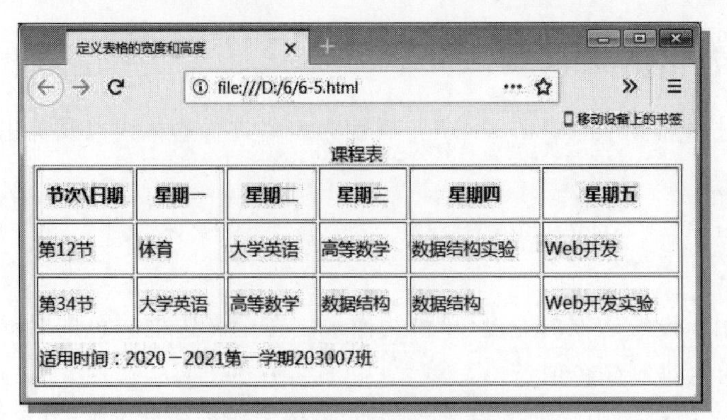

图 6-4　设定表格的宽度和高度

6.3.3　设置表格的背景颜色

表格背景默认为无填充色，根据网页设计要求，通过 bgcolor 属性可以设置表格的背景颜色，以增加视觉效果。

基本语法：

<table bgcolor=" ">

语法说明：

bgcolor 属性的值可以是 6 位十六进制数或该颜色的英文单词。

程序 6-6 是关于表格背景颜色的设置实例。

```
<! -- 程序 6-6 -->
…
<table width="600"  border="1" bgcolor="#f5f5dc">
…
</table>
```

6.3.4　设置表格的背景图像

除添加背景颜色外，对于表格还可以通过 background 属性设置背景图像，表格的背景图像可以是 GIF、JPEG 或 PNG 等图像格式。

基本语法：

<table background=" ">

语法说明：

属性值为背景图片文件的相对路径或完整路径。

程序 6-7 是设定表格背景图像的实例。

```
<! -- 程序 6-7 -->
…
<table width="600"  border="1" background="kechengbiao.gif">
…
</table>
```

6.3.5　设置边框样式

在 HTML 文件中，根据设计的需要，我们可以利用< table >标记的 frame 属性控制只显示部分表格边框，也可以利用 rules 属性控制只显示部分内部边框。

基本语法：

< table frame=" " rules=" ">

语法说明：

frame 的常见属性设置如表 6-3 所示，rules 的常见属性设置如表 6-4 所示。

表 6-3　frame 的属性

属　性	描　述
above	显示上边框
below	显示下边框
hsides	显示上、下边框
lhs	显示左边框
rhs	显示右边框
vsides	显示左、右边框
border	显示上、下、左、右边框
void	不显示边框

表 6-4　rules 的属性

属　性	描　述
all	显示所有内部边框
none	不显示内部边框
cols	仅显示列边框
rows	仅显示行边框
groups	显示介于行列间的边框

程序 6-8 是设定表格边框样式的实例，它定义了表格只显示上、下边框，将属性 frame 的值设置为“hsides”，隐藏左、右边框，同时定义内部的边框全部显示，将属性 rules 设置为“all”。页面效果如图 6-5 所示。

```
<! -- 程序 6-8 -->
...
<table width = "600"   border = "1" frame = "hsides" rules = "all">
...
</table>
```

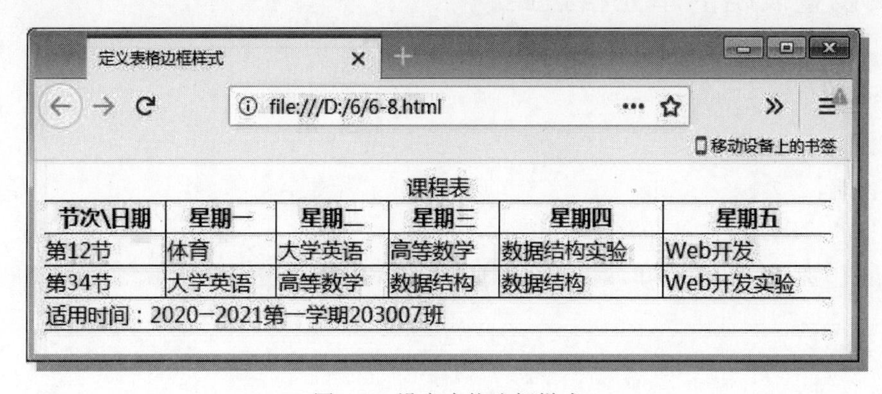

图 6-5　设定表格边框样式

6.3.6 设置表格的单元格间距

通过 cellspacing 属性可以调整表格的单元格之间的间距，使得表格布局不会显得过于紧凑。

基本语法：

<table cellspacing=" ">

语法说明：

单元格的间距以像素为单位，默认值是 2。

设定表格的单元格间距，如程序 6-9 所示。

```
<! -- 程序 6-9 -- >
…
< table width = "600" border = "1" cellspacing = "15">
  …
</table >
```

该程序中定义的表格单元格间距为 15。页面效果如图 6-6 所示。

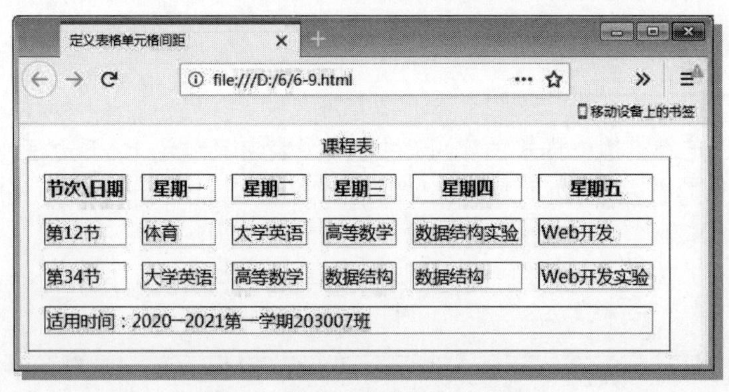

图 6-6 设定表格的单元格间距

6.3.7 设置表格的单元格边距

单元格边距是指单元格中的内容与单元格边框的距离。

基本语法：

<table cellpadding=" ">

语法说明：

单元格的边距以像素为单位。

程序 6-10 是设定表格的单元格边距的实例。页面效果如图 6-7 所示。

```
<! -- 程序 6-10 -- >
…
< table width = "600" border = "1" cellspacing = "15" cellpadding = "5">
  …
</table >
```

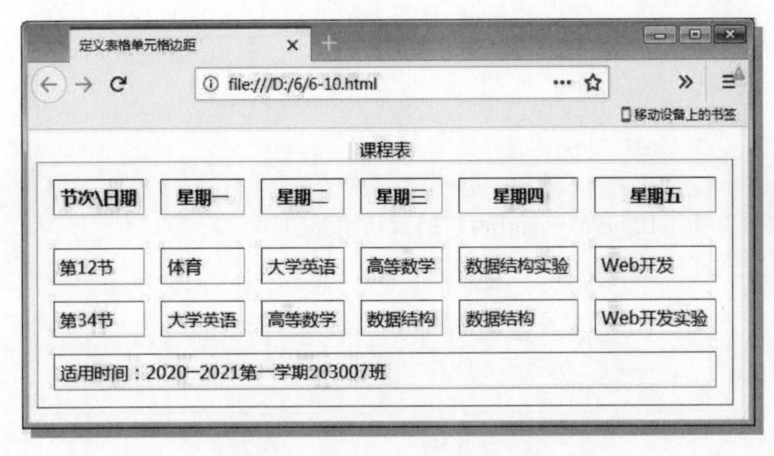

图 6-7 设定表格的单元格边距

该程序中定义的表格设定了单元格间距为 15 像素，和前面的运行结果相比，单元格中间的文字内容和单元格边界有明显的空间。

6.3.8 设置表格的水平对齐属性

在水平方向上可以设置表格的对齐方式为居左、居中、居右。如果没有进行特别设置，默认为居左排列。

基本语法：

<table align="left|center|right">

语法说明：

align 的值可以为 left、center、right，根据设定，表格出现在窗口的居左、居中或居右位置。

程序 6-11 是设定表格水平对齐的部分代码，将表格设置为居中显示。

```
<!-- 程序 6-11 -->
…
<table width = "600" border = "1" align = "center">
  …
</table>
```

6.4 设置表格行的属性

视频讲解

表格行标记<tr>的属性用于设定表格中某一行的属性，其常见属性设置如表 6-5 所示。

表 6-5 <tr>标记的属性

属　性	描　述	属　性	描　述
align	行内容的水平对齐	bordercolor	行的边框颜色
valign	行内容的垂直对齐	bgcolor	行的背景颜色

6.4.1 行内容水平对齐

基本语法：

<tr align=" ">…</tr>

语法说明：

align 的值可以为 left、center、right，它的默认值是 left。

程序 6-12 是关于行内容水平对齐的实例。

```
<! -- 程序 6-12 - >
< html >
< head >
    < title>设定表格水平对齐</title >
</head >
< body >
        < table width = "600"   border = "1" align = "center">
            < caption >课程表</caption >
            < tr align = "center">
                < th>节次\日期</th >
                < th>星期一</th >
                < th>星期二</th >
                < th>星期三</th >
                < th>星期四</th >
                < th>星期五</th >
            < tr >
            < tr align = "right">
                < td>第 12 节</td >
                < td>体育</td >
                < td>大学英语</td >
                < td>高等数学</td >
                < td>数据结构实验</td >
                < td> Web 开发</td >
            </tr >
            < tr >                    <! -- 表格第二行 -- >
                < td>第 34 节</td >
                < td>大学英语</td >
                < td>高等数学</td >
                < td>数据结构</td >
                < td>数据结构</td >
                < td> Web 开发实验</td >
            </tr >
            < tr >< td colspan = "6">适用时间: 2020—2021 第一学期 203007 班</td ></tr >
        </table >
</body >
</html >
```

页面效果如图 6-8 所示，表头被设置为居中对齐，第二行被设置为居右对齐，第三行没有特别定义，采用默认对齐方式，内容靠左对齐。

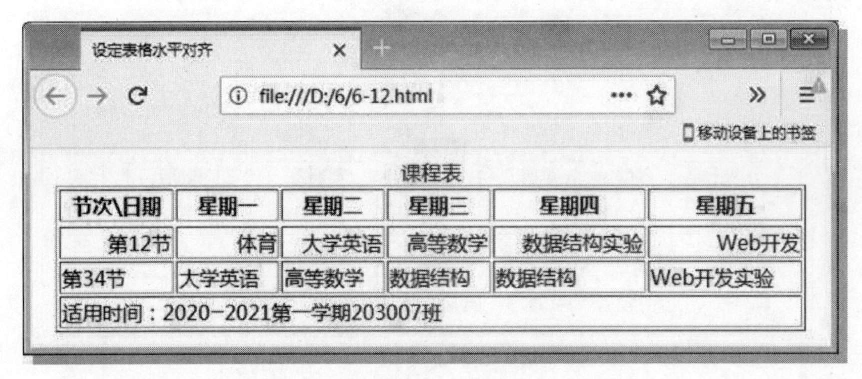

课程表

节次\日期	星期一	星期二	星期三	星期四	星期五
第12节	体育	大学英语	高等数学	数据结构实验	Web开发
第34节	大学英语	高等数学	数据结构	数据结构	Web开发实验
适用时间：2020-2021第一学期203007班					

图 6-8　设定表格行内容水平对齐

6.4.2　行内容垂直对齐

基本语法：

< tr valign＝" ">…</tr >

语法说明：

valign 的值可以为 top(居上)、middle(居中)和 bottom(居下)，它的默认值是 middle。

程序 6-13 是关于行内容垂直对齐的部分代码。

```
<! -- 程序 6-13 -->
< html >
< head >
    < title >设定表格行内容垂直对齐</title >
</head >
< body >
    < table width = "600" height = "200" border = "1" align = "center">
        < caption >课程表</caption >
        < tr valign = "top">
        …
        < tr >
        < tr valign = "bottom">
        …
        </tr >
        < tr >                  <! -- 表格第二行 -->
        …
        </tr >
        < tr >< td colspan = "6">适用时间: 2020—2021 第一学期 203007 班</td ></tr >
    </table >
</body >
</html >
```

页面效果如图 6-9 所示，表头被设置为居上对齐，第二行被设置为居下对齐，第三行没有特别定义，采用默认对齐方式，内容居中对齐。

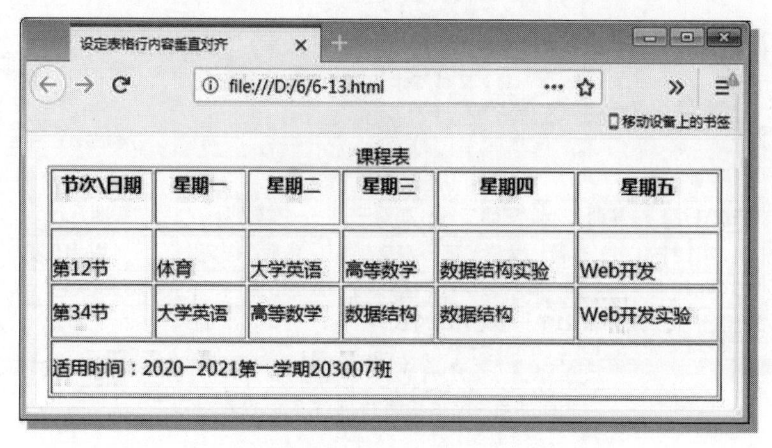

图 6-9　设定表格行内容垂直对齐

视频讲解

6.5　设置表格中某一单元格的属性

表格列标记< td >的属性用于设定表格中某一单元格的属性，常见属性设置如表 6-6 所示。单元格的对齐属性和背景设置等和表格及行的相应属性设置类似，此处不再讲述。

表 6-6　< td >标记的属性

属　　性	描　　述	属　　性	描　　述
align	单元格内容的水平对齐	width	单元格的宽度
valign	单元格内容的垂直对齐	height	单元格的高度
bgcolor	单元格的背景颜色	rowspan	单元格跨行
background	单元格的背景图像	colspan	单元格跨列
bordercolor	单元格的边框颜色		

6.5.1　设置单元格跨行

使用单元格的 rowspan 属性可实现单元格的跨行合并(纵向合并)。

基本语法：

< td rowspan=" ">…</td >

语法说明：

rowspan 的值为单元格跨越的行数。如果创建跨越两行的单元格(即 rowspan="2")，那么在下一行中就不用定义相应的单元格；如果创建跨越三行的单元格(rowspan="3")，那么在下两行中就不用定义相应的单元格，以此类推。

程序 6-14 是一个设定跨行的表格的实例。

```
<! -- 程序 6-14 -- >
< html >
< head >
```

```
<title>设定跨行的表格</title>
</head>
<body>
<table width="600" border="1" cellpadding="0"
                                cellspacing="0" align="center">
    <caption>课程表</caption>
    <tr>
        <th>节次\日期</th>
        <th>星期一</th>
        <th>星期二</th>
        <th>星期三</th>
        <th>星期四</th>
        <th>星期五</th>
    <tr>
    <tr>
        <td>第 12 节</td>
        <td>体育</td>
        <td>大学英语</td>
        <td>高等数学</td>
        <td rowspan="2" valign="middle">数据结构</td><!-- 定义一个单元格占两行 -->
        <td>Web 开发</td>
    </tr>
    <tr>
        <td>第 34 节</td>
        <td>大学英语</td>
        <td>高等数学</td>
        <td>数据结构</td>  <!-- 此处少了一个单元格,因为上一行已经定义 -->
        <td>Web 开发实验</td>
    </tr>
    <tr><td colspan="6">适用时间: 2020—2021 第一学期 203007 班</td></tr>
</table>
</body>
</html>
```

页面效果如图 6-10 所示。在页面中第二行对应星期四的单元格标记是这样写的：

```
<td rowspan="2" valign="middle">数据结构</td>
```

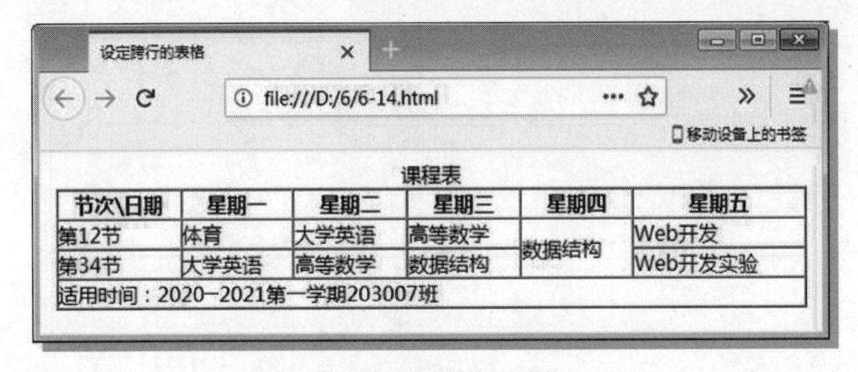

图 6-10　设定跨行的表格

其中,rowspan="2"属性定义了该单元格占据两行,这样,对应下面一行就可以少定义一个单元格了,所以在代码中,第三行<tr>标记中的 td 标记比第 2 行少了一个,缺少的那个单元格会自动插入到和第二行对应的列位置。

6.5.2 设置单元格跨列

使用 colspan 属性可以进行单元格的跨列合并(横向合并)。

基本语法:

<td colspan=" ">…</td>

语法说明:

colspan 的值为所跨单元格的列数。若在一行中创建跨越两列的单元格(即 colspan="2"),那么在该行中应该少定义一个单元格;若在一行中创建跨越三列的单元格(即 colspan="3"),那么在该行中应该少定义两个单元格,以此类推。

程序 6-15 是一个设定单元格跨列的表格的实例。

```
<!--程序 6-15-->
<html>
<head>
<title>设定跨列的表格</title>
</head>
<body>
<table width="600" border="1" cellpadding="0"
                              cellspacing="0" align="center">
    <caption>课程表</caption>
    <tr>
        <th>节次\日期</th>
        <th>星期一</th>
        <th>星期二</th>
        <th>星期三</th>
        <th>星期四</th>
        <th>星期五</th>
    <tr>
    <tr>  <!--此表格行和上、下两行相比少了一列定义,但最后一个单元格实际上占了两列-->
        <td>第 12 节</td>
        <td>体育</td>
        <td>大学英语</td>
        <td>高等数学</td>
        <td colspan="2" align="center">数据结构</td> <!--定义一个单元格占两列-->
          <!--此处少了一个单元格,因为上一单元格已经定义-->
    </tr>
    <tr>
        <td>第 34 节</td>
        <td>大学英语</td>
        <td>高等数学</td>
        <td>数据结构</td>
        <td>数据结构实验</td>
        <td>Web 开发实验</td>
    </tr>
    <tr><td colspan="6">适用时间:2020—2021 第一学期 203007 班</td></tr>
</table>
</body>
</html>
```

页面效果如图 6-11 所示。其中，colspan="2"属性定义了该单元格占据了两列，这样对应本行就可以少定义一个单元格了。

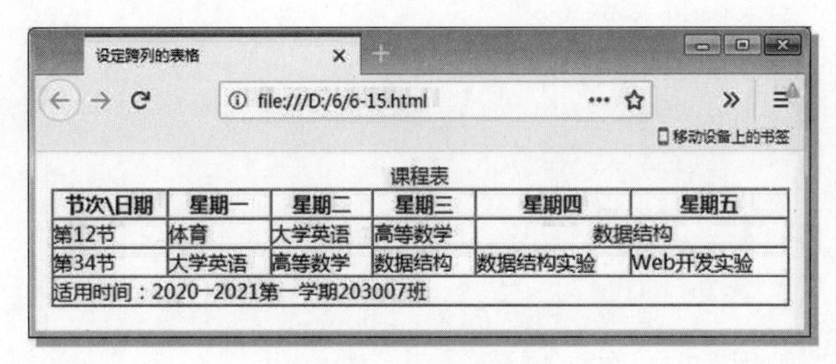

图 6-11 设定跨列的表格

6.6 表格嵌套

表格嵌套就是根据插入元素的需要在一个表格的某个单元格里再插入一个若干行和列的表格。对于嵌套表格，可以像对任何其他表格一样进行格式设置，但是其宽度受它所在单元格的宽度的限制。利用表格的嵌套，一方面可以编辑出复杂而精美的效果；另一方面可根据布局需要实现精确的编排。需要注意的是，嵌套层次越多，网页的载入速度越慢。

程序 6-16 是一个表格嵌套实例，在一张大表中嵌入了两个班的课程表。

```
<!-- 程序 6-16 -->
<html>
<head>
<title>表格嵌套</title>
</head>
<body>
<table width="700" border="1" cellpadding="0" cellspacing="0" align="center">
    <caption>课程表</caption>
    <tr>
    <td width="100">203007 班</td>
    <td>
        <!-- 此处嵌套了一个班的课程表 -->
        <table width="100%" border="1" cellpadding="0" cellspacing="0" frame="void">
            <tr>
                <th width="100px">节次\日期</th>
                <th>星期一</th>
                <th>星期二</th>
                <th>星期三</th>
                <th>星期四</th>
                <th>星期五</th>
            <tr>
            <tr>
                <td>第 12 节</td>
                <td>体育</td>                <td>大学英语</td>
                <td>高等数学</td>
                <td>数据结构</td>
                <td>Web 开发</td>
```

```
                </tr>
                <tr>
                    <td>第 34 节</td>
                    <td>大学英语</td>
                    <td>高等数学</td>
                    <td>数据结构</td>
                    <td>数据结构实验</td>
                    <td>Web 开发实验</td>
                </tr>
            </table>
        </td>
        </tr>
        <tr>
        <td>203008 班</td>
        <td>
                <!-- 此处省略了嵌套的课程表,内容同上 -->
        </td>
        </tr>
    </table>
    </body>
    </html>
```

页面效果如图 6-12 所示,注意嵌套的表格宽度,这里使用百分比"< table width="100%">",表示内层表格的宽度占满了所在单元格本身的宽度,这里是 700 像素,为了不使内层表格的边框和所在单元格的边框线重叠,这是使用了"frame="void""属性,设置内层表格不再显示四周的边框,使得两个表格在外观上更像一个表格。

课程表

	节次\日期	星期一	星期二	星期三	星期四	星期五
203007班	第12节	体育	大学英语	高等数学	数据结构	Web开发
	第34节	大学英语	高等数学	数据结构	数据结构实验	Web开发实验
203008班	节次	星期一	星期二	星期三	星期四	星期五
	第12节	体育	大学英语	高等数学	数据结构	Web开发
	第34节	大学英语	高等数学	数据结构	数据结构实验	Web开发实验

图 6-12　表格嵌套

创建表格嵌套非常容易出错,最好的办法是先创建外围的表格,然后在合适的单元格内插入已经调好效果的表格。

视频讲解

6.7 小　实　例

一些设计人员喜欢使用表格来进行页面布局,因为它的效果在不同的浏览器中更容易保持一致,虽然目前更流行的是利用"DIV+CSS"技术进行页面布局。

1. 利用表格嵌套实现网页的布局

利用表格嵌套实现网页布局的实例如程序 6-17 所示。

```
<! -- 程序 6-17 -->
<html>
<head>
<title>利用表格实现页面布局</title>
</head>
<body>
<table  border = "1" width = "650"  align = "center">
    <tr>
        <td width = "150" height = "80">网站标志</td>
        <td colspan = "2">广告条</td>
    </tr>
    <tr>
        <td>
            <table border = "1" width = 100 % height = "200">
                <tr><td> </td></tr>
                <tr><td> </td></tr>
                <tr><td>导航条</td></tr>
                <tr><td> </td></tr>
                <tr><td> </td></tr>
                <tr><td> </td></tr>
            </table>
        </td>
        <td>内容一</td>
        <td>内容二</td>
    </tr>
    <tr>
        <td colspan = "3" align = "center">版权信息</td>
    </tr>
</table>
</body>
</html>
```

页面效果如图 6-13 所示。

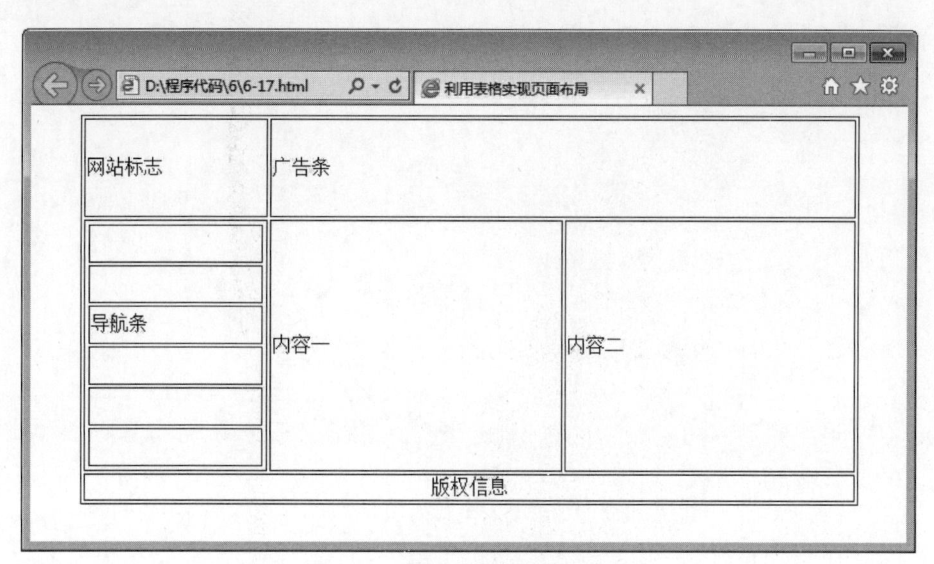

图 6-13 利用表格实现页面布局

2. 利用表格实现一个课程表

程序 6-18 是一个添加样式定义的课程表的实例。

```
<! -- 程序 6-18 -->
<html>
<head>
<title>课程表</title>
<style>
body{text-align:center;}
.table_title{border:1px solid #DFDFDF;padding:0px;margin:0px auto;width:500px;}
.tit{background:#ffffff;}
.tit_left{background:#59C9FF;}
.table_data{border:0px;background-color:#02ADFF;padding:0px;margin:0px;width:100%;}
.table_data th{text-align:center;background:#59C9FF;}
.table_data td{background:#D2E1FF;text-align:center;}
</style>
</head>
<body>
<tableclass="table_title">
    <tr>
        <td class="tit">
            <img src="kechengbiao.gif" width="352" height="82" />
        </td>
    </tr>
    <tr>
        <td>
            <table class="table_data">
                <tr>
                    <th colspan="2">时间</th>
                    <th>星期一</th>
                    <th>星期二</th>
                    <th>星期三</th>
                    <th>星期四</th>
                    <th>星期五</th>
                </tr>
                <tr>
                    <td rowspan="4" class="tit_left">上<br>午</td>
                    <td class="tit_left">1</td>
                    <td> </td>
                    <td> </td>
                    <td> </td>
                    <td> </td>
                    <td> </td>
                </tr>
                <tr>
                    <td class="tit_left">2</td>
                      <! -- 此处省略和上行类似的 5 个单元格的定义代码 -->
                </tr>
                <tr>
                    <td class="tit_left">3</td>
```

```
            <!--此处省略和上行类似的5个单元格的定义代码-->
          </tr>
          <tr>
             <td class="tit_left">4</td>
             <!--此处省略和上行类似的5个单元格的定义代码-->
          </tr>
          <tr>
             <td rowspan="4" class="tit_left">下<br>午</td>
             <td class="tit_left">5</td>
             <!--此处省略和上行类似的5个单元格的定义代码-->
          </tr>
          <tr>
             <td class="tit_left">6</td>
             <!--此处省略和上行类似的5个单元格的定义代码-->
          </tr>
          <tr>
             <td class="tit_left">7</td>
             <!--此处省略和上行类似的5个单元格的定义代码-->
          </tr>
          <tr>
             <td class="tit_left">8</td>
              <!--此处省略和上行类似的5个单元格的定义代码-->
          </tr>
        </table>
      </td>
    </tr>
</table>
</body>
</html>
```

页面效果如图6-14所示，注意代码中表格嵌套、单元格跨行和跨列定义的现象。

图6-14　课程表实例

小　结

本章主要介绍了制作表格时用到的标记和其常用属性以及属性的取值情况，在这里要注意几点事项：

(1) 在创建复杂的表格之前最好对它进行规划，例如先用笔在纸上设计页面。

(2) 在使用表格排版网页时要尽量细化表格，不要把整个网页放在一个大的表格里，因为只有当表格内的所有元素全部载入后整个表格才得以显示。所以，如果表格内有一些元素(比如计数器)载入较慢，就会延迟整个表格的显示。

(3) 对于整个网页在使用表格排版时，可以将整个页面分成几块，使用多个表格来排版。例如可以采用上(放置Logo、Banner、Menu等)、中(放置页面内容)、下(放置版权信息等)结构分三部分，由三个表格来实现。

习　题

1. 以下选项中，(　　)全部是表格标记。

A. <table>、<head>、<tfoot>　　B. <table>、<tr>、<td>

C. <table>、<tr>、<tt>　　D. <thead>、<body>、<tr>

2. 可以使单元格中的内容左对齐的HTML标记为(　　)。

A. <td align="left">　　B. <td valign="left">

C. <td leftalign>　　D. <td left>

3. 要使表格的边框不显示，应设置border的值为(　　)。

A. 1　　B. 0　　C. 2　　D. 3

4. 在以下标记中，用于定义一个单元格的是(　　)。

A. <td> ;</td>　　B. <tr>…</tr>

C. <table>…</table>　　D. <caption>…</caption>

5. 若要使表格的行高为16pt，在以下方法中，正确的是(　　)。

A. <table border=1 height="16">…</table>

B. <table border=1 height="16pt">…</table>

C. <table border=1 height="16px">…</table>

D. <table border=1 height="16cm">…</table>

6. 表格的标记是________，单元格的标记是________。

7. 表格的宽度可以用百分比和________两种单位来设置。

8. 表格分行用到的标记是________。

9. 在网页中设定表格边框厚度的属性是________；设定表格单元格之间宽度的属性是________；设定表格内容与单元格之间距离的属性是________。

10. <caption align=bottom>表格标题</caption>的功能是________。

11. <tr>…</tr>用来定义________；<td>…</td>用来定义________；<th>…</th>用来定义________。

12. 单元格垂直合并所用的属性是________；单元格横向合并所用的属性是________。

13. 利用<table></table>标记符的________属性可以控制表格边框的显示样式；利用<table></table>标记符的________属性可以控制表格分隔线的显示样式。

实　　验

1. 成绩登记表的制作。实验要求：成绩登记表中的数据包括序号、学号、姓名、平时成绩、期末成绩、学期总成绩，如图6-15所示。

成绩登记表					
序号	学号	姓名	平时成绩	期末成绩	学期总成绩
1	2010300201	张小丽	95	95	95
2	2010300202	李宁	90	88	89
3	2010300203	刘梅	98	92	95
4	2010300204	王刚	98	90	94
5	2010300205	郑军	90	85	87
6	2010300206	杨波	80	80	80

图6-15　成绩登记表

2. 产品介绍页面的制作。实验要求：用表格布局产品简介的页面，如图6-16所示。

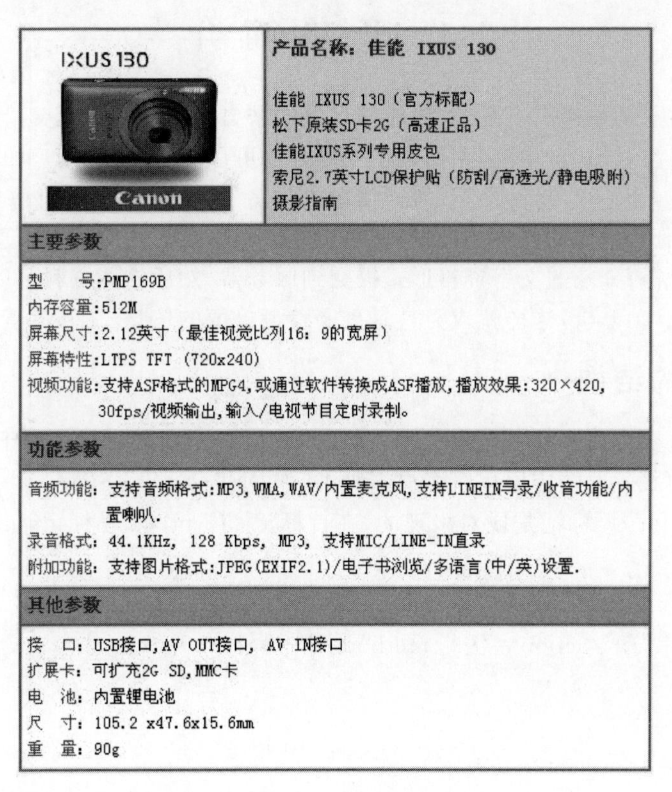

图6-16　产品介绍页面

第7章

表单

在网页中，表单(Form)用来给访问者填写信息，从而获得用户信息，使网页具有交互功能。一般将表单设计在一个 HTML 文档中，当用户填写完信息做提交操作后，表单的内容就从客户端的浏览器传送至服务器，经过服务器上的 ASP. NET 或 CGI 等程序处理后，再将用户所需的信息传送回客户端的浏览器，这样网页就具有了交互性。可以说，表单提供了用户与服务器来访者双向交互的“武器”。

本章重点

- 深刻理解表单的概念。
- 熟练掌握如何创建表单。
- 掌握表单的属性设置。
- 掌握表单对象属性的设置。

视频讲解

7.1 表单简介

几乎所有的商业网站都离不开表单，表单可以把来自用户的信息提交给服务器，是网站管理员与浏览者之间沟通的“桥梁”。利用表单处理程序可以收集、分析用户的反馈意见，做出科学的、合理的决策。有了表单，网站不仅是“信息提供者”，同时也是“信息收集者”。表单通常用来做调查表、注册登录界面、搜索界面等。通过表单收集到的用户反馈信息通常以用某种分隔符(如逗号、分号等)分隔的文字资料形式提交到服务器，然后这些资料可以导入到数据库或电子表格中进行统计、分析，这样就成为具有重要参考价值的信息。

7.1.1 表单的结构

表单有两个重要组成部分：一是描述表单的 HTML 源代码；二是用于处理用户在表单域中输入的信息的服务器端应用程序客户端脚本，如 ASP. NET、JSP 等。

表单使用的<form>标记是成对出现的，在首标记<form>和尾标记</form>之间的部分就是一个表单。

基本语法：

```
<form name="…" action="…" method="…">
    <input>
    …
    <select>…</select>
    …
    <textarea>…</textarea>
</form>
```

语法说明：

在< form >标记里有三个重要属性，即 name、action 和 method。

(1) name：表单名称，在为表单命名之后就可以用脚本语言（如 JavaScript 或 VBScript）对它进行控制。

(2) action：动作属性，指定处理表单信息的服务器端应用程序。该程序可以是 ASP .NET 程序，也可以是 CGI、PHP 等脚本，还可以是用 C、VB 等编写的动态链接库等程序。

(3) method：方法属性，用于指定表单向服务器提交数据的方法，method 的值可以为 get 或 post，默认方式是 get。

7.1.2 get 方法与 post 方法

1. get 方法

使用 get 方法提交数据，浏览器将把表单中的各个值添加到 action 指定的 URL（这两者之间用问号分隔）并向服务器发送 get 请求，每个值之间用符号“&”链接。IE 地址栏最大的 URL 长度是 2083 个字符，最大可以传递的数据长度是 2048 个字符，所以用户不要对数据量较多的表单使用 get 方法。当然，把用户输入的密码放在 URL 上也有些不合适，因为这种传递方法是可见的。下面是一个基于 get 方法的 URL 实例：

```
http://www.xxx.com/ddd/ccc?xxx = xxx&yyy = yyy…
```

2. post 方法

如果采用 post 方法，浏览器将首先与 action 属性中指定的表单处理服务器建立联系，一旦建立联系之后，浏览器就会按分段传输的方法将数据发送给服务器。

3. get 方法与 post 方法的对比

(1) get 将表单中的数据按照 variable＝value 的形式添加到 action 指向的 URL 后面，并且两者使用“?”连接，而各个变量之间使用“&”连接；post 是将表单中的数据放在表单的数据体中，按照变量和值相对应的方式传递到 action 指向的 URL。

(2) get 是不安全的，因为在传输过程中数据被放在请求的 URL 中，而现有的很多服务器、代理服务器或者用户代理都会将请求 URL 记录到日志文件中，然后放在某个地方，这样可能会有一些隐私信息被第三方看到。另外，用户也可以在浏览器上直接看到提交的数据，一些系统内部消息将会一同显示在用户面前。post 的所有操作对用户来说都是不可见的。

(3) get 传输的数据量小，主要是因为受 URL 长度限制；而 post 可以传输大量的数据，所以在上传文件时只能使用 post。

(4) get 限制表单的数据集的值必须为 ASCII 字符；而 post 支持整个 ISO 10646 字符集。

(5) get 是表单的默认方法。

通常，只单独使用< form >标记很难完成用户的信息输入。在< form >的开始与结束标记之间，除了可以使用前几章学习的标记外，还可以使用三个特殊标记，即 input、select、textarea。

视频讲解

7.2 输　　入

输入<input>是一个单标记,必须嵌套在表单标记中使用,用于定义一个用户的输入项。

基本语法:

```
<form>
    <input name=" " type=" ">
</form>
```

语法说明:

(1) <input>标记主要有6个属性,即type、name、size、value、maxlength、check。其中name和type是必选的两个属性。

(2) name属性的参数值是相应程序中的变量名。Web服务器将把这条输入信息的值赋予name属性规定的变量。type属性用于指定该输入项提供的输入方式,即指出用户输入的值的类型。

(3) 在不同的输入方式下,<input>标记的格式略有不同,除type之外的其他5种属性因type类型的不同而含义不同。

(4) type主要有9种类型,即text、submit、reset、password、checkbox、radio、image、hidden、file。

7.2.1 单行文本输入框

当type="text"时,表示该输入项的输入信息是字符串。此时,浏览器会在相应的位置显示一个文本框供用户输入信息。

基本语法:

```
<form>
    <input name="text" type="text" maxlength="" size="" value="">
</form>
```

语法说明:

text文本框是一个只能输入一行文字的输入框。<input>标记除了有两个必选的属性name和type之外,还有三个可选的属性,即maxlength、size和value。

(1) maxlength:设置单行输入框可以输入的最大字符数,例如限制邮政编码为6个数字、密码最多为10个字符等。

(2) size:设置单行输入框可以显示的最大字符数,这个值总是小于等于maxlength属性的值,当输入的字符数超过文本框的长度时,用户可以通过移动光标来查看超过的内容。

(3) value:文本框的值,可以通过设置value属性的值来指定当表单首次被载入时显示在输入框中的值。

(4) 如果需要创建一个随着表单提交一同传递的元素,希望用户看到,却又不允许编辑,可以添加readonly属性。

程序7-1给出了一个输入姓名的例子。

```
<!--程序 7-1-->
<html>
<head>
```

```
    <title>输入用户姓名</title>
</head>
<body>
    <form action = "process.aspx " method = "get">
        请输入你的姓名: <input type = "text" name = "yourname">
    </form>
</body>
</html>
```

页面效果如图 7-1 所示。

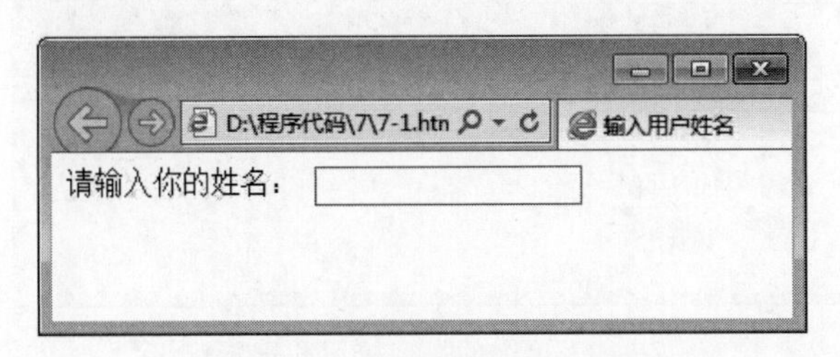

图 7-1　表单中的单行文本框

7.2.2　提交按钮和重置按钮

用户输入的信息如果不发送到服务器，就没有意义，所以要为表单提供提交按钮。当 type="submit"时，显示一个提交按钮，当用户单击该按钮时，浏览器就会将表单的输入信息传送给服务器；当 type="reset"时，显示一个重置按钮，当用户单击该按钮时，浏览器就会清除表单中所有的输入信息而恢复到初始状态。在一般情况下，提交按钮与重置按钮经常同时出现。

基本语法：

```
<form><input name="submit" type="submit" value="提交"></form>
<form><input name="reset " type="reset" value="重置"></form>
```

语法说明：

(1) 提交按钮的 name 属性是可以默认的。除 name 属性外，它还有一个可选的属性 value，用于指定显示在提交按钮上的文字，value 属性的默认值是“提交”。在一个表单中必须有提交按钮，否则将无法向服务器传送信息。

(2) 重置按钮的 name 属性也是可以默认的。value 属性与 submit 类似，用于指定显示在清除按钮上的文字，value 的默认值为“重置”。

程序 7-2 设计了输入姓名、年龄的两个文本框，并设计了提交按钮和重置按钮。

```
<!-- 程序 7-2 -->
<html>
<head>
    <title>注册</title>
</head>
<body>
    <form action = "process.aspx " method = "get">
        请输入你的姓名: <input type = "text" name = "yourname">
```

```
        <br />
        请输入你的年龄: <input type = "text" name = "yourage">
        <br />
        <input type = "submit" value = "提交">
        <input type = "reset" value = "重置">
    </form>
</body>
</html>
```

页面效果如图 7-2 所示。

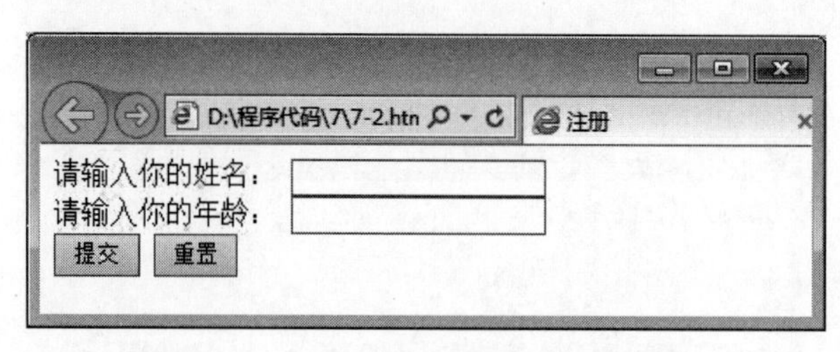

图 7-2　表单中的提交按钮和重置按钮

7.2.3　密码输入框

密码输入框 password 与单行文本输入框 text 使用起来非常相似,所不同的是当用户输入内容时是用"·"等非密码字符来显示每个输入的字符,以保证密码的安全。

基本语法:

```
<form>
    <input name="password" type="password " maxlength= " " size= " ">
</form>
```

语法说明:

在表单中插入密码框,只要将<input>标记中的 type 属性值设为 password 就可以插入,maxlength、size 属性和文件输入框 text 的属性一样。

程序 7-3 显示了一个常见的用户登录界面,<form>标记中包含了一个 type="password"的密码输入框。

```
<! -- 程序 7-3 -->
<html>
<head>
    <title>输入用户名和密码</title>
</head>
<body>
    <form action = " process.aspx " method = "post">
        用户名: <input type = "text" name = "yourname" size = 15 ><br>
        密   码: <input type = "password" name = "yourpw" size = 15 ><br>
        <input type = "submit" value = "登录">
        <input type = "reset" value = "取消">
    </form>
</body>
</html>
```

页面效果如图 7-3 所示，当用户在密码框中输入密码的时候出现的都是实心的圆点。

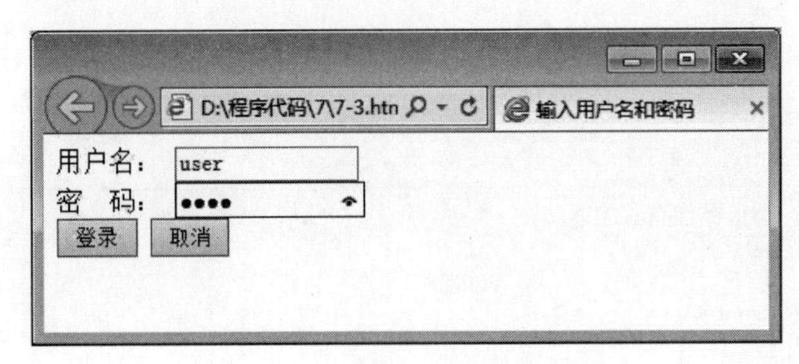

图 7-3　表单中的密码输入框

7.2.4　复选框

当 type="checkbox"时，表示输入项是一个复选框。

基本语法：

```
< form >
    < input name="text" type="checkbox " value= " ">
</form >
```

语法说明：

(1) 用户可以同时选中表单中的一个或多个复选框作为输入信息，由于选项可以有多个，属性 name 应取不同的值。

(2) 属性 value 的参数值就是在该选项被选中并提交后浏览器要传送给服务器的数据，因此 value 属性的参数值必须与选项内容相同或基本相同，或者虽然不同，但却有逻辑上的关联性，以便服务器在收到 value 属性的值后知道它的含义。例如，对应于 checkbox 的文本内容是学生姓名，但 value 属性的值却可以用学号来代替，服务器更容易对学号进行处理。该属性是必选项。

(3) checked 属性用于指定该选项在初始时是否被选中。

程序 7-4 给出了复选框的一个实例，从三个可选运动中选择自己喜欢的运动。

```
<! -- 程序 7-4 -- >
< html >
< head >
    < title >选择</title >
</head >
< body >
    请选择你喜欢的运动: < br >
    < form action = " process.aspx" method = "post">
    < input type = "checkbox" name = "basketball" value = "basktball">篮球< br >
    < input type = "checkbox" name = "football" value = "football">足球< br >
    < input type = "checkbox" name = "tennis" value = "tennis">网球< br >
    < input type = "submit" value = "提交">
    </form >
</body >
</html >
```

页面效果如图 7-4 所示,页面中显示了三个复选框,选项前面的方框中出现一个对勾,表示该选项已被选中。

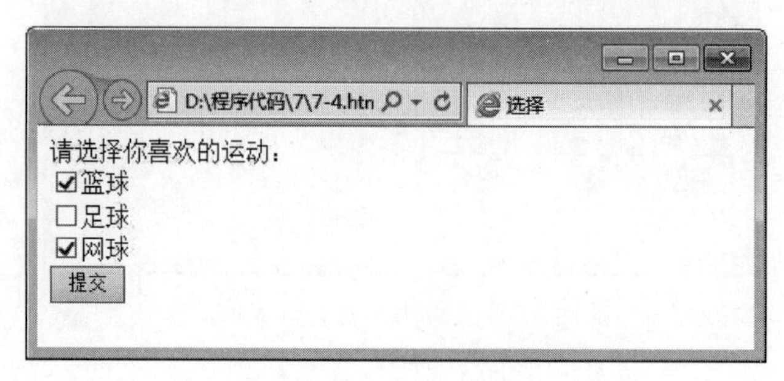

图 7-4　表单中的复选框

7.2.5　单选按钮

当 type="radio"时,表示输入项是一个单选按钮。

基本语法:

```
<form>
    <input name="radio" type=" radio " value= " ">
</form>
```

语法说明:

(1) 用户只能选中表单中所有单选按钮中的一个作为输入信息,因此,所有属性的 name 都应取相同的值。

(2) 不同的选项,其 value 属性的值是不同的。

(3) checked 属性用于指定该选项在初始时是被选中的。

程序 7-5 给出了一个邮箱系统常见的设置页面,用于设置每页中最多显示的邮件数。

```
<!-- 程序 7-5 -->
<html>
<head>
    <title>设置</title>
</head>
<body>
    每页最多显示邮件数:<br>
    <form action = " ParaSet.aspx" method = "post">
      <input type = "radio" name = "mail" value = "10"> 10 封<br>
      <input type = "radio" name = "mail" value = "20" checked> 20 封(推荐)<br>
      <input type = "radio" name = "mail" value = "30"> 30 封<br>
      <input type = "radio" name = "mail" value = "50"> 50 封<br>
      <input type = "radio" name = "mail" value = "100"> 100 封<br>
      <input type = "submit" value = "提交">
    </form>
</body>
</html>
```

页面效果如图 7-5 所示，其中在第二个单选按钮标记属性中添加了 checked 属性，使得该单选按钮被作为初始选择项显示。

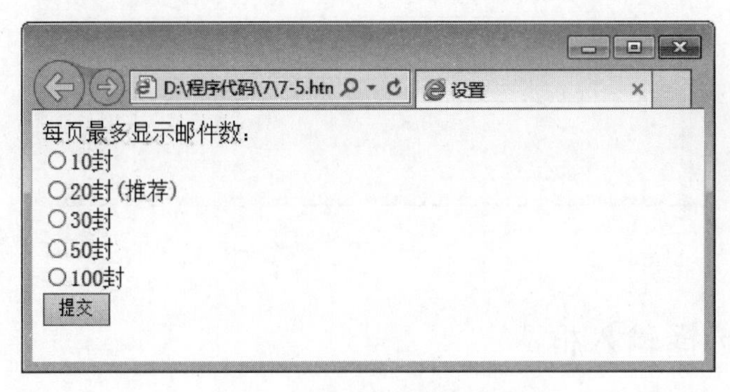

图 7-5　表单中的单选按钮

7.2.6　图像按钮

为了使界面美观，可以用一张图片作为提交或者其他类型的按钮，当 type="image"时，浏览器就会在相应位置产生一个图像按钮。

基本语法：

```
<form>
    <input name="image" type="image" src="url">
</form>
```

语法说明：

在单击该按钮时，浏览器就会将表单的输入信息传送给服务器。image 类型中的 src 属性是必需的，用于设置图像文件的路径。

程序 7-6 给出了一个图像按钮的实例。

```
<!-- 程序 7-6 -->
<html>
<head>
<title>表单中的图像按钮</title>
</head>
<body>
    <form action = "process.aspx " method = "post">
    你最喜欢的运动：
    <select name = "sports">
        <option value = "football">足球
        <option value = "bastetball">篮球
        <option value = "volleyball"> 排球
    </select>
    <input type = "image" src = "./img/confirm.gif" value = "提交">
    </form>
</body>
</html>
```

页面效果如图 7-6 所示，按钮上显示的是指定的图像，value 属性并没有发挥作用。

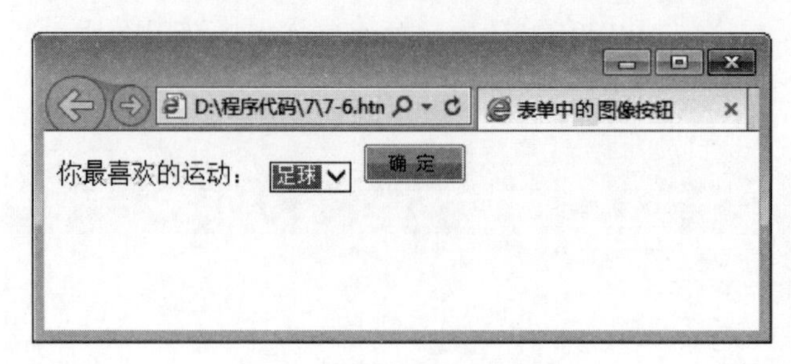

图 7-6　表单中的图像按钮

7.2.7　文件选择输入框

文件选择输入框允许用户在自己的硬盘上浏览文件，并把文件名及其路径作为表单数据上传，它主要用在上传程序中。

基本语法：

```
<form method="post" enctype="multipart/form-data">
    <input name="file" type="file">
</form>
```

语法说明：

(1) 在表单中插入文件选择输入框，只要将<input>标记中 type 属性的值设为 file 就可以插入。

(2) enctype 属性确保文件采用正确的格式上传。

(3) 对于允许文件上传的表单，不能使用 get 方法。

程序 7-7 给出了一个文件上传实例。

```
<!-- 程序 7-7 -->
<html>
<head>
    <title>表单中的文件选择输入框</title>
</head>
<body>
<form action = "process.aspx"  method = "post" enctype = "multipart/form-data">
    <p>
        请选择文件<br>
        <input type = "file" name = "uploadfile" size = "40">
    </p>
    <div>
        <input type = "submit" value = "上传" name = "Send"">
    </div>
</form>
</body>
</html>
```

页面效果如图 7-7 所示。单击“浏览”按钮，会打开“选择要加载的文件”对话框，如图 7-8 所示。

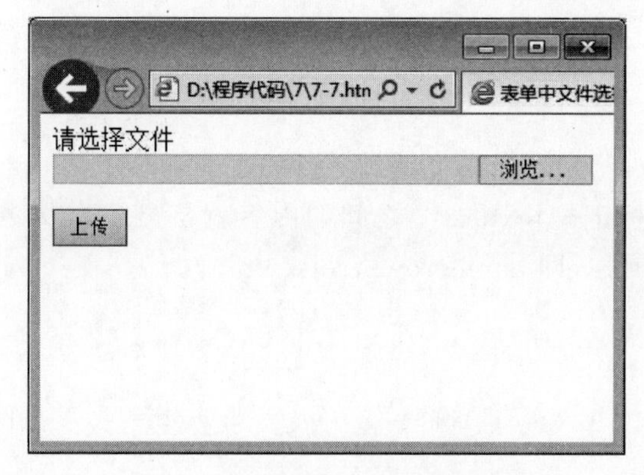

图 7-7　表单中的文件选择输入框

图 7-8　"选择要加载的文件"对话框

7.2.8　隐藏框

如果用户不想显示某些选项而又不愿意将它们从文档中删除，例如，用隐藏域存储设计者的相关信息(如表单主题)，这些信息与用户无关，但应用程序运行可能需要，此时就可以把这些选项中 type 属性的值改为 hidden。

基本语法：

```
<form>
    <input name="hidden" type="hidden" value=" ">
</form>
```

语法说明：

(1) 当 type="hidden"时，表示输入项不在浏览器中显示。

(2) 隐藏域出现在表单中的位置没有关系，只要在<form>标记中就可以。

视频讲解

7.3 多行文本输入框

<textarea>标记可以用来定义高度超过一行的文本输入框,<textarea>标记是成对标记,首标记<textarea>和尾标记</textarea>之间的内容就是显示在文本输入框中的初始信息。<textarea>标记有 4 个属性,即 name、rows、cols、wrap。

基本语法:

```
<form>
    <textarea name="textarea" cols="" rows="" wrap="">初始的文字内容</textarea>
</form>
```

语法说明:

(1) name:用于指定文本输入框的名字。

(2) rows:设置多行文本输入框的行数,此属性的值是数字,浏览器会自动为高度超过一行的文本输入框添加垂直滚动条。但是,当输入文本的行数小于或等于 rows 属性的值时,滚动条将不起作用。

(3) cols:设置多行文本输入框的列数。

(4) wrap:默认文本自动换行,当输入内容超过文本域的右边界时会自动转到下一行,而数据在被提交处理时自动换行的地方不会有换行符出现。wrap 的取值如下。

① wrap="virtual",将实现文本区内的自动换行,以改善对用户的显示,但在传输给服务器时文本只在用户按下回车键的地方进行换行,在其他地方没有换行的效果。

② wrap="physical",将实现文本区内的自动换行,并以这种形式传送给服务器,就像用户真的那样输入的。因为文本要以用户在文本区内看到的效果传输给服务器,因此使用自动换行是非常有用的方法。

③ wrap="off",不会自动进行文本换行,当输入的内容超过文本域右边界时,文本将向左滚动,必须按下回车键才能将插入点移到下一行。

程序 7-8 是一个教学意见反馈的实例,利用表单中的多行文本输入框实现。

```
<!-- 程序 7-8 -->
<html>
<head>
    <title>请提宝贵意见</title>
</head>
<body>
    <form action = "process.aspx" method = "get">
    请提宝贵意见:<br>
    <textarea name = "yoursuggest" cols = "50" rows = "3"></textarea>
    <br>
    <input type = "submit" value = "提交">
    <input type = "reset" value = "重写">
    </form>
</body>
</html>
```

页面效果如图 7-9 所示，用户可以在文本区域内输入相关文字。

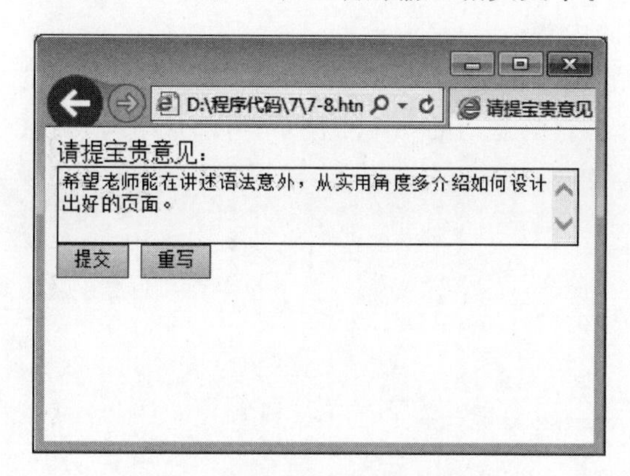

图 7-9　表单中的多行文本输入框

7.4　下拉列表框

在表单中，通过< select >和< option >标记可以在浏览器中设计一个下拉式的列表或带有滚动条的列表，用户可以在列表中选中一个或多个选项。这一点与< input >标记中的单选按钮和复选框的使用方法相似，只是形式不同。

基本语法：

```
< form >
    < select name=" " size=" ">
        < option value=" ">
        …
        < option value=" ">
    </select >
</form >
```

语法说明：

(1) < select >：它是一个成对标记，首标记< select >和尾标记</select >之间的内容就是一个下拉式列表的内容。< select >标记必须与< option >标记配套使用。< option >标记用于定义列表中的各个选项，< select >标记有 name、size、multiple 三个属性。

① name：设定下拉列表名字。

② size：可选项，用于改变下拉列表框的大小。size 属性的值是数字，表示显示在列表中选项的数目，当 size 属性的值小于列表框中的列表项数目时，浏览器会为该下拉列表框添加滚动条，用户可以使用滚动条查看所有的选项，size 的默认值为 1。

③ multiple：如果加上该属性，表示允许用户从列表中选择多项。

(2) < option >：用来定义列表中的选项标记，设置列表中显示的文字和列表条目的值，列表中的每个选项有一个显示的文本和一个 value 值(当选项被选择时传送给处理程序的信息)。< option >标记是单标记，它必须嵌套在< select >标记中使用。在一个列表中有多少个选项就要有多少个< option >标记与之相对应，选项的具体内容写在每个< option >之后。< option >标记有两个属性，即 value 和 selected，它们都是可选项。

① value：用于设置当该选项被选中并提交后浏览器传送给服务器的数据。如果是默认状态，浏览器将传送选项的内容。

② selected：用来指定选项的初始状态，表示该选项在初始时被选中。

程序 7-9 是一个选择喜欢的运动的一个小例子，可以从下拉列表中进行选择。

```
<! -- 程序 7-9 -->
<html>
<head>
<title>下拉列表框</title>
</head>
<body>
    <form action = " process.aspx " method = "post">
    你最喜欢的运动：
    <select name = "sports">
        <option value = "football">足球
        <option value = "bastetball">篮球
        <option value = "volleyball">排球
    </select>
    <input type = "submit" value = "提交">
    </form>
</body>
</html>
```

页面效果如图 7-10 所示。

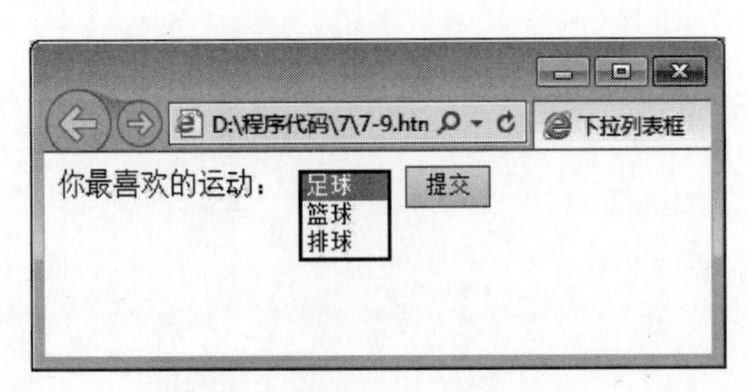

图 7-10 表单中的下拉列表框

如果要变成复选，加 multiple 即可。用户可以按 Ctrl 键实现多选，程序 7-10 对<select>标记添加了 multiple 多选属性。

```
<! -- 程序 7-10 -->
<html>
<head>
<title>多选下拉列表框</title>
</head>
<body>
    <form action = " process.aspx " method = "post">
    你最喜欢的运动：
    <br>
    <select name = "sports" multiple>
        <option value = "football">足球
        <option value = "bastetball">篮球
        <option value = "volleyball">排球
```

```
        </select>
        <input type = "submit" value = "提交">
        </form>
    </body>
    </html>
```

页面效果如图 7-11 所示。

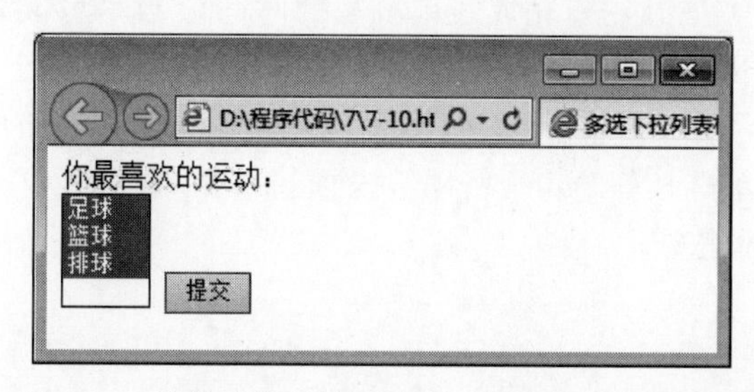

图 7-11　表单中的下拉列表框(设置 multiple 属性)

使用 size 属性可以改变下拉列表框的大小，程序 7-11 是将< select >标记的 size 属性修改为 2。

```
<!-- 程序 7-11 -->
<html>
<head>
<title>下拉列表框的尺寸</title>
</head>
<body>
    <form action = " process.aspx " method = "post">
    你最喜欢的运动：
    <br>
    <select name = "sports" size = 2 multiple>
        <option value = "football">足球
        <option value = "bastetball">篮球
        <option value = "volleyball">排球
    </select>
    <input type = "submit" value = "提交">
    </form>
</body>
</html>
```

图 7-12 是 size 为 2 时< select >标记的效果，和图 7-11 不同的是，虽然下拉列表中依然有三个不同的选项，但是只有两个被显示出来。

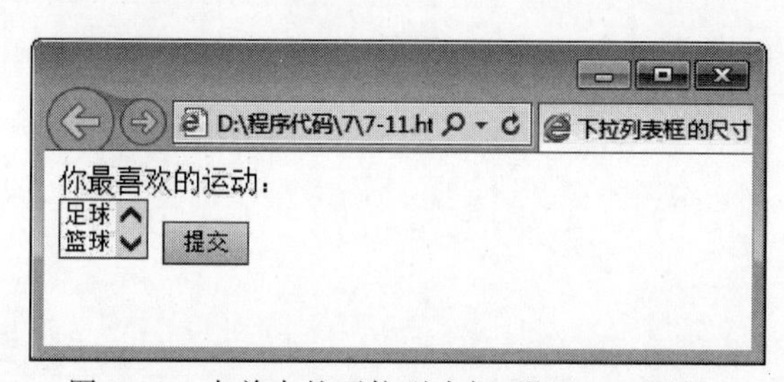

图 7-12　表单中的下拉列表框(设置 size 属性)

视频讲解

7.5 小 实 例

在做表单前首先要规划好表单所包含的对象,例如本实例成员注册表单将包含用户名称、真实姓名、出生时间、性别、登录密码、确认密码、E-mail、电话、其他联系方式、个人简介等信息。

在设计表单布局时,考虑到用户完成表单填写的时间应当尽可能短,标签、输入框均垂直对齐是很好的布局方式,因为一致的对齐减少了眼睛移动和处理时间。

程序 7-12 给出了成员注册表单的实现,本例中主要用到前面几节学过的单行文本输入框 text、下拉列表框 select、单选按钮 radio、密码输入框 password、多行文本输入框 textarea,这是一个比较实用的成员注册表单。

```
<! -- 程序 7-12 -- >
    < html >
    < head >
        < title >成员注册</title >
        < style type = "text/css">
            body {padding:0;font - size:12px;color: #000000;margin - top: 3;
                margin - right: 0;margin - bottom: 0;margin - left: 0;}
            table{margin:0;padding:2;border:0px;text - align:center;}
            .reg_title {font - size: 20px;line - height: 55px;font - weight:
                bold;color: #FF3300;}
            .emphasize{color: #FF0000;}
            .inputTitle{text - align:right}
            input{width:200px;margin:2px;border: 1px solid #CCCCCC;}
            textarea{border:1px #c3c3c3 solid;overflow - x:auto;
                overflow - y:hidden;width:200px;}
            .radioInput{width:50px;margin:2px;}
            .button{width:60px;margin - right:5px;}
        </style >
    </head >
    < body >
        < form action = "" method = "post">
        < table width = "400" >
            < tr >
                < td align = "center" class = "reg_title">
                    成员注册
                </td >
            </tr >
        < table
        < table width = "400" >
            < tr >
                < td width = "150px" class = "inputTitle">
                    < span class = "emphasize"> * </span >用户名称</td >
                < td width = "250px">< input type = "text" name = "userName"></td >
            </tr >
            < tr >
                < td class = "inputTitle">
```

```
                    <span class="emphasize">*</span>真实姓名</td>
                <td><input type="text" name="realName"></td>
            </tr>
            <tr>
                <td class="inputTitle">出生时间</td>
                <td><input type="text" name="birthDay"></td>
            </tr>
            <tr>
                <td class="inputTitle">性别</td>
                <td><input type="radio" name="male" value="male"
                         class="radioInput">男
                    <input type="radio" name="female" value="female"
                         class="radioInput">女
                </td>
            </tr>
            <tr>
                <td class="inputTitle">
                    <span class="emphasize">*</span>登录密码</td>
                <td><input type="text" name="pwd"></td>
            </tr>
            <tr>
                <td class="inputTitle">
                        <span class="emphasize">*</span>确认密码</td>
                <td><input type="text" name="rePwd"></td>
            </tr>
            <tr>
                <td class="inputTitle">
                        <span class="emphasize">*</span>E-mail</td>
                <td><input type="text" name="email""></td>
            </tr>
            <tr>
                <td class="inputTitle">电话</td>
                <td><input type="text" name="phone"></td>
            </tr>
            <tr>
                <td class="inputTitle">其他联系方式</td>
                <td><input type="text" name="other"></td>
            </tr>
            <tr>
                <td class="inputTitle">个人简介</td>
                <td><textarea name="resume" rows="4">
                        这个家伙很懒,什么都没有留下!</textarea></td>
            </tr>
            <tr>
               <td colspan=2>
               <input type="submit" name="btnOk" value="确定" class="button"
                    onClick="javascript:window.open('reg3.html','_self')">
               </td>
            </tr>
        </table>
    </form>
    </body>
</html>
```

页面效果如图 7-13 所示。

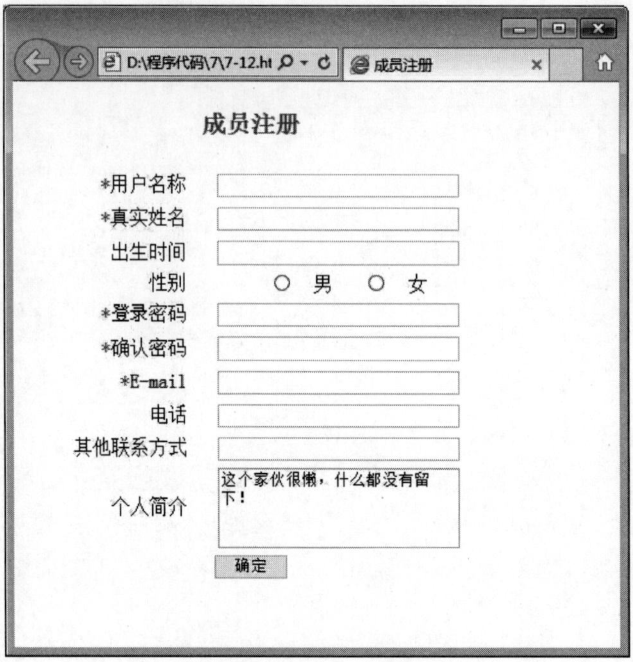

图 7-13　用户注册表单

注意：这是一个利用表格布局的表单，布局比较简单，但是代码结构复杂，并不是很好的布局方式，其他布局方式可以参考后续相关章节的内容。

在进行表单设计时，用户应当注意以下问题：

(1) 确定必填项，最好将所有填写项目分为两种类型，必填项放在第一页或最前面，或者提供明显的标识，次要的信息或者非必填项可以放在后面，或者隐藏（用户需要时再展开），给用户一种页面简洁的感觉。

(2) 表单中的每个输入项都应当包括 tabIndex 属性，按照在页面中每个输入项出现的顺序自然增长，保证用户按 Tab 键时有顺序地改变各个输入项之间的焦点。

(3) 当每个输入项的标注信息长度不等时，通常采用标注右对齐，而输入项左对齐的排版方式保证用户浏览每行信息的时候不至于出现中断。

(4) 如果需要填写的内容较多，可以采用内容适当分组的方式，通过组件增加适当的空白来增加用户访问的舒适感。

(5) 提交成功后，操作结果提示页面务必要精心设计，尤其要注意应该将注册后的用户引向何处，是回首页，还是个人界面，或者是前一个浏览页面。成功页面在内容和形式上最好设计得个性化一点。如果碰到了错误，对错误信息和恢复操作需要合适的引导，要充分考虑此时用户的访问心理，设置一点真诚的解释说明，最好将用户重新引向网站，或者可以设置一个报错的反馈。

小　　结

表单担任着服务器端和客户端之间双向服务的前端，它提供了文本框、复选框、按钮等输入元素，当它接受了用户从浏览器上输入的数据或选择并送至服务器后，根据 action 属性指定的处理程序,按照 method 定义的数据提交方法(get 和 post),将数据准备好提交给位于后端服务器内的 CGI 程序或服务器端的 Script 程序(如 ASP. NET、JSP)。使用这种结构的 HTML 文件可改变以往一般人对 HTML 文件只能做静态的、固定的文件展示的印象,大大地增进了网页所提供信息的多样性。

习　题

1. 在 HTML 中,<form method=post>中的 method 表示(　　)。

A. 提交的方式　　B. 表单所用的脚本语言

C. 提交的 URL 地址　　D. 表单的形式

2. 增加表单的文本域的 HTML 代码是(　　)。

A. <input type=submit></input>

B. <textarea name="textarea"></textarea>

C. <input type=radio></input>

D. <input type=checkbox></input>

3. 以下关于<select>标记的说法正确的是(　　)。

A. <select>定义的表单元素在一个下拉列表中显示选项

B. rows 和 cols 属性可以定义其大小

C. <select>定义的表单元素是一个单选按钮

D. <select>定义的表单元素通过改变其 multiple 属性值可以实现多选

E. 在一般情况下,<select>定义的表单元素以一个下拉列表形式出现

4. 现要设计一个可以输入电子邮件地址的 Web 页,应该使用的语句是(　　)。

A. <input type=radio>

B. <input type=text>

C. <input type=password>

D. <input type=checkbox>

5. 在<form>标记中,________属性的作用就是指出该表单对应的处理程序的位置;________属性用于指定该表单的运行方式。

6. method 属性的取值可以是________和________之一,其默认方式是________。

7. 在<input>标记中,________属性的值是相应处理程序中的变量名;________属性用于指出用户输入值的类型。

8. 在<input>标记中,type 属性有 9 种取值,分别是________、________、________、________、________、________、________、________、________。

9. 当 type=text 时,<input>标记除了有两个不可默认的属性________和________外,还有三个可选的属性,即________、________和________。

10. 当 type=________时,浏览器会在相应位置产生一个图像按钮,其中,________属性是必需的,用于设置图像文件的路径。

实　　验

1. 会员登录。实验要求：会员需要填写用户名、密码，并能够通过下拉列表选择自己的身份，如图 7-14 所示。

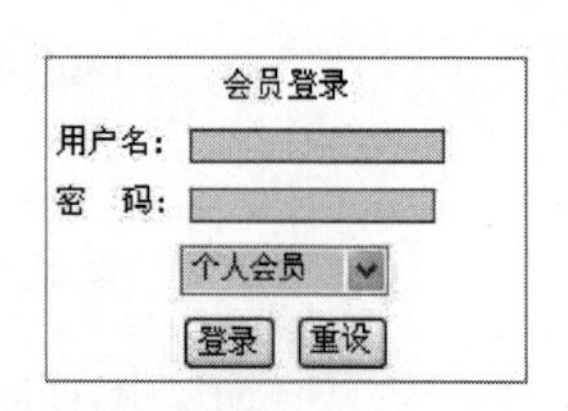

图 7-14　会员登录

2. 网站留言板。实验要求：要得到用户的姓名、网站、电话或者 QQ 号、留言内容等信息，如图 7-15 所示。

3. 调查问卷。实验要求：做一个网站的在线调查，如图 7-16 所示。

留言簿	
您的姓名：	*
您的邮箱：	*
您的网站：	http://
其他联系方式：	*（如QQ、MSN、电话等）
留言内容：（200字以内）	*
请选择表情：	
请选择头像：	
	提交留言　重新填写

图 7-15　留言簿

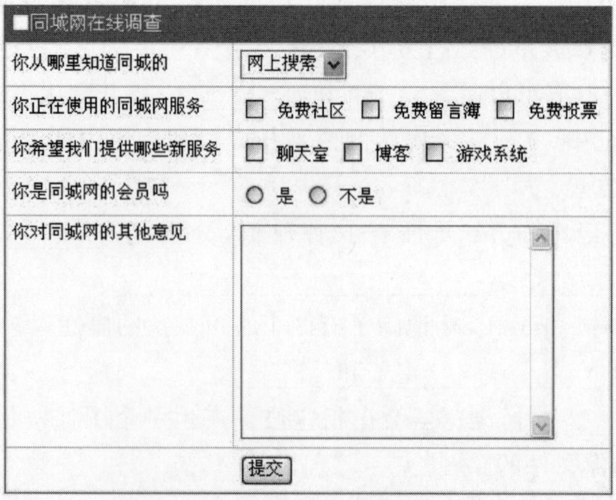

■同城网在线调查	
你从哪里知道同城的	网上搜索
你正在使用的同城网服务	免费社区　免费留言簿　免费投票
你希望我们提供哪些新服务	聊天室　博客　游戏系统
你是同城网的会员吗	是　不是
你对同城网的其他意见	
	提交

图 7-16　调查问卷

第8章

使用 CSS 格式化网页

在使用 HTML 标记控制文字的颜色、大小以及所使用的字体时，如果在一个页面中需要频繁地更换文字的颜色和大小等样式，可以想象，最终生成的 HTML 代码一定臃肿不堪，CSS 就是为了简化这样的工作诞生的。当然，CSS 的功能绝非这么简单，CSS 是对页面内容和显示风格分离思想的一种体现，通过给一个普通网页文件添加 CSS 规则可以得到十分美观的网页，而且在不改动 HTML 的情况下，通过应用不同的 CSS 规则，还可以得到各种样式的网页。

本章重点

- 理解 CSS 在页面风格设计中的作用。
- 用多个 HTML 页面调用一个 CSS 文件。
- 用 DIV+CSS 的方式写 HTML 页面。
- 用 CSS 控制背景图片的显示方式。
- 用 CSS 设置滚动条的样式。
- 用 CSS 设置列表的符号以显示图片。

视频讲解

8.1 理解 CSS

8.1.1 CSS 简介

CSS 的英文名为 Cascading Style Sheet，译成中文为层叠样式表。样式就是格式，对于网页来说，网页显示的文字的大小、颜色以及图片位置、段落、列表等都是网页显示的样式。层叠就是指当 HTML 文件引用多个 CSS 样式时，如果 CSS 的定义发生冲突，浏览器将依据层次的先后顺序来应用样式，如果不考虑样式的优先级，一般会遵循“最近优先原则”。

通过前面几章的学习，利用 HTML 语法编写网页并不是太难。在设计网页时通常会遇到这样的问题：希望将网页中所有的标题由蓝色改成红色，按照前面在标记中定义风格的方法只能一个一个地改，显然工作量极大，难道就没有更简单的方法吗？有，那就需要借助 CSS。

CSS 能将样式的定义与 HTML 文件内容分离。只要建立定义样式的 CSS 文件，并且让所有的 HTML 文件都调用 CSS 文件所定义的样式，之后如果要改变 HTML 文件中任意部分的显示风格，只需打开 CSS 文件更改样式就可以了。

随着现代技术的不断发展，浏览器可选择的范围越来越大，这些浏览器对 CSS 所支持的样式并不完全相同。所以对于设计好的样式表，每个浏览器通常仅读取其看懂的部分，对于那些看不懂的语法，将略过不显示效果。例如，当用 NC(Netscape)设定样式表层次(Layer)效果时,若利用< layer >引用样式,则只能被 NC 支持,在 IE 浏览器中显示不出效果;但若利用< div >标记引用,则二者均支持此样式。

在 CSS 支持方面,IE 浏览器优于其他浏览器;而且,目前大部分的计算机用户使用 IE 浏览器要多于使用其他浏览器,所以在不考虑通用性的情况下,针对 IE 浏览器设计会更好一些。

8.1.2 CSS 的构造

CSS 就是包含一个或多个规则的文本文件。这些规则通过属性和值来决定网页中的某些元素应该如何显示。CSS 属性可以控制基本格式(如字体、尺寸和颜色等)和布局(如定位和浮动),还可以决定某些元素的显示和关闭等。

1. 构造样式规则

样式表的每个规则都有两个主要部分,即选择符(selector)和声明(declaration)。选择符决定哪些因素会受到影响;声明由一个或多个属性值对组成。

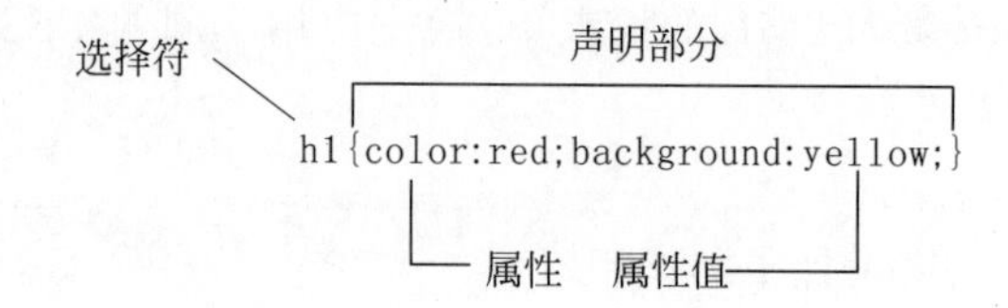

基本语法:

selector{属性:属性值[[;属性:属性值]…]}

语法说明:

(1) selector 表示希望进行格式化的元素。

(2) 声明部分包括在选择符后的大括号中。

(3) 用"属性:属性值"描述要应用的格式化操作。

(4) 声明中的多个属性值对之间必须用分号隔开。

2. 在样式规则中添加注释

在样式规则中添加注释有助于用户记住复杂的样式规则的作用、应用的范围等,便于进行维护和应用。例如,下面是一个添加注释的样例。

```
/* 此标记应用在文档中 */
h1{color:red;background:yellow;}
```

注意: 注释不能嵌套。

3. 继承

继承是 CSS 的一个主要特征,许多 CSS 属性不仅影响选择符所定义的元素,而且会被这些元素的后代继承。例如一个 body 定义的颜色值也会应用到段落的文本中,下面举例说明,如程序 8-1 所示。

```
<!-- 程序 8-1 -->
<html>
<head><title>CSS 的继承性</title>
    <style type = "text/css">
        <!--
```

```
        body{color:red;}
        -->
    </style>
</head>
<body>
    <p>CSS 的继承性</p>
</body>
</html>
```

页面效果如图 8-1 所示，在 style 标记中规定了元素 body 的颜色是 red，由于继承性，段落“CSS 的继承性”这段话也是红色的。

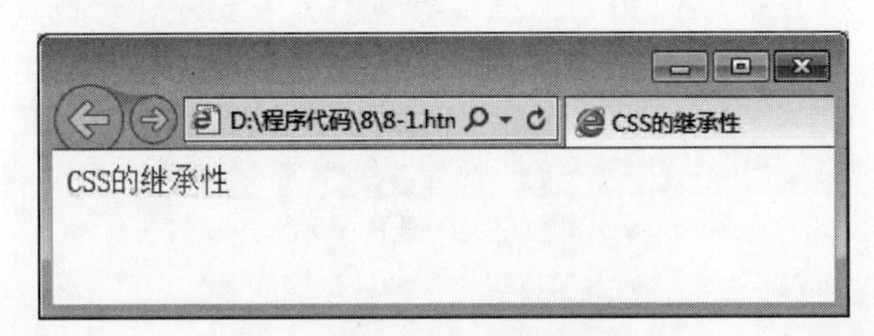

图 8-1　CSS 的继承性

但是继承也不是完全的“克隆”，有些特殊的属性，继承是不起作用的，如边框（border）、边距（margin）、填充（padding）和背景（background）及表格等，遇到特殊情况用户可以自己调试和实践。

8.2　样式表的定义与使用

在 CSS 中可以使用 4 种不同的方法，将样式表的功能加到网页中。

(1) 直接定义标记的 style 属性。

(2) 定义内部样式表。

(3) 嵌入外部样式表。

(4) 链接外部样式表。

8.2.1　定义标记的 style 属性

将 CSS 样式定义在 HTML 标记内，这是最简单的样式定义方法。不过，在使用这种方法定义样式时，效果只可以控制该 HTML 标记，无法做到通用和共享。

基本语法：

<标记 style="样式属性：属性值；样式属性：属性值；…">

语法说明：

(1) 标记：HTML 标记，如 body、table、p 等。

(2) 标记的 style 定义只能影响标记本身。

(3) style 的多个属性之间用分号分隔。

(4) 标记本身定义的 style 优先于其他所有样式定义。

程序 8-2 是直接定义标记的 style 属性的实例。

```
<! -- 程序 8-2 -- >
< html >
< head >< title >直接定义标记的 style 属性</title >
< body >
< p style = "font - size:18px; color: # 003366;">此行文字被 style 属性定义为蓝色显示</p>
< p >此行文字没有被 style 属性定义</p >
</body >
</head >
</html >
```

示例代码的第一个段落标记被直接定义了 style 属性，此行文字将显示 18 像素大小、蓝色字体；而第二个段落标记没有被定义，将按照默认设置显示文字样式，页面效果如图 8-2 所示。

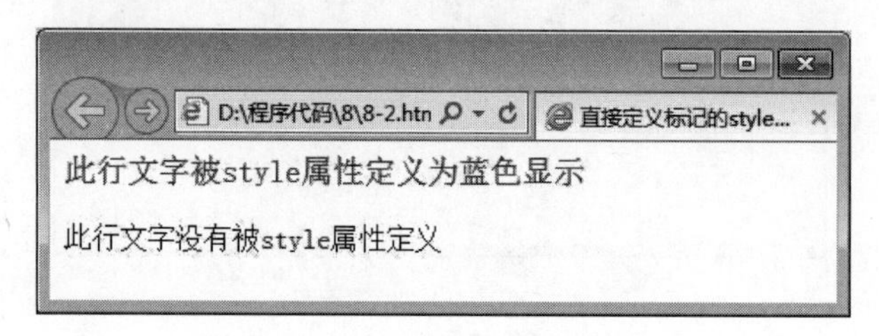

图 8-2 直接定义标记的 style 属性

8.2.2 定义内部样式表

内部样式表允许在它们所应用的 HTML 文档的顶部设置样式，然后在整个 HTML 文件中直接调用该样式的标记。

基本语法：

```
< style type="text/css">
    <!--
    选择符 1{样式属性：属性值；样式属性：属性值；…}
    选择符 2{样式属性：属性值；样式属性：属性值；…}
    选择符 3{样式属性：属性值；样式属性：属性值；…}
    ⋮
    选择符 n(样式属性：属性值；样式属性：属性值；…)
    -->
</style >
```

语法说明：

(1) < style >元素用来说明所要定义的样式；type 属性是指 style 元素以 CSS 的语法定义。

(2) <!-- … -->隐藏标记：避免了因浏览器不支持 CSS 而导致错误，加上这些标记后，不支持 CSS 的浏览器会自动跳过此段内容，避免出现一些错误。

(3) 选择符 1…选择符 n：选择符可以使用 HTML 标记的名称，所有的 HTML 标记都可以作为选择符。

(4) 样式属性：主要是关于对选择符格式化显示风格的样式属性名称。

(5) 属性值：设置对应样式属性的值。

程序 8-3 定义内部 style 属性。

```
<! -- 程序 8-3 -- >
< html >
< head >
    < title >定义内部 style 属性</title >
    < style type = "text/css">
    <! --
    .p1{font - size:18px; color:blue;}
     -- >
    </style >
</head >
< body >
    < p class = p1 >此行文字被内部的样式定义为蓝色显示</p >
    < p >此行文字没有被内部的样式定义</p >
</body >
</html >
```

示例代码在内部样式中定义了类 p1 的属性：文字大小为 18 像素，字体颜色为蓝色，第一个段落调用了内部样式，第二个段落文字没有样式，页面效果如图 8-3 所示。

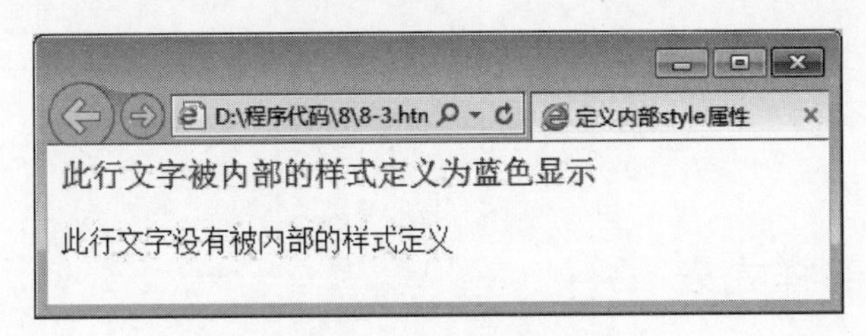

图 8-3　定义内部样式表

8.2.3　嵌入外部样式表

嵌入外部样式表就是在 HTML 代码的主体中直接导入样式表。

基本语法：

```
< style type="text/css">
    @import url("外部样式表的文件名称");
</style >
```

语法说明：

(1) import 语句后的";"一定要加上。

(2) 外部样式表的文件名称是要嵌入的样式表文件名称，扩展名为 .css。

(3) @import 应该放在 style 元素的任何其他样式规则前面。

程序 8-4 嵌入外部样式表。

```
<! -- 程序 8-4 -- >
< html >
```

```
<head>
    <title>嵌入外部样式表</title>
    <style type="text/css">
        @import url("style.css");
    </style>
</head>
<body>
    <p class=p1>此行文字被 style 属性定义为蓝色显示</p>
    <p>此行文字没有被 style 属性定义</p>
</body>
</html>
```

示例代码调用的外部 style.css 文件的内容如下：

```
.p1{font-size:18px; color:blue}
```

页面效果如图 8-4 所示。

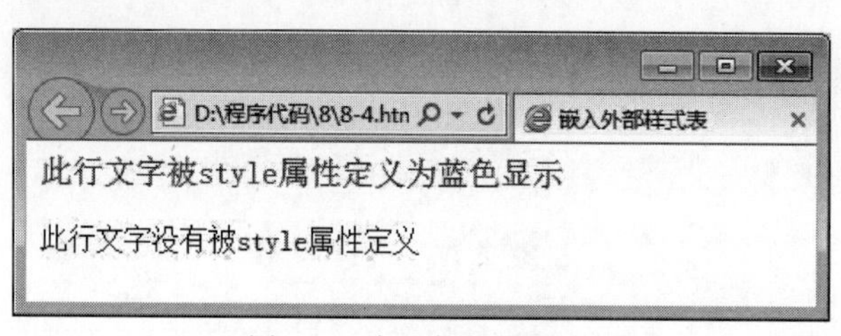

图 8-4　嵌入外部样式表

8.2.4　链接外部样式表

除了以嵌入外部样式表的方法达到在 HTML 文件中引用样式表的目的外，还可以用链接的方式使用外部 CSS 文件。

基本语法：

<link type="text/css" rel=stylesheet href="外部样式表的文件名称">

语法说明：

(1) 在链接外部样式表时不需要使用 style 元素，只需要直接将<link>标记放在<head>标记中。

(2) 外部样式表的文件名称是要嵌入的样式表文件名称，扩展名为.css。

(3) CSS 文件一定是纯文本格式。

(4) 在修改外部样式表时，引用它的所有外部页面会自动更新。

(5) 外部样式表中的 URL 相对于样式表文件在服务器上的位置。

(6) 外部样式表的优先级低于内部样式表。

(7) 可以同时链接几个样式表，靠后的样式表优先于靠前的样式表。

程序 8-5 是链接外部样式表的一个实例。

```
<!-- 程序 8-5 -->
<html>
```

```
<head>
    <title>链接外部样式表</title>
    <link type = "text/css" rel = "stylesheet" href = "style.css">
</head>
<body>
    <p class = p1 >此行文字被 style 属性定义为蓝色显示</p>
    <p>此行文字没有被 style 属性定义</p>
</body>
</html>
```

该段代码和程序 8-4 一样调用了 style.css 文件，执行结果和程序 8-4 的效果一致。

8.3 定义选择符

视频讲解

选择符决定了格式化将应用于哪些元素。简单的选择符可以对给定类型的所有元素进行格式化；复杂的选择符可以根据元素的 class 或 id、上下文、状态等应用格式化规则。

8.3.1 按照名称选择元素

选择要格式化的元素最常用的标准是元素的名称或类型。例如，可以让所有 p 元素显示为红色，且大小为 16 像素。

```
<style type = "text/css">
    p{font - size:16px; color:red;}
</style>
```

除非指定其他情况，指定类型的所有元素（这里是标记 p）都将被格式化。例如程序 8-6 定义了选择符 p，规定了所有段落默认显示的风格。

```
<! -- 程序 8-6 -->
<html>
<head>
    <title>按照标记名称定义选择符</title>
    <style type = "text/css">
    <! --
        p{font - size:26px; color:#FF0066;}
    -->
    </style>
    </head>
<body>
    <div id = "divdemo">
        <p>此段文字以 26 像素大小，玫红色字体显示</p>
        <p>此段文字还是以 26 像素大小，玫红色字体显示</p>
    </div>
</body>
</html>
```

页面效果如图 8-5 所示。由于两个段落均没有规定特殊的显示，因此都使用样式表中的样式定义 p 作为自己的显示风格。

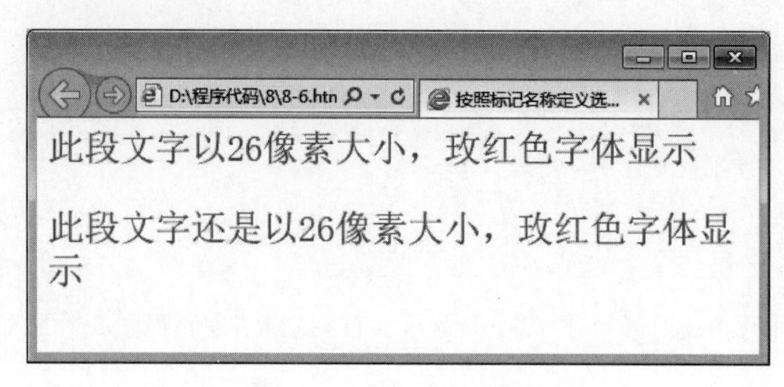

图 8-5 按名称指定选择符

8.3.2 按照 id 和 class 选择元素

如果已经在页面元素中标识了 id 或 class 属性，那么就可以在选择器定义中使用，从而对被标识的元素进行格式化。

基本语法：

```
<style type="text/css">
<!--
    #idname{样式属性：属性值；样式属性：属性值；…}
    .classname{样式属性：属性值；样式属性：属性值；…}
-->
</style>
```

或者

```
<style type="text/css">
<!--
    HTML 标记.classname1{样式属性：属性值；样式属性：属性值；…}
    HTML 标记.classname2{样式属性：属性值；样式属性：属性值；…}
-->
</style>
```

语法说明：

用户可以单独使用 classname 和 idname 选择器，也可以与其他选择器标准一起使用。例如，“.news{color:red;}”会影响所有标记中定义了“class="news"”类的元素，而“h1.news{color:red;}”只影响属性中定义了“class="news"”类的 h1 元素。

程序 8-7 综合运用了 id 和 class 选择格式化的元素。

```
<!--程序 8-7-->
<html>
<head>
    <title>ID 和类的定义</title>
```

```
    <style type = "text/css">
    <! --
        #divdemo{background - color:#90EE90 ;border:0.2cm groove orange;}
        .p1 {font - size:16px; color:#FF0000;}
        p.p2{font - size:26px; color:#FF0066;}
    -->
    </style>
    </head>
<body>
    <p>此段文字以默认方式显示</p>
    <p class = "p1">此段文字以 16 像素大小,红色字体显示</p>
    <div id = "divdemo">
        <p class = "p2">此段文字以 26 像素大小,玫红色字体显示
    </div>
</body>
</html>
```

页面效果如图 8-6 所示。在 style 中首先以“#”开头定义了一个 id 选择符“#divdemo”，它适用于页面中 id 为 divdemo 的元素，这里是一个“div”标记；然后定义了一个以“.”开头的样式 p1，适用于页面元素中那些定义了“class="p1"”属性的元素，这里是一个段落 p；最后定义了一个以标记 p 加类名 p2 的样式，适合于页面元素中标记类型为 p，且属性中定义了“class="p2"”的元素，样式中并没有为页面中的第一个段落标记 p 规定什么特殊的样式，它就以默认的方式显示。

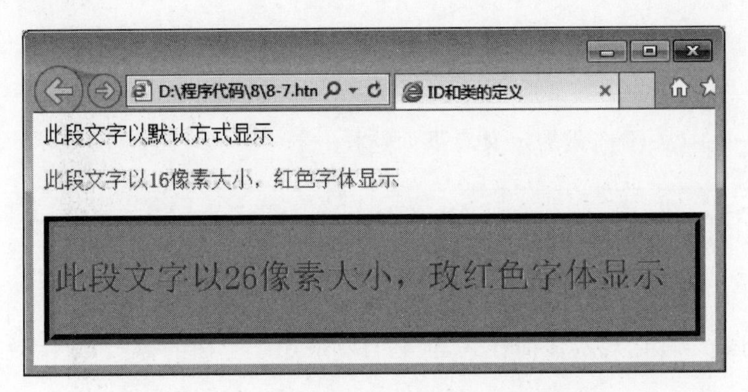

图 8-6　利用 id 和 class 选择符定义样式

id 选择符还可以作为内部书签链接的目标锚，取代原来的 name 属性。

例如第 5 章设置锚点时：

```
<p><a name = "书签名称" > 链接内容 </a></p>
```

现在只需要用以下方式实现即可。

```
<p id= "书签名称" > 链接内容 </p>
```

注意：“<a href="#"> 链接内容 </a>;”默认返回顶部，顶部无须再设置目标锚。

8.3.3 按照上下文选择元素

在CSS中可以根据元素的祖先元素、父元素或同胞元素来定位它们。祖先元素是包含所关心元素(希望样式影响的元素)的任何元素;父元素是直接包含所关心元素的元素。

程序8-7-1是利用上下文选择元素的例子,它是在程序8-7的基础上修改而来的。

```
<!-- 程序 8-7-1 -->
<html>
<head>
    <title>按照上下文选择元素</title>
    <style type="text/css">
    <!--
    #divdemo{background-color:#90EE90;border:0.2cm groove orange;}
    #divdemo p{font-size:26px; color:#FF0066;}
    .p1 {font-size:16px; color:#FF0000;}
    -->
</style>
</head>
<body>
    <p>此段文字以默认方式显示</p>
    <p class="p1">此段文字以 16 像素大小,红色字体显示</p>
    <div id="divdemo">
        <p>此段文字以 26 像素大小,玫红色字体显示
    </div>
</body>
</html>
```

在程序8-7-1中,关于样式的定义有下面这样一行:

```
#divdemo p{font-size:26px; color:#FF0066;}
```

它表示的意思是为id是"divdemo"的元素所包含的段落标记规定了显示样式,虽然没有为<div>内部的<p>标记规定任何样式,但它自动应用了上面的样式,显示效果和图8-6完全一致。

基本语法:

祖先元素[祖先元素…]显示元素{属性名=属性值;…}

语法说明:

(1) 祖先元素是希望格式化的元素的祖先元素的名称,在上面程序中是"#divdemo"。

(2) 如果还需要继续指定后续的祖先元素,则元素名中加空格。

(3) 最后是最终希望格式化影响的元素名,在上面程序中指定了影响段落标记p,也可以是前面讲过的一个id(#p1)或者class(.p1),例如:

```
#divdemo #p1{font-size:26px; color:#FF0066;}
#divdemo .p1{font-size:26px; color:#FF0066;}
```

(4) 如果祖先元素和影响元素是父子关系,则可采取下面的定义风格:

```
#divdemo > p{font - size:26px; color:#FF0066;}
```

注意:某些版本的浏览器并不支持子元素。

8.3.4　伪元素选择符

CSS3 为伪元素引入了新的双冒号语法"::",以区分单冒号":"的伪类。

用户可以只选择元素的第一个字母或第一行进行格式化。

基本语法:

选择符::first-letter{font-size:26px; color:#FF0066;}

选择符::first-line{font-size:26px; color:#FF0066;}

语法说明:

下面是关于此规定的一个实例。

```
p::first - letter{font - size:26px; color:#FF0066;}
p::first - line{font - size:26px; color:#FF0066;}
```

伪元素还允许在元素内容的最前面或后面插入新的内容。这两个伪元素默认是内联元素,但可以使用 display 属性改变这一点。

基本语法:

选择符::before{content:"我们是";}

选择符::after{ content:"好朋友";}

语法说明:

下面是关于此规定的一个实例,这将会在 p 标签原有内容前面加上"我们是",后面加上"好朋友"。

伪元素功能很强大,利用它可以在完成所需功能的前提下,减少一些原来需要重复书写的 HTML 源代码。

```
p::before{ content:"我们是";}
p::after{ content:"好朋友";}
```

8.3.5　指定元素组

多个元素使用同样的样式规则,可以使用分组选择符。例如:

```
h1, h2, div{color: #FF0066;}
```

这里规定了标记 h1、h2 和 div 的 color 都是同样的颜色。分组选择符中的各个元素名中间要用","隔开,顺序和优先级没有关系。

8.3.6　全局选择符

若所有元素需要同样的样式规则,可以使用全局选择符实现。例如:

```
*{margin:0px;}
```

这里规定了所有标记的 margin 都设置为 0px。不同的浏览器对元素的默认 margin 可能不同,用全局选择器把页面所有元素的 margin 都设置为 0,方便精确地控制元素的 margin。

视频讲解

8.4 文字与排版样式的使用

CSS 的网页排版功能十分强大,使用 CSS 不仅可以控制文字的大小、颜色、对齐方式和字体,还可以控制行高、字母间距、大小写(全部大写、首字大写、小型大写或全部小写等),甚至还可以控制文本的第一个字或第一行的样式。

不仅如此,只需要在某一位置创建样式规则(即样式表)就可以让这些样式规则应用于整个网站的所有文本(当然也可以为特定的段落或网页的某些区域创建特别的样式表)。此外,在任何时候发现需要让网站上的文字增大或是需要改变正文的字体,只需更改样式表中的"值"即可。

8.4.1 长度、百分比单位

在 CSS 文字、排版、边界等的设置上常常会在属性值后加上长度或者百分比单位,用户通过本小节的学习将掌握两种单位的使用。

1. 长度单位

长度单位通常由两个英文字母的缩写表示,且设置大部分属性时仅能使用正数,只有少数属性可以使用正、负数。而且必须注意,若属性值设置为负数,且超过浏览器所能接受的范围,以至于无法支持时,浏览器将会选择比较靠近且能支持的数值。长度单位在设置时分别为以下两种不同的类型。

(1) 相对类型:指以该属性的前一个属性的单位值为基础来完成目前的设置。在浏览器内常用且支持的两种长度单位是以相对类型出现的。例如用 em(当前字母中,字母的宽度)作为属性单位时,将会依据父元素的 font-size 属性,如果没有父元素,则参考浏览器的默认值字号。

(2) 绝对类型:绝对类型所使用的单位不会随着显示设备的不同而改变,也就是当属性值使用绝对单位时,不论在哪种设备上显示都是一样的,例如屏幕上的 1cm 与打印机上的 1cm 是一样长的。表 8-1 所示为浏览器支持的绝对类型的长度单位。

表 8-1 长度单位

类型		说明
绝对类型	in	Inchex(1 英寸= 2.54 厘米)
	cm	Centimeters,厘米
	mm	Millimeters,毫米
	pt	Points(1 点= 1/72 英寸)
	pc	Picas(1 皮卡= 12 点)
相对类型	em	元素的字体高度
	ex	字母 x 的高度
	px	像素
	%	百分比

2. 百分比单位

百分比单位也是一种常用的相对类型，通常的参考依据为元素的 font-size 属性。下面的语句将设置 margin 属性的值为 font-size 的 150%：

```
p{margin:150 % ;}
```

此处表示相对于 font-size 高度的 150%。需要注意的是，不管使用哪种单位，在设置的时候，数值与单位之间不需要加空格。

8.4.2　文字样式属性

1. font-family 设置字体

在编写 HTML 文件的过程中，如果没有对字体做任何设置，浏览器将以默认值的方式显示；而对于网站设计，最重要的选择之一就是选择文本内容和标题所使用的字体。用户除了可以利用 HTML 的标记来设置字体外，还可以用 CSS 的 font-family 属性来设置需要的字体。

基本语法：

font-family：字体一，字体二，字体三，…

语法说明：

上面的语法定义了几种不同的字体，并用逗号隔开，当浏览器找不到字体一时，将会用字体二代替，以此类推，当浏览器完全找不到字体时，则使用默认字体（一般为宋体）。

程序 8-8 是设置字体的实例。

```
<! -- 程序 8-8 -->
< html >
< head >< title >设置字体</title >
    < style type = "text/css">
    <! --
    .p1 {font - size:16px; font - family:黑体,草书,宋体;}
    .p2 {font - size:16px; font - family:琥珀,草书,宋体;}
    -- >
</style >
</head >
< body >
    < p class = "p1">设置字体的顺序为:黑体,草书,宋体
    < p class = "p2">设置字体的顺序为:琥珀,草书,宋体
</body >
</html >
```

页面效果如图 8-7 所示，段落一按设置字体的顺序调用了黑体；段落二在调用前两种字体时，由于系统中没有琥珀和草书，按序调用了宋体。

注意：可以在样式中指定任何字体，但是访问者只会看到他们的系统上已经安装的字体，没有安装的字体将会以默认方式显示。

2. font-size 设置字号

用户可以用< font size=值>标记来设置文字的大小。在 CSS 中，利用 font-size 属性来设置字号。

基本语法：

font-size：绝对大小|相对大小

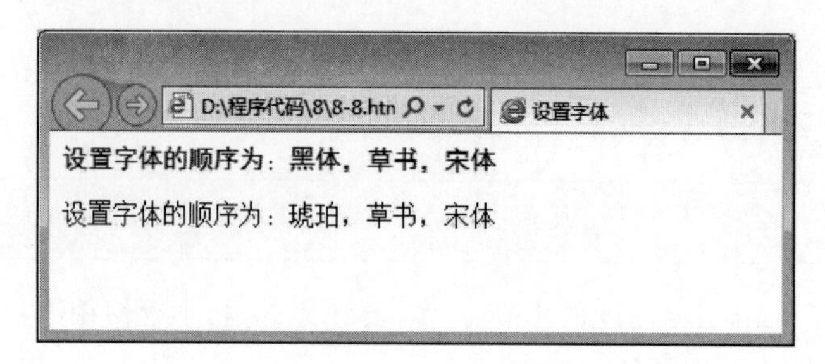

图 8-7 利用 font-family 设置字体

语法说明：

(1) 绝对大小：以 pt 为单位，用绝对大小的方式来设置字号。用户可以指定精确的大小，如 16px，或者使用关键字来指定大小，例如 font-size 属性的关键字(xx-small|x-small|small|medium|large|x-large|xx-large)，不过这些关键字在不同的设备下可能会显示不同的字号。

程序 8-9 是设置字号的绝对大小的实例。

```
<! -- 程序 8-9 -->
< html >
< head >
    < title>设置字号的绝对大小</title >
    < style type = "text/css">
    <! --
    p{color:blue}
    .p1 {font - size:xx - small;}
    .p2 {font - size:x - small;}
    .p3 {font - size:small;}
    .p4 {font - size:medium;}
    .p5 {font - size:large;}
    .p6 {font - size:x - large;}
    .p7 {font - size:xx - large;}
-->
    </style>
</head>
< body>
    < p class = "p1">设置字号为 xx - small </p>
    < p class = "p2">设置字号为 x - small </p>
    < p class = "p3">设置字号为 small </p>
    < p class = "p4">设置字号为 medium </p>
    < p class = "p5">设置字号为 large </p>
    < p class = "p6">设置字号为 x - large </p>
    < p class = "p7">设置字号为 xx - large </p>
</body>
</html>
```

页面效果如图 8-8 所示，段落一到段落七依次调用字号超小、比较小、小、中等、大、比较大、超大显示。

(2) 相对大小：利用百分比或者 em(当前字母中，字母的宽度)以相对父元素大小的方式来设置大小。例如指定 font-size 的属性值是 1.5em 或父元素的 150%，或者使用相对关键字

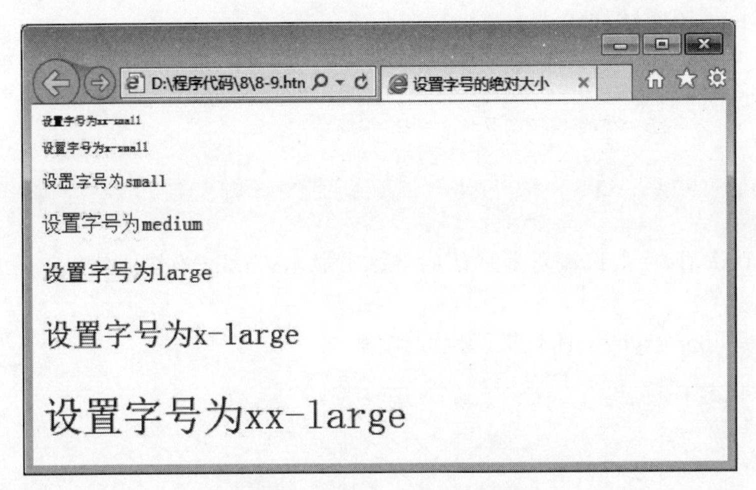

图 8-8　设置字号的绝对大小

(larger|smaller)来指定。

程序 8-10 是设置字号的相对大小的实例。

```
<! -- 程序 8-10 -- >
< html >
< head >
    < title >设置字号的相对大小</title >
    < style type = "text/css">
    <! --
    p{font - size:14px;}
    .b{font - size:200 % ;}
    -- >
    </style >
</head >
< body >
    < p >设置字号的相对大小</p >
    < p class = "b">设置字号的相对大小</p >
</body >
</html >
```

页面效果如图 8-9 所示，段落二相对段落一大了 200%。

图 8-9　设置字号的相对大小

3. font-style 设置字体样式

在 HTML 中可以使用< I >标记将网页文字设置为斜体,而在 CSS 中可以利用 font-style 属性达到字体变化的效果。

基本语法:

font-style: normal | italic | oblique

语法说明:

normal 为默认值,一般以浏览器默认的字体来显示; italic 为斜体效果; oblique 为歪斜体效果。

程序 8-11 是 font-style 字体效果属性的实例。

```
<! -- 程序 8-11 -->
<html>
<head>
    <title>font-style字体效果属性</title>
    <style type="text/css">
    <! --
        .p1{font-style:normal;}
        .p2{font-style:italic;}
        .p3{font-style:oblique;}
    -->
    </style>
</head>
<body>
    <p class="p1">此段文字正常显示</p>
    <p class="p2">此段文字斜体显示</p>
    <p class="p3">此段文字歪斜体显示</p>
</body>
</html>
```

页面效果如图 8-10 所示,段落一文字正常显示; 段落二文字以斜体显示; 段落三文字以歪斜体显示。

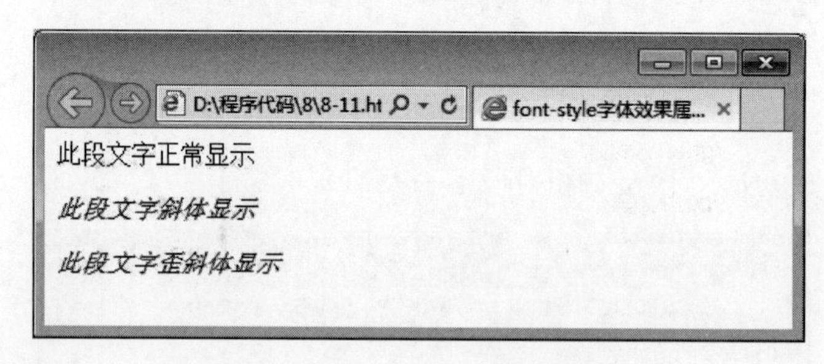

图 8-10 font-style 字体效果属性

4. font-weight 设置字体加粗

在 HTML 中可以利用< b >标记或者< strong >标记将文字设置为粗体,在 CSS 中则可以利用 font-weight 属性来设置字体的粗细。

基本语法:

font-weight: normal | bold | bolder | lighter | 100-900;

语法说明：

normal 表示默认字体；bold 表示粗体；bolder 表示粗体再加粗；lighter 表示比默认字体还细；100-900 共分为 9 个层次(100,200,…,900),数字越小字体越细,数字越大字体越粗。

程序 8-12 是 font-weight 字体加粗的实例。

```
<! -- 程序 8-12 -->
<html>
<head>
<title>font-weight 字体加粗</title>
    <style type="text/css">
        .p1{font-weight:normal ;}
        .p2{font-weight:bold ;}
        .p3{font-weight:bolder ;}
        .p4{font-weight:lighter ;}
        .p5{font-weight:900 ;}
    </style>
</head>
<body>
    <p class="p1">此段文字正常显示</p>
    <p class="p2">此段文字以 bold 方式显示</p>
    <p class="p3">此段文字以 bolder 方式显示</p>
    <p class="p4">此段文字以 lighter 方式显示</p>
    <p class="p5">此段文字以 900 方式显示</p>
</body>
</html>
```

页面效果如图 8-11 所示。

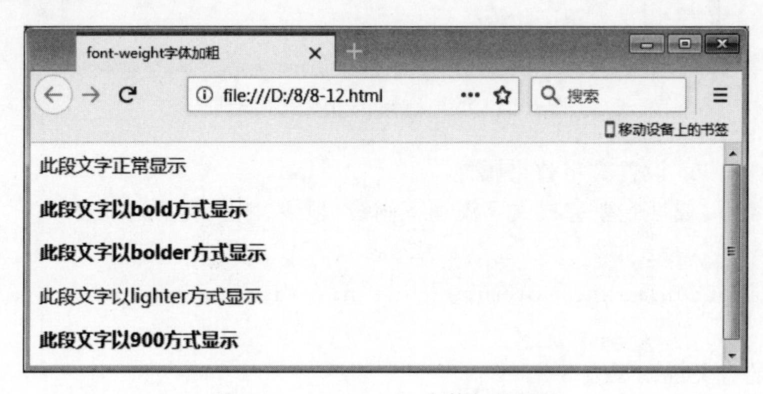

图 8-11　font-weight 字体加粗属性

5. font-variant 设置字体变体

在 HTML 中设置字体变体实际上就是设置字体是否显示为小型的大写字母,而 CSS 中的字体变体主要用于设置英文字体。

基本语法：

font-variant：normal | small-caps

语法说明：

normal 表示默认值；small-caps 表示英文字体显示为小型的大写字母。

程序 8-13 是 font-variant 字体变体实例。

```
<! -- 程序 8-13 -- >
< html >
< head >
    < title > font - variant 字体变体</title >
    < style type = "text/css">
    <! --
    .p1{font - variant:normal;}
    .p2{font - variant:small - caps;}
     -- >
    </style >
</head >
< body >
    < p class = "p1"> font - variant:normal 字体变体</p >
    < p class = "p2"> font - variant:small - caps 字体变体</p >
</body >
</html >
```

页面效果如图 8-12 所示,段落一是默认值,没有效果;段落二是小写字母转换为大写字母显示。

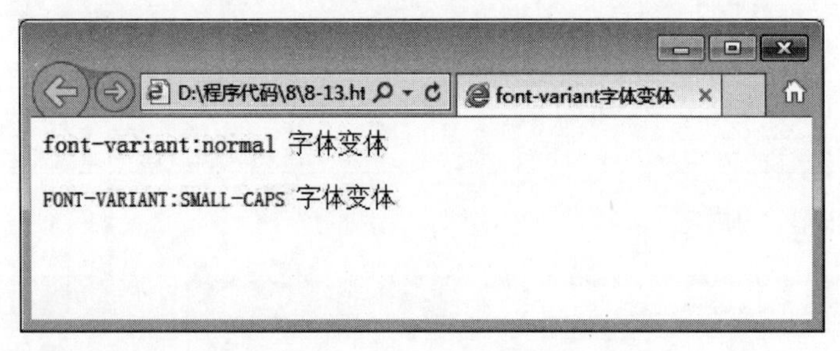

图 8-12 font-variant 字体变体属性

6. text-decoration 设置文字效果属性

text-decoration 属性主要完成文字添加下画线、顶线、删除线及闪烁效果。

基本语法:

text-decoration: underline | overline | line-through | blink | none;

语法说明:

语法中值的意义说明见表 8-2。

表 8-2 text-decoration 文字效果属性

设 置 值	说 明
underline	文字加下画线
overline	文字加顶线
line-through	文字中间加删除线
blink	文字闪烁(仅 Netscape 浏览器支持)
none	默认值

程序 8-14 演示了部分属性的用法。

```
<! -- 程序 8-14 -- >
< html >
< head >
    < title >文字效果属性</title >
    < style type = "text/css">
    <! --
    .p1{text - decoration:underline;}
    .p2{text - decoration:line - through;}
    -- >
    </style >
</head >
< body >
    < p class = "p1">文字加下画线</p >
    < p class = "p2">文字加删除线</p >
</body >
</html >
```

页面效果如图 8-13 所示，段落一为文字加下画线显示；段落二为文字加删除线显示。

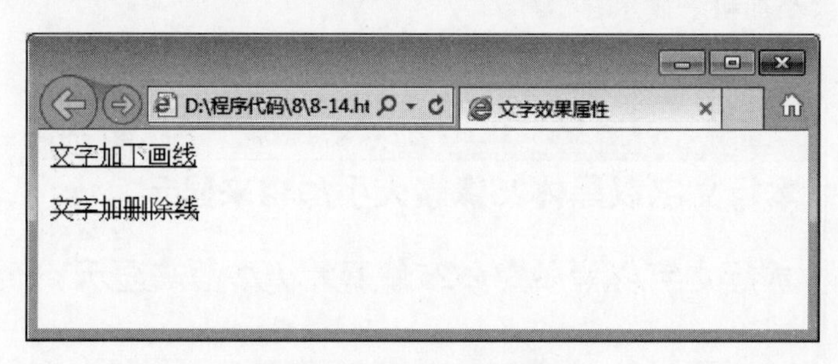

图 8-13　文字效果属性

7. font 设置综合字体属性

font 属性是一种复合属性，可以同时对文字设置多个属性，包括字体大小、风格、加粗及变体等。

基本语法：

font：font-style font-weight font-variant font-size/line-height font-family；

语法说明：

(1) 如果要用 font 属性同时设置多个文字属性，属性与属性之间必须用空格隔开。

(2) 前三个属性次序不定或者省略，默认为 normal。

(3) 大小和字体系列必须显式地指定，先设置大小，再设置字体系列，字体系列如果有多个，以逗号分隔。

(4) 行高必须直接出现在字体大小后面，中间用斜杠分开，行高是可选的属性。

(5) font 属性是继承的。

程序 8-15 是 font 字体设置实例。

```
<!-- 程序 8-15 -->
<html>
<head>
    <title>font 字体设置</title>
    <style type="text/css">
    <!--
    .p1{ font-family:黑体; font-size:25px;font-weight:bolder;}
    .p2{ font:italic 25px 黑体;}
    -->
    </style>
</head>
<body>
    <p class="p1">本行文字以黑体 25 像素大小加粗来显示</p>
    <p class="p2">本行文字以黑体斜体 25 像素大小加粗来显示</p>
</body>
</html>
```

页面效果如图 8-14 所示,段落一的文字以黑体 25 像素大小加粗来显示;段落二的文字以黑体斜体 25 像素大小加粗来显示。

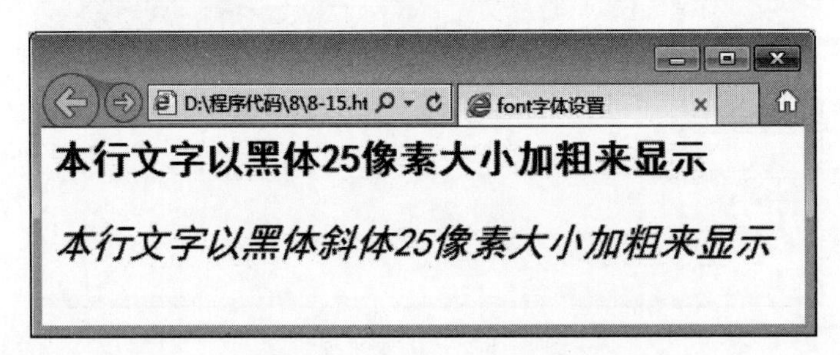

图 8-14　font 字体的综合设置

8.4.3　排版样式属性

1. text-indent 首行缩进属性

text-indent 首行缩进属性通常被用来指定一个段落第一行文字缩进的距离。

基本语法:

text-indent: 长度单位 | 百分比单位;

语法说明:

语法中设置的值的说明见表 8-3。

表 8-3　text-indent 首行缩进属性值

值	说　明
长度单位	绝对单位可使用 in、cm、mm、px、pt 等设置,相对单位则是相对于元素的宽度(width 属性)
百分比单位	相对于元素的宽度(width 属性)设置缩进

程序 8-16 是首行缩进实例。

```
<! -- 程序 8-16 -- >
< html >
< head >
    < title >首行缩进</title >
    < style type = "text/css">
    <! --
    .p1{text - indent:20px;}
    .p2{text - indent:60px;}
    .p3{text - indent:100px;}
    -- >
    </style >
</head >
< body >
    < p class = "p1">本行文字段落首行缩进 20 像素</p >
    < p class = "p2">本行文字段落首行缩进 60 像素</p >
    < p class = "p3">本行文字段落首行缩进 100 像素</p >
</body >
</html >
```

页面效果如图 8-15 所示，三个段落依次缩进 20 像素、60 像素、100 像素。

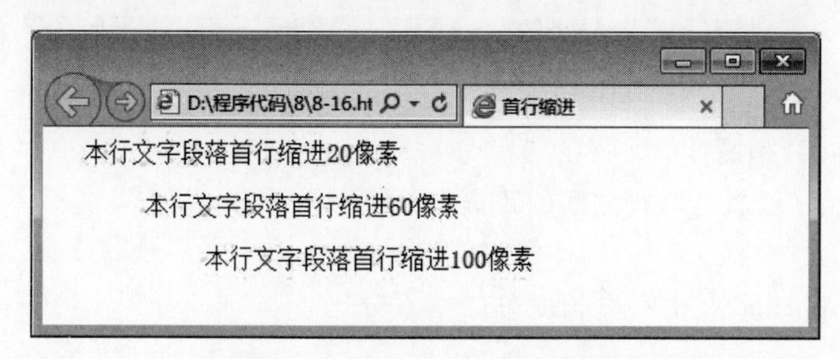

图 8-15　text-indent 首行缩进属性

2. letter-spacing 字符间距属性

使用 letter-spacing 字符间距属性可以设置字符与字符间的距离。

基本语法：

letter-spacing: normal | 长度单位；

语法说明：

normal 表示默认值，此处的长度单位可以使用负数，详细信息请参考 8.4.1 节的说明。

程序 8-17 是字符间距实例。

```
<! -- 程序 8-17 -- >
< html >
< head >
    < title >字符间距</title >
    < style type = "text/css">
    <! --
    #p1{letter - spacing:5px;}
    #p2{letter - spacing:10px;}
```

```
    #p3{letter-spacing:20px;}
    -->
    </style>
</head>
<body>
    <p id="p1">本行文字字符间距为 5 像素</p>
    <p id="p2">本行文字字符间距为 10 像素</p>
    <p id="p3">本行文字字符间距为 20 像素</p>
</body>
</html>
```

页面效果如图 8-16 所示，三个段落文字的字符间距依次为 5 像素、10 像素、20 像素。

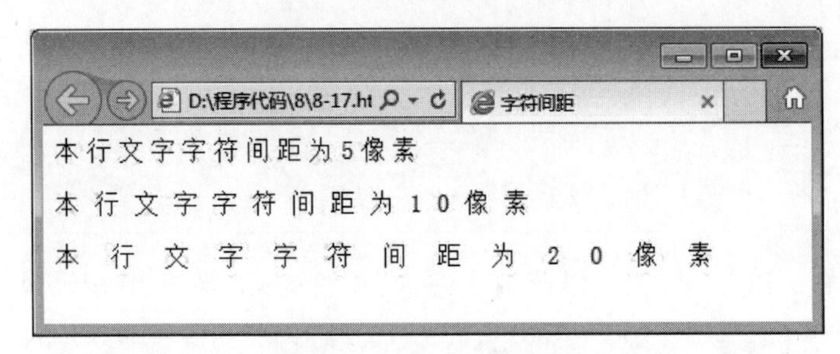

图 8-16 字符间距属性

3. line-height 行距属性

line-height 用来设置行与行之间的距离。

基本语法：

line-height: normal | 比例 | 长度单位 | 百分比

语法说明：

normal 为默认值，比例是倍数，相对于元素 font-size 的几倍大小，长度单位和百分比请参考 8.4.1 节的说明，此处的长度可使用负数。

程序 8-18 是行距设置实例。

```
<!-- 程序 8-18 -->
<html>
<head>
    <title>行距设置</title>
    <style type="text/css">
    <!--
     #p1{line-height:15px;}
     #p2{line-height:35px;}
     #p3{line-height:55px;}
     -->
</style>
</head>
<body>
    <p id="p1">本行文字行间距为 15 像素</p>
    <p id="p2">本行文字行间距为 35 像素</p>
```

```
    <p id="p3">本行文字行间距为 55 像素</p>
</body>
</html>
```

页面效果如图 8-17 所示，三个段落的行间距依次为 15 像素、35 像素、55 像素。

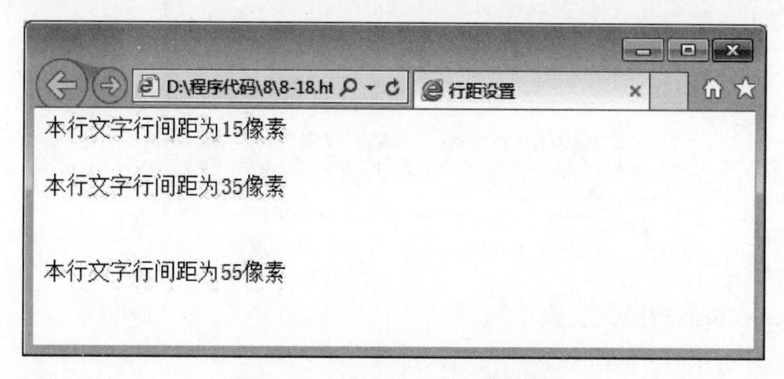

图 8-17　line-height 行距的设置

4. 对齐属性

text-align 属性可以控制文字段落的水平对齐方式。

基本语法：

text-align：left | center | right | justify；

语法说明：

left 表示左对齐，为默认值；center 表示居中对齐；right 表示右对齐；justify 表示左右对齐。

程序 8-19 是段落水平对齐实例。

```
<!-- 程序 8-19 -->
<html>
<head>
    <title>段落水平对齐</title>
    <style type="text/css">
        #p1{text-align:left;}
        #p2{text-align:center;}
        #p3{text-align:right;}
        #p4{text-align:justify;}
    </style>
</head>
<body>
    <p id="p1">本行文字为左对齐</p>
    <p id="p2">本行文字为居中对齐</p>
    <p id="p3">本行文字为右对齐</p>
    <p id="p4">本段文字为左右对齐,其特点:非最后一行分散对齐,微调每个字的间距让两端平
齐;最后一行则左对齐。</p>
</body>
</html>
```

页面效果如图 8-18 所示。

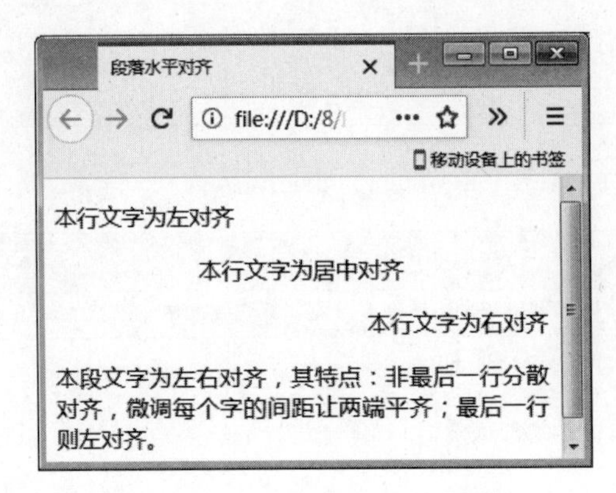

图 8-18　text-align 水平对齐属性

5. text-transform 转换英文大小写

利用 text-transform 属性可以转英文大小写。

基本语法：

text-transform：uppercase | lowercase | capitalize | none；

语法说明：

uppercase：将所有字母转换为大写。

lowercase：将所有字母转换为小写。

capitalize：每个单词的首字母大写。

none：默认值，按照书写方式原样显示，不改变大小写。

程序 8-20 是 text-transform 转换英文大小写实例。

```
<!-- 程序 8-20 -->
<html>
<head>
    <title>text-transform 转换英文大小写</title>
    <style type=text/css>
        .p1{font-size:15px;text-transform:uppercase ;}
        .p2{font-size:15px;text-transform:lowercase ;}
        .p3{font-size:15px;text-transform:capitalize ;}
        .p4{font-size:15px;text-transform:none;}
    </style>
</head>
<body>
    <p class="p1">Welcome to our cite </p>
    <p class="p2">Welcome to our cite </p>
    <p class="p3">Welcome to our cite </p>
    <p class="p4">Welcome to our cite </p>
</body>
</html>
```

页面效果如图 8-19 所示。类 p4 是默认值，按照输入样式显示。

6. text-shadow 文本阴影

text-shadow 属性可以为文本添加一个或多个阴影。该属性是用逗号分隔的阴影列表，每

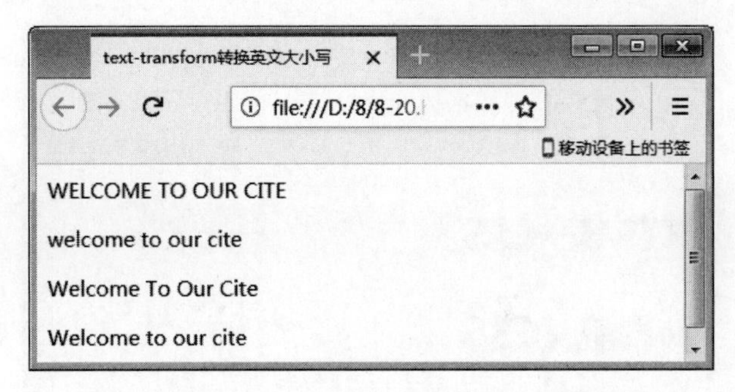

图 8-19 text-transform 转换英文大小写属性

个阴影由两个或三个长度值和一个可选的颜色值来规定，省略的长度是 0。

基本语法：

text-shadow：h-shadow v-shadow blur color；

语法说明：

h-shadow：必需。水平阴影的偏移量，允许负值。

v-shadow：必需。垂直阴影的偏移量，允许负值。

blur：可选。模糊的距离，不可为负。

color：可选。阴影的颜色，如果没有就接受浏览器的默认值。

程序 8-21 是 text-shadow 设置文本阴影实例。

```
<! -- 程序 8-21 -->
<html>
<head>
    <title>text - shadow 文本阴影</title>
    <style type = text/css>
        body{font - size:30px;
            font - weight:bold;}
                .c1{text - shadow:3px 2px #f40;}
        .c2{text - shadow:3px 2px 2px #f40;}
        .c3{text - shadow:3px 2px 2px #f40, - 2px - 2px 2px #0f0;}
    </style>
</head>
<body>
      <p class = "c1">HTML + CSS </p>
      <p class = "c2">HTML + CSS </p>
      <p class = "c3">HTML + CSS </p>
</body>
</html>
```

页面效果如图 8-20 所示。

7. overflow 文本溢出

overflow 属性可以设置文本溢出时的处理方式。

基本语法：

overflow：visible | hidden | scroll | auto | inherit；

图 8-20 text-shadow 设置文本阴影属性

语法说明：

visible：默认值。溢出内容不会被修剪，直接显性地呈现在元素框之外。

hidden：溢出部分会被直接修剪而不可见。

scroll：内容会被修剪，但浏览器会显示滚动条以便查看溢出部分的内容。

auto：当内容较少无溢出时，不出现滚动条；当内容较多有溢出时，浏览器显示滚动条以方便查看溢出部分的内容。

inherit：继承父元素 overflow 属性值。

程序 8-22 是 overflow 属性设置文本溢出实例。

```
<!-- 程序 8-22 -->
<html>
<head>
    <title>overflow 溢出</title>
    <style type=text/css>
        .c{width:300px; height:60px;font-size:13px;border:1px solid red;
            margin:0px 0px 20px 0px;}
        .c1{overflow:hidden;}
        .c2{overflow:scroll;}
    </style>
</head>
  <body>
        <div class="c c1">
有 4 行文本 overflow:hidden;<br/> 4 行<br/> 4 行<br/> 4 行<br/>
</div>
        <div class="c c2">
有 4 行文本 overflow:scroll;<br/> 4 行<br/> 4 行<br/> 4 行<br/>
</div>
</body>
</html>
```

页面效果如图 8-21 所示。

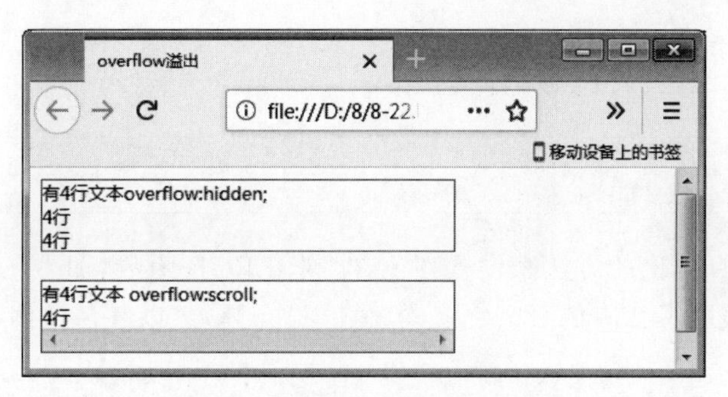

图 8-21　overflow 文本溢出属性

8.5　背景与颜色的使用

8.5.1　设置颜色的方法

1. 利用 RGB 设置颜色

在 HTML 网页，或者 CSS 样式的颜色定义中，设置颜色的方式是利用 RGB 概念。在 RGB 的概念中，所有颜色都是由红色、绿色、蓝色混合而成。不过在网页设计中，HTML 仅提供两种设置颜色的方法：

(1) 十六进制数；

(2) 颜色名称。

CSS 则有 4 种定义颜色的方法：

(1) 十六进制数；

(2) RGB 函数(整数)；

(3) RGB 函数(百分比)；

(4) 颜色名称。

在计算机中，每种颜色的强度都是由 0～255 定义。当所有颜色的强度为 0 时，将产生黑色；当所有颜色的强度都是 255 时，将产生白色。在 HTML 中，要使用 RGB 来指定颜色时，将使用＃号，加上 6 个十六进制的数字来表示，表示方法如下：

```
#RRGGBB
```

其中，R、G、B 这三个字母的值范围为 0、1、2、3、4、5、6、7、8、9、a、b、c、d、e、f 这 16 个数字。例如红色的表示为＃FF0000。

若三个颜色值均为重复数字，还可用＃RGB 来表达，例如＃FF4400 可简写为＃F40。

2. 利用 RGB 函数设置颜色

在 CSS 中，可以利用 RGB 函数，加上三组范围为 0～255 的数字来设置所要的颜色。因为每组数字可表现 256 种颜色强度，所以利用 RGB 函数共可表达出 256×256×256 种颜色，表示方法如下：

```
RGB(R,G,B)
```

其中,R、G、B代表的整数范围为 0~255。

例如现在要表示红色的值,则表示方法为:

```
RGB(255,0,0)
```

另外,还可以用百分比的方法来设置颜色,即利用 RGB 函数,加上三组百分比,其各组所代表的意思为颜色强度占 255 的百分之多少(0%~100%)。以红色为例,表示方法为:

```
RGB(100%,0%,0%)
```

3. 利用颜色名称设置颜色

在 HTML 中可以直接使用颜色名称,在 CSS 中也提供了这种设置颜色的方式。常用的颜色名称如表 8-4 所示。

表 8-4 网页常用颜色中英文对照表

英文名称	颜色	英文名称	颜色
black	黑	purple	紫
white	白	olive	橄榄绿
gray	灰	navy	深蓝
silver	银灰	aqua	水蓝
red	红	lime	青绿
green	绿	maroon	茶色
blue	蓝	teal	墨绿
yellow	黄	fuchsia	紫红

8.5.2 背景颜色的属性

在 HTML 中可以使用 bgcolor 属性来设置网页的背景颜色,而在 CSS 中,不仅可以用 background-color 属性来设置网页背景颜色,还可以设置文字的背景颜色。

基本语法:

background-color: 关键字 | RGB 值 | transparent;

语法说明:

transparent 表示透明,是浏览器的默认值。

正常的即便非常浅的颜色,都是不透明的。需要用到透明色的时候,RGBa 就很有用了,它里面的第四个值"a"表示"alpha",通过设置该通道的值可以改变并且仅改变它所设置的那个颜色的不透明度。

"a(alpha)"可以是一个从"0.0"(完全透明)到"1.0"(完全不透明)的数值。例如 0.3(.3)就表示不透明度为 30%。

opacity 属性也可以设置不透明度。它和 alpha 非常相似,也是接受"0.0"(完全透明)到"1.0"(完全不透明)的数值。但它只接受这一个值,颜色需另外单独声明,需要注意的是它改变其父元素所包含的所有子元素的不透明度。

程序 8-23 是背景色及两种不透明度设置与对比实例。

```
<! -- 程序 8-23 -- >
    < html >
    < head >
      < title>不透明度设置与对比</title >
    < style type = text/css >
            body{background:url(img/bear.jpg); }
            .d1,.d2,.d3{width:300px; height:80px; border:5px solid blue;
                        background - color:rgb(255,0,0); margin:30px;}
              .d2{opacity:0.5;}
          .d3{background - color:rgba(255,0,0,.5);}
    </style >
    </head >
    < body >
< div class = "d1">不设置不透明度的效果< br/>完全遮盖 body 的背景图片</div >
    < div class = "d2"> opacity:0.5; < br/>包括背景色、文字、边框等,不透明度均改变</div >
    < div class = "d3"> rgba(255,0,0,.5),< br/>只有背景色不透明度改变,其他不受影响</div >
   </body >
   </html >
```

页面效果如图 8-22 所示。

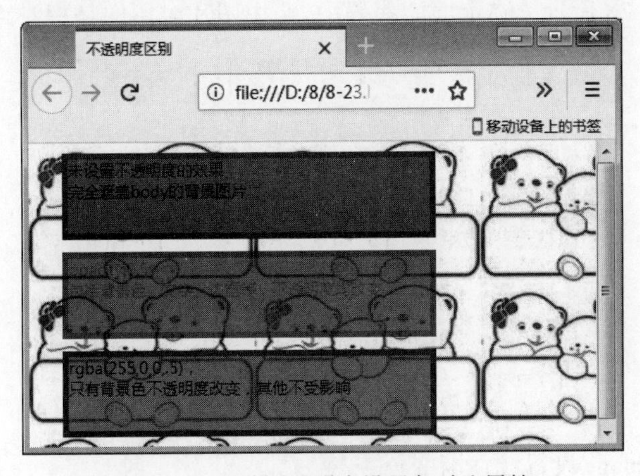

图 8-22　两种不透明度设置与对比属性

8.5.3　背景图片的属性

1. background-image 设置背景图片

background-image 可以用来设置背景图片。

背景图片默认起点为 padding-box 左上角,默认在 border-box 被裁剪,不包括外边距。默认在水平和垂直方向上重复。

基本语法:

background-image : url | none;

语法说明:

url 表示要插入背景图片的路径,路径可以是绝对路径也可以是相对路径; none 表示不加载图片。一般情况下,会设置一种可用的背景颜色,当背景图像不可用时,页面也可获得良好的视觉效果。

程序8-24是背景图片属性实例。

```
<! -- 程序 8-24 -- >
< html >
< head >
< title >背景图片的属性</title >
< style type = "text/css">
body{ background - color: #333;
background - image:url(img/a.jpg);}
.p1{background - image:url(img/b.jpg);font - size:15px;line - height:50px;}
.p2{background - image:url(img/c.jpg);font - size:15px;line - height:50px;}
</style >
</head >
< body >
< p class = "p1">背景图片的使用</p >
< p class = "p2">背景图片的使用</p >
</body >
</html >
```

页面效果如图8-23所示。在上面的代码中,调用图片时用的是相对路径。

图8-23　背景图片的属性

2. background-image设置线性渐变色

background-image还可以配合linear-gradient()函数来设置线性渐变色。其中,渐变的方向可由角度指定,或者在to后面加上top、bottom、right、left中的某一个或多个关键字,例如默认值to bottom,表明渐变自上而下。还可以设置渐变的起始色和结束色,它们中间用逗号(,)分开。

线性渐变实际上生成的是一幅图像,不能被当作颜色值使用。

也可以沿着渐变方向为其添加一个或多个可选的颜色,同时标定其终止位置(0%～100%的一个值),二者之间用空格分隔。

程序8-25是线性渐变的背景色属性实例。

```
<! -- 程序 8-25 -- >
< html >
< head >
    < title >线性渐变色</title >
```

```
    < style type = "text/css">
        .c0{width:360px; height:50px; margin:5px;line - height :50px ;
            border:1px solid red;
            background - image:linear - gradient(to right, #111, #ddd);}
</style >
    </head >
    < body >
        < div class = "c0">线性渐变色</div >
</body >
</html >
```

页面效果如图 8-24 所示。

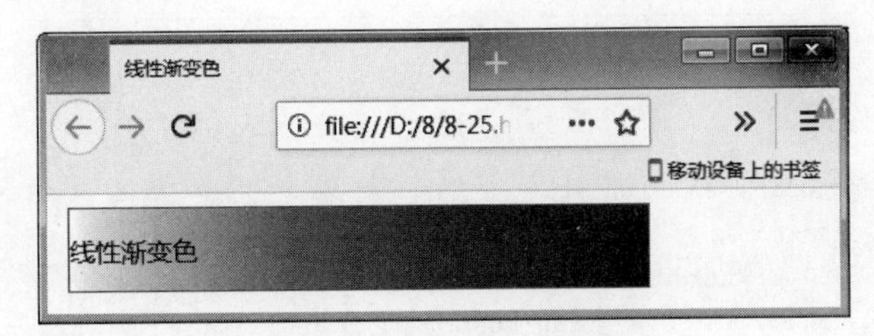

图 8-24　线性渐变色属性

3. background-attachment 背景附件

background-attachment 背景附件属性用来设置背景图片是否随着滚动条的移动而一起移动。

基本语法：

background-attachment：scroll | fixed;

语法说明：

scroll：背景图片随着滚动条的移动而移动，是浏览器的默认值。

fixed：背景图片固定在页面上，不随着滚动条的移动而移动。

程序 8-26 是背景附件控制属性实例。

```
<! -- 程序 8-26 -- >
< html >
< head >
  < title>背景附件的属性</title >
  < style type = "text/css">
    body{background - image:url(img/a.jpg); background - attachment:fixed ;}
    .p1{background - image:url(img/b.jpg);font - size:15px; line - height:50px ;}
    .p2{background - image:url(img/c.jpg);font - size:15px; line - height:50px ;}
  </style >
</head >
< body >
      < p class = "p1">背景附件的属性</p >
      < p class = "p2">背景附件的属性</p >
</body >
</html >
```

4. background-repeat 设置背景图片重复

background-repeat 属性设置网页的背景图片重复显示方式。

基本语法:

background-repeat: repeat | repeat-x | repeat-y | no-repeat;

语法说明:

repeat(默认值):背景图片在水平和垂直方向均重复平铺。

repeat-x:背景图片仅在水平方向重复平铺。

repeat-y:背景图片仅在垂直方向重复平铺。

no-repeat:背景图片仅出现一次,不重复平铺。

程序 8-27 是 background-repeat 属性实例。

```
<!--程序 8-27-->
<html>
<head>
    <title>background-repeat</title>
    <style type="text/css">
        .c{width:150px; height:100px; border:1px solid red; margin:5px;
            background-image:url(img/moon.png); float:left;}
        .c1{background-repeat:repeat-x;}
        .c2{background-repeat:no-repeat;}
    </style>
</head>
<body>
    <div class="c c1">repeat-x:横向重复平铺</div>
    <div class="c c2">no-repeat:不重复平铺</div>
</body>
</html>
```

页面效果如图 8-25 所示。

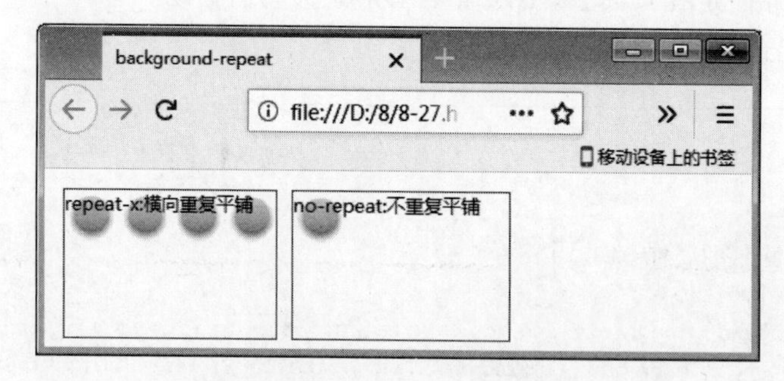

图 8-25 background-repeat 属性

5. background-position 设置背景图片位置

当在网页中插入背景图片时,插入位置的起点默认位于 padding-box 的左上角,通过 background-position 属性可以调整图片的插入位置。

基本语法:

background-position: 百分比 | 长度 | 关键字;

语法说明：

利用百分比和长度来设置图片位置时，都要指定两个值：一个代表水平位置；另一个代表垂直位置，中间用空格隔开。水平位置的参考点是父元素的左边沿；垂直位置的参考点是父元素的上边沿。

关键字在水平方向的主要有 left、center、right，关键字在垂直方向的主要有 top、center、bottom。水平方向和垂直方向相互搭配使用。

程序 8-28 是背景图片位置属性的实例。

```
<! -- 程序 8-28 -->
<html>
<head>
    <title>background-position</title>
    <style type="text/css">
        .p{background:url(img/e.jpg) no-repeat;
           line-height:50px; border:1px solid red;}
        .p1{background-position: left top;}
        .p2{background-position: center center;}
        .p3{background-position: right bottom;}
        .p4{background-position: 40px 30px;}
    </style>
</head>
<body>
    <p class="p p1">图片在段落的左上方位置</p>
    <p class="p p2">图片在段落的中间位置</p>
    <p class="p p3">图片在段落的右下方位置</p>
    <p class="p p4">图片向右移动 40px,向下 30px;</p>
</body>
</html>
```

页面效果如图 8-26 所示。

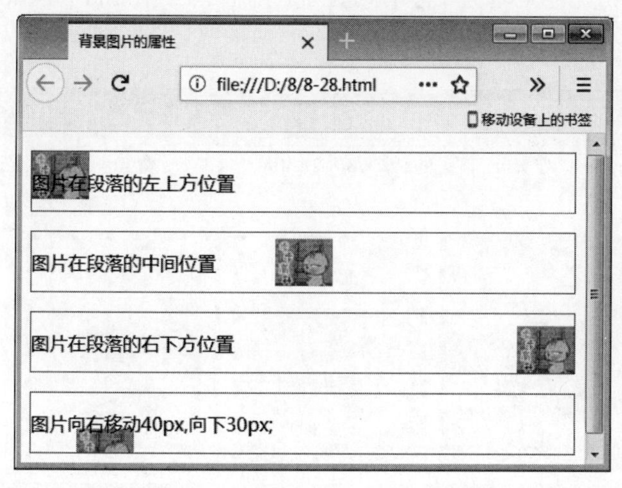

图 8-26　background-position 属性

6. background-clip 裁剪背景图片

background-clip 用来裁剪背景图片。

基本语法：

background-clip ：border-box(默认值) | padding-box | content-box；

语法说明：

border-box(默认值)：裁剪至外边框 border 的外沿。

padding-box：裁剪至内边距 padding 的外沿，也即外边框 border 的内边沿。

content-box：裁剪至内容框 content 的外沿，padding 的内边沿。

程序 8-29 是 background-clip 背景图片裁剪属性实例。

```
<! -- 程序 8-29 -->
<html>
<head>
    <title>background-clip</title>
    <style type="text/css">
    .d1,.d2,.d3{width:158px;height:180px;border:5px dashed blue;
            padding:10px; margin:5px;box-sizing:border-box;float:left;
            background:#ccc url(img/bear1ss.jpg) no-repeat;}
        .d1{background-clip:border-box;}
        .d2{background-clip:padding-box;}
        .d3{background-clip:content-box;}
    </style>
</head>
<body>
    <div class="d1"><br /><br /><br /></div>
    <div class="d2"><br /><br /><br /></div>
    <div class="d3"><br /><br /><br /></div>
</body>
</html>
```

注意：背景色分别完整地填充了各自的盒子，不随 background-position 的定位移动。

页面效果如图 8-27 所示。

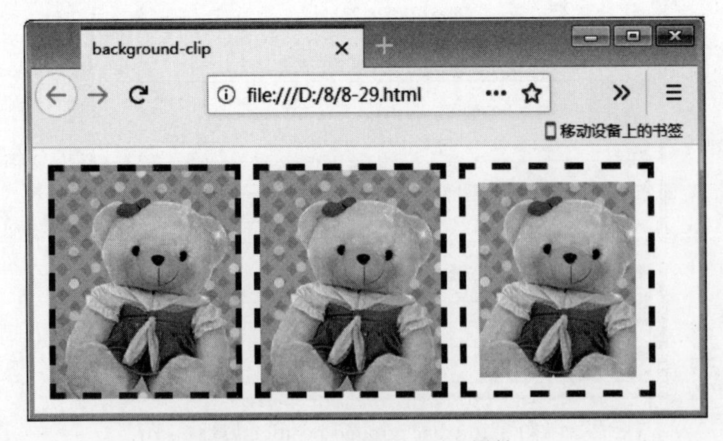

图 8-27　background-clip 属性

7. background-size 属性

background-size 属性规定背景图像的尺寸。它可以不考虑浏览器窗口的尺寸、屏幕分辨率、图片的实际尺寸，直接得到需要的尺寸。

基本语法：

background-size：length | percentage | cover | contain；

语法说明：

length：设置背景图像的宽度和高度；两个值分别设置宽度和高度，中间用空格分开，纵横比可能改变；若只设一个值，另一个则被设为 auto，纵横比不变。

percentage：以父元素的百分比来设置背景图像的宽度和高度；两个值分别设置宽度和高度，中间用空格分开，纵横比可能改变；若只设一个值，另一个则被设为 auto，纵横比不变。

cover：保持纵横比将背景图像扩展，直到背景图像最窄的部分完全覆盖背景区域；背景图像的某些部分可能被裁剪，无法显示在背景定位区域中。

contain：保持纵横比将图像扩展，使其最宽的部分覆盖背景区域；背景图片完整，不会被裁剪。

宽度和高度的值可以是像素或者百分比，当使用百分比时，背景图形可以根据视口（当前浏览器窗口）的大小或者浏览器的宽度进行缩或放。

程序 8-30 是 background-size 属性实例。

```
<!--程序 8-30-->
<html>
<head>
    <title>background-size</title>
    <style type="text/css">
        .d1,.d2,.d3,.d4{width:288px;height:116px;
            background:#ffcccc url(img/bear.jpg) no-repeat;
            border:5px dotted blue;
            padding:5px; margin:5px;
            float:left;}
        .d1{background-size:250px auto;}
        .d2{background-size:90% 90%;}
        .d3{background-size:cover;}
        .d4{background-size:contain;}
    </style>
</head>
<body>
    <div class="d1"><br/><br/><br/>length</div>
    <div class="d2"><br/><br/><br/>percentage</div>
    <div class="d3"><br/><br/><br/><br/>cover</div>
    <div class="d4"><br/><br/><br/>contain</div>
    </body>
</html>
```

页面效果如图 8-28 所示。

图 8-28　background-size 属性

8. 多重背景

在 CSS3 中,通过 background-image 或者 background 可以为一个容器设置多幅背景图片,也就是说可以把不同背景图片叠放到一个块元素中。

基本语法:

background: [background-image] | [background-origin] | [background-clip] | [background-repeat] | [background-size] | [background-attachment] | [background-position];

语法说明:

多幅背景图片的 url 使用逗号隔开。如果有多幅背景图片,而其他属性只有一个(例如 background-repeat 只有一个),那么所有背景图片都应用该属性值。

多重背景还可以针对不同的背景图片设置不同的 background-repeat、background-position 和 background-size 等属性。

多重背景的每幅背景图片都是以图层的形式显示,第一幅图片在其他之上。

程序 8-31 是多重背景属性实例。

```
<!--程序 8-31-->
<html>
<head>
    <title>多重背景</title>
    <style type="text/css">
        .d{width:240px;height:180px;margin:5px;float:left;
          background:url(img/moon.png) no-repeat 80% 20%,url(img/象湖
          240.jpg) no-repeat 50% 50%;}
    </style>
</head>
  <body>
        <div class="d"></div>
</body>
</html>
```

页面效果如图 8-29 所示。

图 8-29　多重背景

8.6　美化网页与超链接的设置

8.6.1　设置网页链接属性

在 HTML 中，可以使用< a >标记来建立网页的链接，CSS 允许按照链接的状态来设置网页链接文字的效果，语法如表 8-5 所示。

表 8-5　网页链接属性

语　　法	说　　明
a:link	未链接时的超链接文字的样式
a:visited	已链接过的超链接文字的样式
a:hover	当鼠标光标移动到超链接文字上方时，超链接文字所显示的样式
a:active	当单击超链接后，超链接文字所显示的样式
a	在此属性内设置样式时，上述 4 种属性将同时引用此值

程序 8-32 是网页超链接属性实例。

```
<!-- 程序 8-32 -->
<html>
<head>
    <title>网页的超链接属性</title>
    <link rel = "icon" href = "favicon.ico">
    <style type = "text/css">
        body{line-height: 20px;}
        a:link{color:#000000 ;}
        a:visited{opacity:0.5;}
        a:hover{color:#ff0000 ;}
        a:active{color:#00ff00 ;}
    </style>
</head>
<body>
```

```
    <ol>
        <li><a href=#>超链接文字属性</a></li>
        <li><a href=#>超链接文字属性</a></li>
        <li><a href=#>超链接文字属性</a></li>
        <li><a href=#>超链接文字属性</a></li>
    </ol>
</body>
</html>
```

注意:这4个伪类需要按照目前的顺序来书写,才可以得到正确的结果。

直接记易出错,用"爱恨(LoVe HAte)"法则,就很简单了。

页面效果如图8-30所示。

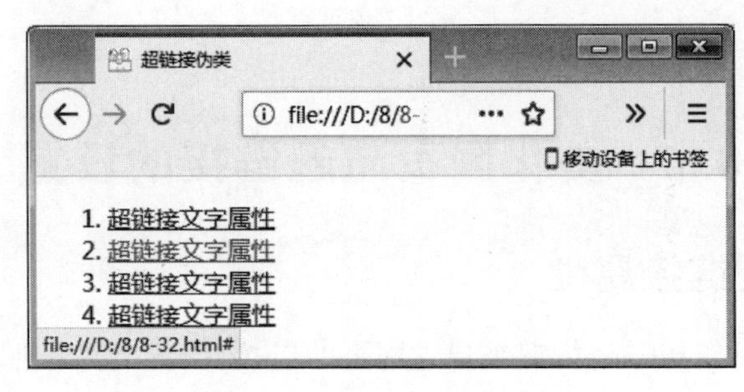

图8-30 网页的超链接属性

8.6.2 设置滚动条属性

有些网页的窗口滚动条上增加了许多漂亮的颜色,其实这些滚动条的颜色效果是利用CSS制作出来的。图8-31显示了滚动条的区域划分。

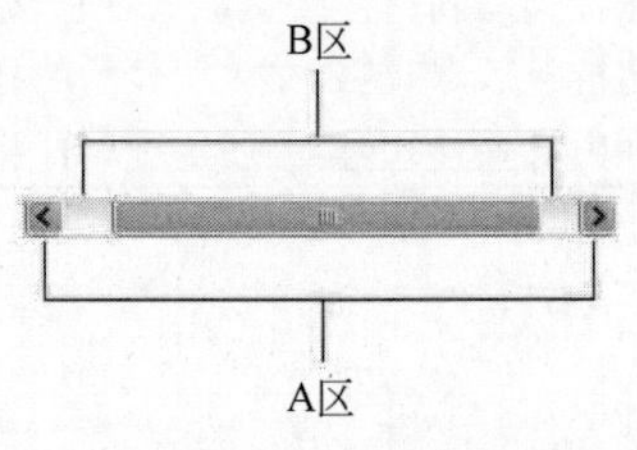

图8-31 滚动条区域划分

滚动条的属性如表8-6所示。

表8-6 滚动条属性说明

属 性	说 明
scrollbar-face-color	设置A区域的颜色
scrollbar-shadow-color	设置A区域的阴影颜色
scrollbar-highlight-color	设置A区域的边框颜色
scrollbar-3dlight-color	设置A区域的3D光影
scrollbar-darkshadow-color	设置A区域的3D阴影
scrollbar-track-color	设置B区域的滚动条轨道颜色
scrollbar-arrow-color	设置A区域内小三角的颜色

程序 8-33 是滚动条的样式属性实例。

```
<! -- 程序 8-33 -- >
< html >
< head >
    < title >平面的滚动效果</title >
    < style type = "text/css">
      body{ scrollbar - face - color:green; scrollbar - shadow - color:white;
            scrollbar - highlight - colorwhite; scrollbar - track - color:yellow;
            scrollbar - 3dlight - color:white; scrollbar - darkshadow - color:white;
            scrollbar - arrow - color:red ; }
    </style >
</head >
< body >
    平面的滚动效果< br >
    平面的滚动效果< br >
    平面的滚动效果< br >
    平面的滚动效果< br >
    平面的滚动效果< br >
</body >
</html >
```

页面效果如图 8-32 所示，窗口右边的滚动条已经根据有关的样式定义做了改动。

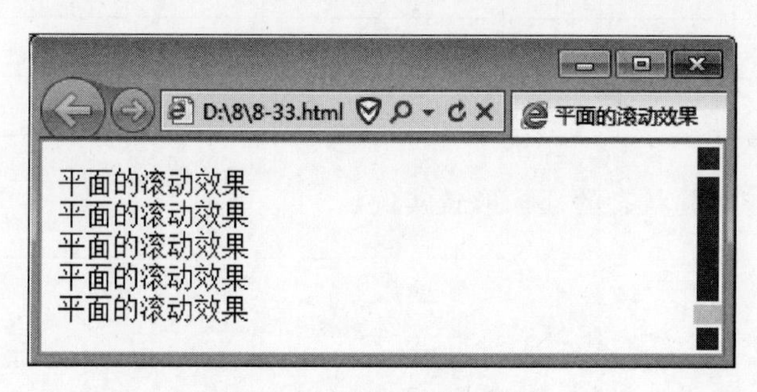

图 8-32　平面的滚动效果

8.6.3　设置光标属性

在浏览网页时，常看到不同的光标，有的代表程序正在执行，有的代表文字位置光标，有的代表超链接光标等，在 HTML 中并没有提供设置光标的功能，但是 CSS 的 cursor 属性刚好可以弥补这个缺点，设置出许多变化的光标图形。

基本语法：

cursor：s-resize；

语法说明：

s-resize：cursor 属性共提供了 16 种属性值，具体如表 8-7 所示。

表 8-7 光标属性的说明

属性值	说明	
auto	浏览器的默认值	
wait	⌛	等待/沙漏
help	↖?	帮助
no-drop	👆⊘	无法释放
text	I	文字/编辑
move	✥	可移动对象
n-resize	↕	向上改变大小(north)
s-resize	↕	向下改变大小(south)
e-resize	↔	向右改变大小(east)
w-resize	↔	向左改变大小(west)
ne-resize	⤢	向上右改变大小(north east)
nw-resize	⤡	向上左改变大小(north west)
se-resize	⤡	向下右改变大小(south east)
sw-resize	⤢	向下左改变大小(south west)
not-allowed	⊘	禁止
progress	↖⌛	处理中
default	↖	系统默认
url('光标文件地址')	☾	用户自定义

程序 8-34 是两种不同状态的鼠标形状实例。

```
<!--程序8-34-->
<html>
<head>
    <title>光标的属性</title>
    <style type = "text/css">
        body{background-image:url(a.jpg);}
        .p1{font-size:15px; color:#FF3300; background-color:#FFFF99;
            line-height:80px; cursor:wait;}
        .p2{font-size:15px; color:#000066; background-color:#66FFFF;
            line-height:80px; cursor:help;}
    </style>
</head>
<body>
    <p class = "p1">光标的属性:等待</p>
    <p class = "p2">光标的属性:帮助</p>
</body>
</html>
```

运行时，当鼠标光标进入黄色块时，光标的形状变为沙漏形状；而进入蓝色块时，光标的形状则变为帮助形状。

8.6.4　为标题栏添加小图标

目前很多网页的标题栏上都有一个小图标，例如百度是一个"小脚丫"，淘宝网是一个橙红色的"淘"字，豆瓣是一个"豆"字。这些图标不仅美观，同时也很独特。

在标题栏上设置一个小图标，需要三步：

(1) 生成一张后缀为".ico"的图片。用百度搜索"ico 转换器"，之后上传自己喜欢的图片，即可免费转换为 favicon.ico 的图片。

(2) 将图片和要调用它的网页并排放到同一个文件夹中。

(3) 在 head 中添加语句<link　rel="icon"　href="favicon.ico">。

运行程序，即可在标题栏的标题前面看到如图 8-30 所示的第一个小图标。

目前除 IE 外，大部分浏览器都支持为标题栏添加小图标。

8.7　矩形模块的概念与使用

8.7.1　矩形模块

在 CSS 中，将每一个元素都当作一个长方形的盒子模型。用这个假设的盒子来控制各元素的属性和样式，例如元素的边框宽度、颜色、样式、元素内容与边框之间的空白距离等。

一般使用矩形模块的时候，搭配 margin、border 以及 padding 属性，可以更好地控制元素的样式。图 8-33 清楚地描述了它们之间的关系。

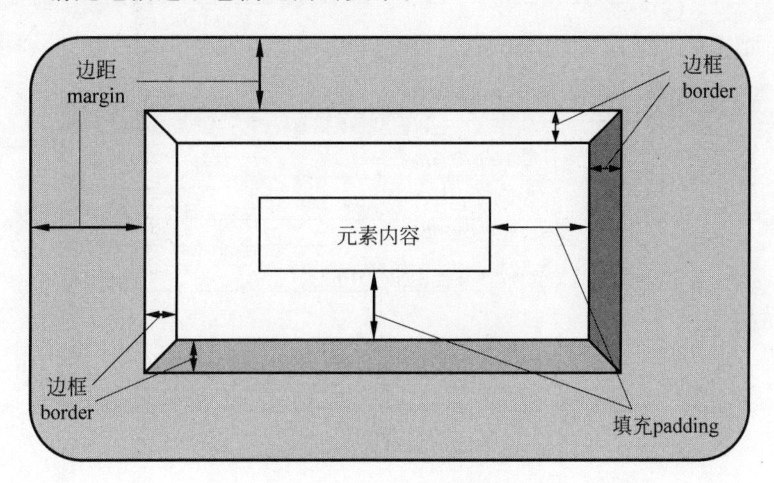

图 8-33　矩形模块属性

8.7.2　设置外边距

margin 的 4 个属性主要用来控制元素之间的空白距离。

基本语法：

margin-(top、right、bottom、left)：长度单位 | 百分比单位 | auto；

语法说明：

设置 margin 的复合属性时，可以有对应的 1～4 个属性值。如果设置 4 个值，对应的 4 个外边距应按顺时针方向，即上(margin-top)、右(margin-right)、下(margin-bottom)、左(margin-left)的顺序来设置；如果仅设置 1 个值，则四边边距均使用一个值；如果设置 2 个值，第一个值为上边距和下边距，第二个值为左边距和右边距；如果设置 3 个值，分别为上边距、左右边距和下边距。

程序 8-35 是外边距 margin 属性实例。

```
<!-- 程序 8-35 -->
<html>
<head>
    <title>外边距属性</title>
    <style type="text/css">
        body{margin-top:8px;margin-left:120px ;}
        p{border:1px solid red;}
        .p1 {margin:8px ;}
        .p2 {margin-left:60px; margin-top:60px;}
   </style>
</head>
<body>
    <p>没有设置外边距属性</p>
    <p class="p1">设置外边距属性,四边为 10 像素</p>
    <p class="p2">设置外边距属性,上为 60 像素,左为 60 像素</p>
</body>
</html>
```

页面效果如图 8-34 所示。

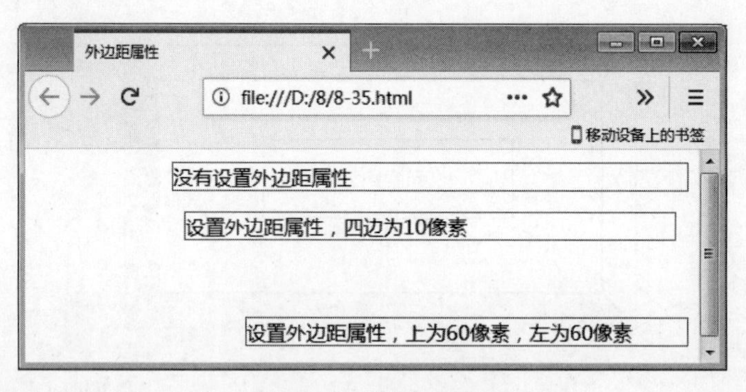

图 8-34 外边距属性

8.7.3 设置元素边框

1. border-style 边框样式属性

在 CSS 中，利用边框样式属性不仅可以设置单位边框样式属性，还可以对单位边框进行设置，也可以利用复合边框样式属性来统一设置四条边框的样式。

基本语法：

border-style：样式值；

border-top-style：样式值；

border-bottom-style：样式值；

border-left-style：样式值；

border-right-style：样式值；

语法说明：

border-style 是一个复合属性，复合属性的值有 4 种设置方法，和 margin 复合属性非常相似。其他 4 个都是单个边框的样式属性，只能取一个值。

样式值属性的具体说明见表 8-8。

表 8-8　元素边框的样式取值说明

样式的取值	说　明
none	不显示边框，为默认值
dotted	点线
dashed	虚线
solid	实线
double	双直线
groove	凹型线
ridge	凸型线
inset	嵌入式
outset	嵌出式
inherit	从父元素继承边框样式属性

程序 8-36 是 border-style 边框样式属性的实例。

```
<!--程序 8-36-->
<html>
<head>
    <title>边框样式属性</title>
    <style type="text/css">
        body{font-size:13px;}
        .p1 {border-style: double;}
        .p2 {border-style: dotted solid;}
        .p3 {border-style: solid dashed;}
        .p4 {border-top-style: solid;}
        .p5 {border-bottom-style: dashed;}
    </style>
</head>
<body>
    <p class="p1">设置边框样式均为双线</p>
    <p class="p2">设置边框样式上下为点线,左右为实线</p>
    <p class="p3">设置边框样式上下为实线,左右为虚线</p>
    <p class="p4">设置边框样式顶边为实线</p>
    <p class="p5">设置边框样式底边为虚线</p>
</body>
</html>
```

页面效果如图 8-35 所示。边框默认会覆盖元素的背景。

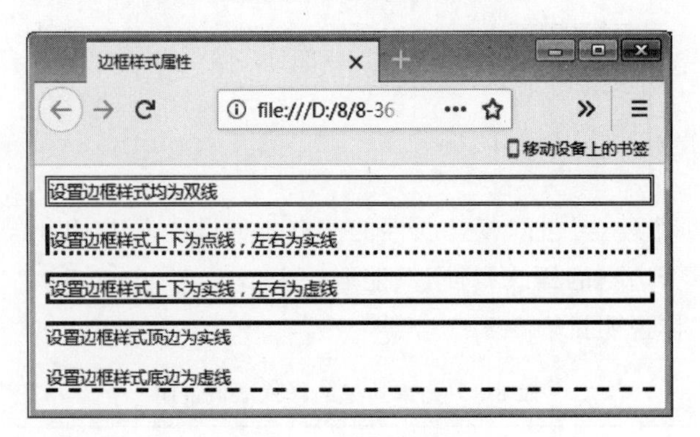

图 8-35 边框样式属性

2. border-width 边框宽度属性

border-width 属性是控制元素边框的宽度的一个综合属性，和 border-style 一样也有 4 种单独的设置方法，分别定义 4 条边框的宽度，设置方法和边框样式一样。

基本语法：

border-width:thin | medium | thick | length;

border-top-width: thin | medium | thick | length;

border-right-width: thin | medium | thick | length;

border-bottom-width: thin | medium | thick | length;

border-left-width: thin | medium | thick | length;

语法说明：

thin、medium、thick 分别表示细、中等、粗，length 表示长度。

程序 8-37 是边框宽度属性实例。

```
<! -- 程序 8-37 -- >
< html >
< head >
    < title >边框宽度属性</title >
    < style type = "text/css">
          body{font - size:13px ;}
          p{border - style: solid ;}
          .p1 {border - width: 2px ;}
          .p2 {border - width: 2px 4px ;}
          .p3 {border - width: 2px 5px 3px ;}
          .p4 {border - width: 2px 4px 6px 8px ;}
     </style >
</head >
< body >
      < p class = "p1">设置边框宽度均为 2 像素</p >
      < p class = "p2">设置边框宽度上下为 2 像素,左右 4 像素</p >
      < p class = "p3">设置边框宽度上为 2 像素,左右 5 像素、下为 3 像素</p >
      < p class = "p4">设置边框宽上为 2 像素、右为 4 像素、下为 6 像素、左为 8 像素</p >
</body >
</html >
```

页面效果如图 8-36 所示。

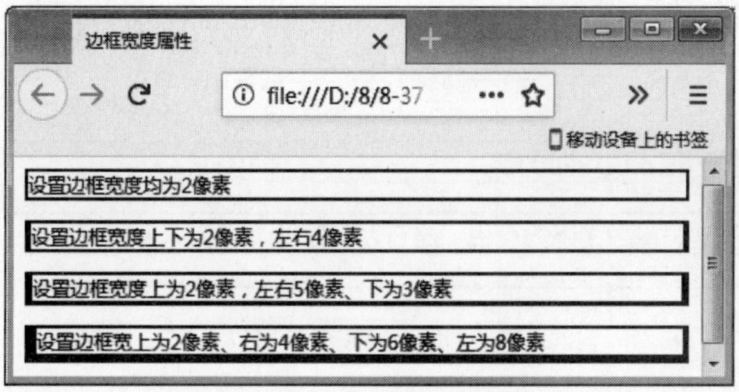

图 8-36　边框宽度属性

3. border-color 边框颜色属性

border-color 属性可以设置每个边框的颜色。和边框宽度、边框样式的设置方法很类似。

基本语法：

border-color：颜色关键字 | RGB 值；

border-top-color：颜色关键字 | RGB 值；

border-bottom-color：颜色关键字 | RGB 值；

border-left-color：颜色关键字 | RGB 值；

border-right-color：颜色关键字 | RGB 值；

语法说明：

border-color 是一个复合属性，它的值有 4 种设置方法，和 border-width 复合属性非常相似。其他 4 个都是单个边框的颜色属性，只能取一个值。

程序 8-38 是 border-color 边框颜色属性实例。

```
<!-- 程序 8-38 -->
<html>
<head>
    <title>边框颜色属性</title>
    <style type = "text/css">
        body{font - size:16px ;}
        p{border - style: solid; border - width:2px;}
        .p1 {border - color: #00ffff ;}
        .p2 {border - color: #000000 #808080 ;}
    </style>
</head>
<body>
    <p class = "p1">设置边框颜色均为水绿色</p>
    <p class = "p2">设置边框颜色上下为黑色,左右为灰色</p>
</body>
</html>
```

页面效果如图 8-37 所示。

4. border 复合属性

在 CSS 中，border 属性可以同时设置边框的样式、宽度和颜色，也可以对每个边框属性单独进行设置。

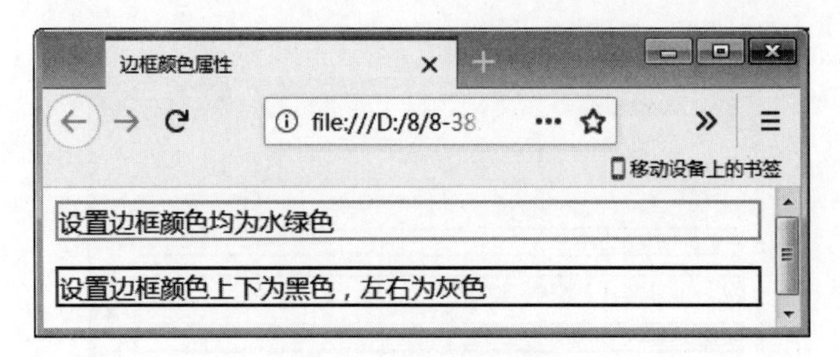

图 8-37 边框颜色属性

基本语法：

border：边框宽度 | 边框样式 | 边框颜色；

border-top：上边框宽度 | 上边框样式 | 上边框颜色；

border-right：右边框宽度 | 右边框样式 | 右边框颜色；

border-bottom：下边框宽度 | 下边框样式 | 下边框颜色；

border-left：左边框宽度 | 左边框样式 | 左边框颜色；

语法说明：

每一个属性都是一个复合属性，都可以同时设置边框的样式、宽度和颜色，属性值中间用空格隔开，在这 5 个属性中，只有 border 可以同时设置 4 条边框的属性，其他的只能设置单边框的属性。

程序 8-39 是边框复合属性实例。

```
<!-- 程序 8-39 -->
<html>
<head>
    <title>边框复合属性</title>
    <style type="text/css">
        body{font-size:16px;}
        .p1 {border: 2px solid #ffff00;}
        .p2 {border-top: 4px dotted #808080;}
        .p3 {border-bottom: 4px dotted #0000ff;}
    </style>
</head>
<body>
    <p class="p1">设置边框宽度为 2 像素，实线，颜色均为水绿色</p>
    <p class="p2">设置顶边框为 4 像素，点线，灰色</p>
    <p class="p3">设置底边框为 4 像素，点线，蓝色</p>
</body>
</html>
```

页面效果如图 8-38 所示。

5. border-radius 属性

在 CSS3 中，利用 border-radius 属性可以很方便地设置不同弧度的圆角，也可以为各个角设置不同的弧度，甚至可以设置 8 个参数来实现比较复杂的圆角效果。

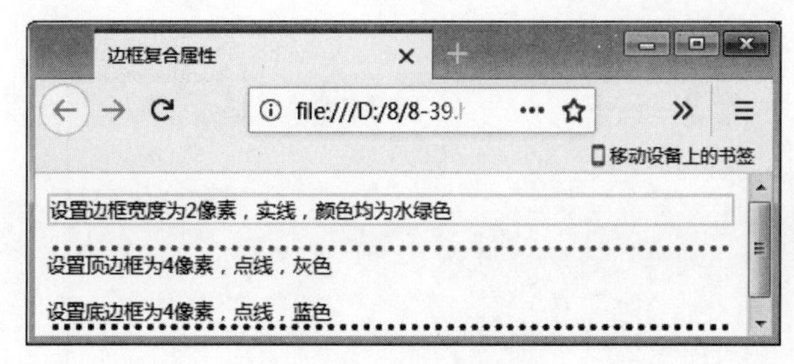

图 8-38　边框复合属性

基本语法：

border-radius：length | %；

border-top-left-radius：length | %；

border-top-right-radius：length | %；

border-bottom-right-radius：length | %；

border-bottom-left-radius：length | %；

语法说明：

第一个为复合属性，和前面的 margin、border 等一样，它支持 1 个、2 个、3 个、4 个值，每个值中间用空格隔开。不同的是，它还可以设置 8 个值，把这些值分为两部分：水平方向的半径值和垂直方向的半径值，每组内部每个值要用空格隔开，两组之间用"/"分开。注意"/"书写时前后都要加空格。

下面的 4 个都只能设置特定的角的弧度，支持 1 个或 2 个值。以 border-top-left-radius 为例，一个值就表示左上角的弧度半径；两个值就用空格分开，分别表示左上的上和左上的左各自的弧度半径。

参数值接受数值和百分比。

程序 8-40 是 border-radius 圆角边框实例。

```
<! -- 程序 8-40 -- >
< html >
< head >
    < title > border - radius </title >
    < style type = "text/css">
        .d1,.d2 {width:100px; height:100px; background:#ffcccc;
              border:1px solid blue; margin:5px; float:left;}
        .d5{border - radius:10px;}
        .d2{border - radius:50 % ;}
    </style >
</head >
    < body >
      < div class = "d1">< br />  </div >
      < div class = "d2">< br />  </div >
</body >
</html >
```

页面效果如图 8-39 所示。

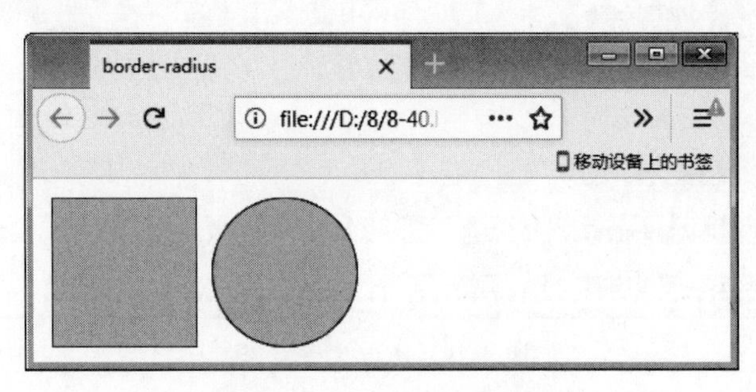

图 8-39　border-radius 属性

6. box-shadow 属性

box-shadow 和前面的 text-shadow 非常相似。利用这个属性可以为盒子添加一个或多个阴影。多个阴影之间只需要以“,”分隔即可,每个阴影有两个或三个长度值和一个可选的颜色值进行规定。默认长度为 0。

但它比 text-shadow 多了一个可选的关键词 inset,此关键词可将外阴影转换为内阴影。

基本语法:

box-shadow: inset h-shadow v-shadow blur spread color;

语法说明:

inset: 可选。将外阴影 outset(默认值)改为内阴影。

h-shadow: 必需。水平阴影偏移量(默认向右)。允许负值(向左)。

v-shadow: 必需。垂直阴影偏移量(默认向下)。允许负值(向上)。

blur: 可选。模糊的距离,不可为负。

spread: 可选。伸展阴影的尺寸,允许负值。

color: 可选。阴影的颜色。缺省就接受浏览器的默认值。

偏移、模糊、伸展值的单位可以是像素,也可以是 em。

程序 8-41 是 box-shadow 设置阴影的实例。

```
<! -- 程序 8-41 -->
<html>
<head>
<title>box-shadow</title>
<style type=text/css>
        .d1,.d2 {width:100px; height:80px;background:#ffcccc;
                border:1px solid blue; margin:15px;float:left;}
        .d1{box-shadow:3px 5px 3px #9900ff;}
        .d2{box-shadow:inset 3px 5px 3px 2px #9900ff;}
</style>
</head>
<body>
        <div class="d1"><br /></div>
        <div class="d2"><br /></div>
</body>
</html>
```

页面效果如图 8-40 所示。

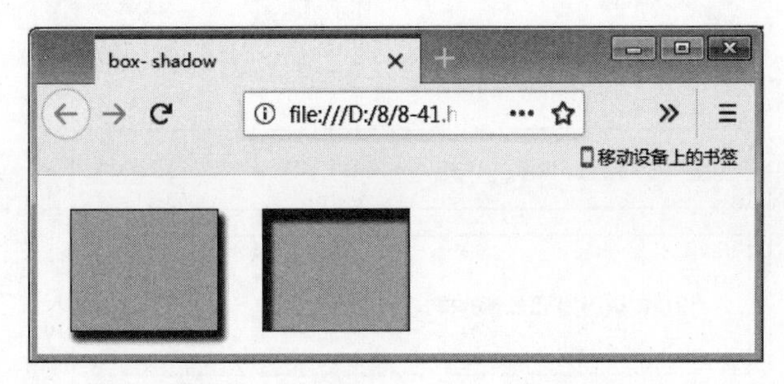

图 8-40 box-shadow 设置块的阴影

8.7.4 设置元素内边距

元素内边距主要是指边框和内部内容盒子之间的空白距离，它是透明的，不会遮住元素的背景色或者背景图片。利用 padding 属性设置元素内的边距时，也包括 5 个属性，和前面的 margin、border 等类似，其复合属性也有 4 种设置方法。

基本语法：

padding：长度 | 百分比；
padding-top：长度 | 百分比；
padding-right：长度 | 百分比；
padding-bottom：长度 | 百分比；
padding-left：长度 | 百分比；

语法说明：

长度包括长度值和长度单位，百分比是相对于上级元素宽度的百分比，不允许负值。

程序 8-42 是内边距属性实例。

```
<!-- 程序 8-42 -->
<html>
<head>
    <title>内边距设置</title>
    <style type="text/css">
        body{font-size:16px;}
        p{border: 2px solid #ff0000;}
        .p1 {padding: 15px;}
        .p2 {padding: 35px;}
    </style>
</head>
<body>
    <p class="p1">设置内边距为 15 像素的样式</p>
    <p class="p2">设置内边距为 35 像素的样式</p>
</body>
</html>
```

页面效果如图 8-41 所示。

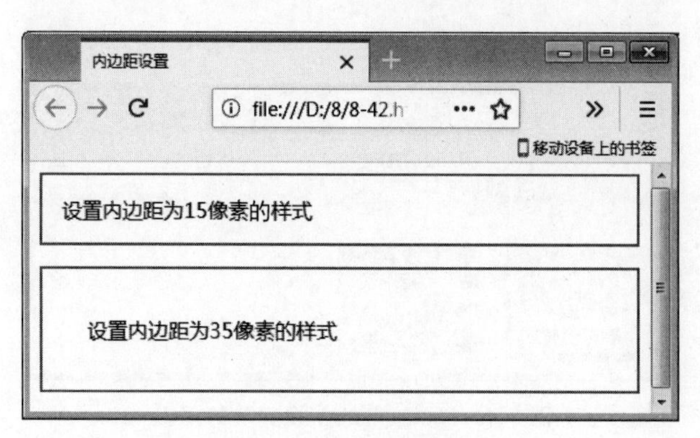

图 8-41　内边距设置

8.7.5　盒模型的显示方式 display

display 属性规定元素应该生成的盒子(框)的类型。它对应的类型比较多,以下是比较常用的5种类型。

基本语法:

display: inline(默认) | block | inline-block | inherit | none;

语法说明:

none: 元素不会被显示,不占用文档流中的空间。

inline: 默认。元素被显示为内联元素(行盒),前后没有换行符。

block: 元素显示为块级元素(块盒),前后有换行符。

inline-block: 内联块元素(行块盒)。

inherit: 从父元素继承 display 属性的值。

1. block 块盒

块级方框又称块盒,它可以使用 width、height 来设置宽高尺寸,使用百分数时则基于它的父元素的尺寸; 不设置宽度时,继承父元素宽度; 独占一行; 当浏览器窗口变小,低于块盒的尺寸后,部分会被裁剪掉; 块元素几乎可以嵌套任何元素(特例: div 可以嵌套 p,p 不可以嵌套 div)。

典型的块盒有 div、p、ul、ol、li、h1～h6、form、address 等。

2. inline 行盒

行级方框又称行盒,它不能直接设置宽高,width、height 均无效,盒子大小由它里面的内容撑开; 不独占一行,左右允许有其他非块盒; 浏览器窗口变小时,会自动换行,来适应窗口大小; 行盒可以嵌套其他行盒; 但超链接 a 几乎可以内嵌任何其他盒子类型,但不可以嵌套 a,否则内部被嵌套的 a 会失效。

典型的行盒有 span、a、select、textarea、u、i 等。

3. inline-block 行块盒

内联块又称行块盒,兼有行盒和块盒的特点; 可以使用 width、height 设置宽高尺寸,使用百分数时则基于父元素的尺寸; 不独占一行,左右均允许有其他非块盒; 浏览器窗口改变时,会自动换行,来适应窗口大小。

典型的行块盒有 img 等。

不管原来属于哪种盒子类型，均可通过 display 强制转换为另一种盒子类型。

程序 8-43 是 display 属性以及它们之间的相互转换实例。

```
<!--程序 8-43-->
<html>
    <head>
        <title>display</title>
        <style type="text/css">
            div,a,.c1,{width:150px; height:60px; border:1px solid red;
                    padding:3px; margin:5px;}
            a{text-decoration:none;}
            .c1{display:block;}
        </style>
    </head>
    <body>
        <a href="#">超链接 a</a>
        <a href="#">超链接 a</a>
        <a href="#" class="c1">超链接 a 被转成块盒</a>
        <a href="#" class="c1">超链接 a 被转成块盒</a>
    </body>
    </html>
```

页面效果如图 8-42 所示。

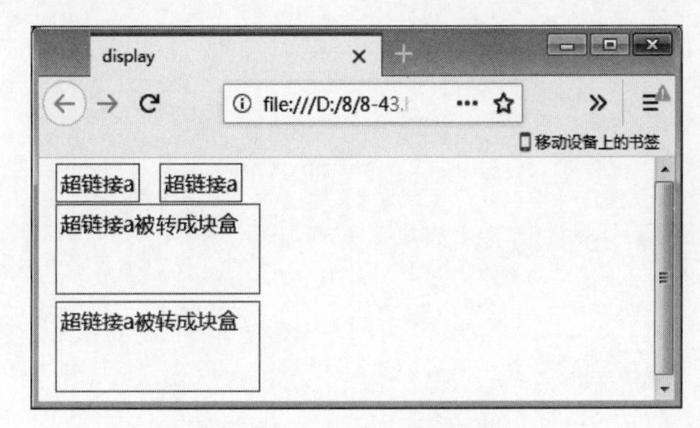

图 8-42 display 属性及转换

8.8 列表样式

视频讲解

1. list-style-type 列表样式

list-style-type 属性可用于设置列表的符号或编号，此属性通常搭配<ol>或<ul>标记使用。

基本语法：

list-style-type:属性值；

语法说明：

list-style-type 的属性值详细解释见表 8-9。

表 8-9　列表样式属性说明

属性的取值	说　明
disc	列表符号为黑圆点●
circle	列表符号为空心圆○
square	列表符号为小黑方块■
decimal	列表符号按数字排序 1 2 3…
lower-roman	列表符号按小写罗马数字排序 ⅰ ⅱ ⅲ …
upper-roman	列表符号按大写罗马数字排序 Ⅰ Ⅱ Ⅲ …
lower-alpha	列表符号按小写字母排序 a b c…
upper-alpha	列表符号按大写字母排序 A B C…
none	不显示任何列表符号或编号

程序 8-44 是列表属性实例。

```
<! -- 程序 8-44 -- >
< html >
< head >
    < title >列表样式</title >
    < style type = "text/css">
        . list1 {list - style - type:circle ;}
        . list2 {list - style - type:square ;}
        . list3 {list - style - type:lower - roman ;}
      </style >
</head >
< body >
      < ul class = list3 >
            < li >水果</li >
                  < ol class = list1 >
                        < li >苹果</li >
                        < li >梨</li >
                        < li >香蕉</li >
                  </ol >
            < li >坚果</li >
                  < ol class = list2 >
                        < li >松子</li >
                        < li >花生</li >
                        < li >核桃</li >
                  </ol >
      </ul >
</body >
</html >
```

页面效果如图 8-43 所示。

2. list-style-image 图像列表

除了用特定的 list-style-type 属性设置列表符号的样式外，利用 CSS 还可以把列表的符号设置成喜欢的图片。

基本语法：

list-style-image：url | none；

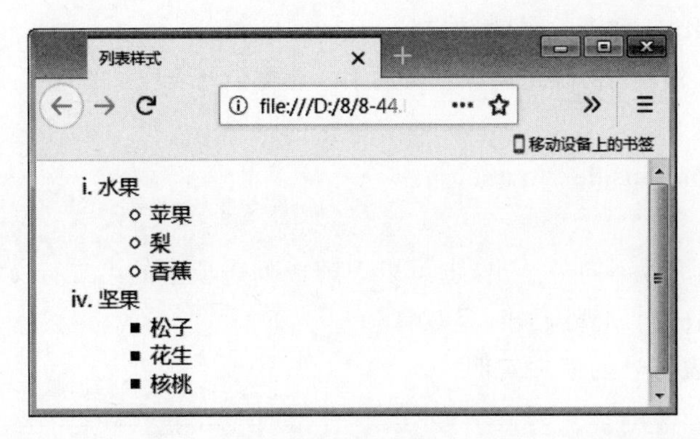

图 8-43　列表样式

语法说明：

url 是指定要载入的图片路径，在使用上与插入图片< img >的用法差不多。

none 表示不使用图片式的列表符号。

程序 8-45 是图片列表样式实例。

```
<! -- 程序 8-45 -- >
< html >
< head >
    < title >图片列表样式</title >
    < style type = "text/css">
        . list1 {list - style - type:circle ;}
        . list2 {list - style - image:url( img/b. gif) ;}
        . list3 {list - style - image:url( img/a. gif) ;}
    </style >
</head >
< body >
      <! -- 此处省略和程序 8-44 一样的代码 -- >
</body >
</html >
```

页面效果如图 8-44 所示。

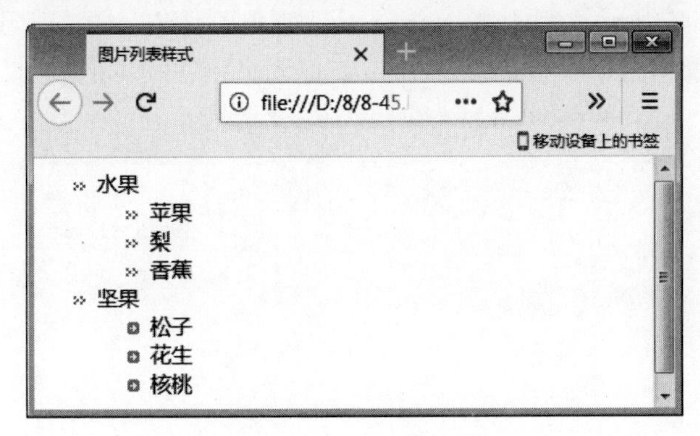

图 8-44　图片列表样式

3. list-style-position 列表符号的缩进

list-style-position 列表符号缩进属性主要用来设置每个列表项目的符号或图片是否向外凸出。

基本语法：

list-style-position：inside | outside；

语法说明：

inside 表示列表符号不向外凸出，也可以理解成列表项上的第二行文字与列表符号对齐。

outside 表示列表符号向外凸出，是默认值。

程序 8-46 是列表符号的缩进实例。

```
<! -- 程序 8-46 -- >
< html >
< head >
    < title >列表符号的缩进</title >
    < style type = "text/css">
       .list1{list - style - type:circle;list - style - position:inside;}
       .list2{list - style - image:url(img/b.gif);list - style - position:outside;}
    </style >
</head >
< body >
    < ul >
        < li >水果</li >
            < ol class = "list1">
                < li >苹果</li >
                < li >梨</li >
                < li >香蕉</li >
            </ol >
        < li >坚果</li >
            < ol class = "list2">
                < li >松子</li >
                < li >花生</li >
                < li >核桃</li >
            </ol >
    </ul >
</body >
</html >
```

页面效果如图 8-45 所示。因为第一个 ol 标记使用了 inside 样式，所以其标志缩在了文本中，而第二个 ol 标记使用了 outside 样式，所以其标志显示在文本的右边。

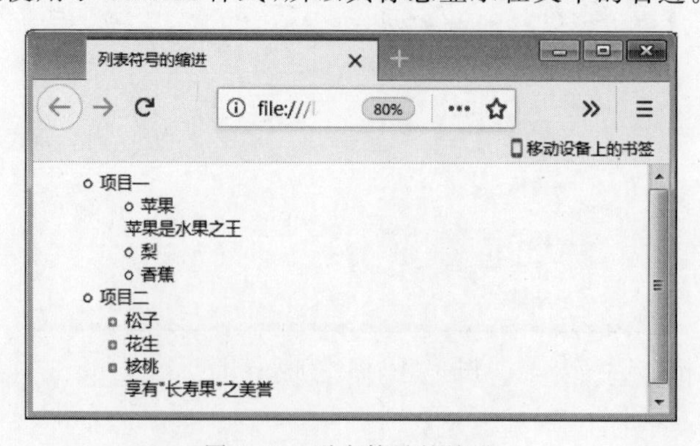

图 8-45　列表符号的缩进

8.9　div 和 span

1. <div>标记的使用

在写 HTML 文件，定义区域间的不同样式时，可以使用<div>标记达到这个效果，它默认是块盒，除此以外，通过设置<div>的 z-index 属性还可以设置层次的效果。

基本语法：

<div style="position:absolute; left:29px;top:12px;width:200px;height:80px; background-color:#33CC99; float:none; clear:none; z-index:1;></div>

语法说明：

用 style 来表示层的样式，因为如果没有定义层的样式，在浏览网页的时候是看不到效果的。

程序 8-47 是 div 标记使用实例。

```
<!-- 程序 8-47 -->
<html>
<head>
    <title>div 标记的使用</title>
    <style type = "text/css">
    .p1{position:absolute;left:150px;top:30px;width:200px;height:80px;
         background-color:yellow; float:none; clear:none; z-index:2;}
   </style>
</head>
<body>
   <div id = "bottom" style = "position:absolute;
             left:29px;top:12px;width:200px;height:80px;
             background-color:#33CC99; float:none; clear:none; z-index:1;>
   </div>
   <div id = "top" class = "p1"></div>
</body>
</html>
```

页面效果显示了两个不同颜色的区域重叠了一部分，如图 8-46 所示。可以通过调整两个 div 标记的 z-index 属性，修改两个区域在层中的顺序，这里由于第一个 div 标记的 z-index 属性值小于第二个，所以就被叠在了下面。

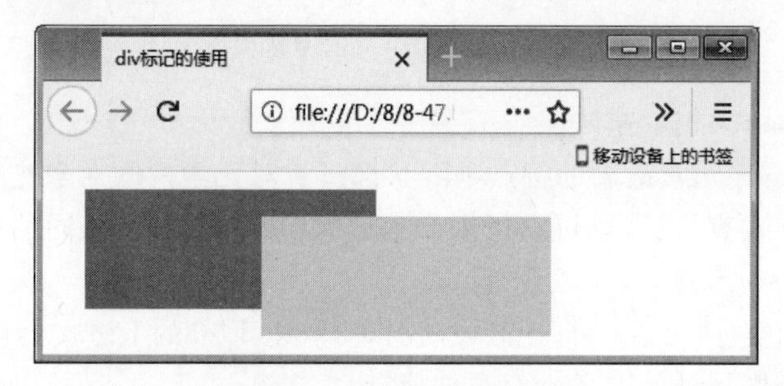

图 8-46　div 标记的使用

2. <span>标记的使用

<div>标记主要用来定义网页上的区域，通常用于比较大范围的设置，而<span>标记用来设置文档中的行内元素属性。

基本语法：

<span id="指定样式名称">…</span>

或者

<span class="指定样式名称">…</span>

语法说明：

span 本身没有任何样式，只有对它设置样式时，它才会产生变化。

程序 8-48 是 span 标记使用实例。

```
<!-- 程序 8-48 -->
<html>
<head>
    <title>span 标记的使用</title>
    <style type="text/css">
    .p1 {font-size:20px; color:#FF3300;}
    .p2 {font-size:35px; color:#0000FF;}
    </style>
</head>
<body>
    <p class="p1">
        忽如一夜<span class=p2>春风</span>来，千树<span>万树<span>梨花开。
    </p>
</body>
</html>
```

页面效果如图 8-47 所示。在段落一中的"春风"二字由于被一个指定了样式的 span 标记包含了起来，所以在段落中显示了另外的样式；同样地，被 span 标记包含起来的"万树"两字，由于这个 span 标记没有样式指定，所以和段落中其他文字显示样式保持了一致。

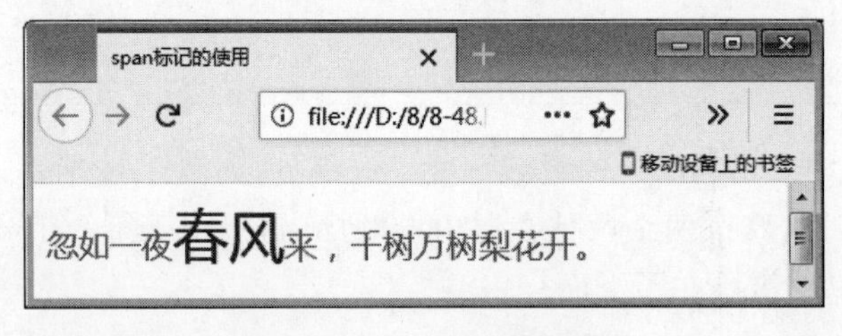

图 8-47 span 标记的使用

3. <div>与<span>的区别

<div>和<span>元素最大的特点是默认都没有对元素内的对象进行任何样式的定义。它们主要用于应用样式表，二者都可以用来产生区域范围，以定义不同的文字段落。不过，二者在使用上还是有一些差异。

(1) 区域内是否换行：<div>标记区域内的对象与区域外的上下文会自动换行，而<span>标记区域内的对象与区域外的对象不会自动换行。

(2) 标记相互包含：<div>与<span>标记可以同时在网页上使用，一般在使用上建议用

< div >标记包含< span >标记；但< span >标记最好不包含< div >标记，否则会造成< span >标记的区域不完整，而形成断行的现象。

(3) 二者最明显的区别在于 div 是块元素，指定定义 HTML 的容器；而 span 是行内元素(也译作内嵌元素)，指定内嵌文本容器。

8.10　定位 position 属性

CSS 有三种基本的定位机制：普通流、浮动和定位。

除非专门指定，否则所有框都在普通流中定位。也就是说，普通流中的元素的位置由元素在 (X)HTML 中的位置决定。

块级框从上到下一个接一个地排列，框之间的垂直距离由框的垂直外边距计算出来。

行内框在一行中水平布置。可以使用水平内边距、边框和外边距调整它们的间距。但是，垂直内边距、边框和外边距不影响行内框的高度。由一行形成的水平框称为行框(line box)，行框的高度总是足以容纳它包含的所有行内框。不过，设置行高可以直接改变这个框的高度。

任何元素都可以定位，position 属性定义建立元素布局所用的定位机制。

基本语法：

position：static(默认) | relative | absolute | fixed | inherit；

语法说明：

(1) static：默认值。

- 没有定位，元素出现在常规流中；
- top、bottom、left、right、z-index 声明均无效。

(2) relative：相对定位。

- 保留原位置定位，无论是否移动，元素仍然占据原来的空间；
- 如果使用 left、right、top、bottom，则相对它自身原来的位置进行移动，因此，移动元素可能会导致它覆盖其他框；
- 经常用于给绝对定位元素作容器块。

(3) absolute：绝对定位。

- 如果没有设置宽度，则它的宽度会缩小为内容所占的宽度；
- 脱离原位置定位，即它变成绝对定位元素后，没有设置 left、right、top、bottom 之前，看起来依然会在其原来位置上，但它已不再占有自然流的空间，其后面的元素会忽略绝对定位元素，向上移动，填补空隙，所以定位元素会和后面内容发生堆叠，看起来像是覆盖在后续元素的上层；
- 如果设置了 left、right、top、bottom 的值(哪怕是 0px)，则相对于离它最近的非 static 定位的已定位祖先元素来定位；如果元素没有已定位的祖先元素，那么它的位置相对于最初的包含块 body 来定位；
- 不管原来是什么元素，绝对定位都会使之变成块盒。

(4) fixed：它是一种特殊的绝对定位的元素。

- 和绝对定位不同的是，它是相对于浏览器窗口也就是视口来进行定位的；
- 如果没有设置宽度，则它的宽度会缩小为内容所占的宽度；
- 页面滚动时，它不会随着滚动；

- 不管原来是什么元素,固定定位都会使之变成块盒。

(5) inherit:从父元素继承 position 属性的值。

程序 8-49 是 position 属性实例。

```
<! -- 程序 8-49 -- >
< html >
< head >
    < title > position 属性</title >
    < style type = "text/css">
    .div1{width:300px; height:300px;padding:10px ;border:2px solid #99cccc;
        position:relative;}
    .div2{width:150px;height:65px;padding:2px;border:1px;background:pink;
        position:absolute;left: 15px; top: 15px; }
    .div3{width:50px;height:23px;text - align:center;
        background:pink; border:1px;
        position:absolute; right: 27px; bottom: 22px; }
    </style >
</head >
< body >
    < div class = "div1">
        < div class = "div2">通知公告:请同学们按时完成网页设计线上平台作业任务</div >
        < div class = "div3">返回</div >
    </div >
</body >
</html >
```

页面效果如图 8-48 所示。

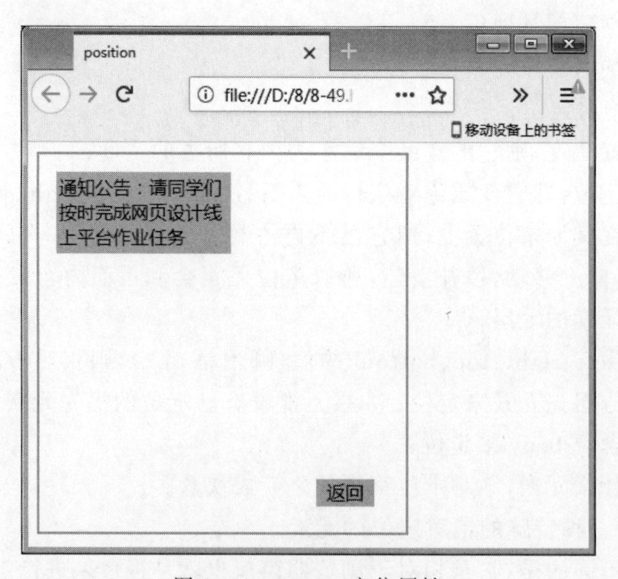

图 8-48 position 定位属性

视频讲解

8.11　浮动 float 和清除浮动 clear 属性

1. 浮动 float 属性

浮动属性定义元素向左或向右移动，直到它的外边缘碰到包含框或另一个浮动框的边框为止。浮动属性是布局时经常用到的一个属性。

它还可以使文本围绕在图像周围，实现图文混排。

在 CSS 中，任何元素都可以浮动。需要注意的是，不论它本身是何种元素，浮动后元素均会生成一个块级框。

浮动元素可以设置尺寸，但不再具有块盒独占一行的特点，它允许自己的左右放置其他非块级元素。

一般要给浮动元素指定一个明确的宽度，否则，它们会在原来所包含内容的基础上尽可能地窄。

浮动会使浮动元素脱离文档流。浮动元素可以看到它之前的所有元素包括非浮动的块盒，并自动排在它们后面。但是它后面的非浮动块盒会忽略浮动元素，向上移动，以填补空缺，行盒和行块盒例外，它们仍然会给浮动元素腾出空间。

如果包含框太窄，无法容纳多个浮动元素水平排列，那么放不下的浮动块自动换行向下移动，直到有足够的空间。如果浮动元素的高度不同，那么当它们向下移动时可能被其他浮动元素"卡住"，一般要尽量避免这种现象，这个过程会持续到某一行拥有足够的空间让它放下自己为止。

基本语法：

float：none(默认) | left | right | inherit；

语法说明：

none：不浮动，默认值。元素出现在正常的流中。

left：元素左浮动。

right：元素右浮动。

inherit：从父元素继承 float 属性的值。

程序 8-50 是浮动 float 属性实例。

```
<!-- 程序 8-50 -->
<html>
<head>
    <title>float</title>
    <style type="text/css">
        .c1,.c2,.c3{width:100px;height:100px; font-size:30px;
        border:1px solid red;float:left;}
        .c1{background-color:rgb(230,230,230);}
        .c2{background-color:rgb(100,100,100);}
        .c3{background-color:rgb(23,20,26);color:#fff;}
    </style>
</head>
<body>
```

```
        <div class="c1"> 1 </div>
        <div class="c2"> 2 </div>
        <div class="c3"> 3 </div>
</body>
</html>
```

页面效果如图 8-49 所示。

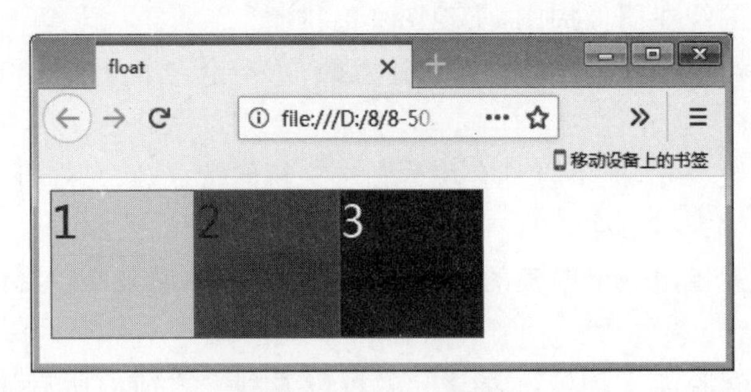

图 8-49　float 浮动属性

2. 清除浮动 clear 属性

clear 属性可以使元素清除之前的浮动属性。

浮动元素脱离文档流显示。如果一个块里面均为浮动元素,那么从这个块的视角来看就好像里面没有任何元素一样(它的上下边框会紧紧地贴在一起);同时里面的浮动元素还会向下凸出来,覆盖后续内容;对后续内容很不友好。因此,清除浮动非常重要。

基本语法:

clear: none(默认) | left | right | both | inherit;

语法说明:

none: 默认值。不清除浮动,允许出现左浮动或者右浮动元素。

left: 清除左浮动。

right: 清除右浮动。

both: 清除左右两种浮动。

inherit: 从父元素继承 clear 属性的值。

目前经常使用的方法是 micro clearfix 伪元素法。几乎所有的浏览器都支持它,且代码较少。为所需要清除浮动的元素设置一个类,并对这个类添加一个伪元素,之后每一个需要清除浮动的地方直接调用这个类即可。

程序 8-51 是清除浮动 clear 属性实例。

```
<!-- 程序 8-51 -->
<html>
<head>
    <title> clear </title>
    <style type="text/css">
        .fl{float:left;}
        .fr{float:right;}
        .clear::after{content:""; display:block; clear:both;}
```

```
        .main {width:500px;border:5px solid blue; margin:10px;}
        .c1{width:100px; height:50px; border:1px solid red;
                background-color:rgba(200,0,200,0.3); }
    </style>
</head>
<body>
    <div class="main clear">
            <div class="fl c1">1</div>
            <div class="fl c1">2</div>
            <div class="fr c1">3</div>
            <div class="fr c1">4</div>
    </div>
    <!-- 此处省略一个和上面一样但不清除浮动的 div -->
</body>
</html>
```

页面效果如图 8-50 所示。

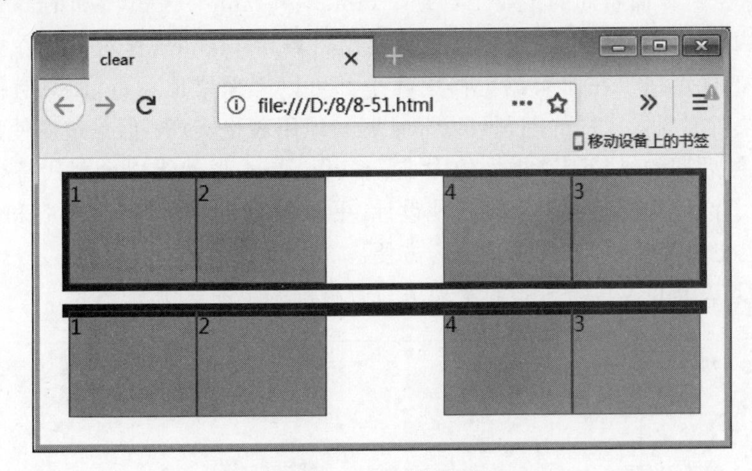

图 8-50　clear 清除浮动

8.12　z-index 属性

z-index 主要是设置区域的上下层关系，利用此属性可以让区域有更多层次的效果，相当于三维空间的 z 坐标。z-index 越大，区域在堆叠时的位置就越高。

基本语法：

z-index：auto(默认) | number | inherit；

语法说明：

auto：默认。堆叠顺序与父元素相等。

number：设置元素的堆叠顺序。

inherit：从父元素继承 z-index 属性的值。

CSS 默认的堆叠顺序一般是由 HTML 代码顺序来决定的，即靠后的元素会覆盖靠前的元素。而通过调整 z-index 的值可以调整元素堆叠的顺序。

一般要避免元素堆叠,因为可能会遮盖一部分内容,但有时候也可以通过设置不透明度等方法既实现堆叠,又不影响下层信息的展示。

网页设计时的坐标系和原来数学的坐标系稍有不同,如果网页以屏幕左上角为坐标原点,left值正向越大则向右越多,top值正向越大则向下越多,而z-index值越大则离我们眼睛越近。

需要说明的是:

(1) z-index值可以是负,但一般不这么设置。

(2) z-index仅能在定位元素上奏效(例如position:absolute;)。

(3) 这个整数值是相对的,如果没有得到想要的结果,使用更大的z-index值并没有实质性的作用,而应从其他方面找原因。

8.13 小 实 例

页面布局设计始终是网页设计中的一个核心问题,它包括技术和美学两个方面的问题,二者结合得非常紧密。页面布局的主要工具是<frame>、<table>、<div>和Flash文件。

对于框架<frame>,一般而言应尽量避免使用。表格<table>作为可以在上面布置元素的二维网格,它的优点在于在所有浏览器中几乎都可以无差错地运行,而只有微不足道的差异,而且,对于像切割图像这样的问题可以非常容易地用表格实现;但是过度使用表格所带来的页面无序,会给后期的维护带来极大的困难。<div>技术虽然难以全部代替<table>,但是它的位置、尺寸、背景、边框等都可以很好地设计,更重要的是它所依赖的内容和样式分离的思想使得页面代码更为简洁,样式的更改更为方便。

程序8-52是基于DIV+CSS布局实现填写教材选购单的实例。

```
<!--程序8-52-->
<html>
<head>
    <title>教材选购单</title>
    <style type="text/css">
        body{margin:0px;text-align:center;
            background:#FFFFFF;line-height:15px;} /*基本信息*/
        #container{width:80%;}/*页面层容器*/
        #Header{width:800px;padding-top:40px; /*页面头部*/
                margin:0 auto;height:60px;}
        #PageBody {width:800px;} /*页面主体*/
        .ContentBody{border:2px solid #e7e7e7;width:450px;height:220px;
                    padding:8px;} /*内容主体*/
        .textList{background-color:f7f7f7; border:1px dotted #808080;
                  width:400px; height:60px;padding-top:8px;}
                  /*教材目录背景为灰,边为点线*/
        .div_height{margin-left:8px;margin-top:8px;padding-bottom:8px;}
                    /*单行的div*/
        .fasong{background-color:ffffff; width:400px; height:60px;
```

```
        margin - top:8px; padding - top:8px;padding - bottom:15px;}/ * 发送 div 样式 * /
        .title{color:#aa0000;padding:15px;float:left;}
    </style>
</head>
<body>
    <div id = "Container"><! -- 页面层容器 -->
        <div id = "Header"><! -- 页面头部 -->
                <h2 align = "center">教材选购单</h2>
        </div>
        <div id = "PageBody"><! -- 页面主体 -->
                <div class = ContentBody>
                <div class = title>你想订哪几本教材?</div>
                <form>
                    <div class =  textList>
                        <div class = div_height align = left>
                  <input type = "checkbox" name = "textbook"> JSP 实用教程(第二版)</div>
                        <div class = div_height align = left>
            <input type = "checkbox" name = "textbook"> SQL Server 开发与维护</div>
                        </div>
                    <div class = fasong>
                      <div class = div_height align = left>
                      <input type = "button" value = "发送教材选购单"></div>
            </div>
        </form>
      </div>
   </div>
</div>
</body>
</html>
```

页面效果如图 8-51 所示，页面布局分为头部和主体两部分。

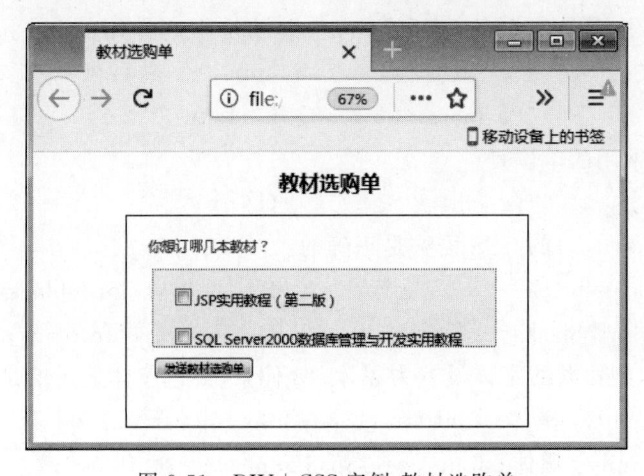

图 8-51　DIV＋CSS 实例-教材选购单

小　结

为了充分利用CSS的优势,网页必须具有良好的结构,在基于Web标准的网站中,表现层是由CSS来控制的,而且越是大的网站,使用CSS带来的益处越多。

样式表中的每个规则都有两个组成部分:决定哪些元素将会受到影响的选择符和由一个或多个属性值对组成的样式声明。

样式表的来源主要有以下4类,可以根据情况选用。

(1)直接定义标记的style属性。

(2)定义内部样式表。

(3)嵌入外部样式表。

(4)链接外部样式表。

使用CSS可以修改文本的字形、大小、粗细、倾斜、行高、前景颜色和背景颜色,设置间距和对齐方式,决定文本是否添加下画线、上画线、删除线或者闪烁效果等。CSS的另外一个重要的作用是对页面进行布局,它能够将内容和布局样式分离,灵活地适应不同的浏览器、平台和打印机。

习　题

1. CSS文件的扩展名为(　　)。

A. .txt　　B. .htm　　C. .css　　D. .html

2. 下列HTML中,(　　)是正确引用外部样式表的方法。

A. <style src="mystyle.css">

B. <link rel="stylesheet" type="text/css" href="mystyle.css">

C. <stylesheet>mystyle.css</stylesheet>

D. @import<rel="stylesheet" type="text/css" href="mystyle.css">

3. CSS的继承并不是完全的"克隆",有些继承是不起作用的,在下面的几个属性中,(　　)是不起作用的。

A. border　　B. margin　　C. font　　D. padding

4. 在网页中最常用的单位是(　　)。

A. in　　B. cm　　C. px　　D. pc

5. 下列选项中,(　　)的CSS语法是正确的。

A. body:color=black　　B. {body:color=black body;}

C. body {color: black;}　　D. {body;color:black;}

6. 下列语句中,把段落的字体设置为黑体、18像素、红色字体显示的是(　　)。

A. p{font-family: 黑体; font-size:18pc; font-color:red;}

B. p{font-family: 黑体; font-size:18px; font-color: #ff0000;}

C. p{font: 黑体 18px #00ff00}

D. p{font-family: 黑体 font-size:18px font-color: #ff0000}

7. 下列选项中，为所有的<h1>元素添加背景颜色的是(　　)。

A. h1.all {background-color:＃FFFFFF;}

B. h1{background-color:＃FFFFFF;}

C. all.h1 {background-color:＃FFFFFF;}

D. .h1{background-color:＃FFFFFF;}

8. 设置 text-decoration 属性的删除线的值为(　　)。

A. underline　　B. overline　　C. line-through　　D. blink

9. 设置字符间距为 15px 的语句为(　　)。

A. letter-spacing:15px　　B. line-height:15px

C. letter-height:15px　　D. line-spacing:15px

10. 下列选项中，能够正确显示“顶边框 8 像素、底边框 5 像素、左边框 20 像素、右边框 1 像素”这样一个边框的是(　　)。

A. border-width:8px 1px 5px 20px　　B. border-width:8px 20px 5px 1px

C. border-width:5px 20px 8px 1px　　D. border-width:8px 5px 20px 1px

11. (　　)产生带有正方形的项目的列表。

A. list-type: square　　B. list-style-type: square

C. type: square　　D. type: 2

12. 能够把矩形变成圆形的是(　　)。

A. border-radius: circle;　　B. border-radius: 50%;

C. border-radius: 50px;　　D. background-size: 50%;

13. 默认值是 padding-box 的是(　　)。

A. border-radius;　　B. border-color;

C. background-image;　　D. background-color;

14. 会改变背景图片纵横比的 background-size 值的是(　　)。

A. 67px auto;　　B. 50% 40%;

C. cover;　　D. contain;

15. CSS 的英文名为________________，译成中文的意思为________________。

16. CSS 中 4 种不同的定义分别为________、________、________、________。

17. CSS 的选择符类型为________、________。

18. CSS 的 4 种定义颜色的方法分别为________、________、________、________。

19. 插入背景附件的属性为________。

实　验

1. 使用 4 种方法将样式表添加到网页中。

2. 对 a 标记应用 4 个伪类“a:link”“a:visited”“a:hover”“a:active”，实现链接文本不同状态的显示效果。

3. 为什么要清除浮动？伪元素法清除浮动的语句是什么？

4. 利用 DIV+CSS 布局如图 8-52 所示页面。

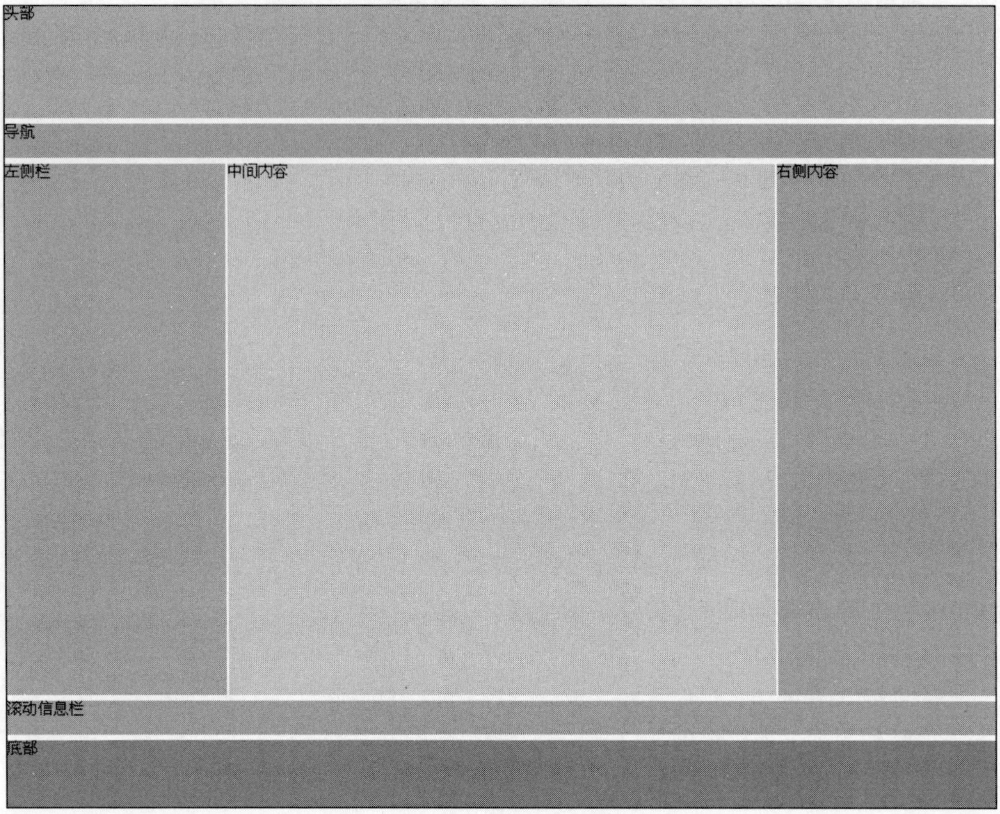

头部

导航

左侧栏 中间内容 右侧内容

滚动信息栏

底部

图 8-52　页面布局

第9章

CSS应用

从1996年CSS1发布到目前CSS3标准的不断完善,CSS技术得到了广泛的应用和发展。借助CSS强大的属性库,HTML页面形成了各种布局与变换,制作出的网页也更加复杂和精巧。同时,CSS的使用也使得网页的维护和更新更加容易和方便。

本章重点

- 掌握利用CSS对文字与段落的修饰。
- 掌握利用CSS完成对列表的修饰。
- 掌握利用CSS完成对超链接的修饰。
- 掌握利用CSS完成对表格的修饰。
- 掌握利用CSS完成对表单的修饰。

9.1 CSS与文字段落

视频讲解

9.1.1 CSS文字与段落修饰

文字与段落是整个HTML知识体系中最基础的一项知识内容,任何网页的实现都是以文字和段落为基本元素的。通过利用CSS对文字与段落属性进行设置可以使文字呈现不同的表现形式,提高网页文件的可读性和观赏性。文字的设计与排版看似简单,却蕴含着很多的技巧。优秀的网站在其文字表现方面都有其独特之处。

图9-1是LegiStyles公司的一个页面截图。LegiStyles是一个基于纯文字进行排版设计的网站。在它的主页中没有任何图片出现,设计者充分运用了各种字体的大小、间距、类型、色彩和对齐方式等属性进行页面设计,达到了简约且美观的视觉效果。

图9-2是著名的禅意花园网站的一个案例,它通过字体、字号和颜色的变化将标题和内容做了有效的区分,并使用了首字符放大的效果对内容的不同部分做了分隔。

一般而言,在进行文本内容的设计时需要注意到字体、字号、字符间距、行间距、段落间距、颜色及文字图形化等方面的问题。例如在字体选择上,黑体适合于表现标题,而宋体一般用于正文;在字号选择上,标题和正文的大小以2∶1比较合适;行距的常规比例为10∶12,即用字10点,则行距12点;字符间距及段落间距的设置都以保证阅读的连续性为宜。在不同情况下,通过对文字的灵活使用可以创建界面优美、性能优良且具有强大生命力的网站。

9.1.2 新闻页面的设计实例

本节给出一个新闻的页面,在这个实例中综合运用HTML文字与段落标记及CSS相关属性对普通文字进行格式化,完成文本型页面的设计。新闻页面的显示效果如图9-3所示。

图 9-1 http://www.legistyles.com/

A demonstration of what can be accomplished visually through CSS-based design. Select any style sheet from the list to load it into this page.

Download the sample html file and css file

悟りへの道
The Road to Enlightenment

Littering a dark and dreary road lay the past relics of browser-specific tags, incompatible DOMs, and broken CSS support.

Today, we must clear the mind of past practices. Web enlightenment has been achieved thanks to the tireless efforts of folk like the W3C, WaSP and the major browser creators.

The css Zen Garden invites you to relax and meditate on the important lessons of the masters. Begin to see with clarity. Learn to use the (yet to be) time-honored techniques in new and invigorating fashion. Become one with the web.

何のためにあるの?
So What is This About?

There is clearly a need for CSS to be taken seriously by graphic artists. The Zen Garden aims to excite, inspire, and encourage participation. To begin, view some of the existing designs in the list. Clicking on any one will load the style sheet into this very page. The code remains the same, the only thing that has changed is the external .css file. Yes, really.

CSS allows complete and total control over the style of a hypertext document. The only way this can be illustrated in a way that gets people excited is by demonstrating what it can truly be, once the reins are placed in the hands of those able to create beauty from structure. To date, most examples of neat tricks and hacks have been demonstrated by structurists and coders. Designers have yet to make their mark. This needs to change.

参加
Participation

Graphic artists only please. You are modifying this page, so strong CSS skills are necessary, but the example files are commented well enough that even CSS novices can use them as starting points. Please see the CSS Resource Guide for advanced tutorials and tips on working with CSS.

You may modify the style sheet in any way you wish, but not the HTML. This may seem daunting at first if you've never worked this way before, but follow the listed links to learn more, and use the sample files as a guide.

Download the sample html file and css file to work on a copy locally. Once you have completed your masterpiece (and please, don't submit half-finished work) upload your .css file to a web server under your control. Send us a link to the file and if we choose to use it, we will spider the associated images. Final submissions will be placed on our server.

特典
Benefits

Why participate? For recognition, inspiration, and a resource we can all refer to when making the case for CSS-based design. This is sorely needed, even today. More and more major sites are taking the leap, but not enough have. One day this gallery will be a historical curiosity; that day is not today.

必要条件
Requirements

from structure. To date, most examples of neat tricks and hacks have been demonstrated by structurists and coders. Designers have yet to make their mark. This needs to change.

图 9-2 禅意花园网站的一个案例

根据显示的效果,整个新闻页面分为图片、标题字、正文几个部分,因此可以针对这几个部分分别定义它们的显示风格。

图 9-3　文字与段落小实例

1. 创建页面结构，完成内容的基本布局

在该新闻页面的设计过程中，首先应完成页面结构的创建。创建文件 9-1. html，定义页面结构，完成内容的基本布局。在页面中引入能够生成一个矩形框的标记“< div >”，以便将内容全部放在此方框内，下面是页面的基本结构。

```
<! DOCTYPE html >
< html >
< head >
    < style type = "text/css">
  .container{width:750px;margin:0 auto;
        text - align:center;background - color: #fff;padding: 30px;}
  </style >
</head >
< body >
    < div class = "container">
        <! -- 在此内部添加内容 -->
    </div >
</body >
</html >
```

在页面布局中使用了 div 标签，div 标签是用来为 HTML 文档内的大块内容提供结构和背景的元素。div 的起始标签和结束标签之间的所有内容都是用来构成这个块的，其中所包含元素的特性由 div 标签的属性来控制，或者通过使用样式表格式化这个块来进行控制。因此，div 标签称为区隔标记，其作用为设定文字、图片、表格等的摆放位置。在 HTML 中，元素可以定义一个 class 的属性。例如在本例中，对 div 标签定义<div class="container">。在页面的样式定义部分(style)定义了页面中 div 标记应当使用的样式。通过使用.container 类选择器指示 div 标签内部的所有内容都应使用该类选择器指示的规则。

```
.container{width:750px;margin:0 auto;text-align:center;
        background-color: #fff; padding: 30px;}
```

在样式表的使用中，这里为 div 矩形框的背景设置了特定的颜色，里面的文本内容通过"margin:0 auto;"设置为居中对齐，这样设置确保了将要显示的内容局限在一个矩形框内，并且居于页面的水平中央。另外规定了矩形框的宽度为 750 像素，背景颜色为#fff，内部文字距矩形框边框的内边距为 30 像素。

在完成基本的页面结构之后，下面开始添加内容到页面。根据材料分析，其中主要包含图片、标题、来源、内容四部分的内容。为便于设置效果，分别对来源和内容部分设置独立的子 div 标记进行控制。添加内容后的部分代码如下：

```
    <!DOCTYPE html>
    <html>
    <head>
        <style type="text/css">
        .container{width:750px;margin:0 auto;text-align:center;background-color:#fff;
padding: 30px;}
        </style>
    </head>
    <body>
        <div class="container">
            <img src="super.jpg" width=750 height=200>
           <h1><i>盘点全国高校住宿条件最好的十所大学</i></h1>
               <div class="source"><u><a href="http://edu.sina.com.cn">新浪教育</a>
</u>|2015年08月20日13:32|来源:新浪教育</div>
              <div class="content">
              <p>
                除了一所学校的学术能力,校园生活条件也越来越影响着高考生填报志愿的方向。
上床下桌还是上下铺,澡堂还是浴室,电梯还是楼梯,这些因素都日益成为人们评判住宿条件好坏的指
标。在此,本文特盘点一下全国高校住宿条件最好的十所大学,羡慕一下那些其他学校的大一新生,同
时激励一下我们还在路上的高考党们。
              </p>
              <p>住宿条件最好的十大高校<font size="4px" color="red">>></font></p>
            <p>1.北京语言大学</p>
<p>每间学生宿舍平均住2.3人,堪称全国大学之首,谁叫北语的外国学生与中国学生的比例为4比1
呢?</p>
            <p>2.汕头大学</p>
            <p>李嘉诚重金兴建,虽然教学质量一般,但生活设施绝对一流</p>
            <p>3.深圳大学</p>
<p>环境很好,运动设施也好,饭菜也是香的,深圳真不愧是特区之首,办的大学也处处体现了特区的
风貌,据说是仿照香港科技大学建设的。</p>
             …
     </div>
  </div>
</body>
</html>
```

2. CSS 样式设置

接下来对标题、来源、内容分别进行 CSS 样式设置。

1）定义一级标题样式

通常标题适合选用黑体，由于诗词内容偏少，特别是主体内容偏少，因此采用较大的字号比较合适。具体的，页面为此标题定义了如下风格：

```
h1{font-family:黑体;font-size:24px; color:#059 letter-spacing:12px;}
```

这里为一级标题字 H1 定义了具体的风格，包括字体为黑体、字号为 24 像素、文字颜色为#059、字符间距为 12 像素。

2）定义来源样式

来源部分相对简单，只是简单地规定了其字体、字号和颜色：

```
.source{ font-family:宋体;color:black;font-size:14px;}
```

3）定义内容样式

内容部分主要为 p 段落设置了文本内容居左显示、字号和首行缩进。

```
.content{font-size:14px;}
p{text-align:left;font-size:14px; text-indent:2em;}
```

以下是对应上面 CSS 设置的页面部分代码。

```
<!DOCTYPE html>
<html>
<head>
   <title>盘点全国高校住宿条件最好的十所大学</title>
<style type="text/css">
.container{width: 750px; margin: 0 auto; text-align: center; background-color: #fff;
padding: 30px;}
h1{font-family:黑体;font-size:24px; color:#059; letter-spacing:12px;}
.source{ font-family:宋体;color:black;font-size:14px;}
.content{font-size:14px;}
p{text-align:left;font-size:14px; text-indent: 2em;}
</style>
</head>
<body>
<div class="container">
      <img src="super.jpg" width=750 height=200>
       <h1><i>盘点全国高校住宿条件最好的十所大学</i></h1>
           <div class="source"><u><a href="http://edu.sina.com.cn">新浪教育</a></u>
|2015 年 08 月 20 日 13:32|来源:新浪教育</div>
         <div class="content">
          <p>
```

```
            除了一所学校的学术能力,校园生活条件也越来越影响着高考生填报志愿的方向。上床
下桌还是上下铺,澡堂还是浴室,电梯还是楼梯,这些因素都日益成为人们评判住宿条件好坏的指标。
在此,本文特盘点一下全国高校住宿条件最好的十所大学,羡慕一下那些其他学校的大一新生,同时激
励一下我们还在路上的高考党们。
          </p>
          <p>住宿条件最好的十大高校 <font size = "4px" color = "red">>>></font></p>
          <p>1.北京语言大学</p>
<p>每间学生宿舍平均住 2.3 人,堪称全国大学之首,谁叫北语的外国学生与中国学生的比例为 4 比 1
呢?</p>
          <p>2.汕头大学</p>
          <p>李嘉诚重金兴建,虽然教学质量一般,但生活设施绝对一流</p>
          <p>3.深圳大学</p>
<p>环境很好,运动设施也好,饭菜也是香的,深圳真不愧是特区之首,办的大学也处处体现了特区的
风貌,据说是仿照香港科技大学建设的。</p>
          …
    </div>
</div>
 </body>
</html>
```

视频讲解

9.2 CSS 与列表

9.2.1 CSS 列表修饰

几乎所有的商业网站都离不开列表。在传统的网页设计中,列表元素仅用来展示信息的条目。如果使用无序列表来呈现信息,该信息之间无顺序关系。使用有序列表可以实现条目资料之间的顺序关系。图 9-4 所示为列表的基本效果。

然而,在 CSS 的帮助下,列表元素的用途变得更加广泛,被大量应用于网页设计的各种信息表达中,甚至用于小区域布局。例如,新闻信息常常用无序列表来表现,如图 9-5 所示。

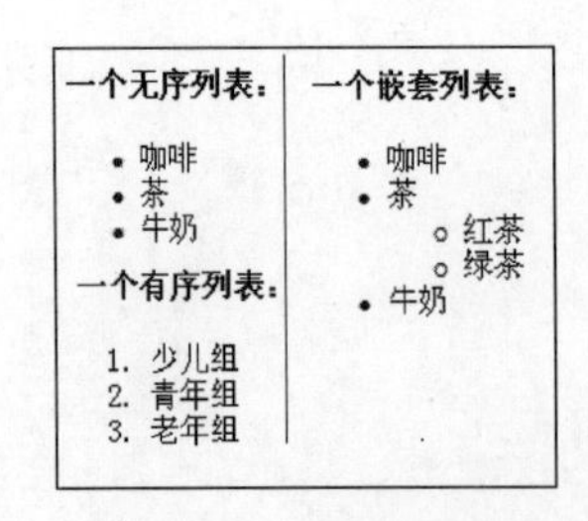

图 9-4 列表的基本效果

图 9-5 使用无序列表实现的新闻列表

使用列表实现的导航条代码简洁、有序,且易于编排,因此在大型的门户网站设计中对于制作横向导航条、纵向导航条、下拉菜单等起到了重要的作用。图 9-6 是用无序列表制作的垂直导航条。

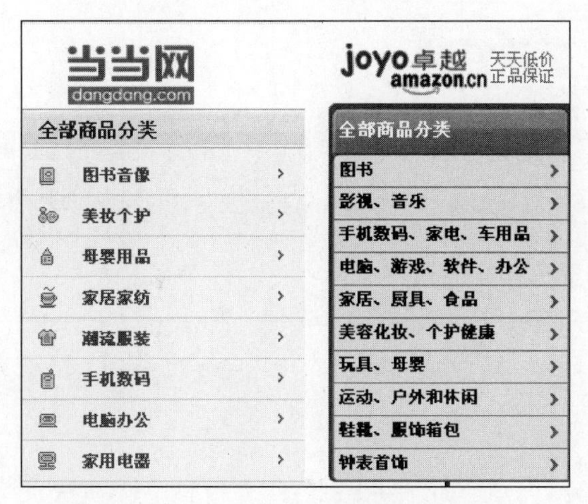

图 9-6　用无序列表制作的垂直导航条

横向导航条也可以使用列表并配合 CSS 样式中的浮动效果实现，如图 9-7 所示。

图 9-7　用列表制作的水平导航条

另外，列表还常用于图文编排及展示的效果中。这种方式常用于相册展示、产品展示等方面。图 9-8 是一个典型的图文效果的展示信息。

图 9-8　用于图文编排及展示的列表

9.2.2　导航条的设计实例

本节给出班级网站导航条的设计实例，在这个实例中综合运用 HTML 列表标记及 CSS 相关属性对列表进行格式化，完成横向导航条及竖向导航条的设计。导航条的显示效果如图 9-9 和图 9-10 所示。

根据显示的效果，这是一个可以采用无序列表实现的导航条，其列表项前一般不加任何项目符号，每个列表项均有特殊的背景色，并在上方显示一条加粗的色条增强导航的效果，因此可以针对这几个重要特征分别定义它们的显示风格。下面创建文件 9-2.html。

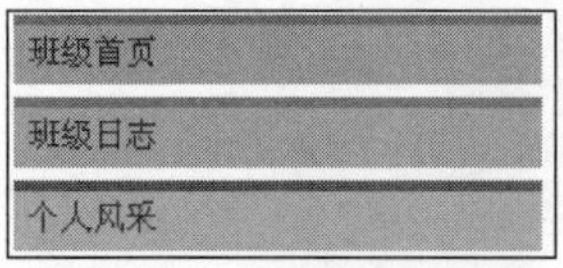

图 9-9 页面垂直导航条

图 9-10 页面水平导航条

1. 创建页面结构,完成内容的基本布局

```
<!DOCTYPE html>
<html>
<head>
    <style type="text/css">
        .container{width:650px;margin:0 auto;text-align:center;
            background-color:#FFFFFF;padding:20px;}
    </style>
</head>
<body>
    <div class="container">
        <ul id="nav">
        <li class="home">班级首页</li>
        <li class="activity">班级日志</li>
        <li class="personal">个人风采</li>
        </ul>
    </div>
</body>
</html>
```

页面效果如图 9-11 所示。

此时已经能够看出导航条的原型了,但是相对简陋,还需要进行美化。

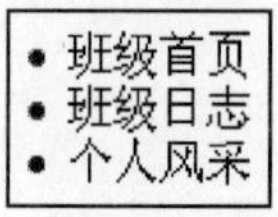

图 9-11 未修饰的垂直导航条

2. CSS 样式设置

接下来,可以从无序列表前的默认圆点需清除;各列表项之间的间隔需加大;效果图中的背景色等几个方面考虑调整它的显示样式。

1) 清除列表项前的圆点

清除列表项前的圆点,可以通过设置<ul>的“list-style:none”实现。

```
#nav{list-style:none; font-size:22px;line-height:40px; }
```

list-style: none 可以清除列表项前的圆点。同时,内容项之间的间隔可以通过增大<li>的行间距实现,例如“line-height:40px;”,同时设置内容项字体为 22px。

2) 美化列表项的背景条

由于效果图上每个列表项的背景色都不太一样,因此最佳的做法是为每一个导航项单独定义样式。对图中的三个列表项分别定义不同的背景颜色及边框颜色,因此在样式定义中定义了 home、activity 和 personal 三个独立样式,分别供三个导航项利用 class 属性具体引用。其中,样式中的“border-top:4px solid #ff66ff;”定义表示对应元素的上边框宽度为 4px,solid

表示用实线绘制，边框的颜色是＃ff66ff。

```
.home {border-top:4px solid #7BC110; background:#be6;}
.activity {border-top:4px solid #ff9900; background:#fc3;}
.personal {border-top:4px solid #ff66ff; background:#fcf;}
```

3）列表间隔的调整

列表项之间的间隔可以通过设置列表项的外边距实现，在此设置上边距间隔为5像素：

```
#nav li{margin-top:5px;}
```

页面的运行效果如图9-12所示。

接下来，将该导航更改为水平导航，这只涉及修改样式的工作。下面是修改后的样式（具体参见9-3.html）。

```
#nav{list-style:none; font-size:22px;line-height:40px; }
#nav li{margin-right:5px;float:left;width:100px;}
.home {border-top:4px solid #7BC110; background:#be6;}
.activity {border-top:4px solid #ff9900; background:#fc3;}
.personal {border-top:4px solid #ff66ff; background:#fcf;}
```

上述样式和页面9-2中的相比变化在以下几个地方：在＃nav li中添加float:left属性，使其列表内容全部向左浮动显示，这样就实现了列表的横向显示，这是无序列表水平导航效果实现的关键，同时可以调整每个列表项width宽度值为100像素；在9-2.html中通过定义"＃nav li"的"margin-top:5px;"实现了在每个列表项上方空出5像素的空白，这里修改为"margin-right:5px;"表示在每个列表项的右边空出5像素的空白。

代码9-3.html的具体效果如图9-13所示。

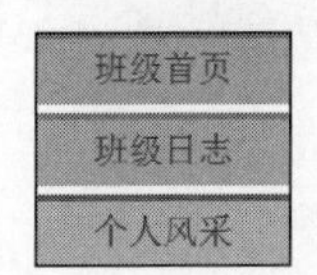

图9-12 导航实现效果

图9-13 水平导航实现效果

视频讲解

9.3 CSS与超链接

9.3.1 CSS超链接修饰

超文本链接语言（网页）的精髓就是链接，通过链接才可以把世界各地的网页链接到一起，成为互联网。图9-14是114啦网址导航网站的界面，当把鼠标移到一些网站的名字上时，鼠标的形状将会变成一个小手，单击上面的名称，就会跳转到对应的网站，这就是链接的作用。

在优酷网上应用了很多图片或视频的链接。链接指向的是视频等多媒体文件，单击它们可以直接在线播放和浏览，如图9-15所示。

图 9-14　http://www.114la.com/

图 9-15　http://www.youku.com/

9.3.2　电子相册的设计实例

本节给出电子相册的设计实例，在这个实例中综合运用 HTML 列表标记以及 CSS 超链接伪类的相关属性进行格式化，进行电子相册超链接效果的设计。电子相册的显示效果如图 9-16 所示。在单击链接后，图片文字变为已浏览过的红色，并打开对应的图片的大图页面。

根据显示的效果，可以使用 3 行 4 列的排列方式展示图片。在 9.2 节中我们已经学习了通过对<li>添加“float:left”样式定义实现将一个垂直排列的导航改为水平导航。电子相册是按照自左至右、自上而下的方式自动排列的，因此，如果需要实现 3 行 4 列的效果，只需要控制好总的显示区域宽度和每个图片的宽度的比例关系即可。下面创建页面 9-4.html。

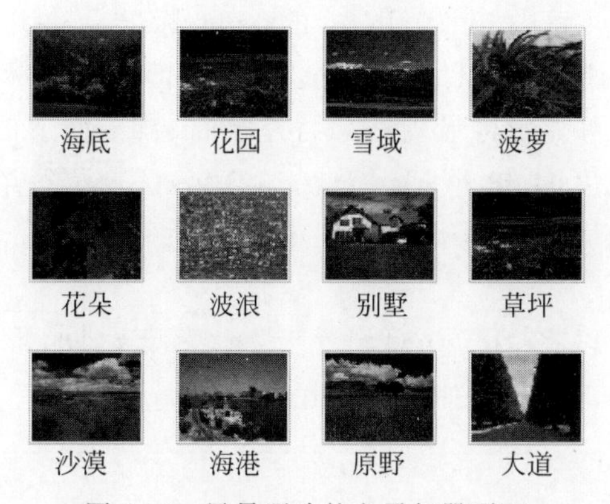

图 9-16　风景照片的电子相册页面

1. 创建页面结构,完成内容的基本布局

```
<!DOCTYPE html>
<html>
<head>
<style type="text/css">
        .container{width:400px;margin:0 auto;text-align:center;
                background-color:#FFFFFF;padding:20px;}
</style>
</head>
<body>
    <div class="container">
     <ul>
        <li><img src="images/1.jpg" width="68" height="54" />海底</li>
        <li><img src="images/2.jpg" width="68" height="54" />花园</li>
        <li><img src="images/3.jpg" width="68" height="54" />雪域</li>
        <!-- 省略了部分图片 -->
        <li><img src="images/10.jpg" width="68" height="54" />海港</li>
        <li><img src="images/11.jpg" width="68" height="54" />原野</li>
        <li><img src="images/12.jpg" width="68" height="54" />大道</li>
      </ul>
    </div>
</body>
</html>
```

由于图片素材准备用 68 像素的宽度显示,考虑到图片中的空白等因素,因此将矩形区域 DIV 定义的宽度设计为 400 像素。

2. CSS 样式设置

接下来需要添加必要的样式修饰以达到设计目的,主要工作包括去掉列表项的圆点项目符号,并实现自左至右排列;确保图片与图片之间留有适当的边距,实现 3 行 4 列的显示效果。

```
#album{list-style:none;font-size:12px;line-height:1.5;}
#album li{float:left;width:68px;margin:10px;}
```

名为 album 的样式供页面中 id 为 album 的< ul >标记自动引用。样式利用“list-style: none;”取消了列表项之前的圆点标记。#album li 样式针对< ul >标记的每一个列表项< li >,“float: left;”规定列表项在可显示区域内按照自左至右、自上而下的方式进行排列;“width: 68px”表示每个列表项的宽度为 68 像素;“margin: 10px;”表示每个列表项的上、右、下、左 4 边均留有 10 像素的空白。

3. 超链接样式的设置

为图片添加超链接,可以将< img >标记置于< a >标记之间,形成一个图片形式的链接。为每一幅图片添加超链接,部分代码如下(具体参见 9-4. html):

```
<ul id = "album">
    <li><a href = "images/img01.html" target = "_blank">
            <img src = "images/1.jpg" width = "68" height = "54" />海底</a></li>
    <li><a href = "#">
            <img src = "images/2.jpg" width = "68" height = "54" />花园</a></li>
    <!-- 省略了部分图片 -->
    <li><a href = "#">
            <img src = "images/11.jpg" width = "68" height = "54" />原野</a></li>
    <li><img src = "images/12.jpg" width = "68" height = "54" />大道</li>
</ul>
```

由于图片和说明文字都被包含在了< a >标记内,因此每一个有链接的图片外围均被一个蓝色的边框包围,文字也呈现出链接的默认状态,字体变为蓝色,并自动出现下画线。

通常,在页面中会将图片的默认链接状态呈现的蓝色边框取消,这可以通过修改< img >样式的边框属性达到目的,例如下面的样式:

```
img{border:0;}
```

接着在页面代码的 style 部分添加针对< a >标记的样式定义:

```
<style type = "text/css">
    .container{width:400px;margin:0px auto;text-align:center;}
    #album{list-style:none;font-size:12px;line-height:1.5;}
    #album li{float:left;width:68px;margin:10px;}
    img{border:0}
    a:link{color:#333333; text-decoration:none;}
    a:visited{color:#333333; text-decoration:none;}
    a:hover{color:#ff0000; text-decoration:underline;}
    a:active{color:#ff0000; text-decoration:underline;}
</style>
```

默认的链接样式在单击前的样式是蓝色、14 像素、下画线,访问后为紫色,上述样式代码定义了链接的 4 种状态发生时的显示样式。

(1) a:link 表示未访问的链接样式,取消了链接的默认下画线显示。

(2) a:visited 表示已访问的链接样式,也就是对超链接访问后的样式。

(3) a:hover 表示鼠标停留在链接上,但尚未单击时的样式。

（4）a:active 表示鼠标单击激活链接的样式。

在一般情况下，完成一个超链接的样式，这 4 种状态的样式都需要重设，本例中链接样式和访问过的样式设置相同，设置文字的颜色为深灰色，无下画线。鼠标划过状态和单击状态样式设置相同，设置文字的颜色为红色，加下画线。

页面效果如图 9-17 所示。

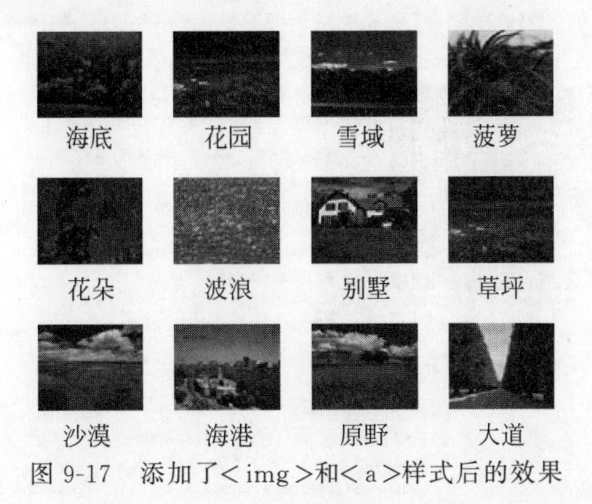

图 9-17　添加了<img>和<a>样式后的效果

9.4　CSS 与表格

视频讲解

9.4.1　CSS 表格修饰

表格是展示信息的一种最佳手段。例如，在网站上列出企业产品或服务的价格。通常，一个标准的数据表格总是具有下列基本特征：访问者能够快速地找到他想要的数据，数据间的比较是可能的。结合 JavaScript 技术，优秀的表格还具有过滤、排序、宽度调整等功能。

图 9-18 是一个典型的数据表格。表头和表体有明显的区别，表体中为了避免视觉疲劳，奇偶行分别用不同的颜色加以分割，从操作上看，当选中某一列时，选中列的背景和其他列加以区别，这也是一种很好的视觉效果。

ID	▲ Name	⇕ Phone	⇕ Email
24	Alexandra Nixon	(422) 644-3488	nec.luctus@ornarefacilisis.co
17	Ailsa Monroe	(859) 974-4442	adipiscing.ligula@aretraNam
10	Baker Osborn	(378) 371-0559	turpis.Nulla@ac.edu
9	Caldwell Larson	(850) 562-3177	elit@dolor.com
25	Charissa Manning	(438) 395-9392	nibh.vulputate@necelendno
48	Charity Hahn	(395) 200-9188	ac@Quisque.edu
30	Dorian Hodge	(304) 536-8850	pellentesque@laoreet.org
50	Eden Burks	(576) 196-6013	lorem@magna.com
1	Ezekiel Hart	(627) 536-4760	tortor@est.ca
12	Fletcher Briggs	(992) 962-9419	amet.ante@lentesque.edu

图 9-18　一个标准的表格效果

图 9-19 是杭州市政府的官方网站，也是一个纯粹用 table 布局实现的网站。主页采用了多个 table 连续的方式进行设计。采用 table 布局的优点在于结构控制简单、容易实现，缺点在于内容难以检索、调整布局困难。

图 9-19 用 table 布局的杭州市政府网站

9.4.2 产品介绍页面的设计实例

本节给出一个产品介绍页面，在这个实例中综合运用 HTML 表格标记及 CSS 相关属性完成页面的布局与设计。产品介绍页面的显示效果如图 9-20 所示。

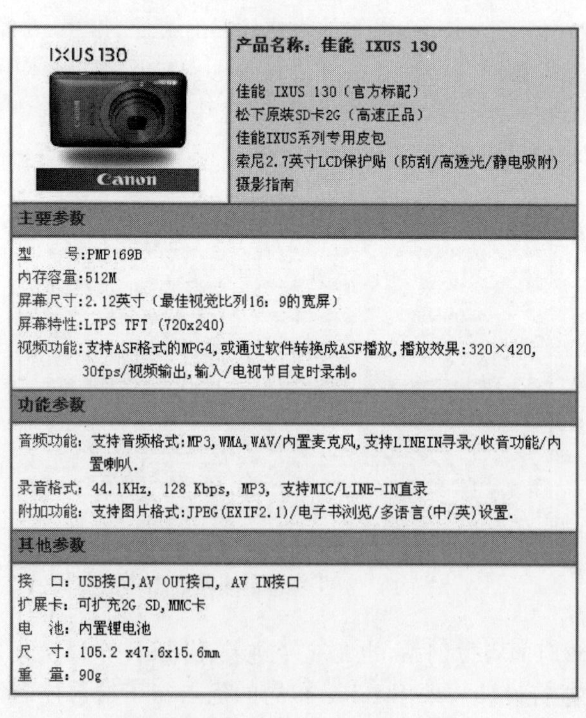

图 9-20 产品介绍页面的显示效果

根据显示的效果，这也是一个不规则的表格布局。此页面可以看成7行2列的表格，第2行到第7行进行列合并，也可以看成7行1列的表格，然后在第1行嵌套一个1行2列的表格。这两种布局方式都可以实现上述布局的要求。

1. 创建页面结构，完成内容的基本布局

根据上面的页面结构分析采用7行2列的表格，第2行到第7行进行列合并，然后在单元格中嵌入一个描述参数的table，形成下面的部分页面代码（详细内容参见9-5.html）。

```
<html>
<head>
<title>产品介绍</title>
<style type="text/css">
</style>
</head>
<body>
<table>
    <tr>
        <td><img src="images/041.jpg" width="144" height="129" /></td>
        <td>
                <p class="productName">产品名称: 佳能 IXUS 130 </p>
                <p class="paraValue">佳能 IXUS 130(官方标配)<BR>
                    松下原装 SD 卡 2G(高速正品)<BR>
                    佳能 IXUS 系列专用皮包<BR>
                    索尼 2.7 英寸 LCD 保护贴(防刮/高透光/静电吸附)<BR>
                    摄影指南</p>
        </td>
    </tr>
    <tr><td colspan="2" >主要参数</td></tr>
    <tr><td colspan="2">
      <table>
          <tr><td>型号:</td><td> PMP169B </td></tr>
          <tr><td>内存容量:</td><td> 512M </td></tr>
          <tr><td>屏幕尺寸:</td><td> 2.12 英寸(最佳视觉比例 16:9 的宽屏)</td></tr>
          <tr><td>屏幕特性:</td>
              <td> LTPS TFT    (720x240)</td></tr>
          <tr><td>视频功能:</td><td>支持 ASF 格式的 MPG4,或通过软件转换成 ASF 播放,播
                  放效果:320×420,30fps/视频输出,输入/电视节目定时录制。</td></tr>
      </table>
    </td></tr>
    <tr><td colspan="2">功能参数</td></tr>
    <tr><td colspan="2"></td></tr>
    <tr><td colspan="2">其他参数</td></tr>
    <tr><td colspan="2"></td></tr>
</table>
</body>
</html>
```

2. CSS样式设置

在完成页面结构之后开始定义样式控制表单的显示效果，下面分别定义了表格、单元格、图片等的使用样式。

1）定义表格外观

```
.product{width:500px;border: 1px solid #FF6600;border-collapse: collapse;}
```

定义表格的宽度为500像素，并定义边界线的风格以及单元格的相邻边合并。

2）定义表格单元的样式

```
.product td {border: 1px solid #FF6600;}
```

定义单元格的边界线样式。

3）定义产品名称的样式

```
.productName{font-size: 14px;color: #993300;font-weight: bold;}
```

定义字号为14像素，文字颜色为#993300，并且加粗显示。

4）定义参数分类的样式

```
.category{font-size:14px;color:#993300;font-weight:bold;
        background-color:#FFB468;}
```

此样式和产品名称的样式一致。

5）定义图片单元格的样式

```
.productImg{text-align:center;vertical-align:middle;width:170px;}
```

“text-align:center;”定义单元格内容水平居中对齐；“vertical-align:middle;”定义单元格内容在垂直方向上居中对齐。

6）定义产品描述单元格的样式

```
.productDescription{background-color:#FEE8AB}
```

此样式定义产品描述单元格的背景色。

7）定义参数名的样式

```
.paraName{font-size: 13px;color: #666666; text-align:right;
        width:70px; display:inline-block;}
```

定义参数名称的字号大小和显示颜色，并且文字右对齐，显示宽度为70px。由于在页面中使用了<span>标记，不能直接定义它的宽度，所以使用“display:inline-block”属性保证为<span>定义的宽度。

8）定义参数表格样式

```
.paraTable td {border-style:none;}
```

这里设置表格的边框为 0。

9）定义参数名单元格的样式

```
.paraName{font - size: 13px;color: #666666;text - align:right;
        vertical - align:top;width:70px;}
```

“text-align:right;”定义单元格内容居右对齐；“vertical-align:top;”定义单元格内容，也就是参数名在垂直方向上居上对齐。

10）定义参数内容表格的样式

```
.paraValue{font - size: 13px;text - align:left;padding - left:5px;}
```

为了不使参数内容紧贴着参数名单元格，可通过“padding-left:5px;”定义该单元格的内容在左边增加 5 像素的间隙。

9.5　CSS 与表单

9.5.1　CSS 表单修饰

表单元素几乎出现在任何一家网站的网页设计内容里，其作用不容小视。Web 表单用于重要的交互设计不仅仅是为了保持流程正常运作，它们也让用户实现了想要达到的目标。优秀的 Web 表单设计能获得很多有意义的成果，例如注重用户体验的表单会有效提高用户对网站的黏性，因此 Web 表单设计及其交互也是网页设计中必须关注的细节。

图 9-21 是网易免费邮箱的登录界面，它就是由表单元素设计实现的。从界面截图上来看，页面的背景为白色，给人以干净的感觉。另外，对最上层标签内容采用加粗的效果能够突出显示。用户名、密码、版本标签在水平和垂直方向上都排列整齐，输入框具有相同的宽度和高度，整体页面协调有序。同时，为避免颜色过于单调引起视觉疲劳，将用户名和密码的输入框用了浅灰色背景，同时忘记密码的文字提示使用绿色效果以达到突出强调的目的。整体布局页面清晰、简洁，给人以干净、利索的效果。

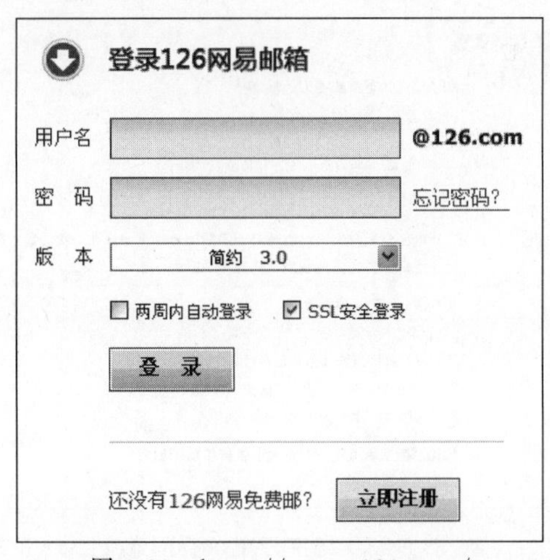

图 9-21　http://www.126.com/

评论表单也是较常见到的一种表单形式，主要是为用户发表评论和留言使用的。图 9-22 是 www.rxbalance.com 的评论页面。由于表单主要用于获取评论，所以发表评论的输入框占有较大的面积。同时该表单的复选框较多，所以采用了以横行排列的方式。在整体的表单页面的布局上并未使用从上到下的表单控件排版方式，创造了自己独特的表单页面效果。

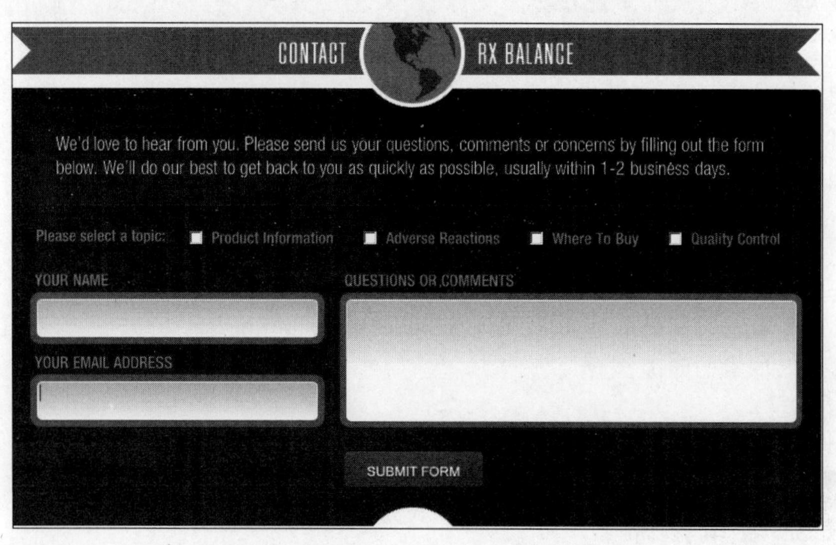

图 9-22　http://www.rxbalance.com/

问卷调查网页也是使用表单进行设计的常见页面。图 9-23 是当当网的一份关于订单流程的调查问卷。该页面中使用到了单选按钮、复选框、输入框等多种表单控件。为了使页面内容整齐有序，使用左右结构，标签左对齐，以增加它们的视觉比重，提高其显著性。同时，对于排在后面的问题为防止用户疏忽，采用了加粗的文字强调方法。

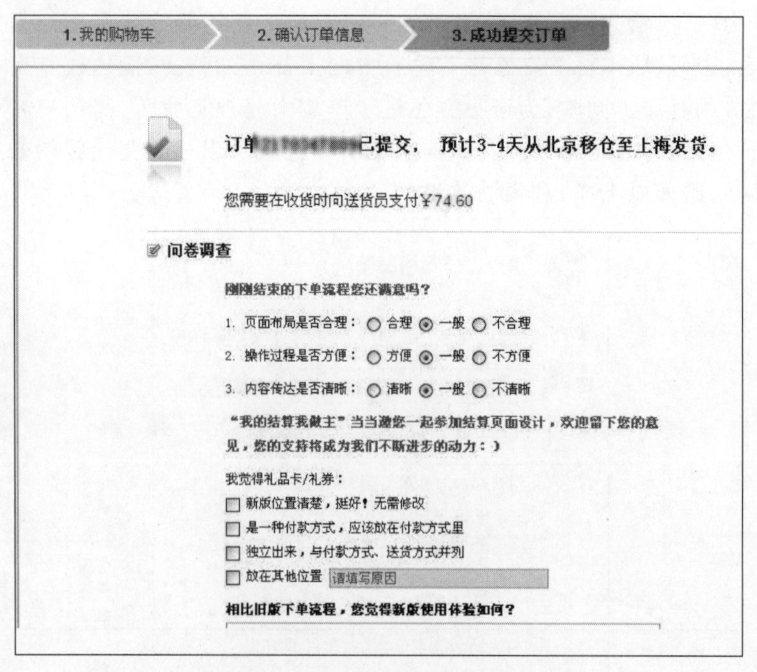

图 9-23　淘宝订单调查问卷

图 9-24 是足球网站 Footytube 的注册页面，它受到了很多表单学习者的良好评价。它使用了彩色的背景图片使得整个页面活泼生动，同时将注册和登录放入一个页面中分左右显示，对用户的使用带来很多方便，输入框一律使用了圆弧的造型，看起来比较柔和、舒适，整体页面布局整齐、大气。

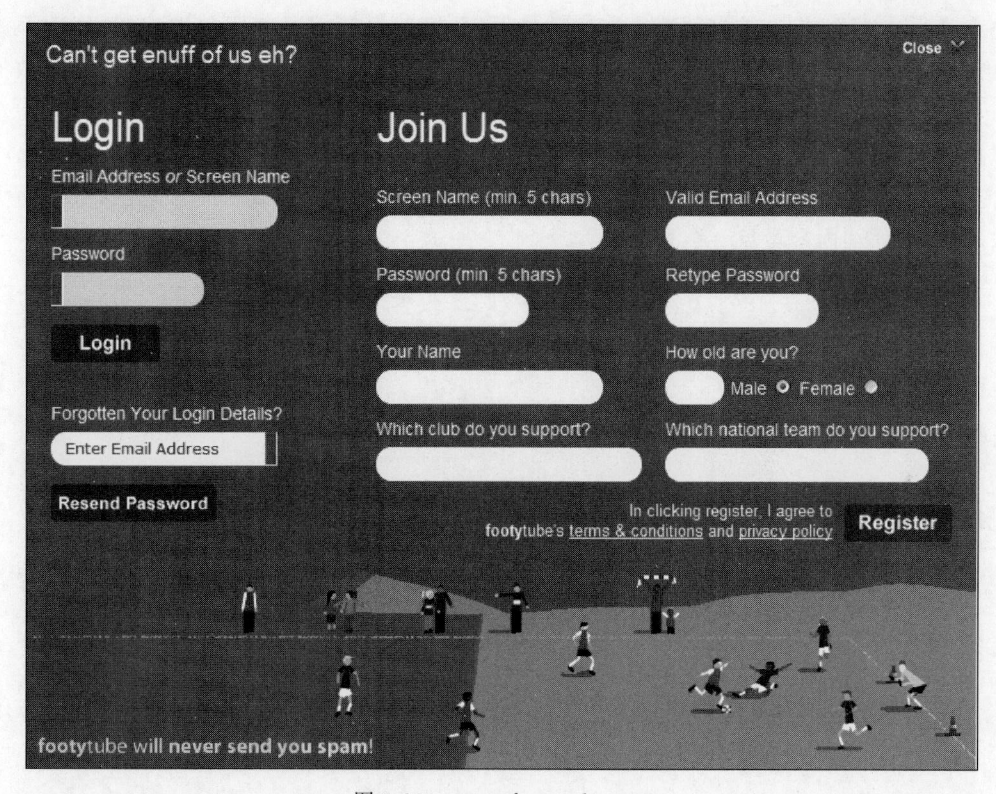

图 9-24 www.footytube.com

9.5.2 在线预订页面的设计实例

本节给出一个在线房间预订的页面，在这个实例中综合运用 HTML 表单标记及 CSS 相关属性对内容进行格式化，完成页面的设计。客房在线预订页面的显示效果如图 9-25 所示。

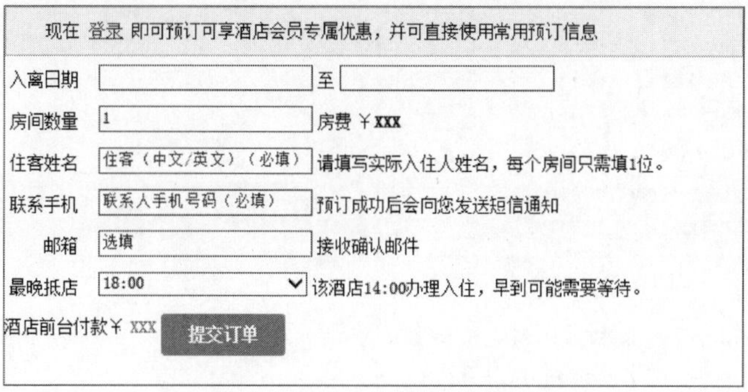

现在 登录 即可预订可享酒店会员专属优惠，并可直接使用常用预订信息

入离日期 [ ] 至 [ ]

房间数量 [1] 房费 ￥XXX

住客姓名 [住客（中文/英文）（必填）] 请填写实际入住人姓名，每个房间只需填1位。

联系手机 [联系人手机号码（必填）] 预订成功后会向您发送短信通知

邮箱 [选填] 接收确认邮件

最晚抵店 [18:00] 该酒店14:00办理入住，早到可能需要等待。

酒店前台付款￥ XXX [提交订单]

图 9-25 在线预订客房表单

根据显示的效果,想从用户那里得到以下数据:入离日期、房间数量、住客姓名、联系手机、邮箱、最晚抵店时间等,因此可以针对这几项信息收集内容综合选择不同的表单元素进行设计。例如对于姓名、手机等我们熟知的信息,使用输入的方式收集比使用选择的方式收集更加自然、简单。对于容易输错的信息,就不能使用输入框来收集了。例如最晚抵店时间,如果不先浏览所有选项,很难做出判断。在这种情况下,推荐根据情况使用单选按钮、复选框或下拉菜单。另外,在布局中每对标签和输入框垂直对齐给人一种简单明了的感觉,并且一致的左对齐可以减少眼睛移动和处理的时间。

1. 创建页面结构,完成内容的基本布局

页面引入能够生成一个矩形框的标记<div>,以便将内容全部放在此方框内,下面是页面的基本结构(详细内容参见 9-6.html)。

```
<html>
<head>
        <title>酒店预订</title>
        <link rel = "stylesheet" type = "text/css" href = "css/html.css"/>
</head>
<body>
    <div id = "content">
        <div class = "tip">
            <P>现在  <A href = "">登录</A>  即可预订可享酒店会员专属优惠,并可直
接使用常用预订信息</P>
        </div>
        <form id = "room" action = "" method = "post"><! -- 在此添加 FORM 表单内容 -->
          </form>
    </div>
</body>
</html>
```

其中,<link rel="stylesheet" type="text/css" href="css/html.css"/>表示嵌入外部样式表,样式表文件保存在当前目录下的 css 子目录内,文件名为 html.css。

2. 在页面里添加表单元素

在完成基本的页面结构之后,开始添加表单元素到页面(具体参见 9-7.html)。

```
<form id = "room" action = "" method = "post">
  <DIV class = "order"><LABEL>入离日期</LABEL>
  <INPUT name = "inDate" type = "date"><SPAN>至</SPAN><INPUT name = "outDate" type = "date">
   </DIV>
   <DIV class = "order"><LABEL>房间数量</LABEL>
      <INPUT type = "number" min = "1" value = "1">  <SPAN>房费</SPAN>
      ¥<STRONG>XXX</STRONG>
    </DIV>
      …
<DIV class = "order"><LABEL>最晚抵店</LABEL>
<SELECT name = "select" autocomplete = "off">
<OPTION selected = "selected" value = "18:00">18:00</OPTION>
<OPTION value = "19:00">19:00</OPTION>
```

```
<OPTION value="20:00">20:00</OPTION>
<OPTION value="21:00">21:00</OPTION>
 <OPTION value="22:00">22:00</OPTION>
<OPTION value="23:00">23:00</OPTION>
 <OPTION value="24:00">24:00</OPTION>
  <OPTION    value="次日6:00">次日6:00</OPTION>
</SELECT>
  …
<DIV class="submit">提交订单</DIV>
</DIV>
</form>
```

3. CSS样式定义

在完成页面结构之后，开始定义样式控制表单的显示效果，下面分别定义了文本框、按钮、下拉菜单的使用样式。

1) HTML页面标记的样式定义

通常，定义页面的样式包括定义字号、字体颜色、行高、背景色等，具体如下：

```
Body { color:#333;  font-size:14px;  line-height:1.5; background-color:#fff;}
```

这里定义的字体颜色为#333、字体大小为14像素、行高为1.5倍、背景色为白色。

2) 页面布局的样式

样式中的#content是实现DIV页面的布局。

```
#content {margin: 0 auto; width:600px;  border:1px solid red; }
```

这里定义的DIV区块居中显示，宽度为600像素，边框为1像素并以红色实线显示。

3) 提示信息的样式定义

DIV标签中.tip类的设定具体如下：

```
.tip{ background-color:#fefaf1;  border:solid 1px #fed698;  padding:8px 8px 8px 32px;}
```

提示信息定义上下左边内边距、边框颜色与样式，以及背景色等内容。

4) form表单的样式定义

form表单中包含了label、输入框、下拉菜单等多项元素，它们的样式定义如下：

```
label { float:left;width:60px;text-align:right;}
input,select{ margin-right:4px; margin-left:10px;float:left; width:170px;}
span{float:left;margin-right:4px; }
```

label的样式为左浮动、宽度为60像素，文字居右对齐。输入框和下拉菜单定义左浮动，左边距为10像素、右边距为4像素、宽度为170像素。

5) 表单中每一区域的样式定义

form表单中包含了入离日期、房间数量等6个表单项目。每个项目放入一个DIV区域

中,使用类.order 定义表单项目的样式。同时,提交订单的按钮采用了类.submit 修饰,它们的样式定义如下:

```
.order{ height:26px;  margin:7px 0;}
.submit{background-color:#f90;display:inline-block;  border-radius:3px;
color:#fff;cursor:pointer;font-weight:bold;  padding:6px 22px;}
```

.order 类定义了区块最小高度为 26 像素、上下边距为 7 像素。.submit 类定义了提交订单按钮的背景色、边框样式和颜色、字体颜色、鼠标指向变化、字体加粗及内边距等样式,并使用 display:inline-block 使其在同一行显示。

6) 输入框、多行文本框、下拉菜单的伪类定义

采用伪类定义来定义各种输入框获取焦点、鼠标移入的效果,具体如下:

```
input:focus, input:hover, select:focus, select:hover{ color: #000; background: #E7F1F3;
border: 1px solid #888;}
```

定义字体颜色,背景颜色与边框颜色。

(1) input:focus 设置输入框成为输入焦点。

(2) input:hover 设置输入框在其鼠标悬停时的样式表属性。

小　结

CSS 承担着美化页面的重要作用,CSS 可以让网页"穿上漂亮衣服",通过控制 HTML 标签对象的 CSS 宽度、CSS 高度、float 浮动、文字大小、字体、CSS 背景等样式达到页面合理、美观的布局效果。同时,伴随 CSS3 版本的不断完善与改进,更强大的选择器、动画与多媒体效果将会使网页的设计更加便捷与美观。

习　题

1. 在 CSS 语言中,(　　)是左边框的语法。

   A. border-left-width: <值>　　B. border-top-width: <值>

   C. border-left: <值>　　D. border-top-width: <值>

2. 下面选项中去掉文本超链接的下画线的是(　　)。

   A. a {text-decoration:no underline;}　　B. a {underline:none;}

   C. a {decoration:no underline;}　　D. a {text-decoration:none;}

3. (　　)是 ID 的样式规则定义。

   A. TR{color:red;font-family:"隶书";font-size:24px;}

   B. .H2{color:red;font-family:"隶书";}

   C. #grass{color:green;font-family:"隶书"; font-size:24px;}

   D. P{background-color:#CCFF33;text-align:left;}

4. 若要以加粗宋体、12号字显示“vbscript”，以下用法中正确的是(　　)。

A. <b><font style='font-size:10px'2>vbscript</b></font>

B. <b><font face="宋体" style='font-size:10px'2>vbscript</font></b>

C. <b><font size="宋体"style='font-size:10px'2>vbscript</b></font>

D. <b><font size="宋体" fontstyle='font-size:10px'2>vbscript</b></font>

5. 以下有关样式表项的定义正确的是(　　)。

A. H1{font-family:楷体_gb2312,text-align:center;}

B. H1{font-family=楷体_gb2312,text-align=center;}

C. H1{font-family:楷体_gb2312; text-align:center;}

D. H1{font-family=楷体_gb2312; text-align=center;}

6. 下列代码段是某页面的样式设置：

```
<style TYPE = "text/css">
  .blue { color:blue }
  .red { color:red }
</style>
```

现要求将页面中的第一个H1标题设置为红色，将第一个段落设置为蓝色，下列代码正确的是(　　)。

A. <H1 id="red">第一个标题<H1><P　id="blue">第一个段落</P>

B. <H1 color:red>第一个标题<H1><P　color:blue>第一个段落</P>

C. <H1 class="red">第一个标题<H1><P class="blue">第一个段落</P>

D. <H2 class="red">第一个标题<H2><H1>第一个标题<H1><P class="blue">第一个段落</P>

7. 若要使表格的行高为16pt，以下方法中正确的是(　　)。

A. <table border=1 style=" Line-Height:16">…</table>

B. <table border=1 style="Line-Height:16pt">…</table>

C. <table border=1 LineHeight=16pt">…</table>

D. <table border=1 LineHeight="16pt">…</table>

8. CSS链接样式的写法：<link ________ ="all.css" rel=" stylesheet" ________ = "text/css" />

9. CSS基本语法——标记选择器：<style> p{ ________ : red; ________ : 25px; }</style>。

10. CSS基本语法——id选择器：网页“<body><div ________ ="header">河南财经政法大学</div>”对应的CSS为# ________ {color:yellow;font-size:30px}。

实　　验

个人网站首页。实验要求：根据给定素材，完成如图9-26所示的个人网站首页。

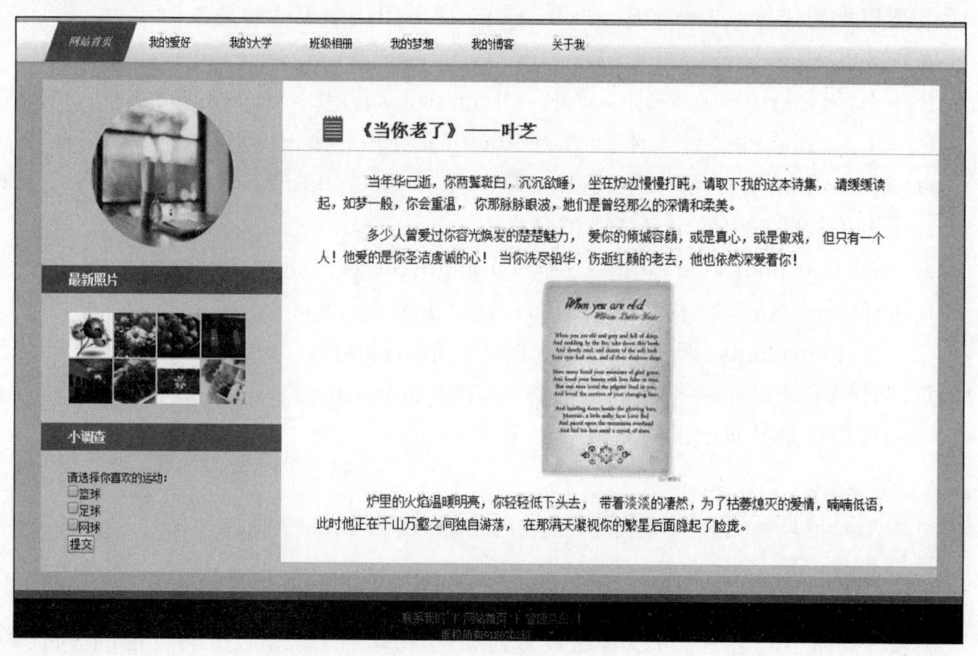

图 9-26 博客页面效果图

第10章

JavaScript 基础

JavaScript(JS)是一种解释性的、事件驱动的、面向对象的、安全的和与平台无关的脚本语言，是动态 HTML(也称为 DHTML)技术的重要组成部分，广泛用于动态网页的开发。以浏览器平台为基础的现代 JavaScript 程序可以提供类似于传统桌面应用程序的丰富功能和视觉体验，增强用户和 Web 站点之间的交互，提供高质量的 Web 应用体验。

本章重点

- 理解 JavaScript 语言的作用和执行方式。
- 掌握在网页中使用客户端脚本的方法。
- 掌握 JavaScript 语言的基本语法。
- 认识核心语言对象，掌握核心语言对象的方法和属性的使用。
- 理解事件响应机制，掌握页面事件编程。
- 能够利用 JavaScript 语言完成对文档内容的交互。
- 掌握 JavaScript 程序的一般调试技术。

10.1 JavaScript 起步

视频讲解

在组成互联网的难以计数的 HTML 页面中，JavaScript 被用来改进页面设计、响应用户操作、验证用户输入、动态维护页面内容和创建 Cookies，甚至和运行在服务器端的程序直接进行交互等。

10.1.1 JavaScript 简介

在早期的 Internet 中，浏览器本身并不具备运行程序的功能，只是简单地展示从服务器端接收的静态页面，页面上的任何工作都需要不断地和服务器进行交互，这给用户使用带来很大的麻烦。例如，当用户填好一个购物清单提交给服务器后，服务器却返回一条输入错误的提示，有可能因此网站丧失了一次交易的机会。利用 JavaScript 可以编写一段用于检查输入完整性和正确性的 JavaScript 程序嵌入到 HTML 页面中，在提交之前可以即时执行这段验证代码，如果发现用户的输入错误，就可以在提交之前告知用户，提示修改。

JavaScript 是为了适应动态网页制作的需要而诞生，如今越来越广泛地用于 Web 开发。它是一种脚本语言(脚本语言是一种轻量级的编程语言)，也是一种解释性语言(也就是说，代码执行前不进行预编译)，短小精悍，运行在浏览器中；它又是一种基于事件驱动的语言，对于网页中页面元素的操作可以直接响应；它也可以被看成一种面向对象的语言，这不仅体现在它可以充分地利用运行环境存在的众多诸如代表网页的对象 document 以及一些基本对象(如 String)等，而且可以基于面向对象的思想进行程序设计；它也是一种安全的语言，运行于浏览器环境中的代码不能访问本地资源(除了 Cookie),从而保证它不能实质影响计算机的软/硬件资源。

JavaScript 的出现使得网页和用户之间实现了一种实时性的、动态的、交互性的关系,使网页包含更多活跃的元素和更加精彩的内容。但是它也存在一个令程序员头疼的问题,那就是 JavaScript 程序在不同浏览器软件中的兼容性问题,在 IE 浏览器中运行正常的程序在 Firefox 浏览器中可能就面目全非了,这主要是因为不同浏览器对于 JavaScript 的标准所遵循和实现的程度不同所导致的。因此,一个优秀的 JavaScript 程序员需要小心地应用那些可能会导致兼容性问题的特性。

10.1.2 JavaScript 的实例

JavaScript 脚本程序是嵌入在页面中的,通过一个<script>标记说明,浏览器能够解释并运行包含在标记内的代码。

基本语法:

```
<script type="text/javascript" [src="外部 js 文件"]>
...
</script>
```

语法说明:

script 为脚本标记,它必须以<script type="text/javascript">开头,以</script>结束,用于界定程序开始的位置和结束的位置。在一个页面内可以放置任意数量的<script>标记。

script 页面中的位置决定了什么时候装载它们,如果希望在其他所有内容之前装载脚本,则要确保脚本在 head 部分。

src 属性不是必要的,它指定了一个要加载的外部 JS 代码文件,一旦应用了这个属性,则<script>标签中的任何内容都将被忽略。

1. 一个直接运行的 JavaScript 程序

下面通过例子来简单介绍 JavaScript 程序的具体实现。假设要在页面中输出一段文本,页面效果如图 10-1 所示。

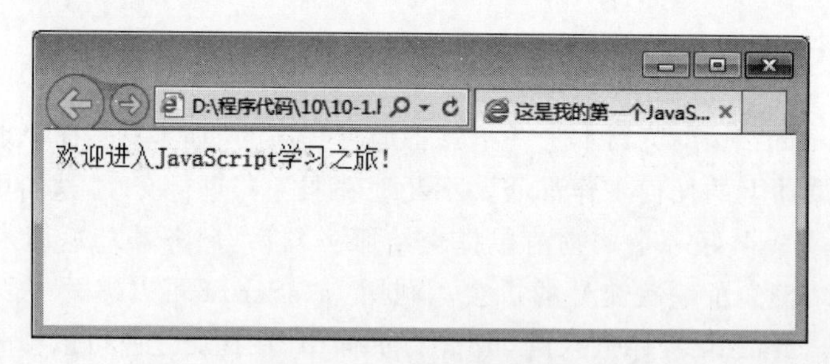

图 10-1 显示文本到页面

程序 10-1 完成了上述向页面中输出一段文本的要求。

```
1.  <! -- 程序 10-1 -- >
2.  <html>
3.  <head><title>这是我的第一个 JavaScript 程序</title></head>
4.  <body>
```

```
5.     <script type="text/javascript">
6.         document.write("欢迎进入 JavaScript 学习之旅!");
7.     </script>
8. </body>
9. </html>
```

在 10-1 的程序中,5～7 行的代码是在以前的页面代码中所不曾出现的,具体的代码在第 6 行,document.write 字段是标准的 JavaScript 命令,用来向页面写入输出,这行代码被包括在用< script >开始的标签内。也就是说,如果需要把一段 JavaScript 代码插入到 HTML 页面中,需要使用< script >标签(同时使用 type 属性来定义脚本语言)。

这样,< script type="text/javascript">和</script >就可以告诉浏览器 JavaScript 程序从何处开始,到何处结束。如果没有这个标签,浏览器就会把 document.write("欢迎进入 JavaScript 学习之旅!")当成纯文本来处理,也就是说,会把这条命令本身写到页面上。

2. 通过事件触发被调用的 JavaScript 程序

程序 10-2 是另外一种类型的程序,它也在页面加载后弹出一个对话框,页面效果如图 10-2 所示。

```
1. <!-- 程序 10-2 -->
2. <html>
3. <head>
4.     <title>这是我的第一个 JavaScript 程序</title>
5.     <script type="text/javascript">
6.         function show(){
7.           alert("欢迎进入 JavaScript 学习之旅!");
8.         }
9.     </script>
10. </head>
11. <body onload="show()">
12. </body>
13. </html>
```

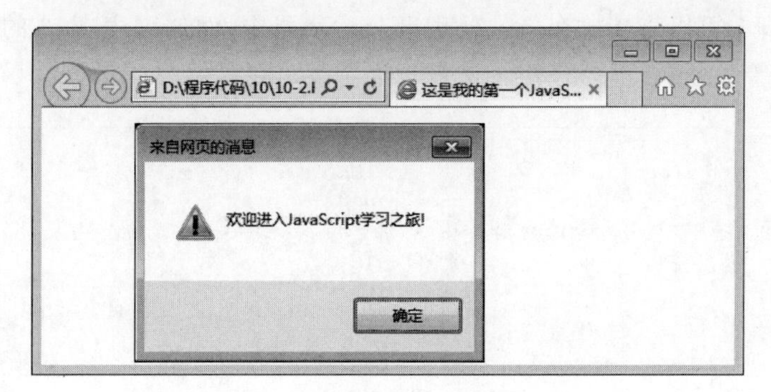

图 10-2 页面加载时弹出的对话框

除了 JavaScript 代码依然被包含在< script >标签内,这个程序和程序 10-1 不同的是:这段代码是一个函数,被命名为 show,虽然它的功能也是弹出一个对话框,但函数本身并不会自动执行,它的执行依赖于第 10 行的< body onload="show()">标签中关于 body 标记的

onload 属性的设置,“onload="show()"”意味着告诉浏览器在加载这个页面后要调用执行一个名为“show”的函数。

通过程序10-1和程序10-2可以看出,浏览器在解释 JavaScript 语句时如果碰到的是独立的语句(也就是不属于任何函数),则直接执行,例如程序10-1;如果是属于某个函数,则只有函数被调用时才可以被执行。

10.1.3 JavaScript 的放置

JavaScript 程序本身不能独立存在,它是依附于某个 HTML 页面,在浏览器端运行的。细心的读者可能注意到程序10-1和程序10-2中 JavaScript 的代码处在 HTML 页面不同的位置,程序10-1的 JavaScript 代码段处在 body 内,而程序10-2的 JavaScript 代码处在 head 内,JavaScript 作为一种脚本语言可以放在 HTML 页面中的任何位置,但在实践中代码如何放置还要遵循一定的规则。

1. 位于 head 部分的脚本

如果把脚本放置到 head 部分,在页面载入的时候同时载入了代码,在<body>区调用时就不需要再载入代码了,速度就提高了。当脚本被调用时,或者事件被触发时,脚本代码就会被执行。通常,这个区域的 JavaScript 代码是为 body 区域程序代码所调用的事件处理函数或一些全局变量的声明。

2. 位于 body 部分的脚本

放置于 body 中的脚本通常是一些在页面载入时需要同时执行的脚本,这些代码执行后的输出成为页面的内容,在浏览器中可以即时看到。

一般的 JavaScript 代码放在<head></head>之间和放在<body></body>之间从执行结果来看是没有区别的,但是有如下规则:

(1) 当 JavaScript 要在页面加载过程中动态建立一些 Web 页面的内容时,应将 JavaScript 放在 body 中合适的位置,如程序10-1中的代码。

(2) 定义为函数并用于页面事件的 JavaScript 代码应放在 head 标记中,因为它会在 body 之前加载。

3. 直接位于事件处理部分的代码中

一些简单的脚本可以直接放在事件处理部分的代码中,例如程序10-2的 JavaScript 函数 show 中只是一条警告语句,可以直接将该警告语句改写在事件中,如程序10-3所示。

```
<!--程序 10-3-->
<html>
<title>这是我的第一个 JavaScript 程序</title>
<body onload='alert("欢迎进入 JavaScript 学习之旅!");'>
</body>
</html>
```

4. 位于网页之外的单独脚本文件

除此之外,如果页面中包含了大量的 JavaScript 代码,将不方便页面的维护,或者同样的代码可能在很多页面中都需要,为了达到共享的目的,就可以把一些 JavaScript 代码放到一个单独的文本文件中,然后以“.js”为扩展名保存这个文件,当页面中需要这个 JS 文件中的

JavaScript 代码时，通过指定 script 标签的 src 属性就可以使用外部的 JavaScript 文件中包含的代码。

例如，通过文本文件编辑器建立一个名为“test.js”的文件，其内容如下：

```
//一个外部的 JS 文件代码，文件名为 test.js
function show(){
    alert("欢迎进入 JavaScript 学习之旅!");
}
```

现在，修改程序 10-2，改成加载上面的 test.js 文件的形式，修改后的程序见程序 10-4。

```
<!-- 程序 10-4 -->
<html>
<title>这是我的第一个 JavaScript 程序</title>
<head>
    <script src = "test.js" type = "text/javascript"></script>
</head>
<body onload = "show()">
</body>
</html>
```

通过指定 script 标签的 src 属性，在运行时，这个 JS 文件中的代码全部嵌入到包含它的页面内，页面程序可以自由使用。而且，浏览器会缓存所有外部链接的 JS 文件，如果多个页面共用一个 JS 文件，只需下载一次就可以了，很好地节省了下载时间。

在使用这种方式加载外部文件形式的 JavaScript 代码时需要注意以下几点：

(1) 外部的 JavaScript 程序文件中并不需要使用< script >标签，此文件的内容仅含有 JavaScript 程序代码。

(2) 使用 src 属性后，在该 script 元素内部的任何内容都将被忽略。如果需要嵌入其他的代码，可以继续在文件中添加一对新的< script >标签。

(3) 当 src 属性指定外部文件所在的位置时，默认是在页面所在的目录下。因此，程序 10-4 中的 test.js 文件和 HTML 页面应该放在一个目录下，因为 src 定义中没有明确路径。

当前，利用浏览器的漏洞编制的一些含有恶意的 JavaScript 程序可能会影响用户的系统环境，因此，在运行含有 JavaScript 代码的 HTML 页面时，安全级别设置较高的浏览器会阻止程序的运行，如图 10-3 所示。这里需要用户明确对提示的警告信息做出一个响应，例如单击提示信息行，选择允许阻止的内容运行，该页面才可以正常显示和使用。

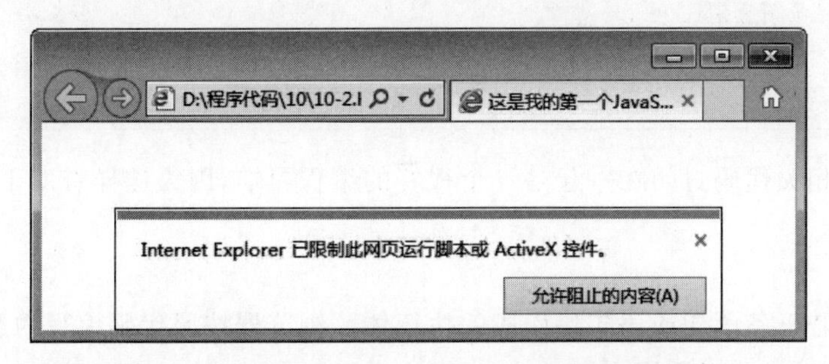

图 10-3 包含 JavaScript 代码的页面被浏览器阻止

视频讲解

10.2 JavaScript 程序

作为一种嵌入到 HTML 页面内的解释型程序设计语言，JavaScript 脚本语言的基本构成是由语句、函数、对象、方法、属性等来实现的，在程序结构上同样有顺序、分支和循环三种基本结构。

10.2.1 语句和语句块

1. 语句

JavaScript 语句是发给浏览器的命令，这些命令的作用是告诉浏览器要做的事情。在程序 10-1 中"document.write("欢迎进入 JavaScript 学习之旅!");"语句就是告诉浏览器向网页输出"欢迎进入 JavaScript 学习之旅!"这样一段文本。

根据 JavaScript 标准，通常要在每行语句的结尾加上一个分号，但是分号是可选的，浏览器默认把行末作为语句的结尾。但是在程序员看来，加上分号是必要的，因为它明确地指出了语句的结束。

虽然在 JavaScript 程序中多条语句可以写在一行上，但是会给其他人理解程序带来不便，因此没有人喜欢在一行上编写多条语句。

在 JavaScript 程序中，语句的类型一般如下：

(1) 变量声明语句；

(2) 输入输出语句；

(3) 表达式语句；

(4) 程序流向控制语句；

(5) 返回语句。

2. 语句块

语句块就是用"{"和"}"封闭起来的若干条语句。例如，一个函数中的语句都包含在用括号封闭起来的函数体中，同样的还有分支或者循环控制的语句块，这些语句块在逻辑上都属于一个整体。例如下面的语句块是一个判断语句，这个判断语句的控制范围就是用括号封闭起来的语句块。

```
<script type="text/javascript">
    var color = "red";
    if(color == "red") {
    document.write("现在颜色是红色!");
    alert("现在颜色是红色!");
    }
</script>
```

用"{…}"把相关代码封闭在一起是一个很好的编程习惯，因为这样有助于更清晰、准确地定义逻辑边界。

3. 代码

代码就是由若干条语句或语句块构成的执行体。浏览器按照代码编写的逻辑顺序逐行执行，直至碰到结束符号或者返回语句。

10.2.2　函数

一个函数代表了一个特定的功能。JavaScript 的函数有系统本身提供的内部函数，也有系统对象定义的函数，还包括程序员自定义的函数。例如调用系统提供的 alert()函数时一定会弹出一个警告框，有时需要程序员自己编写能够实现特定目的的函数，如程序 10-2 中的函数 show()。函数可以被在多个地方重复调用以达到代码复用的目的，既减轻了开发人员的工作量，也降低了维护的难度。

1. 函数的构成

函数代表了一种特定的功能，一般是由若干条语句构成的。

基本语法：

```
function 函数名(参数 1,参数 2,…,参数 N) {
    函数体;
}
```

语法说明：

(1) function 是关键字，一个函数必须由“function”关键字开始。

(2) 函数名用来在调用时使用，命名必须符合有关标识符的命名规定。

(3) 一个函数可以没有参数，但括号必须保留，函数也可以有一到多个参数，声明参数不必明确类型。

(4) 大括号界定了函数的函数体，属于函数的语句只能出现在大括号内。

程序 10-5 中定义了一个根据收到的颜色改变一个表格的背景色的函数。

```
<!-- 程序 10-5 -->
<html>
<head>
  <script type="text/javascript">
      /* 参数:color  表格新的背景色
       * 描述:改变表格的背景颜色
       */
       function changeColor(color){
               var table = document.getElementById("colorTable");
               table.bgColor = color;
      }
    </script>
<title>函数的例子</title>
</head>
<body>
选取颜色:
<table border = 1 ><tr height = "24">
    <td bgcolor = "red" width = "24" onclick = "changeColor('red')"></td>
    <td bgcolor = "orange" width = "24" onclick = "changeColor('orange')"></td>
    <td bgcolor = "yellow" width = "24" onclick = "changeColor('yellow')"></td>
    <td bgcolor = "green" width = "24" onclick = "changeColor('green')"></td>
    <td bgcolor = "black" width = "24" onclick = "changeColor('black')"></td>
    <td bgcolor = "blue" width = "24" onclick = "changeColor('blue')"></td>
    <td bgcolor = "purple" width = "24" onclick = "changeColor('purple')"></td>
```

```
</tr></table>
<table id="colorTable" border=1 height="168" width="168">
    <tr><td></td></tr>
</table>
</body>
</html>
```

上面代码中在<script>标签内定义了一个函数 changeColor(),其中:

(1) function 是关键字,表示开始一个函数的声明,changeColor 是函数名。

(2) 一个函数无论有没有要接收的参数,在函数名后都要有一个括号。changeColor 函数在被调用时需要调用者传递一个值作为表格新的背景色,所以在函数后的括号中加了一个变量 color,用来接收调用者传来的参数值。

(3) 在调用函数时,通过函数名确定要调用的具体函数。这里在单击某个颜色单元格的事件发生时调用 changeColor 函数。因为 changeColor 函数的运行需要一个颜色值,所以这里在具体调用时把单元格对应的颜色作为颜色值传给了 changeColor 函数。

(4) 函数的功能也就是函数体内语句集要实现的目标。changeColor 函数的功能很简单,就是根据收到的新的颜色改变一个表格的背景色。

在浏览器中显示这个页面,如图 10-4 所示。

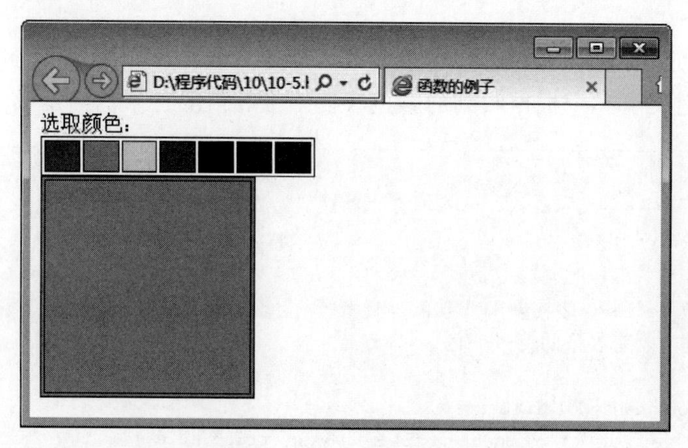

图 10-4　按钮单击前的输入界面

用鼠标单击选择任何一种颜色,则下面的表格背景色将会改变成所选择的颜色。

2. 函数声明时的参数

在程序 10-5 中定义的函数是这样声明的:

```
function changeColor(color)
```

这里的 color 就是参数变量,也被称为"形参"。参数变量的作用就是用来接收函数调用者传递过来的参数。因为在编写函数时程序员并不知道调用者会传递来什么样的值,因此只能用一个变量来表示在具体执行时获得的值。所以,声明函数的形式参数时应该事先明确每个参数在函数体中的作用。

在程序 10-5 中,每个颜色单元的单击事件都调用同一个改变颜色的函数,不同的是彼此有不同的颜色值传递过去。但是不管调用者传递什么值，changeColor 函数中的“table. bgColor＝color;”语句只是用一个形式参数 color 来表示表格新的背景色，从而达到“以不变应万变”。

3. 调用函数

函数必须被调用才能发挥作用，前面的多个程序已经展示了函数的调用过程。具体调用规则如下：

(1) 函数必须通过名字加上括号才能调用，如程序 10-5 中的 changeColor()，括号必不可少；

(2) 在函数调用时，应当满足参数传递的要求，保证传递实参时的参数类型、顺序和个数(不是必需的)与形式参数的声明一致。

程序员在使用一个函数时应当了解这个函数的参数声明，确定应当在调用时传递给函数具体的参数值。例如程序 10-5 中的 changeColor()函数在声明时确定需要一个参数用来表示表格新的背景色，所以在程序 10-5 中有下面这行代码。

```
< td bgcolor = "red" width = "24" onclick = "changeColor('red')"></td>
```

其中，onclick 定义了单击按钮事件发生时要执行的 JavaScript 代码。在这里该按钮单击事件绑定要执行的动作是调用一个 changeColor 函数，其中“red”表示传给函数的参数，也被称为“实参”，实参应当对应于函数声明时的形参。

具体来讲，JavaScript 函数的参数是可选的，它有下面几个特点：

(1) JavaScript 本身是弱类型，所以它的函数参数也没有类型检查和类型限定，一切都要靠编程者自己去检查；

(2) 一般情况下，实参和形参要一一对应，表现在类型、顺序、数量和内容上要一致；

(3) 实参的个数可以和形参的个数不匹配，因为 JavaScript 仅通过函数名来区别函数，并不考虑参数的异同，这和大多数语言是不一致的。

关于实参和形参不匹配的情况，在编程上并不是鼓励使用，因为可能导致程序理解上的混乱和执行时的错误。例如函数在执行时发现参数不够，不够的参数被设置为 undefined 类型，如果程序对此情况没有加以处理，直接使用可能导致程序不能正常执行。

在每一个函数体内都内置地存在着一个对象 arguments，它是一个类似数组的对象，通过它可以查看函数当前有几个传递来的参数(并非定义的形式参数)，各个参数的值是什么。程序 10-6 给出了 arguments 的使用方法。

```
<! -- 程序 10-6 -- >
< html >
< head >
< title>一个 JavaScript 参数的例子</title >
< script language = "javascript">
  function testparams(){
       var params = "";
       for(var i = 0;i < arguments.length;i++){
          params = params + " " + arguments[i];
       }
       alert(params);
  }
```

```
</script>
</head>
<body onload=testparams(123,"张华","王小璐")>
</body>
</html>
```

在程序 10-6 中,实际调用函数时,它的参数是三个,但 testparams 函数声明时并没有规定有参数的要求,这并不影响页面的显示和执行。这种变长参数的应用通常适用于实参的内容和类型一致的情况,例如同时传递一批不知个数的同类型的数据要用函数处理。

4. 用 return 返回函数的计算结果

函数可以在执行后返回一个值来代表执行后的结果,当然,有些函数基于功能的需要并不需要返回任何值。

程序 10-7 的功能是根据输入的圆半径计算圆面积,并自动显示在面积文本框中。在输入半径后单击"计算"按钮,触发按钮的 onclick 事件,该事件调用方法 show()。在 show()方法的第 2 行语句"var area = compute(radius);"调用了另一个函数 compute(),根据函数 compute 的定义,在调用 compute 时需要传递一个半径值,compute 函数计算完面积后将面积值返回,保存在变量 area 中,然后 show 函数将收到的面积显示到指定的面积文本框中。

```
<!--程序 10-7-->
<html>
<head>
  <script type="text/javascript">
    //这里声明了一个全局变量 pi,供函数计算面积使用
    var pi = 3.14;
      /*
       * 参数:name  接收半径
       * 描述:根据半径计算一个圆的面积
       * 返回:圆的面积
       */
       function compute(radius){
      var area = 0;
      area = pi * radius * radius;
      return area;
      }
      /*
       * 描述:将计算出的面积显示在面积文本框中
       */
      function show(){
         //利用 document 对象获得页面中半径文本框中的输入值
         var radius = document.getElementById('radius').value;
         var area = compute(radius);        //调用 compute 函数计算对应的面积
         //将计算出的面积值显示到面积文本框中
         document.getElementById('area').value = area;
         return;                             //此句可以不要
    }
  </script>
<title>用 return 返回函数运行结果</title>
```

```
</head>
<body>
    <form>
    输入半径: <input type="text" name="radius" id="radius">
    <input type="button" value="计算!" onclick="show()" >
    <br>
    圆的面积: <input type="text" name="area" id="area" readonly/>
    </form>
</body>
</html>
```

函数返回一个值非常简单，在 compute 函数代码的最后一行是 return 语句，return 的作用有下面两点：

(1) 结束程序的执行，也就是 return 之后的语句不会再执行了；

(2) 利用 return 可以返回而且只能返回一个结果，如 compute 函数的 return area。

return 语句后可以跟一个具体的值，也可以是简单的变量，还可以是一个复杂的表达式。

当然，一个函数也可以没有返回值，但并不影响最后添加一条 return 语句，以明确表示函数执行结束，如 show 函数一样。

5. 函数变量的作用域

当代码在函数内声明了一个变量后，就只能在该函数中访问该变量，它们被称为“局部变量”。当退出该函数后，这个变量会被撤销。用户可以在不同的函数中使用名称相同的局部变量而互不影响，这是因为一个函数能够识别它自己内部定义的每个变量。

如果程序在函数之外声明了一个变量，则页面上的所有函数都可以访问该变量，它们被称为“全局变量”。这些变量的生存期从声明它们开始到页面关闭时结束。

程序 10-7 说明了全局变量和局部变量的区别，它们的访问关系如图 10-5 所示。变量 pi 被声明在所有函数之外，所以 pi 是一个全局变量，因此函数 compute 可以找到并正常使用。函数 compute 和 show 分别定义了 area 和 radius 两个变量，它们互不影响，只能在所属的各自函数中起作用。

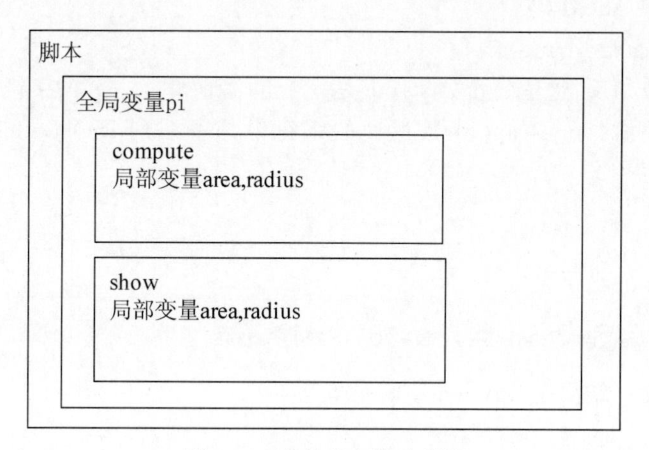

图 10-5　变量生存期示意图

10.2.3 常用系统函数

JavaScript 中的系统函数又称内部方法，它与任何对象无关，使用这些函数不需要创建任何实例，可直接使用。

1. 返回字符串表达式中的值

方法名：eval(字符串表达式)

例如：

```
result = eval("8 + 9 + 5/2");
```

执行后，result 的值是 19.5。可以看到，eval 接受一个字符串类型的参数，将这个字符串作为代码在上下文环境中执行，并返回执行的结果。在使用 eval 函数时需要注意以下几点：

(1) 它是有返回值的，如果参数字符串是一个表达式，就会返回表达式的值。如果参数字符串不是表达式，没有值，那么返回"undefined"。

(2) 参数字符串作为代码执行时是和调用 eval 函数的上下文相关的，即其中出现的变量或函数调用必须在调用 eval 的上下文环境中可用。

2. 返回字符的编码

方法名：escape(字符串)

这里的字符串是以 ISO-Latin-1 字符集书写的字符串。escape 函数将参数字符串中的特定字符进行编码，并返回一个编码后的字符串。它可以对空格、标点符号及其他不位于 ASCII 字母表中的字符进行编码，除了 *、@、－、_、＋、.、/以外。例如：

```
result = escape("&");
```

上句中，result 的结果是"%26"。

```
result = escape("my name is 张华");
```

上句中，result 的结果是"my%20name%20is%20%u5F20%u534E"，20 是空格的十六进制编码，%u5F20%u534E 是汉字"张华"的 Unicode 编码。

3. 返回字符串 ASCII 码

方法名：unescape(string)

和 escape 函数相反，这里的参数 string 是一个包含形如"%*xx*"的字符的字符串，此处 *xx* 为两位十六进制数值。unescape 函数返回的字符串是一系列 ISO-Latin-1 字符集的字符。例如：

```
result = unescape("%26");
```

上句中，result 的结果是"&"。

```
result = unescape("my%20name%20is%20%u5F20%u534E");
```

上句中，result 的结果是"my name is 张华"。

4. 返回实数

方法名：parseFloat(string)

parseFloat 将把其参数(一个字符串)处理后返回浮点数值。如果遇到了不是符号(＋、－、数码(0～9)、小数点)也不是指数的字符，就会停止处理，忽略该字符及其以后的所有字符。

如果第一个字符就不能转换为数值，parseFloat 将返回“NaN”。

下面的例子都将返回“3.14”：

```
parseFloat("3.14")
parseFloat("314e-2")
parseFloat("0.0314E+2")
parseFloat("3.14ab")
var x = "3.14"
parseFloat(x)
```

下面的例子将返回“NaN”：

```
parseFloat("FF2")
```

5. 返回不同进制的数

方法名：parseInt(numbestring,radix)

parseInt 函数返回参数 numbestring 的第一组连续数字。其中，radix 是数的进制，16 表示十六进制，10 表示十进制，8 表示八进制，2 表示二进制；numbestring 则是一个数值字符串，允许该字符串包含空格。

例如，下面的例子都返回 15：

```
parseInt("F",16)
parseInt("17",8)
parseInt(15.99,10)
parseInt("1010",2)
parseInt("15 * 3",10)
```

在解析时，如果字符串的第一个字符不能被转换成数字，将返回“NaN”。下面的例子返回“NaN”。

```
parseInt("Hello",8)
```

如果没有指定转换基数 radix 这个参数，parseInt 将依照下列规则进行：

(1) 如果字符串以"0x"开始，视为十六进制；

(2) 如果字符串以"0"开始，视为八进制；

(3) 其他的视为十进制。

6. 判断是否为非数值

方法名：isNaN(testValue)

该方法对参数值是否为非数值类型进行判断，如果是“NaN”则返回 true，否则返回 false。例如：

```
isNaN("h78");          //结果为 true
isNaN(78);             //结果为 false
isNaN("78");           //结果为 false
```

10.2.4 消息对话框

在前面的程序 10-3 中已经用 alert()语句实现了一个简单的信息告知功能，但 alert()语句只有一种操作，功能非常单一。实际上，JavaScript 中还有其他两种创建消息框的方法，即确认框和提示框,可以用来和用户进行必要的交互。

1. 确认框

方法名:confirm("文本")

确认框是一个带有显示信息和"OK/确认"及"Cancel/取消"两个按钮的对话框,用于使用户可以验证或者接受某些信息。当确认框出现后,用户需要单击"确定"或者"取消"按钮才能继续进行操作。

如果用户单击"确认"按钮,那么返回值为 true;如果用户单击"取消"按钮,那么返回值为 false。

2. 提示框

方法名:prompt("文本","默认值")

提示框经常用于提示用户在进入页面前输入某个值。当提示框出现后,用户需要输入某个值,然后单击"OK/确认"或"Cancel/取消"按钮才能继续操作。

如果用户单击"确认"按钮,那么返回值为输入的值;如果用户单击"取消"按钮,那么返回值为 null。

10.2.5 注释

在程序代码中添加注释是为了让代码阅读起来更容易理解,良好的编码习惯中就包括及时为自己编写的代码加上明确、清晰的阅读说明。

1. 单行注释

单行的注释以"//"开始,一般对语句的含义进行说明,可以单独放在一行,也可以跟在代码后,放在同一行中。下面的代码就是使用单行注释的例子。

```
<script type="text/javascript">、
  //函数 show()是在页面加载时被调用的
  function show(){
      alert("欢迎进入 JavaScript 学习之旅!");    //一个执行时弹出的信息框
  }
</script>
```

2. 多行注释

多行注释以"/ * "开头,以" * /"结尾,经常用来对一个函数或者语句块进行说明。

```
<script type="text/javascript">、
    /*
    *  参  数: 无
    *  描  述: 函数 show()是在页面加载时被调用的
    *  返回值: 无
    */
    function show(){
      alert("欢迎进入 JavaScript 学习之旅!");    //一个执行时弹出的信息框
    }
</script>
```

3. 使用注释防止代码执行

注释的作用是为代码添加阅读说明,但有时也会用来屏蔽某些语句行的执行。例如:

```
function show(){
  //  alert("欢迎进入 JavaScript 学习之旅!");    //一个执行时弹出的信息框
}
```

上面 show 函数中的 alert 语句前加了一个单行注释，表示该语句被注释了，执行时浏览器将忽略它。

多行语句也可以起到同样的作用，例如下面的代码段：

```
function show(){
 /*
    alert("欢迎进入 JavaScript 学习之旅!");    //一个执行时弹出的信息框
   */
}
```

视频讲解

10.3 标识符和变量

10.3.1 关于命名的规定

1. 标识符

标识符是计算机语言关于命名的规定。例如程序 10-7 中的函数名 show、变量名 radius 和 area，这些名字都是标识符的实例。JavaScript 关于标识符的规定如下：

（1）必须以字母或者下画线开始；

（2）必须由英文字母、数字、下画线组成，不能出现空格或制表符；

（3）不能使用 JavaScript 关键词与 JavaScript 保留字；

（4）不能使用 JavaScript 语言内部的单词，例如 Infinity、NaN、undefined；

（5）大小写敏感，也就是说 x 和 X 是不同的两个标识符。

作为命名的一种规定，如同我们起名一样，也是很慎重的。总的来讲，标识符的确定应该做到"见名知意"，如程序 10-7 中的函数名 show，show 表示动作，代表函数的功能是用于显示，而函数 compute 则是用来计算的，变量名 radius 和 area 就更容易理解了，一个代表半径，一个代表面积。

2. 关键字

关键字对于 JavaScript 程序有着特别的含义，它们可标识程序的结构和功能，所以在编写代码时不能将它们作为自定义的变量名或者函数名。表 10-1 列出了 JavaScript 的关键字。

表 10-1 JavaScript 的关键字

关键字				
break	case	catch	continue	default
delete	do	else	finally	for
function	if	in	instanceof	new
return	switch	this	throw	try
typeof	var	void	while	with

3. 保留字

除了关键字,JavaScript 还有一些可能在未来扩展时使用的保留字,同样不能用于标识符的定义。表 10-2 列出了这些保留字。

表 10-2 JavaScript 的保留字

保 留 字				
abstract	boolean	byte	char	class
const	debugger	double	enum	export
extends	final	float	goto	implements
import	int	interface	long	native
package	private	protected	public	short
static	super	synchronized	throws	transient
volatile				

10.3.2 JavaScript 的数据类型

虽然 JavaScript 变量表面上没有类型,但是在 JavaScript 内部还是会为变量赋予相应的类型,在将来的版本会增加变量类型。

JavaScript 有 6 种数据类型,主要的类型有 Number、String、Object 以及 Boolean,其他两种类型为 null 和 undefined。

1. String 字符串类型

字符串是用单引号或双引号来说明的,如"张华"、'张华'等。当字符串中需要出现引号时,可以使用另外一种引号来界定包含引号的字符串,如希望输出的是一个用单引号包含的字符串'张华'时,就可以用双引号界定,例如"'张华'",这样,JavaScript 会把双引号里面的东西都视为字符串。

字符串中的每个字符都有特定的位置,首字符从位置 0 开始,第二个字符在位置 1,以此类推,这意味着字符串中的最后一个字符的位置一定是字符串的长度减 1,如图 10-6 所示。

图 10-6 字符串的长度

2. 数值数据类型

JavaScript 支持整数和浮点数,整数可以为正数、0 或者负数;浮点数可以包含小数点,也可以包含一个"e"(大小写均可,在科学记数法中表示"10 的幂"),或者同时包含这两项,下面是一些关于数的表示。

(1) 正数:1、30、10.3。

(2) 负数:−1、−30、−10.3。

(3) 有理数:0、正数、负数统称为有理数。

(4) 指数:2e3 表示 2×10×10×10,5.1e4 表示 5.1×10×10×10×10。

(5) 八进制数:八进制数是以 0 开头的数,如 070 代表十进制的 56。

(6) 十六进制数:十六进制数是以 0x 开头的数,如 0x1f 代表十进制的 31。

(7) Infinity:表示无穷大,这是一个特殊的 Number 类型。

(8) NaN:表示非数(Not a Number),这是一个特殊的 Number 类型。

3. Boolean 类型

可能的 Boolean 值有 true 和 false，这是两个特殊值，不能用作 1 和 0。

4. undefined 数据类型

一个为 undefined 的值是指在变量创建后并未给该变量赋值之前所具有的值。

5. null 数据类型

null 值就是没有任何值，什么也不表示。

6. Object 类型

除了上面提到的各种常用类型外，对象也是 JavaScript 中数据类型的重要组成部分，这部分内容将在后面介绍。

10.3.3 变量

从前面的程序中大家已经看到，可以用一个名字来表示一个值，而这个值可以随程序的运行不断改变。例如：

```
var area = 0;
area = 3.14 * radius * radius;
```

这种可以保存执行时变化的值的名字被称为“变量”。每一个值都被保存在计算机的一块内存中(若干个字节里)，而通过变量名可以获得这个特定的值。“var”的作用就是声明(创建)变量，如“var area=0”表示声明一个名字为“area”的变量，该变量的初始值为 0。

1. 声明变量

虽然 JavaScript 并不要求一定在使用之前声明变量，但是作为一个良好的编码习惯，每个程序员都会先声明好变量，然后在后面的程序中使用它。

基本语法：

var 变量名[=初值][,变量名[=初值] …];

语法说明：

(1) var 是关键字，在声明变量时至少要有一个变量，为每个变量要起一个合适的名字。

(2) 变量的起名应该符合标识符的规定，好的名字应该做到见名知意。

(3) 可以同时声明多个变量。

(4) 可以在声明变量的同时直接给变量赋予一个合适的初值。

以下是声明变量的实例。

```
var account;
var area = 0;
var name = "张华";
var status = true;
var a,b,c;
```

JavaScript 是一种对数据类型变量要求不太严格的语言，所以在声明变量时可以不必考虑变量类型，根据需要直接赋值就可以了。

2. 向变量赋值

在前面已经多次出现向变量赋值的语句。例如，上面在声明 area 变量时直接赋了初值 0。在具体为变量赋值时需要注意以下几点：

(1) 变量名在赋值运算符“=”符号的左边，而需要向变量赋的值在“=”的右边；

(2) 一个变量在声明后可以被多次赋值或使用;

(3) 可以向一个变量随时赋值,而且可以赋不同类型的值。

下面是一些赋值的例子:

- 声明一个变量

```
var test;
```

- 定义一个数字类型的变量 area

```
var area = 0;
```

- 定义一个字符串类型的变量 name

```
var name = "张华";
```

- 用另外一种方法定义一个字符串类型的变量 name

```
var str = new string("张华");
```

- 定义一个逻辑类型的变量 status

```
var status = true;
```

- 将一个表达式的计算结果赋给变量 area

```
area = 3.14 * radius * radius;
```

- 用一个 var 语句定义两个或多个变量,它们的类型不必一定相同

```
var area = 0,name = "张华";
```

另外,虽然一个变量在一个代码段中可以被赋予不同类型的值,但在实际中要杜绝这样赋值,因为容易导致对代码理解上的混乱。

3. 向未声明的变量赋值

如果在赋值时所赋值的变量还未进行过声明,该变量会自动声明。例如:

```
area = 0;
name = "张华";
```

等价于

```
var area = 0;
var name = "张华";
```

这种事先没有赋值却直接使用的习惯并不是一个优秀程序员的习惯。作为一种良好的编码规则,所有的程序员一致认为任何变量都要"先声明,后使用"。

10.3.4 转义字符

向一个变量赋一个字符串,需要将该字符串用双引号或者单引号括起来,如果需要在字符串中包含一个双引号或者单引号作为字符串的一个字符又该如何处理呢?使用这种不能在文字中直接出现的字符就需要使用转义字符了,表10-3列出了主要的转义字符表示。"\"(反斜杠)在 JavaScript 字符串中表示转义字符,转义字符就是在字符串中无法直接表示的一种字符

表示方式。

表 10-3 转义字符

字符	转义字符	表 示	字符	转义字符	表 示	字符	转义字符	表 示
n	\n	换行符	/	\/	斜杠	'	\'	单引号
r	\r	回车符	b	\b	退格符	\	\\	反斜杠
t	\t	横向跳格	f	\f	换页符			
u	\u	编码转换	"	\"	双引号			

(1) \u 后面加 4 个十六进制数字可以表示一个字符,例如\u03c6 表示 Φ。

(2) \r 表示回车,\n 表示换行,\t 表示光标移到下一个输出位。

(3) 若“var s ="Hello,\ "Mike\"";”,则变量 *s* 的值是“Hello,"Mike"”。

10.4 运算符和表达式

视频讲解

JavaScript 运算符包括算术运算符、赋值运算符、自增和自减运算符、逗号运算符、关系运算符、逻辑运算符、条件运算符、位运算符,也可以根据运算符需要的操作数的个数把运算符分为一元运算符、二元运算符和三元运算符。

由操作数(变量、常量、函数调用等)和运算符结合在一起构成的式子称为“表达式”,对应的表达式包括算术表达式、赋值表达式、自增和自减表达式、逗号表达式、关系表达式、逻辑表达式、条件表达式、位表达式。

10.4.1 算术运算符和表达式

JavaScript 算术运算符负责进行算术运算,如表 10-4 所示。用算术运算符和运算对象(操作数)连接起来符合规则的式子称为算术表达式。

表 10-4 算术运算符

运 算 符	描 述	例子(假定 a = 2)	结 果
+	加	b = a+2	b = 4
-	减	b = a-1	b = 1
*	乘	b = a * 2	b = 4
/	除	b = a / 2	b = 1
%	取模(求余)	b = a%2	b = 0
++	自增	b = a++	b = 2
--	自减	b =-- a	b = 1

基本语法:

双元运算符: op1 operator op2

单元运算符: op operator

operator op

语法说明:

算术运算符是一类常见的运算符,对于它的运算规则大家都很熟悉,但作为语言,还有一些特殊的地方需要注意。

1. 模运算符(求余运算符)

模运算符由百分号(%)表示,模运算符的操作数一般为整数。其使用方法如下:

```
var x = 26 % 5;  //结果为 1
```

2. 加法表达式中的字符串

如果两个操作数都是字符串,把第二个字符串连接到第一个后面。如果只有一个操作数是字符串,把另一个操作数转换成字符串,结果是由两个字符串连接而成的字符串。例如:

```
var result1 = 5 + 5;           //两个数字相加,结果为 10
var result2 = 5 + "5";         //一个数字和一个字符串连接,结果为 55
var result3 = 5 + 5 + "5";     //两个数字和与一个字符串连接,结果为 105
```

3. 前增量/前减量运算符

所谓前增量运算符就是数值上加 1,形式是在变量前放两个加号(++),例如:

```
var a = 10;
var b = ++a;
```

第二行代码相当于下面两行代码:

```
a = a + 1;
var b = a ;
```

"++a"的含义就是先将变量 a 自身的值加 1 之后再进行运算,同样,"--a"中的"--"是一个前减量运算符,它的含义是先将变量 a 的值减 1 之后再进行运算。

4. 后增量/后减量运算符

所谓后减量运算符就是数值上减 1,形式是在变量后放两个减号(--),例如:

```
var a = 10;
var b = a --;
```

第二行代码相当于下面两行代码:

```
var b = a;
a = a - 1;
```

"a--"的含义就是先将变量 a 的值进行运算然后再自身减 1,同样,"a++"中的"++"是一个后增量运算符,它的含义是先将变量 a 的值进行运算然后再自身加 1。

5. 超出范围的运算

某个运算数是 NaN,那么结果为 NaN。如果结果太大或太小,那么生成的结果是 Infinity 或-Infinity。

10.4.2 赋值运算符和表达式

简单的赋值运算符用等号(=)实现,只是把等号右边的值赋予等号左边的变量。

基本语法:

简单赋值运算:<变量> = <变量> operator <表达式>

复合赋值运算:<变量> operator = <表达式>

语法说明:

赋值运算符是一种最常用的运算符,通过赋值可以把一个值用一个变量名来表示。例如前面已经多次出现的那样：

```
area = 3.14 * radius * radius;
```

这里把计算出的一个圆的面积赋给变量 area，在后续的程序中如果需要这个面积值，就可以用 area 来代替了，这也是变量的作用。

复合赋值运算是由算术运算符或位移运算符加等号(＝)实现的，见表 10-5。这些赋值运算符是下列常见情况的缩写形式：

```
var a = 10;
a = a + 10;
```

可以使用复合赋值运算简化上面的第二行代码：

```
a += 10;
```

需要注意的是，等号右侧的表达式在赋值表达式中被认为是一个整体，例如：

```
var a = 10,b = 5;
a * = 10 + b;
```

第二行代码可以用标准的赋值改写，注意右侧作为一个整体参与运算。

```
a = a * (10 + b);    //而不是 a = a * 10 + b
```

表 10-5　赋值运算符

运　算　符	描　　述	例子(假定 a ＝ 2)	结　　果
＝	赋值	a ＝ 2	a ＝ 2
＋＝	加法赋值	a ＋＝ 1	a ＝ 3
－＝	减法赋值	a －＝ 1	a ＝ 1
＊＝	乘法赋值	a ＊＝ 2	a ＝ 4
/＝	除法赋值	a /＝ 2	a ＝ 1
%＝	取模赋值	a %＝ 2	a ＝ 0
<<＝	左移赋值	a<<＝ 1	a ＝ 4
>>＝	有符号右移赋值	a>>＝ 1	a ＝ 1
>>>＝	无符号右移赋值	a>>>＝ 1	a ＝ 1

10.4.3　关系运算符和表达式

关系运算符负责判断两个值是否符合给定的条件，包括的运算符见表 10-6。用关系运算符和运算对象(操作数)连接起来符合规则的式子称为关系表达式，关系表达式返回的结果为 true 或 false，分别代表符合给定的条件或者不符合。

表 10-6　关系运算符

运　算　符	描　　述	例　　子	结　　果	判断内容
>	大于	6 > 5	true	数值
<	小于	6 < 5	false	数值
>＝	大于或等于	6 >＝ 5	true	数值
<＝	小于或等于	6 <＝ 5	false	数值

续表

运算符	描述	例子	结果	判断内容
!=	不等于	6! = 5	true	数值
==	相等	6 == 5	false	数值
===	恒等于	5 === "5"	false	数值与类型
!==	不恒等于	5 !== "5"	true	数值与类型

基本语法：

op1 operator op2

语法说明：

1. 不同类型间的比较

当类型不同的两个操作数进行比较时需遵循以下规则：

(1) 无论何时比较一个数字和一个字符串，都会把字符串转换成数字，然后按照数字顺序比较它们，如果字符串不能转换成数字，则比较结果为 false。

(2) 如果一个运算数是 Boolean 值，在检查相等性之前把它转换成数字值，false 转换成 0，true 为 1。

(3) 如果一个运算数是对象，另一个是字符串，在检查相等性之前要尝试把对象转换成字符串。

(4) 如果一个运算数是对象，另一个是数字，在检查相等性之前要尝试把对象转换成数字。

2. =与==的区别

“=”是赋值运算符，用来把一个值赋予一个变量，例如“var i=5;”。

“==”是相等运算符，用来判断两个操作数是否相等，并且会返回 true 或 false，例如“a==b”。

3. ===与!==

“===”代表恒等于，不仅判断数值，而且判断类型。例如：

```
var a = 5,b = "5";
var result1 = (a == b);          //结果是 true
var result2 = (a === b);         //结果是 false
```

这里，a 是数值类型，b 是字符串类型，虽然数值相等但是类型不同，同样的“!==”代表恒不等于，也是用于判断数值与类型。

4. 相等性判断的特殊情况

相等性判断的特殊情况见表 10-7。

表 10-7 相等性判断的特殊情况

表达式	值	表达式	值	表达式	值
null== undefined	true	"NaN" ==NaN	false	false == 0	true
null == 0	false	NaN != NaN	true	true == 1	true
undefined == 0	false	NaN ==NaN	false	true == 2	false
5 ==NaN	false	"5" == 5	true		

关系表达式一般用在分支和循环控制语句中，根据逻辑值的真假来决定程序的执行流向，一个简单的判断最大值的例子见程序 10-8。

```
<!-- 程序 10-8 -->
<html>
<head>
  <script type="text/javascript">
      /* 描述：将判断出的最大值显示在最大值文本框中    */
     function showMax(){
         /* 利用 document 对象分别获得页面中文本框中的两个待比较的输入值
          * parseFloat()函数可以将一个数值字符串解析为数值
          */
         var v1 = parseFloat(document.getElementById('v1').value);
         var v2 = parseFloat(document.getElementById('v2').value);
         if(v1 > v2){
          document.getElementById('max').value = v1;
         }else{
           document.getElementById('max').value = v2;
         }
     }
    </script>
    <title>关系表达式</title>
</head>
<body>
    输入第一个数值：<input type = "text" name = "v1" id = "v1"/>
    <br>
    输入第二个数值：<input type = "text" name = "v2" id = "v2"/>
    <input type = "button" value = "计算最大值!" onclick = "showMax()" />
    <br>
    最大值是：<input type = "text" name = "max" id = "max" readonly/>
</body>
</html>
```

关系表达式也经常与逻辑表达式结合使用来构造更复杂的逻辑控制。

10.4.4 逻辑运算符和表达式

基本语法：

双元运算符：boolean_expression **operator** boolean_expression

逻辑非运算符：! boolean_expression

语法说明：

逻辑运算符包括两个双元运算符逻辑或(||)和逻辑与(&&)，要求两端的操作数类型均为逻辑值，逻辑非！则是一个单元运算符，它们的运算结果还是逻辑值，其使用的场合和关系表达式类似，一般都用于控制程序的流向，如分支条件、循环条件等。表 10-8 是对逻辑运算符的总结。

表 10-8 逻辑运算符

a	b	! a	a||b	a&&b
true	true	false	true	true
true	false	false	true	false
false	true	true	true	false
false	false	true	false	false

上表是一个逻辑运算表达式的值表,从上表可以总结出以下规律:

(1) 逻辑非:true的!为false,false的!为true。

(2) 逻辑与:a&&b,当操作数a、b全为true时表达式为true,否则表达式为false。

(3) 逻辑或:a||b,当操作数a、b全为false时表达式为false,否则表达式为true。

10.4.5 条件运算符和表达式

条件运算符是一个三元运算符,也就是该运算涉及三个操作数。

基本语法:

variable =表达式1? 表达式2 :表达式3;

语法说明:

对于该条件表达式,如果表达式1的结果为true,则variable的值取表达式2,否则取表达式3。例如,在程序10-8的showMax()函数中的if(v1 > v2)判断可以改为如下:

```
var max = (v1 > v2) ? v1 : v2;
document.getElementById('max').value = max;
```

10.4.6 其他运算符和表达式

除了算术运算符、赋值运算符、关系和逻辑运算符等之外,JavaScript还有其他的运算符。

1. 逗号运算符

逗号运算符负责连接多个JavaScript表达式,允许在一条语句中执行多个表达式,例如:

```
var x = 1,y = 2,z = 3;
x = y + z,y = x + z;
```

2. 一元加法和一元减法

一元加法和一元减法和数学上的用法是一致的,例如:

```
var x = 10;
x =  +10;                //x的值还是10,没有影响
x =- 10;                 //x的值是-10,对值求反
```

但是当操作数是字符串时,其功能却有一些特别之处,例如:

```
var s = "20";
var x =  +s;             //这条语句把字符串s转换成了数值类型,赋值给变量x
var y =- s;              //这条语句把字符串s转换成了数值类型,赋值给变量y,其值为-20
```

3. 位运算符

位运算是在数的二进制位的基础上进行的操作,具体的位运算符见表10-9。

表10-9 位运算符

运 算 符	含 义	运 算 符	含 义
~	位非	<<	左移
&	位与	>>	有符号右移
|	位或	>>>	无符号右移
^	位异或		

10.5　JavaScript 程序控制结构

从形式上看，程序就是为了达到某种目的而将若干条语句组合在一起的指令集。JavaScript 程序的主要特点是解决人机交互问题。编写任何程序首先应该弄明白要解决的问题是什么，为了解决问题，需要对什么样的数据进行处理，这些数据是如何在程序中出现的（也就是如何获得它们），又该用什么样的语句（也就是算法）来处理它们，最后达到预期的目的。

JavaScript 程序设计分为两种方式，即面向过程程序设计和面向对象程序设计。每种方法都是对数据结构与算法的描述。数据结构包括前面介绍的各种数据类型以及后面将要介绍的更复杂的引用类型，而算法则比较简单，任何算法都可以由最基本的顺序、分支和循环三种结构组成。

10.5.1　顺序程序

顺序程序是最基本的程序设计思路。顺序程序执行是按照语句出现的顺序一步一步从上到下运行，直到最后一条语句。从总体上看，任何程序都是按照语句出现的先后顺序被逐句执行。例如，程序 10-7 中的 show()函数被调用后的具体执行过程见图 10-7。

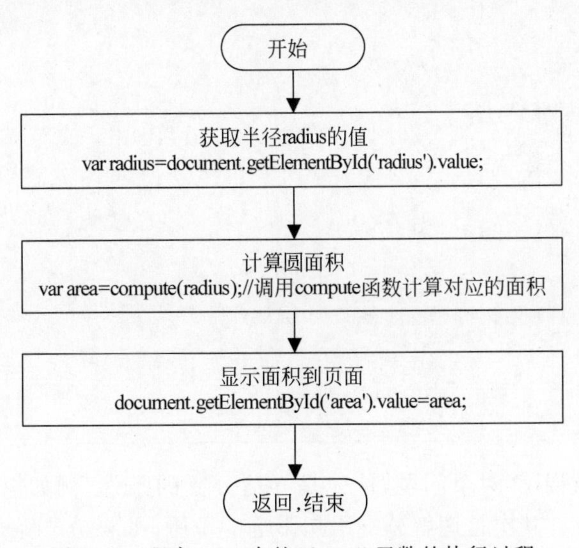

图 10-7　程序 10-7 中的 show()函数的执行过程

10.5.2　分支程序

在编写代码时经常需要根据不同的条件完成不同的行为，可以在代码中使用条件语句来完成这个任务。在 JavaScript 中可以使用下面几种条件语句。

(1) if 语句：在一个指定的条件成立时执行代码。

(2) if…else 语句：在指定的条件成立时执行代码，当条件不成立时执行其他的代码。

(3) if…else if…else 语句：使用这个语句可以选择执行若干块代码中的一个。

(4) switch 语句：使用这个语句可以选择执行若干块代码中的一个。

1. if 语句

如果希望在指定的条件成立时执行代码,就可以使用这个语句。

基本语法:

if (条件){
    条件成立时执行代码;
}

语法说明:

假如条件成立,即条件的值为 true,则执行大括号里面的语句,如果不成立,则跳过括号里面的语句,继续执行大括号后面的其他语句。这里的条件可以是一个关系表达式,例如 a>b,也可以是一个逻辑表达式,例如 a>b&&a<c,或者其他能够表示为真的表达式或值。

注意: 如果条件成立后的执行代码只有一条语句,可以不要前后的大括号,但为了阅读和维护的清晰和准确,建议在任何情况下 if 后的语句都要加上大括号,其他控制语句也要如此。

程序 10-9 是一个根据情况显示“早上好”的例子。

```
<!--程序 10-9-->
<html>
<head>
<title>if 程序演示</title>
</head>
<body>
  <script type="text/javascript">
    var d=new Date();           //创建一个日期对象
    var time=d.getHours();      //得到当前时间的小时
    if (time<10) {
      document.write("<b>早上好</b>");
    }
    document.write("<br>");
    document.write("现在时间是: " + d.toLocaleString());
  </script>
</body>
</html>
```

掌握分支结构需要了解两个问题,首先是弄清分支的条件,例如上例中如果当前时间在 10 点之前,则条件成立;其次是理解分支语句影响的范围,如果分支条件后没有紧跟大括号,则只影响一条语句,否则大括号中的所有语句被视为一个复合体,都受该分支条件的影响。

注意: 作为一个良好的编程习惯,无论一个分支条件影响几条语句,哪怕只有一条,也需要用大括号把它们封闭起来,明确指出控制的边界,增加语义的清晰性,以减少出错的可能。

2. if…else 语句

程序 10-9 是一个单分支的情况,在很多时候并不只有一种情况。例如程序 10-8 只是问候了“早上好”,但我们希望它也能问候“下午好”,这样就需要用到双分支语句。

基本语法:

if(条件){
    条件成立时执行此代码;
}
else{

条件不成立时执行此代码；

}

语法说明：

假如条件成立，即条件的值为 true，则执行其后大括号里面的语句，如果不成立，则执行 else 大括号中的语句。

改动后的程序如程序 10-10 所示。

```
<! -- 程序 10-10 -- >
< html >
< head >
< title > if 程序演示</title >
</head >
< body >
    < script type = "text/javascript">
    var d = new Date();
    var time = d.getHours();
    if (time < 10) {
      document.write("< b >早上好</b >");
    }else{
      document.write("< b >下午好</b >");
    }
    document.write("< br >");
    document.write("现在时间是: " + d.toLocaleString());
    </script >
</body >
</html >
```

程序 10-10 在运行时根据当前时间判定输出，如果在 10 点之前，则输出“早上好”，否则输出“下午好”。

3. 多重 if…else 语句

虽然程序 10-10 比程序 10-9 更进了一步，但是没有对属于晚上的情况做出判断，这个时候，两种情况的判断语句显然已经不够用了，但可以使用多重的“if…else”语句来完成。

基本语法：

```
if(条件 1){
    条件 1 成立时执行代码；
}
else if(条件 2){
    条件 2 成立时执行代码；
}
…
else if(条件 x){
    条件 x 成立时执行代码；
}else{
    所有条件均不成立时执行代码；
}
```

语法说明:

这种多重 if 分支的语句可以适应从多种情况下选择其中一种情况执行的问题。

继续改进,程序 10-11 添加了对下午 6 点后的问候。

```
<! -- 程序 10-11 -- >
< html >
< head >
< title > if 程序演示</title >
</head >
< body >
    < script type = "text/javascript">
    var d = new Date();
    var time = d.getHours();
    if (time < 10) {
      document.write("< b > Good morning </b >");
    }else if(time < 18){
      document.write("< b > Good afternoon </b >");
    }else{
      document.write("< b > Good evening </b >");
    }
    document.write("< br >");
    document.write("现在时间是: " + d.toLocaleString());
    </script >
</body >
</html >
```

需要注意的是,"if (time < 18)"条件实际上就是"time >= 10 && time < 18",其他也是如此。

4. 嵌套的 if…else 语句

有时候,在一种判断条件下的语句中,根据情况可以继续使用 if 语句,这种情况称为 if 的嵌套。

基本语法:

```
if(条件 1){
        if(条件 2) {
                语句 1;
        }
        else {
                语句 2;
        }
} else {  //隐含的条件 3
        if(条件 4) {
                语句 4;
        } else{
                语句 5;
        }
}
```

语法说明：

这种嵌套可以根据情况使用，在使用时需要注意嵌套语句的条件是层层满足的，如果执行条件 2 的语句，必须先满足条件 1。

5. switch 语句

switch 语句也是用于分支的语句，和 if 语句不同的是，它是用于对多种可能相等情况的判断，解决了 if…else 语句使用过多、逻辑不清的弊端。例如，程序 10-12 是对程序 10-11 的改写，利用了 switch 进行判断。

```
<! -- 程序 10-12 -- >
< html >
< head >
< title > switch 程序演示</title >
</head >
< body >
    < script type = "text/javascript">
    var d = new Date();
    var time = d.getHours();
    var r = time < 10?"morning":time < 18?"afternoon":"evening";
    switch(r){
     case "morning":
            document.write("< b >早上好!</b >");
            break;
     case "afternoon":
            document.write("< b >下午好!</b >");
            break;
     case "evening":
            document.write("< b >晚上好!</b >");
            break;
    }
    document.write("< br >");
    document.write("现在时间是: " + d.toLocaleString());
    </script >
</body >
</html >
```

基本语法：

```
switch(变量或表达式){
    case 常量:
        {
                语句块 a;
        }
        break;
        …
    case 常量:
        {
                语句块 f;
```

```
            }
            break;
        default:
            {
                    语句块 n;
            }
    }
```

语法说明:

在 switch 语句执行时,各个 case 判断后需要执行的语句都应该放在紧随的一对大括号内,当 switch 的"变量或表达式"的值与某个 case 后面的常量相等时就执行常量后面的语句,碰到"break"之后跳出 switch 分支选择语句,当所有的 case 后面的常量都不符合"条件表达式"时执行 default 后面的语句 n。

程序 10-12 通过一个条件表达式"time < 10?"morning":time < 18?"afternoon":"evening""将判断情况分成了三种,利用 switch 语句分别针对每种情况做了说明,从形式上看,程序更容易理解,也容易后期维护。

在具体使用 switch 语句时还需要注意以下几点:

(1) 顺序执行 case 后面的每个语句,最后执行 default 下面的语句 n。

(2) 每个 case 后面的语句可以是一条,也可以是多条,在多条情况下,可以用{}包括起来,构成一个语句块。

(3) 每个 case 后面的值必须互不相同。

(4) 关键字 break 会使代码结束一个 case 后的语句的执行,跳出 switch 语句。如果没有关键字 break,代码执行就会继续进入下一个 case,并且不会再对照判断,依次执行后续所有 case 的语句,直到 switch 语句结束,或者碰到一个 break。

(5) default 语句并不是不可缺少的,而且 default 语句也不必总在最后,但建议放在最后。default 语句表示其他情况都不匹配后默认执行的语句。

在使用 switch 语句时,case 后面一般跟一个常量,但有时可以跟一个有值的变量,例如:

```
var BLUE = "blue",RED = "red",GREEN  = "green";
var sColor =  BLUE;
switch(sColor) {
  case BLUE: alert("Blue");
    break;
  case RED: alert("Red");
    break;
  case GREEN: alert("Green");
    break;
  default: alert("Other");
}
```

这里,switch 语句用于字符串 sColor,声明 case 使用的是变量 BLUE、RED 和 GREEN,这在 JavaScript 中是完全有效的。

10.5.3　循环程序

通过对前面分支的学习，读者已经掌握了一些程序的概念，编写分支程序是因为程序运行中需要根据不同情况选择做什么事情。在实际中还有一种情况要重复执行一组语句，直到达到目标，例如显示一个集合内的所有元素到页面上，程序不可能把输出元素的代码重复写很多遍，而且事先可能并不知道会有多少元素输出，碰到这种情况，通常会用循环结构来完成任务。JavaScript 提供了 for、while、do 和 for…in 共 4 种循环结构满足不同的循环情况。

1. for 循环

假定在页面上显示 30 个小工具图标供用户浏览，在页面上显示一个图片很简单，使用 img 标签即可。但是问题是需要显示 30 个，难道要连续写 30 个 img 标签吗？当然不需要，通过把文件名称按一定的规律(从 gif_001. gif 到 gif_030. gif)来命名就可以用循环的方式来处理。

基本语法：

```
for (初始化表达式;判断表达式;循环表达式) {
    需循环执行的代码
}
```

语法说明：

(1) 初始化表达式在循环开始前执行，一般用来定义循环变量。

(2) 判断表达式就是循环的条件，当表达式结果为 true 时循环继续执行，否则结束循环，跳至循环后的语句继续执行程序。

(3) 循环表达式在每次循环执行后都将被执行，然后再进行判断表达式的计算来决定是否进行下次循环。

(4) 当循环体只有一条语句时，可以不用大括号括起来(建议使用)，但是当有一条以上时必须用大括号括起来，以表示一个完整的循环体。

程序 10-13 利用 for 语句完成了显示 30 张图片的任务。

```
<! -- 程序 10-13 -->
<html>
<style>
    div#endpagecol {   width: 660px;margin: 0px 10px 0px 0px;
            padding: 0px 0px 0px 0px;float: left;overflow: hidden;}
</style>
<head>
<title>for 循环实例</title>
</head>
<body>
 <div id = "endpagecol">
    <script type = text/javascript>
        var fname = "";
        for (var i = 1;i <= 30;i++){
            fname = "gif/gif_" + ((i < 10)?"00" + i:"0" + i) + ".gif";
            document.write("<img  src = \"" + fname + "\"/>");
        }
    </script>
</div>
</body>
</html>
```

程序 10-13 中的 for 循环就是一个典型的应用。由于文件名从 1 一直变化到 30,存在一定的规律,所以在这个程序中用了一个 for 循环,每次产生一个文件名,并利用 document.write 输出语句向页面输出一个<img>标记,这样就避免了重复写 30 个 img 标记的工作。

```
for(var i=1;i<=30;i++){
    fname="gif/gif_"+((i<10)?"00"+i:"0"+i)+".gif";
    document.write("<img  src=\""+fname+"\"/>");
}
```

其中:

(1) 初始化表达式是“var i = 1”,定义了一个循环变量 i。

(2) 判断表达式是“i<=30”,每次循环开始时都要检查 i 的值是否小于等于 30,当表达式结果为 true 时循环继续执行,否则结束循环,跳至循环后的语句继续执行程序。

(3) 循环表达式是“i++”,每次循环执行后都将变量 i 的值加 1,然后进行判断表达式的计算来决定是否进行下一次循环。

(4) 循环体有两条语句,放在一对大括号中,第一条语句生成规定的文件名,第二条语句用于向页面输出一个<img>标记,显示指定的图片。

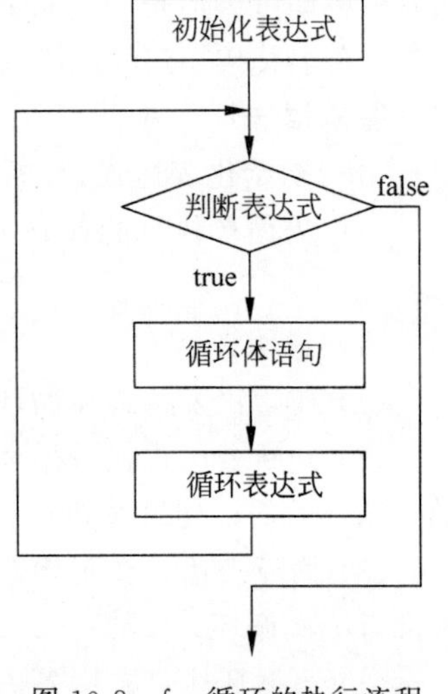

图 10-8　for 循环的执行流程

图 10-8 显示了 for 循环的执行流程。

在使用 for 语句时需要注意以下几点:

(1) for 循环一般用于循环次数一定的循环情况。

(2) 循环体的语句应该使用大括号包含起来,哪怕只有一条语句也最好使用大括号。

(3) 初始化表达式可以包含多个表达式,循环表达式也可以包含多个表达式,例如:

```
for(var i=1,sum=0;i<=50;i++){
    sum=sum+i;
}
```

(4) 初始化表达式、判断表达式、循环表达式都是可以省略的,但程序需要在其他位置完成类似的工作。例如,下面的代码省略了循环表达式部分,但在循环体中改变了 i 的值,以便达到循环结束的条件。

```
for(var i=1;i<=30;){
    fname="gif/gif_"+((i<10)?"00"+i:"0"+i)+".gif";
    document.write("<img  src=\""+fname+"\"/>");
    i++;    //循环表达式的作用在这里体现了
}
```

2. while 循环

while 循环用于在指定条件为 true 时循环执行代码。

基本语法：

while(表达式){
    需执行的代码；
}

语法说明：

while 为不确定性循环，当表达式的结果为真(true)时执行循环中的语句，当表达式为假(false)时不执行循环，跳至循环语句后继续执行其他语句，其执行流程如图 10-9 所示。

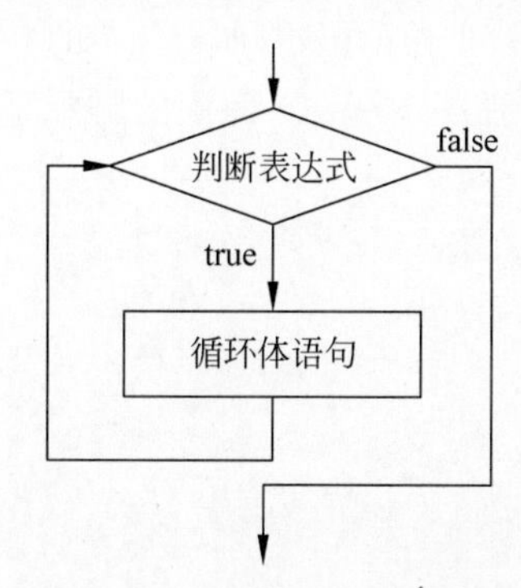

图 10-9 while 循环的执行流程

根据 while 的特性，程序 10-13 页面中的脚本部分可以改写为：

```
<script type=text/javascript>
    var fname="";
    var i=1;
    while(i<=30){
          fname="gif/gif_"+((i<10)?"00"+i:"0"+i)+".gif";
          document.write("<img  src=\""+fname+"\"/>");
            i++;
     }
</script>
```

由于在 while 结构中只能是一个循环条件表达式，不像 for 结构中比较齐全，所以完成同样的工作需要想办法在其他地方处理，例如将变量初始化部分移到 while 循环开始之前，其次将循环表达式的工作改放在循环体内执行。经过修改，这里用 while 语句同样完成了 for 语句可以完成的工作，可以看出它们之间是可以互相替换的。

在使用 while 语句时需要注意以下两点：

(1) 应该使用大括号将循环体语句包含起来(一条语句也应使用大括号)；

(2) 在循环体中应该包含使循环退出的语句，如上例中的 i++(否则循环将无休止地运行)。

3. do…while 循环

do…while 循环是 while 循环的变种。该循环程序在初次运行时会首先执行一遍其中的代码，然后当指定的条件为 true 时它会继续这个循环，其执行流程如图 10-10 所示。

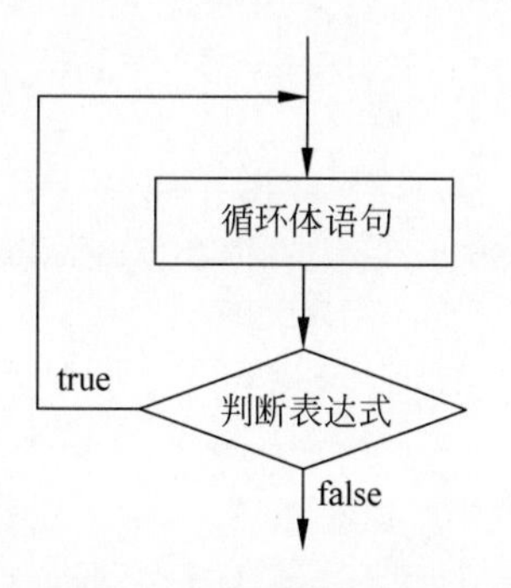

图 10-10 do…while 循环的执行流程

基本语法：

do{

  需执行的代码；

}while(表达式)

语法说明：

和 while 一样，在利用 do…while 构建循环时同样需要注意以下两点：

(1) 应该使用大括号将循环体语句包含起来(一条语句也应使用大括号)；

(2) 在循环体中应该包含使循环退出的语句，如上例中的 i++(否则循环将无休止地运行)。

根据 do…while 循环的特点，程序 10-13 页面中的脚本部分可以改写为：

```
<script type=text/javascript>
 var fname="";
    var i=1;
    do{
     fname="gif/gif_"+((i<10)?"00"+i:"0"+i)+".gif";
     document.write("<img  src=\""+fname+"\"/>");
     i++;
  } while(i<=30)
</script>
```

4. break 和 continue 的作用

前面介绍了三种类型的循环，每次循环都是从头执行到尾，然而情况并不都是如此，有时在循环中可能碰到一些需要提前终止循环的情况，或者放弃某次循环的情况，程序 10-14 综合显示了它们的作用。

```
<!--程序 10-14-->
<html>
<head>
  <script type="text/javascript">
     function searchFirst(){
          var str=document.getElementById('str').value;
          var ch=document.getElementById('ch').value.charAt(0);
          var pos=-1;              //记录首次出现的位置
          for(var i=0;i<str.length;i++){
           if(str.charAt(i)==ch){
                pos=i;
                break;             //假如发现了该字符,立即退出循环,执行循环后的语句
           }
         }
         if(pos>=0){
           document.getElementById('fp').value=pos;
         }else{
           document.getElementById('fp').value="没有发现!";
         }
     }
     function total(){
          var str=document.getElementById('str').value;
```

```
            var ch = document.getElementById('ch').value.charAt(0);
            var amount = 0;          //记录出现的次数
            for(var i = 0;i < str.length;i++){
              if(str.charAt(i)!= ch){
                continue;          //当不等于查找字符时,本次循环剩余语句不再执行,开始下一次
              }
               amount++;
            }
            document.getElementById('tp').value = amount;
        }
    </script>
<title>break 和 continue 实例</title>
</head>
<body>
<form>
     请输入字符串:<input type = "text" name = "str" id = "str"/>
     <br>
     输入查找字符:<input type = "text" name = "ch" id = "ch"/>
     <br>
     第一次出现在:<input type = "text" name = "fp" id = "fp" readonly/>
     <input type = "button" value = "开始查找!" onclick = "searchFirst()" />
     <br>
     字符总共出现:<input type = "text" name = "tp" id = "tp" readonly/>
     <input type = "button" value = "开始统计!" onclick = "total()" />
</form>
</body>
</html>
```

在函数 searchFirst()中可以看到循环中的 break 语句一旦被碰到,无论循环还有多少次,都不会再执行了,break 语句的作用就是立即结束循环,转到循环后的语句继续执行。而在 total()函数中,continue 语句的作用则是本次循环结束了,后面的语句本次不再执行,开始下一次的循环(如果还有)。

5. for…in 循环

for…in 循环是另外一种特殊用途的循环。

基本语法:

for(变量 in 对象){
    执行代码;
}

语法说明:

该循环用于对数组或者对象的属性进行操作。

程序 10-15 的代码逐个将 window 对象的每个属性进行了输出。

```
<! -- 程序 10-15 -- >
<html>
<head>
<title>for…in 循环的例子</title>
```

```
</head>
<body>
  <script type="text/javascript">
      for(var prop in window){
      document.write(prop);
        document.write("<br>");
    }
   </script>
</body>
</html>
```

6. 循环的嵌套

一个循环内又包含了一个完整的循环结构称为循环的嵌套。在内嵌的循环中还可以继续嵌套循环,这就是多层循环了。程序10-16通过双重循环在页面上输出了一个九九乘法表。

```
<!-- 程序10-16 -->
<html>
<head>
<title>循环嵌套</title>
</head>
<body>
  <script type="text/javascript">
      for(var row = 1;row <= 9;row++){
          for(var col = 1;col <= row;col++){
          document.write(col + " * " + row + " = " + (row * col) + "\t");
      }
     document.write("<br>");;
    }
   </script>
</body>
</html>
```

顺序、分支和循环作为控制程序运行流向的语句,在实践中可以根据需要灵活地把这几种结构综合在一起使用来解决问题。

视频讲解

10.6 常用对象

JavaScript既支持传统的结构化编程,同时又支持面向对象的编程(OOP),用户在编程时也可以定义自己的对象类型。本节将重点介绍内建的JavaScript对象,使用浏览器的内部对象系统,可实现与HTML文档乃至浏览器本身的交互。

10.6.1 对象简介

建立对象的目的是将与对象有关的属性和方法封装在一起提供给程序设计人员使用,从而减轻编程人员的劳动,提高设计Web页面的能力。例如,通过document对象可以获得页面表单内的输入内容,也可以直接用程序更改一个表格的显示样式,如同程序10-5。

1. JavaScript 的对象类型

简单来分，JavaScript 的对象类型可以分为下面 4 类。

(1) JavaScript 本地对象(native object)：本身提供的类型，如 Math 等，这种对象无须具体定义，直接就可以通过名称引用它们的属性和方法，如 Math. Random()。

(2) JavaScript 的内建对象(built-in object)：如 Array、String 等。这些对象独立于宿主环境，在 JavaScript 程序内由程序员声明具体对象，并可以通过对象名来使用。

(3) 宿主对象(host object)：被浏览器支持，目的是和被浏览的文档乃至浏览器环境交互，如 document、window 和 frames 等。

(4) 自定义对象：程序员基于需要自己定义的对象类型。

2. 访问对象的属性和方法

访问一个对象的属性和方法都可以通过圆点运算符来实现。

基本语法：

(1) 对象名称. 属性名

(2) 对象名称. 方法名()

语法说明：

(1) 在访问一个对象的属性和方法时一定要指明是哪一个对象，通过圆点运算符来访问。

(2) 在访问对象的方法时，括号是必须有的，无论是否需要提供参数值。

例如“var s = "Welcome to you!";”这条语句创建了一个字符串对象，可以通过变量名 s 访问它。如果想知道它的字符个数，可以这样：

```
var len = s.length;
```

这里的 length 是 s 的一个属性，表示它有几个字符，如果希望获得一个字符串某个位置的字符，可以这样：

```
var ch = s.charAt(3);
```

通过调用 s 的 charAt()方法，根据给定的位置数字 3 得到第 4 个字符“c”。

再如，利用宿主对象 document 的 write()方法可以直接向浏览器输出显示内容，利用 getElementById()则可以得到指定的页面元素进行操作。

10.6.2　核心对象

JavaScript 的核心对象包括 Array、Boolean、Date、Function、Math、Number、Object 和 String 等，这些对象同时在客户端和服务器端的 JavaScript 中使用。

1. Array

数组对象用来在单独的变量名中存储一系列的值，避免了同时声明很多变量使程序结构变得复杂，导致难以理解和维护。

数组一般用在需要对一批同类的数据逐个进行一样的处理中。通过声明一个数组，将相关的数据存入数组，使用循环等结构对数组中的每个元素进行操作。

1) 定义数组并直接初始化数组元素

```
var course = new Array ("Java 程序设计","HTML 开发基础","数据库原理","计算机网络");
或者:
var course = ["Java 程序设计","HTML 开发基础","数据库原理","计算机网络"];
```

以上两种形式都可以用来声明并且同时创建一个数组元素已经初始化好的元素对象，这里 course 是数组对象的名字，在代码中可以通过它来访问里面的每个元素。

2）先定义数组，后初始化数组元素

上面声明数组的方式同时初始化了数组的元素，也可以先声明并创建一个数组对象，然后向数组中的指定位置赋值。例如：

```
var course = new Array();
course[0] = "Java 程序设计";
course[1] = "HTML 开发基础";
course[2] = "数据库原理";
course[3] = "计算机网络";
```

3）数组的长度

前面在定义数组时并没有规定数组的长度，也就是没有规定这个数组可以容纳多少个元素。JavaScript 语言是一种弱类型的语言，对数组长度没有特别的限制，可以根据需要随时增加或减少。在使用中，可以通过“数组名.length”获得指定数组的实际长度，例如在上面的例子中 course.length 的返回值是 4。

4）数组的元素

一般而言，数组中存放的应该都是同类型的数据，例如字符串、整数、实数、同样类型的对象等，但由于 JavaScript 语言是一种弱类型的语言，JavaScript 同样不检查存入数组的每个元素的类型是否一致，也就是说可以不一样。例如：

```
course[4] = 100;
```

注意：作为一种良好的编程习惯，应该在程序中保证数组中存放的元素的数据类型是一致的。

5）访问/修改数组元素

数组的元素可以通过下标(也就是元素在数组中存放的顺序)来访问。

(1) 数组的下标总是从 0 开始，也就是说，数组的第一个元素放在下标为 0 的位置，访问第一个元素的代码可以这样写：

```
var cn = course[0];
```

同样，访问第三个元素的代码如下：

```
var cn = course[2];
```

(2) 最大的数组元素下标总是“数组长度数－1”，通常可以用类似下面的方式获得：

```
var last_position = course.length - 1;
```

(3) 下标可以用变量替代，例如：

```
var i = 3;
var cn = course[i];
```

(4) 如果指定的下标超出了数组的边界，则返回值为“undefined”。

(5) 可以用再赋值的方式来修改数组对应位置的元素，例如：

```
course[2] = "数据库原理与应用";
```

6) 使用数组对象的属性和方法

length 就是数组对象的一个属性，通过它可以获得一个数组的长度，除此之外，数组对象还有其他的属性和方法可以提供给程序员使用。下面介绍几个最常用的属性和方法。

(1) join(separator)：把数组的各项用某个字符(串)连接起来，但并不修改原来的数组，如果省略了分隔符，默认用逗号分隔。例如：

```
var cn = course.join('-');  //这里用一个短横线作为分隔符
```

则变量 cn 获得的值是“Java 程序设计-HTML 开发基础-数据库原理-计算机网络”。

(2) pop()：删除并返回数组的最后一个元素。例如：

```
var cn = course.pop();
```

则变量 cn 获得的值是“计算机网络”。

(3) push(newelement1，newelement2，…，newelementX)：可向数组的末尾添加一个或多个元素，并返回新的长度。例如：

```
var length = course.push("软件工程","人工智能");
```

则变量 length 获得的值为 6。

(4) shift()和 unshift()则是在数组的第一个元素之前删除和插入元素。

2. Date

Date 对象用来处理和日期时间相关的事情，例如两个日期间的前后比较等。

1) 定义日期对象

通常有下面几种创建日期对象的方法：

```
new Date()
new Date("month day,year hours:minutes:seconds")
new Date(yr_num,mo_num,day_num)
new Date(yr_num,mo_num,day_num,hr_num,min_num,sec_num)
```

具体应用如下：

```
var today = new Date();                                //自动使用当前的日期和时间作为其初始值
var birthday = new Date("December 17,1991 03:24:00");  //按照日期字符串设置对象
birthday = new Date(1991,10,17);                       //根据指定的年、月、日设置对象
birthday = new Date(1991,10,17,3,24,0);                //根据指定的年、月、日、时、分、秒设置对象
```

2) 获得日期对象的各个时间元素

根据定义对象的方法可以看出日期对象包括年、月、日、时、分、秒等各种信息，Date 对象提供了获得这些内容的方法。

(1) getDate()：从 Date 对象返回一个月中的某一天(1～31)。

(2) getDay()：从 Date 对象返回一周中的某一天(0～6)。

(3) getMonth()：从 Date 对象返回月份(0～10)。

(4) getFullYear()：从 Date 对象以 4 位数字返回年份。

(5) getHours()：返回 Date 对象的小时(0～23)。

(6) getMinutes():返回 Date 对象的分钟数(0~59)。

(7) getSeconds():返回 Date 对象的秒数(0~59)。

(8) getMilliseconds():返回 Date 对象的毫秒(0~999)。

例如,下面的语句分别获得当前日期对象的年、月、日三项值:

```
var today = new Date();
var year = today.getFullYear();
var month = today.getMonth();
var day = today.getDate();
```

需要注意以下两点:

(1) 日期的 1 月到 12 月用数字 0~11 对应;

(2) 每周的星期日到星期六用数字 0~6 表示。

3) 两个日期对象的比较

用户可以使用关系运算符来比较两个日期对象的时间先后,例如:

```
var today = new Date();
var oneDay = new Date(2007,10,1);
if(today > oneDay){
    document.write("today is after 2007-10-1");
}else{
    document.write("today is before 2007-10-1");
}
```

4) 调整日期对象的日期和时间

虽然在创建时可以指定日期对象的具体值,但依然可以单独调整其中的一项或几项,例如:

```
var today = new Date();
today.setDate(today.getDate() + 5);   //将日期调整到 5 天以后,如果碰到跨年月将自动调整
today.setFullYear(2007,10,1);         //调整 today 对象到 2007-10-1,月和日期参数可以省略
```

3. Math

Math 对象提供多种算术常量和函数,执行普通的算术任务。使用 Math 对象无须像数组和日期对象那样首先要定义一个变量,可以直接通过 Math 名使用它提供的属性和方法。

1) 可以使用的 Math 常量(见表 10-10)

表 10-10 Math 常量

常量	说明
Math.E	常量 e,自然对数的底数(约等于 2.718)
Math.LN2	返回 2 的自然对数(约等于 0.693)
Math.LN10	返回 10 的自然对数(约等于 2.302)
Math.LOG2E	返回以 2 为底的 e 的对数(约等于 1.414)
Math.LOG10E	返回以 10 为底的 e 的对数(约等于 0.434)
Math.PI	返回圆周率(约等于 3.14159)
Math.SQRT1_2	返回 2 的平方根除 2(约等于 0.707)
Math.SQRT2	返回 2 的平方根(约等于 1.414)

例如,在计算一个圆的面积时,圆周率可以用 Math.PI 来代替。

```
var radius = 10;
var area = Math.PI * radius * radius;
```

2) 生成随机数

random()方法可返回 0.0 ~ 1.0 的一个伪随机数。例如:

```
var r = Math.random();
```

3) 平方根函数

sqrt()方法可返回一个数的平方根,如果给定的值小于 0,则返回 NaN。例如:

```
var x = Math.sqrt(100);                //返回 10
```

4) 最大值与最小值函数

max()和 min()函数返回给定参数之间的最大值或最小值,待比较的参数个数可以是 0 到多个。如果没有参数,则返回-Infinity。例如:

```
var max = Math.max(100,101,102);       //结果是 102
var min = Math.min(100,101,102);       //结果是 100
```

5) 取整函数

(1) ceil()方法返回大于等于 x 且与它最接近的整数,例如:

```
var x = Math.ceil(10.5);               //返回的值是 10
```

(2) floor()方法返回小于等于 x 且与 x 最接近的整数,例如:

```
var x = Math.floor(10.5);              //返回的值是 10
```

(3) round()方法返回一个数字舍入为最接近的整数,例如:

```
var x = Math. round (10.5);            //返回的值是 10
var x = Math. round (10.2);            //返回的值是 10
var x = Math. round ( - 10.5);         //返回的值是 - 10
var x = Math. round ( - 10.2);         //返回的值是 - 10
var x = Math. round ( - 10.6);         //返回的值是 - 10
```

6) 指数、对数和幂函数

(1) exp():返回 e 的指数。

(2) log():返回数的自然对数(底为 e)。

(3) pw():返回 x 的 y 次幂。

7) 其他数学函数

除了上述函数之外,Math 对象还包括系列三角函数、求绝对值函数 abs()等。

4. Number

Number 用来表示数值对象,JavaScript 会自动在原始数据和对象之间转换,在编程时无须考虑创建数值对象,直接使用数值变量名即可。

(1) toString(radix)表示按照指定的进制将数值转化为字符串,默认为十进制。例如:

```
var x = 10;
```

```
var s = x.toString(2);                 //返回结果是二进制的 1010
s = x.toString();                      //返回结果是默认的十进制的 10
```

(2) toFixed()可把 Number 四舍五入为指定小数位数的数字,如果有必要,多余的小数位被抛掉,或者在不足的情况下后面补 0,例如:

```
var x = 10.15;
var s = x. toFixed (1);                //保留一位小数,返回结果是 10.2
s = x. toFixed (3);                    //保留三位小数,返回结果是 10.150
```

5. String

字符串是 JavaScript 程序中使用非常普遍的一种类型。JavaScript 为 String 提供了丰富的属性和方法来完成各种各样的要求。

1) 两种不同的定义字符串对象的方式

```
var  s1 = "Welcome to you!";
var  s2 = new String("Welcome to you!");
```

2) 获取字符串的长度

每个字符串都有一个 length 属性来说明其字符个数,例如:

```
var  s1 = "Welcome to you!";
var  len = s1.length;     // s1.length 返回 15,也就是 s1 指向的字符串中有 15 个字符
```

3) 获取字符串中指定位置的字符

通过 charAt()方法可以获得一个字符串指定位置上的字符,例如要想获得"Welcome to you!"这个字符串中的第 4 个字符 c,可以这样:

```
var ch = s1. charAt(3);
```

之所以取第 4 个字符,却给 charAt()方法传递了 3 这样的数值,是因为字符串的字符位置是从 0 开始的。

4) 字串查找

字符串对象提供了在字符串内查找一个字串是否存在的方法。

(1) indexOf(searchvalue,fromindex):返回某个指定的字符串值在字符串中首次出现的位置,在一个字符串中的指定位置从前向后搜索,如果没有发现,返回-1。

(2) lastIndexOf():可返回一个指定的字符串值最后出现的位置,在一个字符串中的指定位置从后向前搜索,如果没有发现,返回-1。

```
<script type = text/javascript >
    var s1 = "Welcome to you!";
    var pos = s1.indexOf("com");        //也可以用 s1.lastIndexOf()
    if(pos == -1){
        document.write("没有找到");
    }else{
        document.write("找到了,起始位置在" + pos);
    }
</script >
```

关于字符串的查找,还可以结合正则表达式,用 match()方法进行字符串的匹配。

5）字符串的分割

split()方法用于把一个字符串分割成字符串数组。例如"Welcome to you!"中的三个单词都用空格间隔,就可以把这个字符串按照空格分成三个字符串,具体方法如下：

```
<script type=text/javascript>
    var s1 = "Welcome to you!";
    var sub = s1.split(" ");  //得到的 sub 是一个数组
    for(var i=0;i<sub.length;i++){
     document.write(sub[i]);
     document.write("<br>");
    }
</script>
```

split()方法的返回值是一个字符串数组,要利用数组的方法来访问,像上例那样。除了上面按空格拆分之外,还可以按照其他指定的分割方式来分割字符串,例如：

```
var sub = s1.split("");     //把字符串按字符分割,返回数组["w","e","l"…]
var sub = s1.split("o");    //把字符串按字符 o 分割,返回数组["Welc","me t","y","u!"]
```

6）字符串的显示风格

除了上述的方法和属性之外,字符串对象还有很多其他的方法,其中一类重要的方法就是修改字符串在 Web 页面中的显示风格。程序 10-17 使用了几个该类的方法：

```
<!--程序 10-17-->
<html>
<head>
<title>字符串实例</title>
</head>
<body>
<font size=4>
   <script type=text/javascript>
    var s1 = "Welcome to you!";
    document.write(s1.big());       //以比当前字号大一号输出
    document.write("<br>");
    document.write(s1.small());     //以比当前字号小一号输出
    document.write("<br>");
    document.write(s1.bold());      //以粗体输出
   </script>
</font>
</body>
</html>
```

7）大小写转换

另外,字符串还提供了字符串中的字符大小写互相转换的方法。

（1）toLocaleLowerCase()：把字符串转换为小写。

（2）toLocaleUpperCase()：把字符串转换为大写。

（3）toLowerCase()：把字符串转换为小写。

(4) toUpperCase():把字符串转换为大写。

10.6.3 文档

从浏览器支持和操作文档对象模型(Document Object Model,DOM)的时候起 JavaScript 开始变得更加有趣,文档对象模型可以让用户与网页之间的交互变得丰富起来。

DOM 是一种在加载 Web 页面时由浏览器创建的 HTML 文档模型。JavaScript 可以通过一个 document 对象访问这个模型中的所有页面元素,包括它们的 style 等。Document 对象是 Window 对象的一部分,虽然可以通过 window.document 属性来访问,但在编程中可以直接使用 document 名称来访问页面中的元素。

页面就是按照规则由一系列如<html>、<body>、<form>和<input>等的标签组成的规范文档,这些标签之间存在着一定的关系,例如<body>被<html>所包含,而<form>标签又被包含在<body>内,这些页面元素的关系好像倒垂的一棵树,顶端就是<html>,页面上的每个元素都是这棵树的一个结点(node),每个结点有着包含自己的父结点、自己包含的子结点以及同属于一个父结点的兄弟结点等。图 10-11 所示的文档树就是对程序 10-18 的结构说明。

```
<!-- 程序 10-18 -->
<html>
<head>
  <script type="text/javascript">
      function login(){
         //todo 在此处插入用户单击"登录"按钮后的处理代码
      }
      function changeTableColor(){
        //todo 在此处插入用户单击"变背景色"按钮后的处理代码
        }
   </script>
   <title>Document 的例子</title>
</head>
<body>
   <form id="loginForm" name="loginForm">
   <table id="loginArea" bgcolor="#87ceeb" width="200" cellspacing="0"
                 cellpadding="0" border="0" align="left" valign="top">
      <tr>
        <td class="table-title" colspan="2" align="center"
                 bgcolor="#4682b4">用户登录</td>
      </tr>
      <tr>
           <td width="50" height="28" align="right">用户名</td>
           <td><input id="userName" name=" userName" type="text"
                 class="input"></td>
      </tr>
      <tr>
            <td width="50" height="28" align="right">密   码</td>
            <td><input id="pwd" name="pwd" type="password"
                 class="input"></td>
```

```
        </tr>
        <tr>
              <td width = "50" height = "28" align = "right"></td>
              <td><input type = "button" value = "登录" onClick = "login()">
                  <input type = "button" name = "change" value = "改变背景色"
                        onClick = "changeTableColor()">
              </td>
        </tr>
    </table>
</form>
</body>
</html>
```

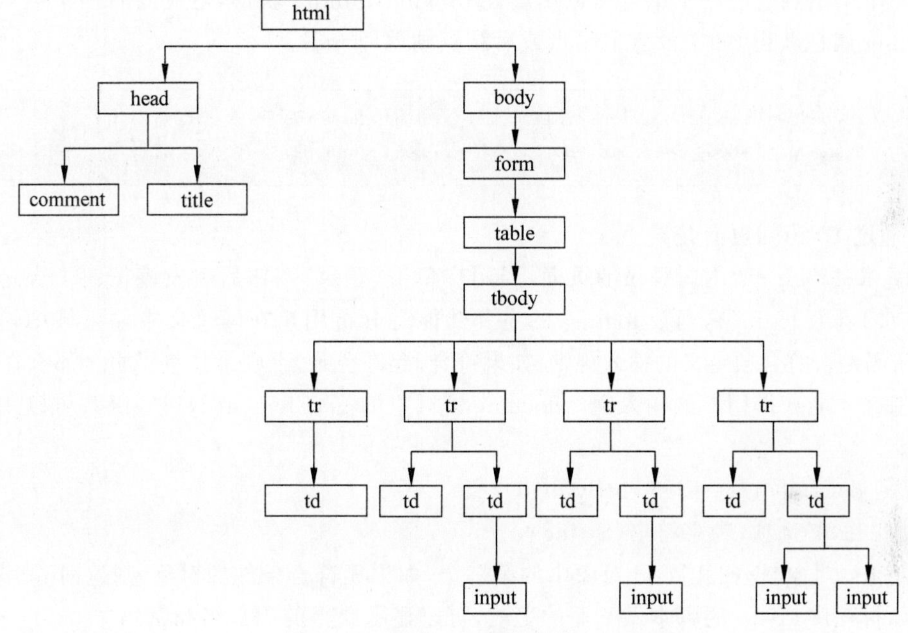

图 10-11 程序 10-18 建立的 DOM

1. 理解结点

通过对程序 10-18 和图 10-11 的分析可以看出，对象 document 实际上就是该页面上所有页面元素对象的集合，它们的关系好像是一棵倒垂的树。可以理解 document 对象就是一个具体的 HTML 页面的对象表示，通过它可以遍历访问所有元素。

DOM 树上的每个结点都是一个对象，代表了该页面上的某个元素。每个结点都知道自己与其他那些跟自己直接相邻的结点之间的关系，而且还包含着关于自身的大量信息。

(1) 根结点：一个网页最外层的标记是< HTML >，实际上它也是页面中所有元素的根，通过 document 对象的 documentElement 属性可以获得。

```
var  root = document.documentElement;
```

(2) 子结点：任何结点都可以通过集合(数组)属性 childNodes 获得自己的子结点。例如根结点包含两个子结点，也就是 HEAD 和 BODY(事实上可以通过 document.body 直接获得)。

```
var  aNodeList = root.childNodes;
```

一个结点的子结点还可以通过结点的 firstChild 和 lastChild 属性获得它的第一个和最后一个子结点。

(3) 父结点：DOM 规定一个页面中只有一个根结点，根结点是没有父结点的，除此之外，其他结点都可以通过 parentNode 属性获得自己的父结点。

```
var  parentNode = aNode.parentNode;  // aNode 是一个结点的引用
```

(4) 兄弟结点：一个结点如果有父结点，那么这个父结点下的子结点之间就被称为"兄弟结点"，一个子结点的前一个结点可以用属性 previousSibling 获得，对应的后一个结点可以用 nextSibling 属性获得，如果没有前结点或后结点则返回 null。

```
var  prevNode = aNode.previousSibling;     //返回 aNode 的前一个结点的引用
var  nextNode = aNode.nextSibling;         //返回 aNode 的后一个结点的引用
```

2. 通过 ID 访问页面元素

程序 10-18 是一个用户登录的页面，当用户单击"登录"按钮后触发该按钮上绑定的单击事件对应的函数 login()，函数 login()的主要功能是分析用户在两个文本输入域中输入的用户名和密码是否符合预定义的输入规则，如果符合，允许登录，否则维持登录页。那么在 login()函数中怎么才能获得用户的输入呢？document 对象的 getElementById()函数可以用来完成这一功能。

语法：document.getElementById(id)

参数：id，必选项，为字符串(String)。

返回值：对象，返回相同 id 对象中的第一个，如果无符合条件的对象，则返回 null。

例如对程序 10-18 的脚本做下面的更改，可以显示获得的用户名和密码。

```
<script type = "text/javascript">
   function login(){
         var userName = document.getElementById("userName").value;
         alert(userName);
         var pwd = document.getElementById("pwd").value;
         alert(pwd);
      // todo 在此插入其他代码
   }
</script>
```

在使用 getElementById()函数时必须指定一个目标元素的 id 作为参数，例如在程序 10-18 中，用户名输入框的 id 是"userName"，而密码输入框的 id 是"pwd"。在 login 函数中，要想得到用户输入的用户名，首先要调用 getElementById("userName")，返回该 id 指向的页面元素对象(这里是<input>输入框)，然后由于输入框对象有一个名为"value"的属性保存有用户输入的文本，因此两条语句可以连写为：

```
var userName = document.getElementById("userName").value;
```

在这条语句执行后变量 userName 就得到了该输入框的输入文本内容。当然,上述一条语句可以拆分为两条语句,像下面一样,但是比较啰唆,不如一条简洁,关键是我们不需要再单独设一个变量来引用输入框,因为后续程序并不需要继续使用这个值。

```
var userNameInput = document.getElementById("userName");  //先获得对象
var userName = userNameInput.value;                       //再获得对象的值
```

使用该方法需要注意以下几点:

(1) 在进行页面开发时最好给每一个需要交互的元素设定一个唯一的 id 以便于查找;

(2) getElementById()返回的是对一个页面元素的引用,例如在图 10-11 中出现的所有元素都可以通过它来获得;

(3) 如果页面上出现了不同元素使用了同一个 id,则该方法返回的只是第一个找到的页面元素;

(4) 如果给定的 id 没有找到对应的元素,则返回值为 null。

3. 通过 Name 访问页面元素

除了可以通过一个页面元素的 id 得到该对象的引用之外,程序也可以通过名字来访问页面元素。

语法:document.getElementsByName(name)

参数:name,必选项,为字符串(String)。

返回值:数组对象,如果无符合条件的对象,则返回空数组。

由于该方法的返回值是一个数组,所以可以通过位置下标来获得页面元素,例如:

```
var userNameInput = document.getElementsByName("userName");
var userName = userNameInput[0].value;
```

使用该方法需要注意以下两点:

(1) 哪怕一个名字指定的页面元素确实只有一个,该方法也返回一个数组,所以在上面的代码段中用位置下标 0 来获得“用户名输入框”元素,例如 userNameInput[0]。

(2) 如果指定名字,在页面中没有对应的元素存在,则返回一个长度为 0 的数组,在程序中可以通过数组的 length 属性值是否为 0 来判断是否找到了对应的元素。

4. 通过标签名访问页面元素

除了通过 id 和 name 可以获得对应的元素外,还可以通过指定的标签名称来获得页面上所有这一类型的元素,例如 input 元素。

语法:document.getElementsByTagName(tagname)

参数:tagname,必选项,为字符串(String)。

返回值:数组对象,如果无符合条件的对象,则返回空数组。

例如,在程序 10-18 中的 login()函数中如果添加这样两行:

```
varinputs = document.getElementsByTagName("input");
alert(input.length);  //显示为 4
```

很明显，在程序 10-18 中有 4 个<input>类型的元素，它们是两个文本输入框和两个按钮。

5. 获得当前页面中所有的 form 对象

form 元素是 HTML 程序提供用户向系统输入的重要对象，其中一般包含文本输入框、各种选项按钮等元素。获得一个 form 对象，最主要的是利用 form 的几个方法。

语法：document.forms

参数：无。

返回值：数组对象，如果无符合条件的对象(form 对象)，则返回空数组。

例如，下面的代码段显示了如何获得程序 10-18 页面中的 Form 对象：

```
var frms = document.forms;      //先获得数组对象,注意不是方法,而是属性
var loginfrm = frms[0];         //如果存在,获得数组中的第一个 form 对象
```

当然，除了可以利用 forms 属性来获得这个 form 对象外，也可以用前面的 getElementById()、getElementByName()等方法来获得。获得了 form 对象如何使用，可以参考本章关于 form 表单部分的内容。

6. 获得对象之后做什么

前面介绍了几种获得页面内指定元素的方法，但得到之后如何用呢，这主要取决于程序规定要实现哪些功能。例如，对于程序 10-18，如果单击"改变背景色"按钮希望达到修改登录表格的背景色，则程序 10-19 实现了这个要求。

```
<!-- 程序 10-19 -->
<html>
<head>
    <script type = "text/javascript">
     function changeTableColor(){
       var  newColor = prompt("请在#后连续输入 6 个十六进制数字,
                                        表示新颜色","#87ceeb");
       var tbl = document.getElementById("loginArea");  //获得表格对象
       tbl.style.backgroundColor = newColor;             //用获得的颜色值更新表格的背景色
     }
</script>
<title>Document 的例子</title>
</head>
<body>
    <!-- 此处省略了和程序 10-18 一样的页面代码 -->
</body>
</html>
```

这个程序非常简单，当单击"改变背景色"按钮时页面弹出一个对话框，提示用户输入新的颜色值，这个语句是：

```
var  newColor = prompt("请在#后连续输入 6 个十六进制数字,表示新颜色","#87ceeb");
```

然后，根据 table 的 id 来获得 Table 对象，这个语句是：

```
var tbl = document.getElementById("loginArea");  //获得表格对象
```

最后，修改 Table 对象的颜色属性值，这里利用了 Table 本身具有的 style 对象，这个语句是：

```
tbl.style.backgroundColor = newColor;  //用获得的颜色值更新表格的背景色
```

除了修改一个对象的属性值外，例如用结点的 removeNode()方法可以将结点从当前页面中删除，还可以利用 attachEvent()方法(此方法只能在 IE 中使用，在其他浏览器使用 addEventListener())动态设置一个页面元素的事件处理器等。

7. 判断页面中是否存在一个指定的对象

在一些特殊情况下，通过变量所引用的对象可能并不存在，如果不进行检查，直接通过一个名字去使用一个不存在的对象，就会引发错误，所以在程序中需要对获得的对象引用进行必要的检查，以确保它是存在的。例如，下面对程序 10-19 中的 changeTableColor()函数增加了验证对象是否存在的功能。

```
function changeTableColor(){
    var  newColor = prompt("请在#后连续输入 6 个十六进制数字,表示新颜色","#87ceeb");
    var tbl = document.getElementById("loginArea");     //获得表格对象
    if(tbl!= null){
        tbl.style.backgroundColor = newColor;
    }else{
        alert("目标对象不存在");
    }
}
```

这里根据获得的对象引用是否为“null”值来判断对象是否存在，如果等于 null，则表示指定的对象并不存在，这样后续施加在该对象上的操作就不能进行了。

10.6.4 窗口

Window 对象是 JavaScript 层级中的顶层对象，这个对象会在一个页面中< body >或< frameset >出现时被自动创建，也就是一个浏览器中显示的网页会自动拥有相关的 Window 对象。

使用 Window 对象需要注意，由于这是一个 host 对象，这里介绍的功能是否能实现和具体的浏览器有很大的关系，不同的浏览器实现方法可能有很大的不同，在编程中需要考虑面对不同浏览器环境时的程序兼容性问题。例如 innerheight 和 innerwidth 属性表示了当前窗口文档显示区的大小，但 IE 浏览器对此并不支持，它是用 document.body.clientWidth 和 document.body.clientHight 来获得显示区的大小的。

1. 框架程序中 Window 对象的应用

程序 10-20 是一个框架示例程序，介绍了有关窗口应用的主要特征，图 10-12 是该程序的运行界面。

组成上述框架的页面共有 4 个，即一个框架集主页面、三个子框架页面。上方的窗口显示了一个不断变化的时钟，左边的窗口是一个菜单列表窗口，其内容是通过右边窗口输入的菜单

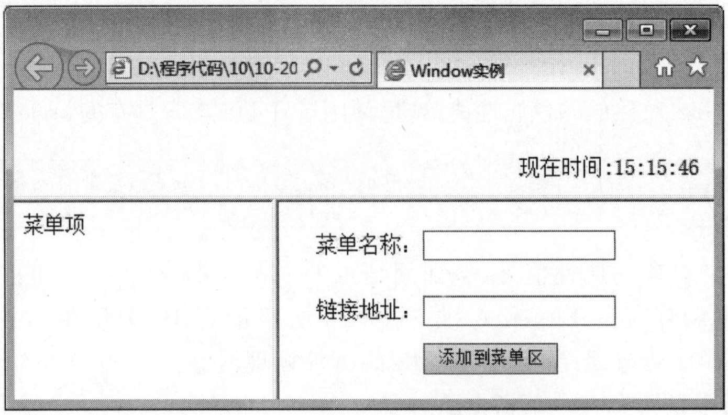

图 10-12 Window 对象的应用

名称和链接地址,是由 JavaScript 程序控制添加过来的。

```
<! -- 程序 10-20 -->
<html>
<head>
<title>Window 实例</title>
</head>
<frameset rows="80, *" frameborder="yes"  framespacing="1" border=1>
    <frame src="10-20-title.html" name="titleFrame" scrolling="No"
                                          noresize="noresize">
    <frameset cols="200, *" frameborder="yes" framespacing="1">
        <frame src="10-20-left.html" name="menuFrame" scrolling="No"
                                          noresize="noresize"/>
        <frame src="10-20-right.html" name="workFrame"/>
    </frameset>
</frameset>
<noframes>
<body>
</body>
</noframes>
</html>
```

这个页面定义了一个框架集,包含三个子窗口,页面效果如图 10-12 所示。这里的每一个子窗口都有一个自己的名字,分别是 titleFrame、menuFrame 和 workFrame,对应的代码如程序 10-20-title、程序 10-20-left、程序 10-20-right 所示。

```
<! -- 程序 10-20-title -->
<html>
<head>
<script type="text/javascript">
 function start(){
    var now = new Date();                              //得到当前时间对象
    var hr  = now.getHours();                          //得到当前时间的小时数,0~23
    var min  = now.getMinutes();                       //得到当前时间的分钟数,0~59
```

```
        var sec = now.getSeconds();                         //当前时间的秒数,0～59
        var clocktext =  "现在时间:" + hr + ":" + min + ":" + sec;  //显示时间字符串
        var timeTD = document.getElementById("timeArea"); //获得准备放置时间的单元格
        timeTD.innerText = clocktext;                       //将时间字符串作为单元格的显示文本内容
    }
    //设定每 1000 毫秒执行一次 start()方法,重新刷新显示窗口中的时间
    window.setInterval("start()",1000);
</script>
</head>
<body>
<table  width = "100%" height = "100%">
    <tr width = "100%" height = "100%" >
        <td></td>
        <td id = "timeArea" align = "right" valign = "bottom"></td>
    </tr>
</table>
</body>
</html>
```

上面的页面 10-20-title.html(注意文件名要和 framset 中指定的保持一致)的作用是在上方窗口显示一个时钟。setInterval()方法用于指定一个精确的间隔时间,定时执行参数中定义的方法,这里是 start(),这个方法是 Window 对象的一个方法,另外还有一个类似但时间并不精确的方法 setTimeout()也可以使用。

```
<! -- 程序 10-20 - left -->
<html>
<head>
</head>
<body>
    <div>
    <dl id = "menuList">
    <dt>菜单项</dt>
    </dl>
    </div>
</body>
</html>
```

10-20-left.html 在左边的窗口显示,只是一个简单的、空的列表,其内容等待插入。注意<dl>标签,页面设定了它的 id 为 menuList,在右边的窗口页面将通过这个 id 获得<dl>元素,并将新的菜单项作为一个<DD>元素插入进来。

```
<! -- 程序 10-20 - right -->
<html>
<head>
<script type = "text/javascript">
      function add(){
        var oNewNode = parent.menuFrame.document.createElement("DD");
        oNewNode.innerHTML = "<a href = '" + document.getElementById("loc").value
```

```
+ "' target = 'workFrame'>" + document.getElementById("menuName").value + "</a>";
        var menu = parent.menuFrame.document.getElementById("menuList");
       menu.appendChild(oNewNode);
       document.getElementById("menuName").value = "";
       document.getElementById("loc").value = "";
    }
</script>
</head>
<body>
<form name = "menuedit">
<table id = "menutTble"  width = "100 %" cellspacing = "0" cellpadding = "0"
          border = "0"  align = "left" valign = "top">
      <tr>
            <td width = "100" height = "48" align = "right">菜单名称:</td>
            <td>
              <input id = "menuName" name = "menuName" type = "text" class = "input"/>
            </td>
      </tr>
      <tr>
            <td width = "100" height = "48" align = "right">链接地址:</td>
            <td><input id = "loc" name = "loc" type = "text" class = "input"></td>
      </tr>
       <tr>
            <td  align = "right"></td>
            <td><input type = "button" value = "添加到菜单区" onClick = "add()">
       </tr>
</table>
</form>
</body>
</html>
```

10-20-right.html 在右边的窗口显示，主要提供给用户输入新的菜单项和单击菜单后的链接地址。具体来讲，这里对在一个子窗口中如何访问另外一个窗口内的页面元素问题需要注意。

```
var oNewNode = parent.menuFrame.document.createElement("DD");
```

在这条语句中，parent 是 Window 对象的一个属性，代表当前窗口对象(也就是右边窗口)的父窗口，这里表示整个窗口，也就是顶层窗口，也可以用 top 来直接表示顶层窗口。parent.menuFrame 表示父窗口下的左边子窗口对象(用左窗口的名字做了表示)，parent.menuFrame.document 表示是左窗口对象拥有的文档对象(也就是页面)。这条语句的含义是在窗口中创建一个新的元素，其类型是<dd>。

随后，利用 Document 对象的 getElementById()方法获得了输入的菜单名称和链接地址，并组合成一个文本串，作为上述创建的<dd>元素的 HTML 文本，并赋值给刚创建的<dd>元素的 innerHTML 属性(oNewNode.innerHTML)。

```
var menu = parent.menuFrame.document.getElementById("menuList");
```

这条语句获得了左窗口文档对象包含的< dl >元素，然后利用< dl >元素对象的方法 appendChild()将刚刚创建的< dd >元素追加进来。

最后的两句是将右边窗口的两个文本输入框中的原输入内容清空。

2. Window 对象中的主要属性

除了 screenLeft(或 screenX)、screenTop(或 screenY)、name 等这些用来表示窗口状态的基本属性外，Window 对象还拥有一些重要的属性，例如在前面的程序中频繁出现的 document 对象就属于 Window 对象所有，其他属性如下。

(1) history：该对象记录了一系列用户访问的网址，可以通过 history 对象的 back()、forward()和 go()方法重复执行以前的访问。

(2) location：Window 对象的 location 表示本窗口中当前显示文档的 Web 地址，如果把一个含有 URL 的字符串赋予 location 对象或它的 href 属性，浏览器就会把新的 URL 所指的文档装载进来，并显示在当前窗口。例如：

```
window.location = "/index.html";
```

(3) navigator：一个包含有关客户机浏览器信息的对象。例如：

```
var  browser = navigator.appName ;     //IE 返回"Microsoft Internet Explorer"
```

因为不同的浏览器以及同一浏览器的不同版本支持 JavaScript 的程度和范围不一样，如果 JavaScript 程序希望更好地兼容不同的环境，就需要在程序中考虑浏览器产品和版本的问题。

(4) screen：每个 Window 对象的 screen 属性都引用一个 Screen 对象。screen 对象中存放着有关显示浏览器屏幕的信息。JavaScript 程序将利用这些信息来优化它们的输出，以达到用户的显示要求。

一个程序可以根据显示器的尺寸选择使用大图像还是使用小图像，另外，JavaScript 程序还能根据有关屏幕尺寸的信息将窗口定位在屏幕中间，例如程序 10-21。

```
<!-- 程序 10-21 -->
<html>
<head>
<title>使用 screen 定位窗口显示位置</title>
</head>
<body>
<script type = "text/javascript">
  window.resizeTo(500,300);                          //设定当前窗口的显示大小
  var top = ((window.screen.availHeight - 300)/2);   //计算窗口居中后左上角的垂直坐标
  var left = ((window.screen.availWidth - 500)/2);   //计算窗口居中后左上角的水平坐标
  window.moveTo(left,top);                           //调整当前窗口左上角的显示坐标位置
</script>
</body>
</html>
```

(5) parent：获得当前窗口的父窗口对象引用。

(6) top：窗口可以层层嵌套，典型的如框架，top 表示最高层的窗口对象引用。

(7) self：返回对当前窗口的引用，等价于Window属性。由于Window对象属于一个顶级对象，所以引用窗口的属性和方法可以省略对象名，例如前面频繁使用的document.write()实际上是window.document.write()，但window名字完全可以省略，调用window的方法也是如此，如前面介绍的对框框方法，如alert()、prompt()等。

3. Window对象中的主要方法

前面在介绍Window对象的时候已经介绍了很多属于Window对象的方法，如三种类型的对话框，设置按时间重复执行某个功能的setInterval()，移动窗口位置的moveTo()等。除此之外，Window对象还有一些主要的方法可以使用，例如：

(1) close()：关闭浏览器窗口；

(2) createPopup()：创建一个右键弹出窗口；

(3) open()：打开一个新的浏览器窗口或查找一个已命名的窗口。

10.7 事件编程

事件编程是JavaScript中最吸引人的地方，因为它提供了一种让浏览器响应用户操作的机制，可以开发出更具交互性的Web页面，使得Web页面的交互效果不逊于传统桌面应用程序。

10.7.1 事件简介

事件是可以被浏览器侦测到的行为，HTML对一些页面元素规定了可以响应的事件。例如程序10-20-right，当用户单击“添加到菜单区”按钮时就会产生一个Click事件，而根据input标记的定义，当Click事件发生时调用add()函数。

了解事件编程，首先应该清楚页面元素(事件源)会产生哪些事件(event)，其次是当事件发生时，该元素提供了什么样的事件句柄(event handler)可以让开发人员利用对页面元素进行控制，最后就是编写对应的事件处理代码。

1. 网页访问中常见的事件

根据触发的来源不同，事件可以分为鼠标事件、键盘和浏览器事件三种主要类型。

(1) 鼠标事件：如单击button、选中checkbox和radio等元素时产生Click事件，当鼠标进入、移动或退出页面的某个热点(例如鼠标进入、移动或退出一个图片、按钮、表格的范围)时分别会触发MouseOver、MouseMove和MouseOut这样的事件。

(2) 键盘事件：在页面操作键盘时，常用的事件包括KeyDown、KeyUp和KeyPress。

(3) 浏览器事件：例如当一个页面或图像载入时会产生Load事件，在浏览前加载另一个网页时，当前网页上会产生一个UnLoad事件，当准备提交表单的内容时会产生Submit事件，在表单中改变输入框中文本的内容会产生Change事件等。

当事件发生时，浏览器会创建一个名为event的Event对象供该事件的事件处理程序使用，通过这个对象可以了解到事件类型、事件发生时光标的位置、键盘各个键的状态、鼠标上各个按钮的状态等。

2. 主要事件句柄

当事件发生时，浏览器会自动查询当前页面上是否指定了对应的事件处理函数，如果没有指定，则什么也不会发生，如果指定了，则会调用执行对应的事件处理代码，完成一个事件的响应。通过设置页面元素的事件处理句柄可以将一段事件处理代码和该页面元素的特定事件关联起来。表 10-11 列出了典型的事件和事件句柄的对照关系。

表 10-11 事件和事件句柄的对照表

事件分类	事 件	事件句柄
窗口事件	当文档被载入时执行脚本	onload
	当文档被卸载时执行脚本	onunload
表单元素事件	当元素被改变时执行脚本	onchange
	当表单提交时执行脚本	onsubmit
	当表单被重置时执行脚本	onreset
	当元素被选取时执行脚本	onselect
	当元素失去焦点时执行脚本	onblur
	当元素获得焦点时执行脚本	onfocus
鼠标事件	当鼠标被单击时执行脚本	onclick
	当鼠标被双击时执行脚本	ondblclick
	当鼠标按钮被按下时执行脚本	onmousedown
	当鼠标指针移动时执行脚本	onmousemove
	当鼠标指针移出某元素时执行脚本	onmouseout
	当鼠标指针悬停于某元素之上时执行脚本	onmouseover
	当鼠标按钮被松开时执行脚本	onmouseup
键盘事件	当键盘被按下时执行脚本	onkeydown
	当键盘被按下后又松开时执行脚本	onkeypress
	当键盘被松开时执行脚本	onkeyup

3. 指定事件处理程序

当一个事件发生时,如果需要截获并处理该事件,只需要定义该事件的事件句柄所关联的事件处理函数或者语句集,具体关联方法有以下两种。

1) 直接在 HTML 标记中静态指定

基本语法:

<标记…事件句柄="事件处理程序" [事件句柄="事件处理程序"…]>

语法说明:

这是一种静态的指定方式,可以为一个页面元素同时指定一到多个事件处理程序。事件处理程序既可以是< script >标记中的一个自定义函数,又可以直接将事件处理代码写在此位置。例如:

```
< input type = "button" onclick = "createOrder()" value = "发送教材选购单">
```

当鼠标单击按钮事件 onclick 发生时指定事件处理程序是函数 createOrder()。

```
< body onload = "alert('网页读取完成!')" onunload = "alert('再见!')">
```

当页面加载和关闭该页面时均会弹出一个警告框。这里直接利用一条 JavaScript 语句关联对应的事件,当然也可以用多条语句来关联,语句间用分号间隔。

2）在JavaScript中动态指定

基本语法：

<事件对象>.<事件> = <事件处理程序>;

语法说明：

在这种用法中,“事件处理程序”是真正的代码,而不是字符串形式的代码。如果事件处理程序是一个自定义函数,如没有使用参数的需要,就不要加“()”,例如：

```
<html>
<head>
<script type="text/javascript">
    function m(){
        alert("再见");
    }
    window.onload = function(){
        alert("网页读取完成");
    }
    window.onunload = m;        //这里指定了页面加载时执行函数m
</script>
</head>
<body>
</body>
</html>
```

当页面加载后,根据window.onload的定义执行其后关联的function中的语句,注意这个函数并没有明确的名称,因此无法在其他地方共享；而window.onunload的定义表示当浏览器跳转到新的页面时当前页面要执行一个名为m的函数。

除了上述两种指定事件处理函数的方法外还有其他的方法,例如在IE浏览器中使用attachEvent方法为一个页面元素动态添加事件处理方法,而在Firefox等Mozilla系列的浏览器中是通过使用页面元素的addEventListener方法为页面元素动态添加事件处理机制。

10.7.2 表单事件

Form表单是网页设计中的一种重要的和用户进行交互的工具,它用于搜集不同类型的用户输入。一般来讲,在浏览器端对用户输入的内容进行有效性检查是非常有必要的(如必填项是否都有输入,输入的内容是否符合格式要求等),因为它可以减少服务器端的某些工作压力,同时也能充分利用浏览器端的计算能力,避免了由于服务器端进行验证导致客户端提交以后响应时间延长。

Form表单本身支持很多事件,典型的有两个,一个是Submit,另一个是Reset。程序10-22模拟了一个登录过程,当单击“登录”按钮时触发Submit事件,执行login函数,如果验证合法,进入程序10-20的框架页面,否则继续保持登录页。

```
<!--程序10-22-->
<html>
<head>
  <script type="text/javascript">
```

```
        function login(){
          var userName = document.getElementById("userName").value;
          var pwd = document.getElementById("pwd").value;
          var matchResult = true;
          if(userName == ""||pwd == ""){
              alert("请确认用户名和登录密码输入正确!");
              matchResult = false;
          }
         return matchResult;
      }
    </script>
    <title>Form 事件的例子</title>
</head>
<body>
     <form name = "loginForm" action = "10 - 20.html"
                        onsubmit = "return login()" method = "post">
     <table bgcolor = "#87ceeb" width = "200" cellspacing = "0" cellpadding = "0"
                        border = "0" align = "left" valign = "top">
         <tr>
              <td class = "table - title" colspan = "2" align = "center"
                        bgcolor = "#4682b4">用户登录</td>
         </tr>
         <tr>
             <td width = "50" height = "28" align = "right">用户名</td>
             <td>
                 <input id = "userName" name = "userName" type = "text" class = "input">
             </td>
         </tr>
         <tr>
             <td width = "50" height = "28" align = "right">密   码</td>
             <td><input id = "pwd" name = "pwd" type = "password" class = "input"></td>
         </tr>
         <tr>
             <td width = "50" height = "28" align = "right"></td>
             <td><input type = "submit" value = "登录">
              <input type = "button" value = "取消" onClick = "reset()"></td>
         </tr>
   </table>
</form>
</body>
</html>
```

理解上述事件处理程序需要注意以下两点。

(1) 确定事件源："登录"按钮的类型是 submit，单击按钮，触发 form 的 Submit 事件，对于 button 类型的 input，捕获单击事件只能依赖于定义 onclick 事件句柄。

(2) 注册处理器：<form>标签定义中需要指定 Submit 事件触发时的动作，一般是指定一个处理函数。在此程序中规定事件触发时执行 login()函数，如果 login()函数的返回值为 true，则执行下一步动作，即进入到 action 指定的下一个页面"10-20.html"，如果 login()函数的返回值为 false，则保持当前页面。

10.7.3 鼠标事件

鼠标事件除了最典型的 Click 之外,还有鼠标进入页面元素 MouseOver 事件、退出页面元素 MouseOut 事件和鼠标按键检测 MouseDown 事件等,程序 10-23 演示了鼠标事件的简单应用。

```
<!--程序 10-23-->
<html>
<head>
<script type="text/javascript">
    function mouseOver(){
        document.mouse.src = "gif/mouse_over.jpg"
    }
    function mouseOut() {
        document.mouse.src = "gif/mouse_out.jpg"
    }
    function mousePressed(){
        if(event.button == 2){
           alert("您右击了鼠标!")
        }else{
           alert("您单击了鼠标!")
        }
    }
</script>
</head>
<body onmousedown="mousePressed ()">
    <img border="0" src="gif/mouse_out.jpg" name="mouse"
          onmouseover="mouseOver()" onmouseout="mouseOut()" />
</body>
</html>
```

该程序实现了当将鼠标移向图片时触发 MouseOver 事件,调用函数 mouseOver()执行,程序更换新的图片,当将鼠标移出图片时触发 MouseOut 事件,调用函数 mouseOut()执行,程序恢复为原来的图片;另外,当按下鼠标按键时触发 body 的 MouseDown 事件,调用函数 mousePressed(),这里利用了浏览器创建的事件对象 event 所包含的事件状态信息中的鼠标键的状态弹出不同的警告框。

10.7.4 键盘事件

键盘共有三类事件,分别用来检测键盘按下、按下松开及松开这些动作,按键的信息被包含在事件发生时创建的事件对象 event 中,用 event.keyCode 可以获得,例如:

```
<input  type="text"  id="stuName" value="请在此输入学生姓名"  size="28"
                     onkeypress="if(event.keyCode == 13){ alert(this.value);}"/>
```

这里当键盘按下时触发 KeyPress 事件,执行检查,如果刚刚按下的是"回车键"(回车键的代码是 13),则执行大括号中的语句集。

```
<input  type="text"  id="IDCARD" value="请在此输入身份证号" size="28"
  onkeypress="if (event.keyCode < 45||event.keyCode > 57){event.returnValue = false;}"/>
```

上面的代码则是当事件触发时检查按下的键是否为数字，如果不是，输入框不接收，这样就实现了只允许输入框输入数字。

10.7.5 页面的载入和离开

如果希望在页面加载或者转换到其他页面时做些工作，那么就可以利用 Load 和 UnLoad 两个事件，这两个事件和< body >及< frameset >两个页面元素有关，例如：

```
<body onload ="javascript:alert('enter');" onunload="javascript:alert('exit');">
</body>
```

这里只是简单的实例，实际中完全可以根据任务的需要在这两个特殊的时间点上做一些更复杂的工作。例如，当进入网站时向服务器报告，这样服务器可以对访问的用户进行有关的检查，也可以利用 Load 事件来检测访问者的浏览器类型和版本，然后根据这些信息载入特定版本的网页。

Load 和 UnLoad 事件也常被用来处理用户进入或离开页面时所建立的 cookies。例如，当某用户第一次进入页面时可以使用消息框来询问用户的姓名。姓名会保存在 cookies 中。当用户再次进入这个页面时，你可以使用另一个消息框和这个用户打招呼："Welcome 王小璐!"。

10.8 小　实　例

在线订购是电子商务网站必备的功能，例如在当当网上采购书籍。图 10-13 是一个购物车的界面，当查看购物车时，窗口下边是已经选购的商品列表，上方是网站推荐的商品，如果单击“购买”按钮，对应的商品就会放入个人的购物车，这个功能可以使用 JavaScript 技术来实现。

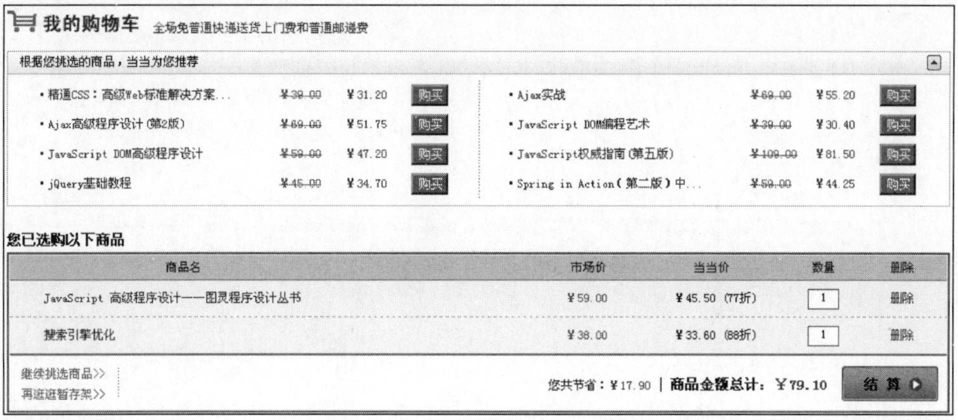

图 10-13　一个网站购物车的例子

下面是班级网站上提交教材购买单的例子,和网站购物车的应用有一定的相似性,图10-14是程序运行的效果。

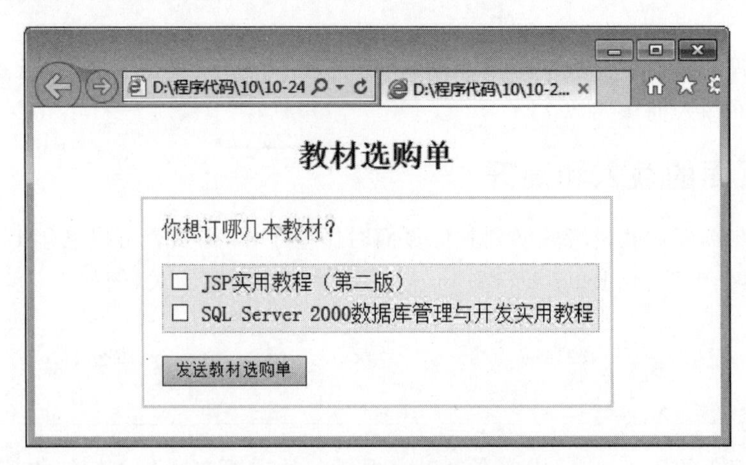

图10-14 教材选购单效果图

这里希望达到的目标是当学生们选择购买的教材并单击"发送教材选购单"按钮后,程序应当提取到选择的教科书的ISBN号码和名称,统计出选择的教材数量。程序10-24是对应的程序。

```
<!--程序10-24-->
<html>
<head>
    <style type="text/css">
    <!--
    .p1{color:#aa0000;}
    .z1{background-color:f7f7f7; border:1px dotted #808080; width=400px;
                height=65px;}
    .b1{border:2px solid #e7e7e7;}
    -->
    </style>
    <script type="text/javascript">
    function createOrder(){
     var num=0;                                         //用来保存用户选择了几本书
     var textbooks=document.forms[0].textbook;          //获得页面中textbook元素的数组
     var txtTitles="";                                  //用来保存用户选择的图书的名称
     var textIsbns="";                                  //用来保存用户选择的图书的isbn
     for (i=0;i<textbooks.length;++i){
        if (textbooks[i].checked){                      //如果对应图书的checkbox框被选中
           txtTitles = txtTitles +"《" + textbooks[i].nextSibling.nodeValue
                            + "》\r\n";
           textIsbns = textIsbns + textbooks[i].value + ",";
           num++;
        }
     }
     if(num>0){
           alert("您订购的教材有"+num+"本,分别是:\r\n" + txtTitles);
```

```
        }else{
            alert("你尚未选择任何教材!");
        }
    }
    </script>
</head>
<body>
<table align="center" cellpadding=15>
<tr><td><h2 align="center">教材选购单</h1></td></tr>
<tr><td class=b1>
    <p class="p1">你想订哪几本教材?</p>
    <form>
    <table border=0 class=z1>
        <tr><td>
            <input type="checkbox" name="textbook" value="978-7-302-15640-6">
                JSP 实用教程(第二版)<br />
        </td></tr>
        <tr><td>
            <input type="checkbox" name="textbook" value="7-101-16791-0">
                SQL Server 2000 数据库管理与开发实用教程<br />
            </td></tr>
    </table>
    <br/>
    <input type="button" onclick="createOrder()" value="发送教材选购单">
    </form>
</td></tr>
</table>
</body>
</html>
```

阅读这个程序需要注意以下几点：

(1) 每本书的信息是如何表示的，这里是用一个 checkbox 表示。每个 checkbox 的 value 设置的是对应图书的 ISBN 号码，在页面上不可见，教材名紧跟在 checkbox 的后面，在实际中向服务器提交用户选中的信息往往使用目标对象可区别的信息，例如每本图书都有唯一的 ISBN 号码，所以服务器端根据收到的 ISBN 号码可以明确地知道用户订了哪本书，但提交书名则达不到这个效果。

(2) 程序中用 document.forms[0].textbook 获得页面中 checkbox 元素的数组，使用这一方式要确保页面中确实存在两个以上(含)的同名元素。

(3) 通过检测 textbook[i].checked 的状态得到一个逻辑值，如果为真，表示一本书被选中了。

(4) textbook[i].nextSibling.nodeValue 中的 nextSibling 表示当前对象的后续下一个对象，这里是一个选项框 checkbox 的后续对象，也就是表示教材名的一个文本对象。

(5) 注意程序中获得 checkbox 元素的 value 和后续文本的方法。

小　　结

本章完整地介绍了有关 JavaScript 程序的基本语法以及如何利用 JavaScript 完成和页面内容的交互。

JavaScript 语言是解释型的脚本语言,通常运行在浏览器环境中,不同的浏览器支持的程度有一定的差异。JavaScript 运行时,不属于任一函数的代码总是在加载时就被解释执行,而一个 JavaScript 函数只有在调用时才得以执行。

JavaScript 主要是由语句、函数、对象、方法、属性等来实现编程的,在程序结构上是由顺序、分支和循环三种基本结构构成了 JavaScript 的程序。

JavaScript 程序中对变量名、函数名等需要遵循标识符的定义。作为程序运行中数据的临时保存场所,变量可以表示的类型有 6 种,包括 Number、String、Boolean、Object、null 和 undefined。变量的使用一般遵循"先声明、后使用"的原则,使用变量时需要注意作用域的现象。

语句是具备一定功能的代码,JavaScript 中有定义语句、表达式语句、控制语句等,通常要在每条语句的结尾加上一个分号来明确表示语句结束。

JavaScript 程序的分支有单分支(if)、双分支(if…else)、多分支(if…else if…else)及 switch。分支语句主要对不同情况做判断,决定程序执行的流向。

JavaScript 程序的循环类型有 for、do…while、while 以及 for…in。循环主要用于处理需要对目标进行多次重复处理的情况。

对于分支和循环都需要注意它们控制的语句范围,一般而言,哪怕只控制一条语句,也最好把它用大括号括起来,以便清楚地标明它的范围。

函数就是一段有着明确目的(功能)的代码,函数必须被主动调用才能得以执行。用户可以通过在调用时传递实参给函数来影响函数的执行,函数也可以用 return 语句返回一个值给调用者。

JavaScript 程序也是一种面向对象的程序,本身提供了多种类型的对象供编程使用,如 Array、Date、String、Number 等,而 HTML DOM 定义了访问和操作 HTML 文档的标准方法,它提供了一些和浏览器、页面有关的对象,例如 Window、Document 等。

事件是浏览器响应用户操作的一种机制,结合事件编程,JavaScript 程序可以灵活地处理各种交互要求,极大地改善了用户访问页面的体验。

习 题

1. 下列关于 JavaScript 的说法错误的是(　　)。
   A. 是一种脚本编写语言　　B. 是面向结构的
   C. 具有安全性能　　D. 是基于对象的
2. 可以在 HTML 元素(　　)中放置 JavaScript 代码。
   A. <script>　　B. <javascript>　　C. <js>　　D. <scripting>
3. 向页面输出"Hello World"的正确的 JavaScript 语法是(　　)。
   A. document. write("Hello World")　　B. "Hello World"
   C. response. write("Hello World")　　D. ("Hello World")
4. 下列 HTML 元素中可以放置 JavaScript 代码的是(　　)。
   A. <script>　　B. <Javascript>　　C. <Style>　　D. <Scripting>
5. 引用名为"abc. js"的外部脚本的正确语法是(　　)。
   A. <script src="abc. js">　　B. <script href="abc. js">
   C. <script name="abc. js">　　D. <script link="abc. js">

6. 在警告框中写入“Hello World”的是（　　）。

A. alertBox="Hello World"　　B. msgBox("Hello World")

C. alert("Hello World")　　D. alertBox("Hello World")

7. 下列选项中，能够声明一个名为 myFunction 的函数的是（　　）。

A. function:myFunction()　　B. function myFunction()

C. function=myFunction()　　D. function MyFunction()

8. 下列选项中，能够调用名为“myFunction”的函数的是（　　）。

A. call function myFunction　　B. call myFunction()

C. myFunction()　　D. function myFunction

9. 编写当 i 等于 5 时执行某些语句的条件语句是（　　）。

A. if (i==5)　　B. if i=5 then　　C. if i=5　　D. if i==5 then

10. 在 JavaScript 中，有（　　）种不同类型的循环。

A. 一种，分别是 for 循环

B. 两种，分别是 for 循环和 while 循环

C. 三种，分别是 for 循环、while 循环、do…while 循环

D. 四种，分别是 for 循环、while 循环、do…while 循环以及 for…in 循环

11. for 循环（　　）是正确的。

A. for (i <= 5; i++)　　B. for (i = 0; i <= 5; i++)

C. for (i = 0; i <= 5)　　D. for i = 1 to 5

12. 可插入多行注释的 JavaScript 语法是（　　）。

A. /* This comment has more than one line */

B. //This comment has more than one line//

C. <! --This comment has more than one line-->

D. //This comment has more than one line

13. 定义 JavaScript 数组的正确方法是（　　）。

A. var txt = new Array="tim","kim","jim"

B. var txt = new Array(1:"tim",2:"kim",3:"jim")

C. var txt = new Array("tim","kim","jim")

D. var txt = new Array:1=("tim")2=("kim")3=("jim")

14. 利用下标访问一个数组时，最小下标是从（　　）开始的。

A. 0　　B. 1　　C. 2　　D. −1

15. 把 7.25 四舍五入为最接近的整数的是（　　）。

A. round(7.25)　　B. rnd(7.25)

C. Math.round(7.25)　　D. Math.rnd(7.25)

16. 求得 2 和 4 中最大的数的是（　　）。

A. Math.ceil(2,4)　　B. Math.max(2,4)

C. ceil(2,4)　　D. top(2,4)

17. 在名为“window2”的新窗口中打开一个链接为“http://www.me.com”的 JavaScript 语法是（　　）。

A. open.new("http://www. me.com ","window2")

B. window.open("http://www. me.com","window2")

C. new("http://www. me.com","window2")

D. new.window("http://www. me.com","window2")

18. JS通过(　　)获得客户端浏览器的名称。

A. client.navName　　B. navigator.appName

C. browser.name　　D. navigator.appCodeName

19. 将一个名为validate()的函数和一个按钮的单击事件关联起来的正确用法是(　　)。

A. <input type="button" value="验证" ondblclick="validate()">

B. <input type="button" value="验证" onclick="validate()">

C. <input type="button" value="验证" onkeydown="validate()">

D. <input type="button" value="验证" onchange="validate()">

20. 脚本语言和HTML语言有何联系和区别?

实　验

1. 下面的实验针对一个简单的用户注册要求进行验证,界面见图10-15。

(1) 必填项验证:用户名、密码、重复密码、邮箱是必填项。

(2) 有效性验证:

① 用户名不能以数字字符开始,只能以字母开始,且长度大于或等于6个字符、小于或等于20个字符;

② 密码和重复密码不能和用户名相同,且长度大于或等于6个字符、小于或等于20个字符;

③ 邮箱地址符合电子邮件地址的基本语法。

(3) 语义验证:密码和重复密码必须相同。

2. 根据图10-16完成当单击">>"按钮时将左边列表框中选中的元素复制到右边列表框中,同时从左边列表框中删除。

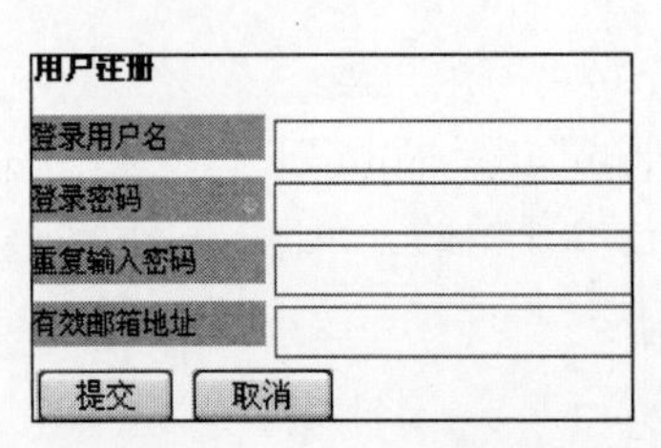

图10-15　用户注册验证

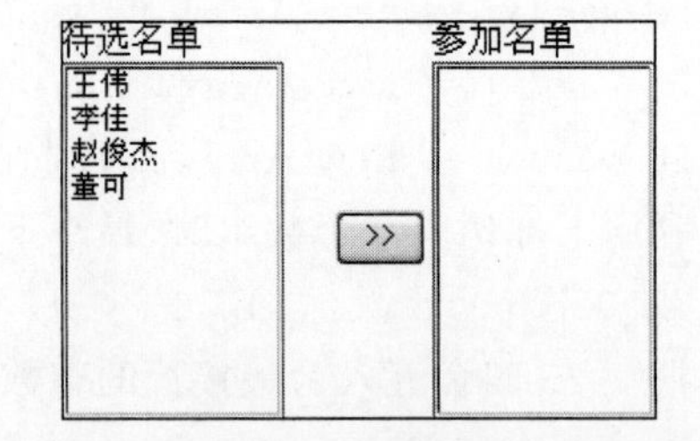

图10-16　从左边列表复制到右边列表

第 11 章

Web 设计基础

一个成功的 Web 站点不仅应当是内容丰富的，而且必定是用户友好的，或者在外观或功能上给人以深刻的印象。一个设计专业的网站不仅能使访问者停留更长的时间，而且可以吸引更多的访问者，从而提升网站的价值。

本章重点

- Web 设计原则。
- 网站结构规划。

11.1 Web 设计原则

视频讲解

Web 设计师需要研究如何布局、处理字体和颜色以及空白的应用，围绕所要表达的信息把这些元素融为一体，构成一个网页乃至网站，从而形成自己的风格。Web 站点所要实现的目标是设计的最终方向，而页面的制作仅仅是设计的具体实现。因此，Web 站点的设计并不是人们通常认为的网页制作，而是一个融合了多种设计原则和设计过程的系统工程。

11.1.1 明确站点类型

在开始设计工作之前，确定网站的类型(例如销售产品或者形象宣传)是第一首要目标。从一个网站的内容和特性来看，网站的类型包括新闻或信息、企业、商业、政府、个人、社交、搜索网站等。一个成功的网站必须有自己明确的用户群、内容、功能以及视觉和体验的独特性，这样才能在浩如烟海的站点中脱颖而出。

新闻资讯类站点如新浪、搜狐等大型门户网站。这类网站主要向访问者提供大量的信息，涉及经济、政治、人文、生活等方方面面的内容，网站日访问量巨大且访问群体范围较广。这类网站的设计更注重信息覆盖的范围及受众群体的广泛性，因此需注意页面的分割、结构的合理、页面的优化、界面的亲和等问题。如新浪网的设计特别注重了信息的分类合理、导航清晰，使用户能迅速地在众多信息中找到自己感兴趣的内容，同时，色彩选择较平淡的基色调，以减少对用户视觉的刺激，增长用户浏览网页的时间。图 11-1 为新浪网首页。

一些资讯与形象相结合的网站如政府网等。这类网站主要用于发布政策规章制度等信息，提供各种在线政务服务，因此在布局设计上要求简单、合理，使用户能够迅速找到所需信息。对于常用的功能应给予用户明确、快捷的链接，对于重要的功能应给用户醒目的提示。在色彩的选择上是使用中性、温和的色彩，颜色使用不宜过多和跳跃，整体色彩应给用户传递严谨、权威、庄重的心理感觉。图 11-2 为中央政府门户网站。

第三类则是形象类网站，例如商业企业的对外宣传网站。这类网站作为企业产品和形象宣传的重要窗口，主要为了让外界了解企业自身、树立良好企业形象，并适当提供一定的产品

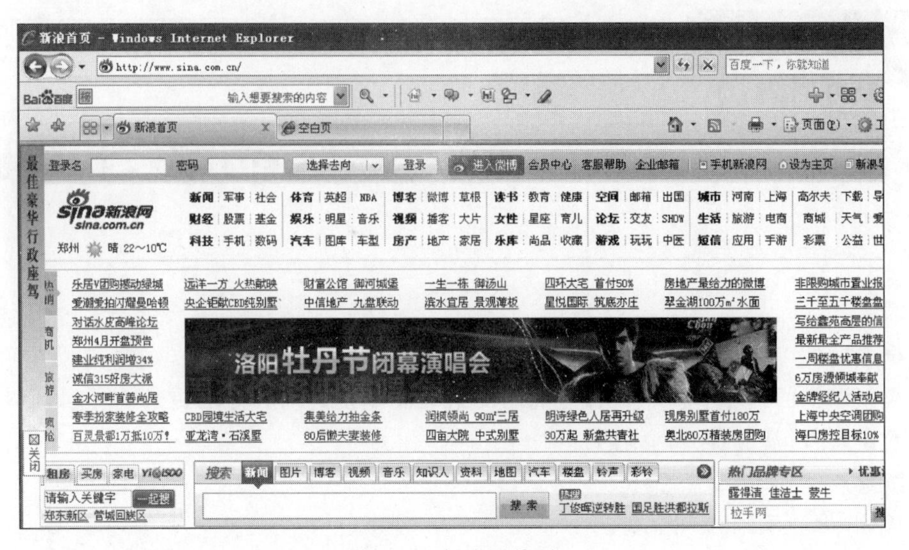

图 11-1 新浪网首页

图 11-2 中央政府门户网站

服务，因此网页设计的主要任务是突出企业形象。这类网站对设计者的美工水平要求较高，同时设计方法也不拘一格，重点在于新颖、有特色，能够传递出强烈的企业文化信息。图 11-3 为美的集团网站。

除了上述网站类型外，还有一些网站具有更多的专业化设计。例如，瑞丽女性网是为都市女性提供分享时尚与优质生活的多元化资讯及多样化服务的综合性门户网站。由于女性具有较高的审美需求以及高敏感的颜色感应，所以在设计方面应尽量采用柔和、明快的暖色作为主

图 11-3 美的集团网站

色调,给女性浏览者以热情、柔美的感觉。在页面构成上要选用大量清晰度高的图片做视觉上的冲击,例如,图 11-4 为瑞丽女性网的页面。

图 11-4 瑞丽女性网

又如迪士尼网站充分考虑了儿童的特点,其设计非常活泼、有趣,而且站点首页的表现内容和色彩形式经常变化,使小朋友每次都有耳目一新的感觉。图 11-5 是迪士尼网站首页。

图 11-5　迪士尼网站

11.1.2　保持界面简洁、内容明确

对于今天的许多企业而言，网站极有可能是他们和目标客户之间的第一联系方式，因此使客户能够清楚地认识网站所要表达的信息或提供的服务是至关重要的。一个好网站的设计应该做到主题鲜明突出、布局清晰简洁，能够以简单明确的语言和画面告诉访问者站点的主题，方便用户容易地找到他所需要的内容。

Web 设计要求界面简洁，简洁首先是对内容文本进行精炼化，保留关键信息，并确定哪些信息是不太重要的，可有可无，而哪些信息是需要强调和突出的。保持简洁的方法就是使用一个醒目的标题，这个标题常常采用图形来表示，但图形同样要求简洁。另一种保持简洁的方法是限制所用的字体和颜色的数目。

Web 设计要求内容明确，可以使用清楚的消息标识，确保用户了解此页面的上下文，并且知道需要它们做些什么；还可以使导航元素保持一致，并且对访问率最高的区域进行明显的标记，使它们易于被用户找到。界面上所有的元素都应当有明确的含义和用途，不要试图用无关的图片把界面装点起来。除此之外，还要确保界面上的每一个元素都能让浏览者看到。

例如，百度网站主页采用简洁明了的关键字搜索引擎及不同的搜索类型的导航，同时将目前所处的搜索分类用黑色字体和其他分类进行区别。图 11-6 为百度的主页面。

此外，为保持简单明确，在设计网页时尽量减少浏览层次。据相关调查显示，在主页的访问率为 100 人次的情况下，下一页的访问率会降到 30 到 50 人次，说明网页的层次越复杂，实际内容的访问率将越低，所以要尽量把网站层次简化，力求以最少的点击次数找到具体的内容。

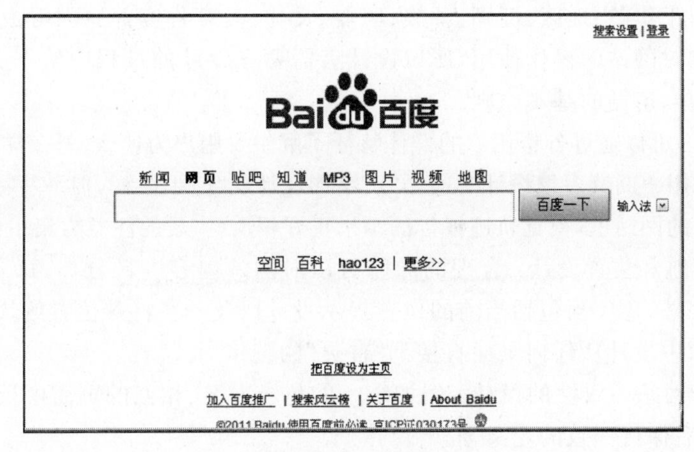

图 11-6　Baidu 首页

11.1.3　保持页面设计的一致性

一致性的页面设计原则使得访问者容易理解站点的结构，否则可能导致访问者陷入困惑。例如在不同的页面中使用同样的布局、字体、色彩和导航结构等表现元素，使得页面之间能够保证协调，又使得访问者不会因页面风格过于一致而产生视觉疲劳。对优秀的 Web 站点分析可以发现，优秀的网页虽然各有特色，但都遵守最基本的原则，即保证站点内部页面之间的一致性。

要保持一致性，可以从页面的结构排版下手。通过定义一致的页面模板，各个页面使用相同的页边距；文本和图形之间保持相同的间距；主要图形、标题或符号旁边留下相同的空白。如果在第一页的顶部放置了公司标志，那么在其他各页面都放上这一标志；如果使用图标导航，则各个页面应当使用相同的图标来创造出一种熟悉感。

例如当当网的二级栏目图书频道和其首页导航条保持一致，这样使得这些页面呈现出的视觉形象就是相互联系，也使用户感知到正在访问的页面与此前访问的该网站的网页是相互联系的。图 11-7 显示了当当网二级栏目导航条。

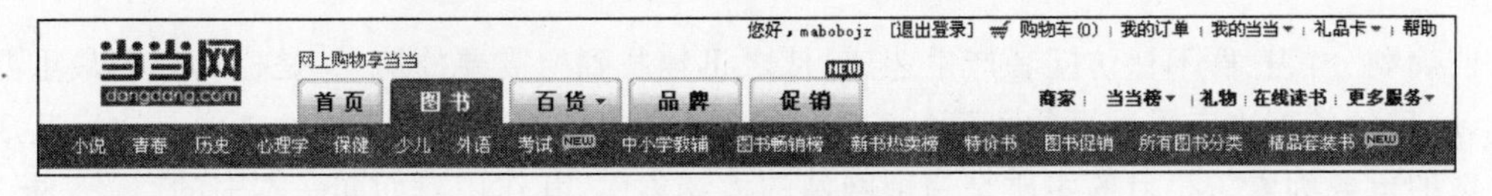

图 11-7　当当网二级导航

除了保持布局的最大相似外，在界面元素的设计上每个元素与整个页面以及站点的风格都应当具有相同的设计风格。例如作为内容设计的主要体现，通过使用一致的级联样式表(CSS)保证对字体、字号、色彩、行距、字间距、排列方式、强调、状态等的统一，保证不同页面的文字阅读效果是一致的。

当然，有了结构和视觉的一致性，在用户的使用模式上保持站点的一致对于改善用户的使用体验也是非常重要的。

11.1.4　注重用户体验

用户体验就是用户访问一个网站的感觉。注重用户体验是进行 Web 站点设计应考虑的一个重要方面，它要求把用户放在第一位，在设计时既要考虑用户的共性，同时也要考虑他们的差异性。用户由于年龄、地区、性别、种族、职业、文化、教育程度等原因形成的动作习惯、行为方式将直接影响对网站的操作使用,所以设计者需要在设计的过程中给予关注。下面是一些在设计网页时应当遵循的基本原则。

(1) 研究用户:可以通过分析用户的群体特征了解主要用户为什么、怎么样使用网站。例如虽然大多数在考虑用户阅读习惯设计时遵循"Z"字形设计或"F"形结构,但一些特殊的文化,如希伯来语或阿拉伯语的网站上,视觉轨迹报告的结果正好相反(主要的注意力集中在右侧)。

(2) 有效的导航和位置设计:合理的导航可以对网站内容进行分类,每个网页除了应有同样的导航设计之外,还应当包括当前的位置提示设计以及一些特殊位置的快速返回链接,例如在导航中或页面中设计从任何页面直接到"首页"的链接。

(3) 保持整个网站一致性的设计:例如统一的色彩方案、相似的页面模板,对于同样的操作、专业术语等前后保持一致的定义等。

(4) 清晰准确的内容设计:便于用户快速地获得所需的任何信息,例如通过对比设计使得文字内容突出于背景、避免一页有太多的内容、对内容进行准确的分类和布局,使得重要的信息总在用户视觉最集中的地方、保持内容间的交叉连接并建立索引等。

这些最基本的准则虽然并不能解决所有的问题,但注意它们并积累我们个人的设计经验有助于设计出好的网站,以达到吸引用户多次访问的目的。

视频讲解

11.2 网站结构规划

Web 站点由一组 Web 页面组成,而且这些 Web 页面具有一定的分层设计和组织。在规划设计 Web 界面时,第一个步骤就是明确网站的目标和用途(例如产品销售),Web 设计的布局、风格和内容等都要以这个目标为中心。结构设计要做的事情就是如何将内容划分为清晰、合理的层次体系,建立起组成 Web 站点的各个页面相互的关联关系,构建一个组织优良的网站整体。

11.2.1 网站栏目规划

明确划分信息群不让访问者产生迷惑,使之迅速找到所需要的信息,是栏目规划最重要的任务,栏目的整理决定了网页的可读性。事实上,网站栏目的规划对于网站来说是决定其成功或失败的重要因素。栏目的实质是一个网站的大纲索引,其作用就如同一本书的目录一样,因此索引应该将网站的主体明确显示出来。

在制定栏目的时候要仔细考虑、合理安排。好的栏目规划结构是网站内容的总体概述,它利用导航的形式予以表现,指引浏览者在页面间访问和跳转。因此,一个良好的网站导航栏目规划是保证网站布局合理、内容清晰的基石,将使得网站信息更易被用户访问。例如一个商业网站通常具有类似下面的分类。

(1) 产品:根据一个企业销售的产品或提供的服务进行的分类。

(2) 客户支持:企业针对客户提供的各类帮助。

(3) 投资者关系:特别对于那些上市企业,这是必需的一种信息。

(4) 关于我们:对于企业信息的一种描述。

当当网是全球领先的综合性网上购物网站,其网站的导航栏目就是以产品分类的方式来组织的,例如图书、百货、品牌等,如图 11-8 所示。

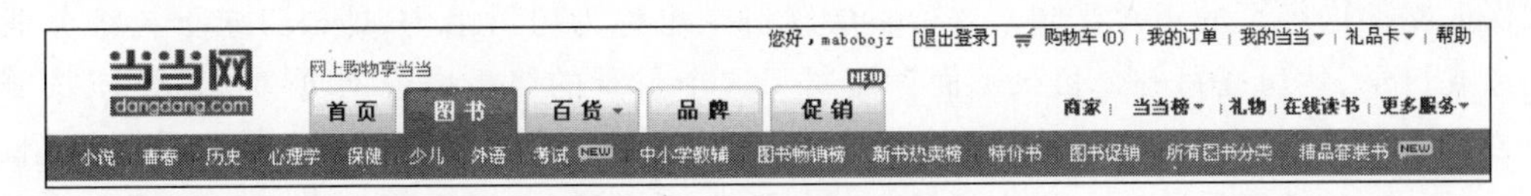

图 11-8　当当网二级导航

由于不同类型的网站其定位和功能都是不同的，因此需要根据网站的具体功能进行栏目设置，具体问题具体分析，通常情况下需要遵循一些通行的准则，同时也应突出网站性质特点所要求的区别。总体而言，网站栏目的划分需要遵循一些基本原则。

第一，栏目内容一定要紧扣主题，可以将网站的主题按照一定的分类方法分类作为网站的主栏目，同时要明确，主栏目的个数在整个栏目中应占有较大比重，这样的网站才能主题清晰，给人留下深刻印象。

第二，栏目的目录设计要求简洁，结构层次清晰，以方便对网站的管理，不管网站的内容有多精彩，如果缺乏对内容的准确提炼和总结，清晰地告诉访问者所需的信息在哪里，则最终会难以引起浏览者的关注。

第三，栏目的内容要突出重点，对于用户经常要访问的内容应直接放在主栏目下，而对以其他的辅助内容，如关于本站、版权信息等可以不放在主栏目里，以免冲淡主题，同时尽可能删除与主题无关的栏目以及尽可能将网站最有价值的内容列在栏目上。

第四，为方便用户使用，一般情况下访问者应能够在 3～5 次单击后查询到相关问题，因此应对栏目级数进行控制，网站的页面级数最多控制在三级，同时链接应当是清晰而准确的。

在基于通行准则的指导下可以针对网站的特点和性质具体确定栏目设计。栏目设计应该以用户为中心，以一种访问者容易、直观、可预期的方式来设计网站的结构。一般应该从网站的类型、希望表达的内容、信息的分类以及同类网站的设计几个方面来考虑。

为了更好地进行栏目设计，需要收集大量的相关资料，并对其整理。整理以后再找出重点，根据重点以及网站的侧重点，结合网站定位来确定网站的分栏目需要有哪几项，可以参考一下其他类似网站的栏目，然后一起反复比较，最后确定网站的相关栏目，形成网站栏目的树状列表，用于清晰地表达站点结构。

接下来以同样的方法讨论二层栏目下的子栏目，对它进行归类，并逐一确定每个二级分栏目的主页面需要放哪些具体的东西，二级栏目下面的每个小栏目需要放哪些内容，能够很清楚地了解本栏目的每个细节。例如，当当网在图书这个一级栏目导航下重点突出了畅销的图书种类作为二级栏目。

11.2.2　目录结构规划

网站的目录是指建立网站时创建的目录。目录结构主要指网站包含的文件所存储的真实位置表现出来的结构。目录结构往往是被设计者容易忽略的问题，大多数初学者进行站点设计时都是未经规划随意创建子目录。事实上，目录结构的好坏对于网站的维护、内容的扩充和移植、搜索引擎的访问都有重要的影响。下面是对建立目录结构的一些建议。

(1) 不要将所有文件都存放在根目录下。有的开发者为了方便，将所有文件都放在根目录下，这样做容易造成文件管理混乱，不清楚哪些文件需要编辑和更新、哪些无用的文件可以删除、哪些是相关联的文件，从而影响工作效率，另外也影响上传速度。

(2) 按栏目内容建立子目录。对于一些大型网站，可以采用 2 到 3 层甚至更多层级子目录来保证文件内容页的正常存储。这种多层级目录也称为树形结构,即根目录下再细分成多个频道或目录,然后在每一个目录下面存储属于这个目录的终极内容网页。这就要求按照主菜单栏目建立子目录使网站目录结构条理清晰。例如企业站点可以按公司简介、产品介绍、价格、在线订单、反馈联系等建立相应目录。其他的次要栏目,对于需要经常更新的可以建立独立的子目录,而对于一些相关性强,不需要经常更新的栏目,例如关于本站、站点导航等可以合并放在一个统一的目录下。

(3) 建立一些特定目录存放公共信息。这些特定目录主要包括图片、动画、声音、CSS 文件等。例如把 CGI 程序放在 cgi-bin 目录,把图片放在 images 目录。对于 images 目录,为了管理方便,应为每个主栏目建立一个独立的 images 目录,而根目录下的 images 目录只是用来放首页和一些次要栏目的图片。

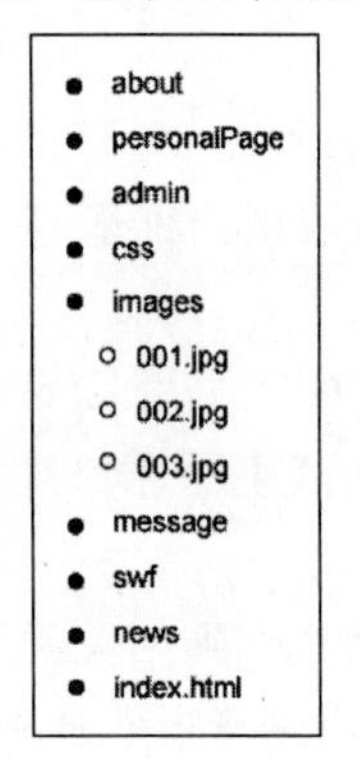

图 11-9 班级网站的目录结构

另外还有一些需要注意的目录规划原则,例如:

(1) 目录的层次不要太深,建议不要超过 3 层。

(2) 不要使用中文目录,使用中文目录可能会对网址的正确显示造成困难。

(3) 不要使用过长的目录。

(4) 尽量使用意义明确的目录,例如可以使用 image、css、js、post、bbs 等。

(5) 首页通常命名为 index 或者 default,并应放在根目录下,而且每个栏目的首页也应遵循这样的规则。

图 11-9 显示的是一个班级网站的目录结构规划图。

视频讲解

11.3 网页布局

11.3.1 布局设计原则

当 Web 站点的设计者完成了站点的栏目规划后,实际上已经掌握了网站客户群体最希望看到的标题内容,接下来就是使用页面布局将这些内容以合理的方式展示给客户了。

网页布局体现的是网页中各个模块的重要程度以及客户可能关注的重点,合理的布局应能够将站点想要传达的信息快速而高效地提供给用户,因此布局是整个界面的核心。在布局的时候一定要注意网页内容和形式的统一、协调和均衡。图 11-10 是携程旅行网的主页面内容。在看似种类繁多的信息页面包含了携程提供给顾客的条理清晰的分类信息,可以对该页面的信息内容进行分析得到其布局结构。

该页面信息较大,但安排有序。图 11-11 对上述主网页截图分析功能布局。

在模糊之后依然可以看出大体的功能分区,上部主要放置公司的 LOGO 和一个横向导航条,中部为内容信息区,因为信息区内容较多,所以又将中部信息区划分为左、中、右三个部门分别放置不同类型的信息内容;底部为页脚区域,主要放置了公司的版权信息、底部导航等。其网页布局结构如图 11-12 所示。这是一个标准的上、中、下的布局结构。

设计者应考虑如何使网页的布局和网页的内容完美结合,使得既能够准确、快速地表达网站的主要内容,让用户把注意力集中到浏览内容上,还能够维持网页整体外形上的稳定和美观。通常可以从以下几个大的方面考虑布局的基本设计原则。

图 11-10　携程旅行网

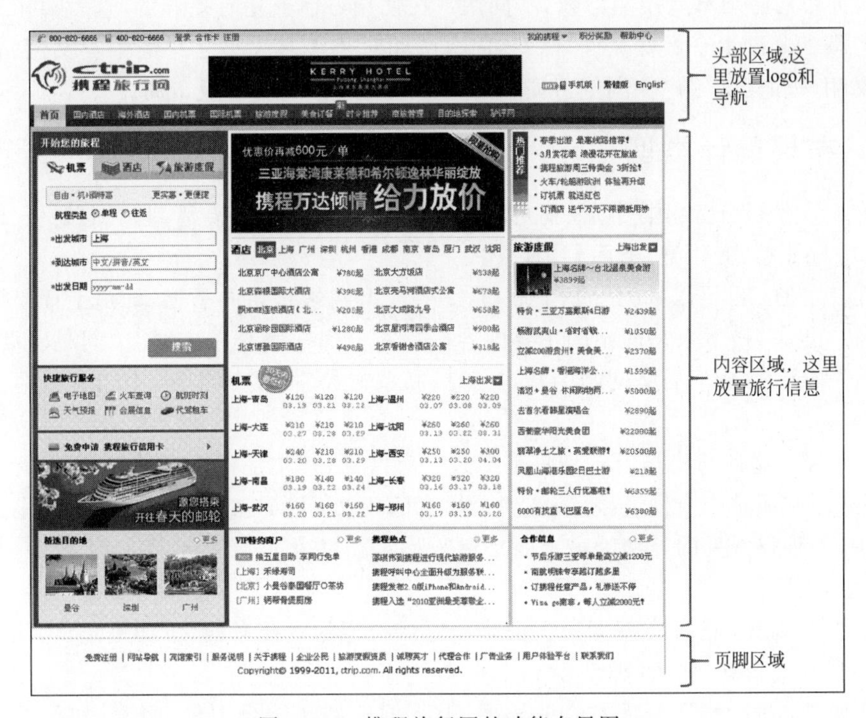

图 11-11　携程旅行网的功能布局图

图 11-12 携程旅行网的框架图

(1) 网页布局的内容应来源于需求,栏目的重要程度决定了网页布局的形式。网页中要展示的内容必须是依据站点的主要栏目进行规划的,同时可以将所要表达的相近的栏目集中在一个区域显现,构成一种群体效应,提高客户访问网站信息的流畅性。

(2) 网页布局应区分栏目模块的重要程度,分开栏目的主次性,重要栏目以顶部、左侧排列排放,次要的栏目以底部、右侧排列排放,就是将网页中的重要信息、重要功能模块"靠上靠左"呈现,这是因为这些地方从位置上讲比较有吸引访问者眼球的优势。无论怎样,能够让访问者一眼就能获取到自己想要的信息,是一个网页设计在实用性上很重要的体现。

(3) 网页布局必须尊重用户习惯,不同用户在使用习惯上是有差异的,这就要求我们要在尊重用户习惯的基础上来做好页面排版布局。例如对于很多大型公司的中英文网站来说,还应考虑中文用户和英文用户在浏览习惯上的差异进行有差别的排版布局。

11.3.2 布局设计类型

网页布局大致可分为"国"字形、拐角型、标题正文型、左右框架型、上下框架型、综合框架型、封面型、Flash 型、变化型,下面分别论述。

(1) "国"字形:也可以称为"同"字形,是一些大型网站喜欢的类型,即最上面是网站的标题以及横幅广告条,接下来是网站的主要内容,左、右分列一些小条内容,中间是主要部分,与左、右一起罗列到底,最下面是网站的基本信息、联系方式、版权声明等。图 11-13 是新浪网的首页。

(2) 拐角型:这种结构与上一种只是形式上有区别,其实是很相近的,上面是标题及广告横幅,接下来的左侧是一窄列链接等,右列是很宽的正文,下面也是一些网站的辅助信息。在这种类型中,一种很常见的类型为最上面是标题及广告,左侧是导航链接。图 11-14 是美的集团的电器说明页面。

(3) 标题正文型:这种类型即最上面是标题或类似的一些东西,下面是正文,比如一些文章页面或注册页面等就是这种类型。

(4) 框架型:框架型还分为左右框架型、上下框架型及综合框架型等。如果一个网页的左边导航菜单是固定的,而页面中间的信息可以上下移动,一般就可以认为是一个框架型网

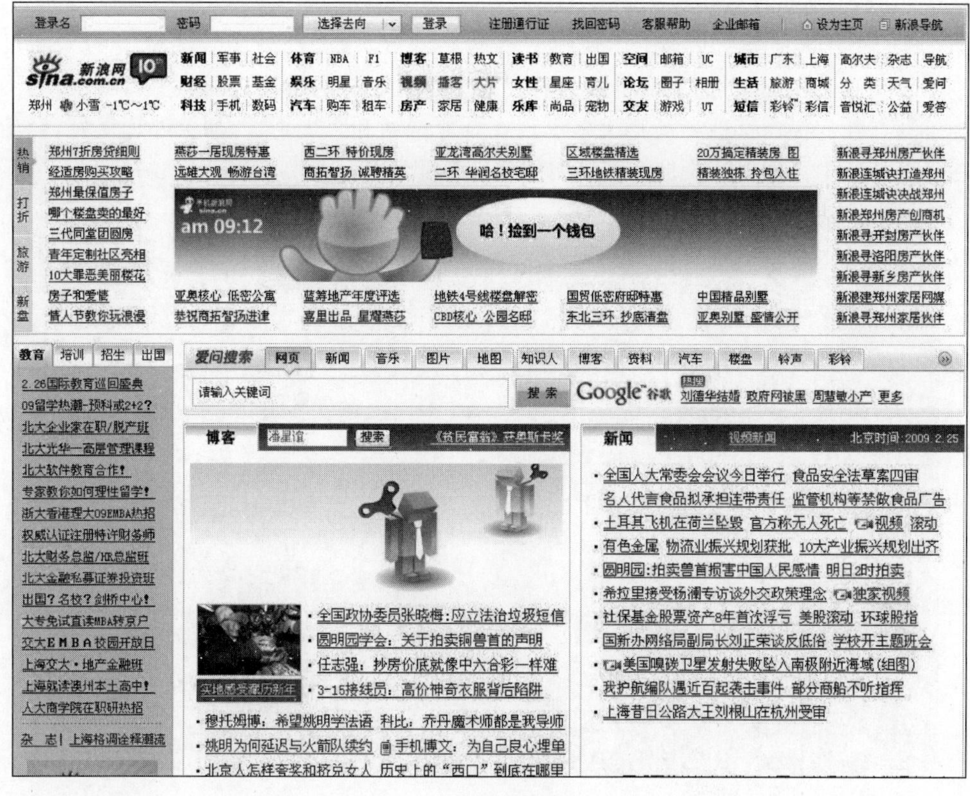

图 11-13 “国”字形网页布局

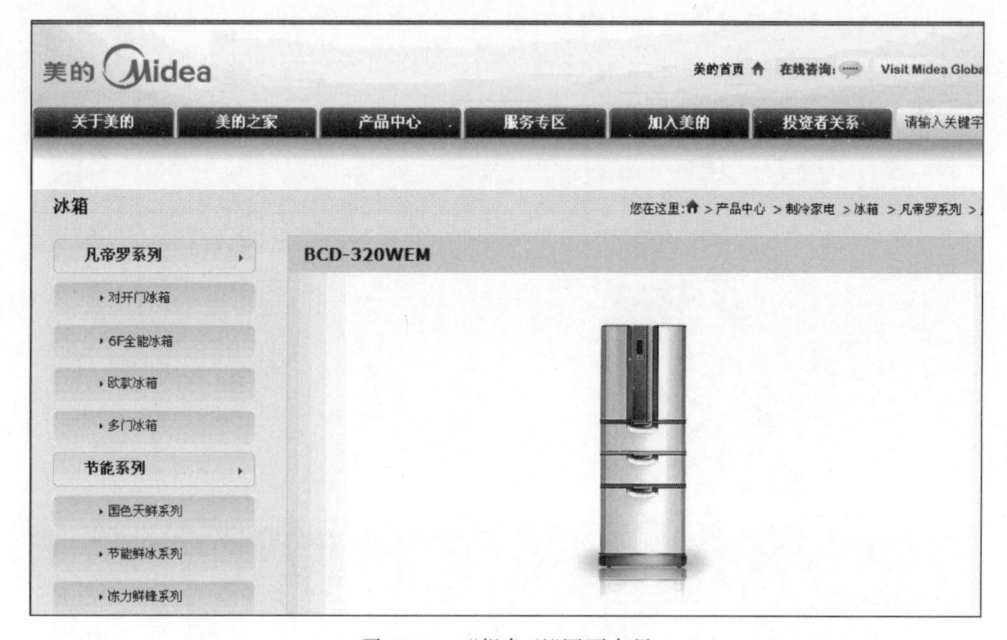

图 11-14 “拐角型”网页布局

页。或者还有一些框架型站点的模板在其页面上方放置了位置固定的公司的 LOGO 或图片，而页面的其他部分则可以上、下、左、右移动。框架型网站的优势在于可以使网站的维护变得相对容易,但其不易被搜索引擎索引。

(5) 封面型：这种类型基本上出现在一些网站的首页,大部分为一些精美的平面设计结合一些小的动画,放上几个简单的链接或者仅是一个“进入”的链接,甚至直接在首页的图片上做链接而没有任何提示。这种类型大多出现在企业网站和个人主页,如果处理得好,会给人带来赏心悦目的感觉。图 11-15 是上汽集团的企业愿景页面。

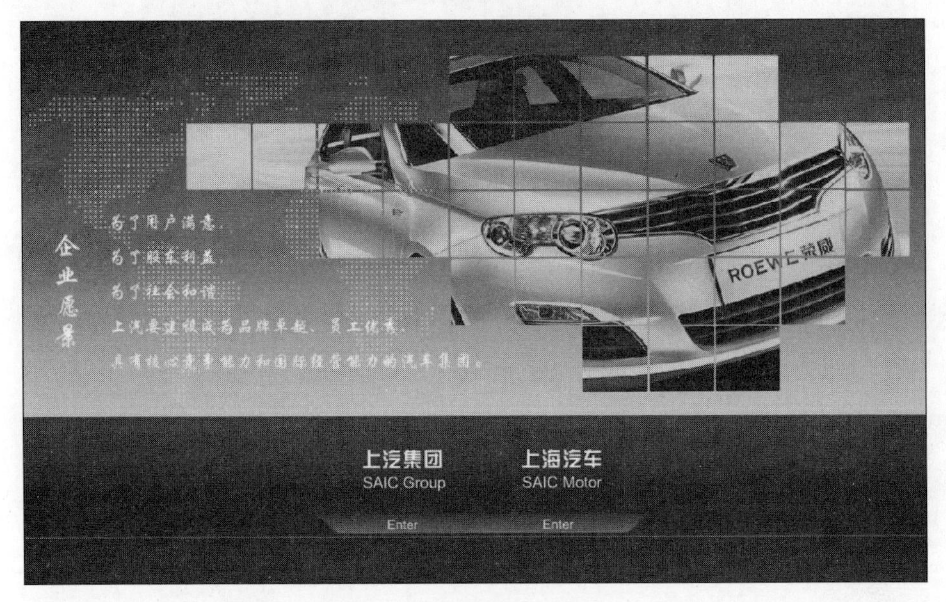

图 11-15 “封面型”网页布局

(6) Flash 型：其实这种类型与封面型结构是类似的,只是这种类型采用了目前非常流行的 Flash,与封面型不同的是,由于 Flash 功能强大,页面所表达的信息更丰富,其视觉效果及听觉效果如果处理得当,绝不差于传统的多媒体,如图 11-16 所示。

图 11-16 “Flash 型”网页布局

页面的布局没有固定的方式方法，要针对具体问题具体分析。如果内容非常多，像一些新闻资讯类网站就可以考虑用“国”字形或拐角型；如果内容不算太多，而一些说明性的东西比较多，则可以考虑标题正文型；如果是一个企业网站想展示一下企业形象或个人主页想展示个人风采，封面型是首选。框架结构的一个共同特点就是浏览方便、速度快，但结构变化不灵活，通常用于网站后台管理页面的布局；而 Flash 型具有很强的视觉冲击效果，好的 Flash 大大丰富了网页，但是它不能表达过多的文字信息。

11.3.3　布局设计元素

在网页文件中会涉及很多页面元素，那么如何将这些页面元素有机地组合起来，达到满意的视觉效果？必须把这些元素放在合适的位置上，这就是页面元素的定位。

1. 页面规格

由于页面尺寸和显示器大小及分辨率有关，网页的局限性就在于无法突破显示器的范围，而且由于浏览器将占去不少空间，留下的页面范围变得越来越小。一般在分辨率为 800×600 的情况下，页面的显示尺寸为 780×428 像素；在分辨率为 640×480 的情况下，页面的显示尺寸为 620×311 像素；在分辨率为 1024×768 的情况下，页面的显示尺寸为 1007×600 像素。

2. LOGO 设计

LOGO 是标志、徽标的意思，是互联网上一个网站用来与其他网站链接的图形标志，是网站形象的重要体现，也是网站对外传播的形象标识，大家务必要仔细斟酌，不仅要简洁得体，还要符合网站的定位和目标。

为了便于 Internet 上信息的传播，对 LOGO 设定一个统一的国际标准是需要的。实际上已经有了一整套标准的 LOGO 国际标准规范，其中关于网站的 LOGO 目前有以下三种规格。

(1) 88×31：互联网上最普遍的 LOGO 规格。

(2) 110×60：用于一般大小的 LOGO。

(3) 110×90：用于大型 LOGO。

3. 页头

页头又可称为页眉，页眉的作用是定义页面的主题。例如一个站点的名字多数显示在页眉里，这样访问者能很快地知道这个站点的内容。页头是整个页面设计的关键，它将涉及下面的更多设计和整个页面的协调性。页头常放置站点名字的图片和公司标志以及旗帜广告。

4. 文本

网页设计者可以用字体更充分地体现设计中要表达的情感。字体选择是一种感性、直观的行为。文本的字体要依据网页的总体设想和浏览者的需要选择。例如，粗体字强壮有力，有男性特点，适合机械、建筑业等内容；细体字高雅细致，有女性特点，更适合服装、化妆品、食品等行业的内容。在同一页面中，字体种类少，版面雅致，有稳定感；字体种类多，则版面活跃，丰富多彩，关键是如何根据页面内容来掌握这个比例关系。

页面正文显示的字体大小为 11px 左右，现在很多的综合性站点，由于在一个页面中需要安排的内容较多，通常采用 9px 的字号。

行距可以用行高(line-height)属性来设置，建议以像素或默认行高的百分数为单位。例如{line-height：20px;}、{line-height：150%;}。

网页排版最主要的内容是文本，若页面排版不合理，容易产生视觉上的疲劳感。一般来说要注意以下几点：

(1) 文本的颜色要与背景颜色对比明显,使浏览者可以清楚地看到文本;

(2) 文本的字体最好用宋体;

(3) 保持合理的行距,每行文字的长度不可过长,以便于阅读。

5. 页脚

一般使用标准的页脚提供版权信息、最后更新的日期、隐私和法律声明,另外还可以使用和页面顶端相同的导航设计等。

6. 图片

在网页中经常会用到图片,图片直接影响到网站的浏览速度和浏览者的第一感觉,目前网页中最常用的两种图像格式是 GIF 和 JPEG。GIF 格式适用于动画或者字体、图像等内容,具有文件小的特点;JPEG(简称 JPG)格式适用于照片,具有像素高、显示效果好的特点。对于网页中的图像要注意以下两点:

(1) 不要将小图片直接拉大来使用,这样会使图片的显示质量明显下降,影响浏览效果;

(2) 在保证图片质量的同时尽可能压缩,以提高访问速度。

7. 多媒体

除了文本和图片以外,还有声音、动画、视频等其他媒体。虽然它们不经常能被用到,但随着多媒体网页的兴起,它们在网页布局上将变得更重要。

8. 留白

留白就是网页中元素之间的空白。对于网页设计来说,利用空间中的留白是非常重要的,利用留白能达到页面平衡,使整个页面布局松紧有度,形成虚实、浓淡、动静、轻重的效果,给人以跌宕起伏之感。

在网页设计中,留白可以是空白,也可以是大面积的单纯色彩,或者是规则图形的组合,它使文字之间、图形之间形成页面节奏感、版块层次感、内容主次感(见图 11-11)。在具体设计时要注意以下几点:

(1) 网页顶部(头部)留白,保留网站的类型、风格的 LOGO 和提供简单明了的导航链接;

(2) 页面背影留白,去除影响视线顺畅流动的底纹等装饰性元素,根据实际需要设计好页面边空;

(3) 简化标题表现,去除题花等装饰性元素,特别是头条、置顶、图版等,不做围框、流动、色彩变换等特效重复强调;

(4) 版块分离用空白而不是用表格或线条。

11.3.4 布局设计技术

目前,网页布局的技术有三种,第一种为表格布局;第二种为 DIV+CSS 布局;第三种为框架布局。

1. 表格布局技术

表格不仅可以控制单元格的宽度和高度,而且可以互相嵌套,为了让各个网页元素能够放在预设的位置,表格成为网页布局最常用的方式。表格布局的优势在于它能对不同对象加以处理,且不用担心不同对象之间的影响,而且表格在定位图片和文本上比用 CSS 更加方便。

表格布局的优点如下。

(1) 简单易用:比较适合入门级的用户操作,语句编写较简便,主要代码是< table ></table >、< tr ></tr >、< td ></td >等语句。

(2) 所见即所得：借助可视化的网页编辑工具，设计基本是“所见即所得”。当用户插入一个 table 标签时就可以立即看到效果。

(3) 设计速度快：使用网页设计工具可以快速制作以表格布局的网页，而且一些图形编辑工具(如 Photoshop)还可以将网页设计图直接切割转换成表格布局的页面。

由于表格的结构过于复杂，用于简单页面的布局还可以，对于复杂页面，利用表格则存在严重的缺陷：

(1) 代码可读性差、可维护性差。

(2) 网页打开的速度较慢：后台代码太多，导致网站打开的速度慢。

2. DIV+CSS

DIV+CSS 的布局方式是采用 div 标签配合 CSS 样式表实现的对网页元素进行定位的一种布局方法。div 标签是用来为 HTML 文档内大块(block-level)的内容提供结构和背景的元素。div 的起始标签和结束标签之间的所有内容都可以通过使用样式表格式化这个块来进行控制。一个由 DIV+CSS 布局且结构良好的页面可以通过调整 CSS 的定义在任何地方、任何网络设备(包括 PDA、移动电话和计算机)上以任何外观表现出来。这种网页布局方法有别于传统的 HTML 网页设计语言中的表格(table)定位方式，真正地达到了 W3C 内容与表现相分离。而且利用 DIV+CSS 布局方式构建的网页能够简化网页代码、加快网页显示速度，因此 DIV+CSS 已经成为目前流行的网页布局方式。

DIV+CSS 布局的优点如下：

(1) DIV 用于搭建网站结构，CSS 用于创建网站表现，将表现与内容分离，便于大型网站的协作开发和维护，同时可以做到“一次设计，随处发布”。

(2) 提高搜索引擎对网页的索引效率：由于将大部分的 HTML 代码和内容样式写入了 CSS 文件中，这就使得网页中的正文部分更为突出明显，便于被搜索引擎采集收录。

(3) 缩短改版时间：根据区域内容标记，到 CSS 里找到相应的 ID，使得修改页面的时候更加方便，也不会破坏页面中其他部分的布局样式。

(4) 大大缩减页面代码，提高页面浏览速度，缩减带宽成本：将大部分页面代码写在了 CSS 当中，使得页面体积容量变得更小，这将加快页面的加载速度。

(5) 强大的字体控制和排版能力：CSS 控制字体的能力比 font 标签要好。有了 CSS，不再需要用 font 标签或者透明的 1px GIF 图片来控制标题，改变字体颜色、字体样式等。

当然，利用 DIV+CSS 布局也存在一定的缺点。

(1) 可观性差：用户在编辑的时候并不能立即看到编辑效果，需要预览才可以看到。

(2) 操作烦琐：相对于入门级的用户，操作起来很麻烦。

(3) 兼容性较差：用 DIV+CSS 设计的网站在 IE 浏览器里面正常显示，到 FF 浏览器中有可能面目全非，故设计时需要把不同的浏览器样式都考虑进去。

3. 框架布局技术

框架是网页中经常使用的页面设计方式，框架的作用就是把网页在一个浏览器窗口下分割成几个不同的区域，实现在一个浏览器窗口中显示多个 HTML 页面。使用框架可以非常方便地完成导航工作，让网站的结构更加清晰，而且各个框架之间绝不存在干扰问题。利用框架最大的特点就是使网站的风格一致。如果多个网页拥有相同的导航区，只是内容有所不同，则可以考虑使用框架来设计网页布局。这样访问者在查看不同内容时无须每次都下载整个页面，而可以保持导航部分不变，只要下载网页中需要更新的内容部分，从而能够提高网页的下载速度,也可以方便实现页面的局部刷新。

但是,框架布局一直是较受争议的布局方式,尤其是对于搜索引擎来说,框架布局结构不利于搜索引擎对网站的索引。

4. 三种布局方式的应用对比

使用DIV的方法布局的优点是可以通过CSS样式给框架进行功能强大的属性设置以及给网页的局部进行任意的定位,制作出来的页面浏览速度较快,同时页面的风格可以通过修改单独的CSS文件进行随意修改和更新。其缺点是每个DIV容器都需要定义CSS样式来控制,制作过程相对复杂。

使用表格布局网页框架的优点是制作方式直接、制作速度快,缺点是加载速度慢,且可维护性差。

框架由于不能进行精确的元素定位,因此不能独立完成页面的布局,它常常与表格配合使用,先用框架将页面划分为几个区域,然后用表格实现各区域的精确局部,其常用在网站系统的后台页面设计中。

视频讲解

11.4 内容设计

对于网页来说,最重要的就是信息内容,信息的品质与数量决定了人们对这个网页的评价高低。一个用户访问你的网站主要在于网站的内容,一旦他不能发现他所需要的,那么他将离开。因此内容设计应当满足网站的目标,每个页面的内容应当受到良好的组织,适合于网站的受众。一般而言,内容通常有文本和多媒体两种表现类型。

11.4.1 文本

文本是网页中重要的设计元素之一,好的文本内容是专门为这个网页所写,而不是简单地从一堆材料中复制过来的。对于网页设计初学者而言,了解和掌握网页设计中的文字排版设计显得尤为重要。图11-11是legistyles公司的网站,在文字设计上独树一帜。

1. 文字的格式化

文字的格式化包括字号、字体、字间距、行距等。

(1) 字号的大小可以用不同的方式表达,例如磅(Point)或像素(Pixel)。选用什么样的字体、什么样的尺寸也就代表着该元素在文档中的层级和地位。网页显示的字体是带有锯齿的,一般既能清晰又能保证美观的字体字号有下面几类:宋体11px、宋体11px粗体、宋体14px、宋体14px粗体、黑体20px、verdana 9px、Arial Black 11px+等。最适合网页正文显示的字体大小为11px左右。目前非常多的综合性站点由于在一个页面中需要安排的内容较多,通常采用9px的字号。较大的字体可用于标题或其他需要强调的地方,小一些的字体可用于页脚和辅助信息。

(2) 字体可以被网页设计者用来更充分地体现设计中要表达的情感,不过,无论选择什么字体,都要依据网页的总体设想和浏览者的需要。从加强平台无关性的角度来考虑,正文内容最好采用默认字体,因为浏览器是用本地机器上的字库显示页面内容的。如果使用特殊字体,在浏览者的机器里并不一定能够找到,则网页的显示就会出错。因此,在确有必要使用特别字体的地方最好能将文字制作成图像,然后插入页面中。

(3) 行距就是在两行文字之间间隔距离的大小,是从一行文字基线到另一行文字基线之间的距离。行距本身也是具有强表现力的设计语言。在一般情况下，接近字体尺寸的行距设置比较适合正文。系统默认将行距设为文本尺寸的 110%。例如，10 磅文本的行距为 11 磅。适当的行距会形成一条明显的水平空白带，以引导浏览者的目光，而行距过宽会使一行文字失去较好的延续性。为了加强版式的装饰效果，可以有意识地加宽或缩窄行距，体现独特的设计情趣。例如，加宽行距可以体现轻松、舒展的情绪，应用于娱乐性、抒情性的内容恰如其分。行距能用行高（line-height）属性来设置，建议以磅或默认行高的百分数为单位，例如{line-height：20pt；}或{line-height：150%；}。

2. 文字的强调

文字的强调一般是对网站内容信息的一种加强手法，通常有以下几种。

(1) 行首的强调：可以将正文的第一个字或字母放大并做装饰性处理，嵌入段落的开头，这在传统媒体版式设计中称为“下坠式”。这种方式可以起到吸引访问者视线、装饰和活跃版面的作用，所以同样被应用于网页的文字编排中。其下坠幅度应为跨越一个完整字行的上下幅度，至于放大多少，则依据所处的网页环境而定。

(2) 引文的强调：在进行网页文字编排时常常会碰到提纲挈领性的文字，即引文。引文概括一个段落、一个章节或全文大意，因此在编排上应给予特别的页面位置和空间来强调。引文的编排方式多种多样，例如将引文嵌入正文的左右侧、上方、下方或中心位置等，并且能在字体或字号上和正文相差别而产生变化。

(3) 个别文字的强调：将个别文字作为页面的诉求重点，能通过加粗、加框、加下画线、加指示性符号、倾斜字体等手段有意识地强化文字的视觉效果，使其在页面整体中显得出众而夺目。

3. 文字的颜色

在网页设计中，颜色的运用可以强调文字中特别的部分，还可以对整个文字内容的情感表达产生影响。设计者能为文字、文字链接、已访问链接和当前活动链接选用各种颜色，系统也会有一些默认的设置。如正常字体颜色为黑色，默认的链接颜色为蓝色，鼠标单击之后又变为紫红色。使用不同颜色的文字能使想要强调的部分更加引人注意，如图 11-17 所示。但应该注意的是，对于文字的颜色，只可少量运用，在一个页面上如果运用过多的颜色会影响浏览者阅读页面内容，使浏览者感到杂乱无章、不知所措。

11.4.2　多媒体

除了文本网页内容之外，还可以将一些图片、动画、声音和视频置入网页中来丰富一个页面的内容表达方式。

图片是设计网页时大量使用的一种信息表达工具。在网站的使用过程中，由于会用到大量的图片，因此一个图片采用更小的数据量格式就意味着更快的传输速度。如果一个网页制作得非常精美，但使用的图片数据量很大，导致用户需要等待很长时间才能看到这个网页，这样的网页制作无疑是失败的。因此，在制作网页时既要保证页面的显示速度，又要保证画质的精美，可以选择以下几种图片格式。

1. 图片格式

什么样的图片格式更适合用到网页制作中要依据不同的图片显示情况进行选择。从总体上，在保证画面质量的前提下应尽可能选择数据量更小的图片格式来提高网站的显示速度，主要的图片格式有 GIF、JPG、PNG 等几种。

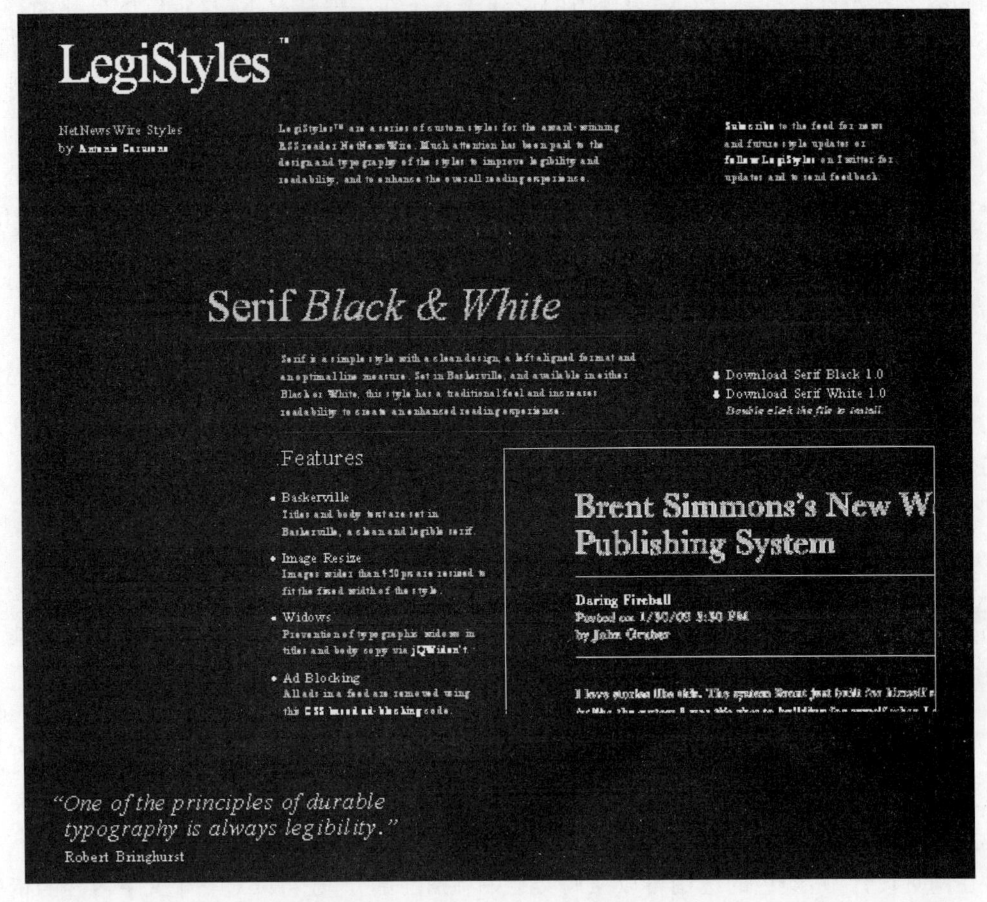

图 11-17　http://www.legistyles.com/

(1) GIF格式的特点是图片数据量小,可以带有动画信息,支持透明背景显示。GIF格式大量用于网站的LOGO、广告条Banner及网页背景图像。由于它最高支持256种颜色,所以不适合照片类的网页图像。

(2) JPG格式的特点是可以高效地压缩图片的数据量,使图片文件变小的同时基本上不丢失颜色画质,通常用于显示照片等颜色丰富的精美图像。

(3) PNG格式是一种较流行的网络图像格式,既融合了GIF可以透明显示背景的特点,又具有JPEG处理精美图像的优点,常用于制作网页效果图。

2. 图片的使用原则

在选择好图片的格式后,还要明确在使用图片的过程中需要关注的几个问题。

(1) 要尽可能保证下载速度,把图片限制在最适合传输又不影响图片质量大小的范围内,保证网络运作正常,使浏览者可以顺畅地下载图片。

(2) 对于在网页中所采用的每一张图片最好加入Width、Height两个属性,这样会使网页数据的下载更顺畅。

(3) 尽量将网站内容进行分类管理,尽量细化管理,可以将不同图片类型进行分类放置,这对网站管理会有很大的便利性。

(4) 图片过大会影响浏览者的浏览速度,从而带来很多不便,可以将这些大的图片分割一下,再使用Table语法所提供的Border=0、Cellspacing=0、Cellpadding=0命令参数将它们利用表格组合起来。

(5) 网页底图要简单、明快，一个网站不要使用三种以上的不同底图，使用分割窗口时最好两旁的底图也能一致，底图的颜色最好选用浅色或淡色系列，这样比较容易突出主题内容。

网页有时会加入一些 GIF 等格式的动画图片，虽然可以提高浏览者的兴趣，但不宜多，要适当选择，如果过多就会喧宾夺主，将主题埋没。动画可以通过利用 GIF、Flash、Ajax 或者其他的动画制作工具制作获得。在一个站点中动画的应用应当适度，当然，如果制作的是一个卡通或动画电影的站点则另当别论。

声音一般嵌入到网页中，当用户打开页面时或者单击声音的链接时进行播放，一般可以插入到网页中的声音文件格式有 MP3、WAV、WMA、MIDI、RM 等。另外，视频也是网页中流行的一种元素。

在网页中插入多媒体元素时可能会遇到文件大小、格式不能播放等问题，因此，在网页中使用多媒体元素时需要考虑显示效果和网络速度等因素。

11.4.3　内容排版

网站内容的排版是让用户阅读方便，要做到主题明确，网站的排版经过精心规划会使用户能更迅速地找到所需的资料。排版并不是仅仅做到整齐就足够，还要有明确的分类以及主题的适当规划。排版包括表格、框架的应用以及文字的缩排、段落等。

页面中的正文部分是由许多单个文字经过编排组成的群体，要充分发挥这个群体在整体版面布局中的作用。

(1) 两端均齐：文字从左端到右端的长度均齐，字群形成方方正正的面，显得端正、严谨、美观。

(2) 居中排列：在字距相等的情况下，以页面中心为轴线排列，这种编排方式使文字更加突出，产生对称的形式美感。

(3) 左对齐或右对齐：左对齐或右对齐使行首或行尾自然形成一条清晰的垂直线，很容易与图形配合。这种编排方式有松有紧、有虚有实，跳动而飘逸，产生节奏与韵律的形式美感。左对齐符合人们阅读时的习惯，显得自然；右对齐因不太符合阅读习惯而较少采用，但显得新颖。

(4) 绕图排列：将文字绕图形边缘排列，如果将底图插入文字中，会令人感到融洽、自然。

在对内容的排版上需要注意以下几个问题。

(1) 把关联项在视觉上进行分组：对于有关联的内容(如页面内的元素)通过进行恰当的逻辑分组使得页面间不同的内容通过留白进行区别，让用户能够知道不同的区域包含不同的内容，在结构上改善视觉效果。

(2) 创建视觉层次：有效地使用留白和逻辑分组可以给站点一个清晰的视觉层次。当然，站点的信息架构是有效地使用接近原则的基础。层次是靠把元素分成有继承关系的组来表达的。层次让用户明白他们在什么地方、要到什么地方去，从而实现站点的交流目的。列表是在视觉上表达层次关系的很好例子。

(3) 容易查找和阅读的布局：有层次关系和逻辑分组的内容是容易阅读和查找的。

(4) 利用三分法确定表现重点位置：三分法有时也称为井字构图法，是一种在摄影、绘画、设计等艺术中经常使用的构图手段。在这种方法中，摄影师需要将场景用两条竖线和两条横线分隔，就如同中文的“井”字，这样就可以得到 4 个交叉点，然后再将需要表现的重点放置在4个交叉点中的一个。

视频讲解

11.5 色彩设计

色彩是网站中最重要的一个部分,色彩能够呈现设计意图、表达个性,并对内容进行区分、布局和强调,一个网站设计的成功与否在某种程度上取决于设计者对色彩的运用和搭配。

11.5.1 色彩基础

所有网页上的颜色在HTML下看到的都是以颜色英文单词或者十六进制表示的。以英文单词表示的颜色共有17种,如红色使用"red"、蓝色使用"blue"等。但对于站点设计来说,这17种颜色不足以表现网站的宣传特色,用户还可以使用RGB值来获得自然界中的任何颜色。

1. 色彩

色彩分非彩色和彩色两类。非彩色是指黑、白、灰系统色,彩色是指除非彩色以外的所有色彩。在计算机显示屏的颜色显示中,RGB表示红色、绿色、蓝色,又称为三原色光,英文为R(Red)、G(Green)、B(Blue)。这三种颜色的数值都是255。在RGB模式下,每种RGB成分都可以使用从0(黑色)到255(白色)的值。例如,亮红色使用数值"R:255,G:0,B:0",其十六进制表示是FF0000。当所有成分的值均为255时,结果是纯白色。例如大家在网页编辑器中经常看到的描述语言"bgcolor=#FFFFFF"就是指当前网页的背景颜色是白色。当三种成分值为0时,结果是纯黑色。任何颜色都有饱和度和透明度属性,属性的数值变化可以产生不同的色相,因而色彩的变化是无穷尽的。

在色彩中,任何一个色彩都有它特定的色相、明度、纯度,它们被称为色彩的三要素。

(1) 色相:色彩的相貌,是区别色彩种类的名称。如红、橙、黄、绿、青、蓝、紫等,这些都是具体的每一个色相。

(2) 明度:色彩的明暗程度,即色彩的深浅度。如无彩色系中,最高的明度为白色,最低的明度为黑色,灰色居中。在有彩色系中,任何一色都可通过加白、加黑得到一系列有明度变化的色彩。

(3) 纯度:色彩的纯净程度,也可以说是鲜浊程度。有彩色的各种色都具有纯度值,无彩色的纯度值为零。对于有彩色的色彩纯度,纯度的高低区别是根据在各种色中含有的灰色程度来计算的。

2. 色彩的心理感觉

由于人对自然界中客观事物的长期接触和生活经验的积累,使我们看到某些色彩时会在视觉和心理上产生一种下意识的联想,产生冷或暖的条件反射。这样,在绘画色彩学中便引申出"色彩的冷暖",应用到实际视觉画面上之后,也就构成了可感知的色彩的"冷暖调"。从人对色彩的感觉来分,色彩可以分为冷色、暖色两大类。

(1) 冷色系给人以寒冷的感觉,如蓝色。

(2) 暖色系给人以温暖的感觉,如橙色。

在两大色系中,每种颜色都有同色系的颜色变化,在红色系中,深红色、大红色、橘红色、淡红色都是红色,但色相上有明显的差别,它们都属于红色系。色彩的冷暖感会因明度的改变而发生改变,明是一个温暖的色调,暗色呈中性,而浊色呈寒冷感。例如,黄绿色的纯色是暖的,中明色呈中性色，暗色则呈寒冷感。

3. 色彩的搭配

在一定的条件下，不同色彩之间的对比会有不同的效果。色彩对比是指各种色彩的界面在构成中的面积、形状、位置以及色相、明度、纯度之间的差别。这些差别在视觉效果上增添了许多变化。

(1) 近似色的配置：类似色调结合的配色相对而言是易于操作的配色，同时也是非常安全的配色。使用相同或类似的色相、同一色相或类似色调进行配色，由于色相和色调非常相似，所以这种配色既平淡又舒适，也可以给人单调的感觉。

(2) 同种色的配置：同种色指色相相同而明度、纯度不同的颜色。网站设计忌用单一色彩，以免产生单调的感觉，但通过调整色彩的饱和度与透明度也可以使单一色彩产生丰富的变化。

(3) 差异色的配置：色调差异非常大，并且纯度和明度差异相比，明度差异更明显，容易营造出既简洁又明快的感觉。

(4) 对比色的配置：一是补色配置，最强的对比色配置如红与绿、黄与紫等；二是次对比色配置，合理使用对比色会产生强烈的视觉效果，能够使网站特色鲜明、重点突出。在设计网页色彩时，一般以一种颜色为主色调，以对比色作为点缀，可以起到画龙点睛的作用。

(5) 分离配色的配置：对于过分强调对比的情况，可以通过在色彩和色彩之间加入一个分离色(通常是无彩色)来调和整体氛围。这样不仅显现了各个有彩色的色彩，同时也可以看到非常清晰的效果，但分离色使用的面积不宜过大，以免影响整体效果。

(6) 色彩面积分布的配置：色彩感觉与面积对比关系很大，同一组色，面积大小不同，给人的感觉也不同。在搭配色彩时，有时会感觉色彩太跳，有时则会显得力量不足，为了调整这种关系，除了改变各种色彩的色相、明度、纯度外，合理地安排各种色彩占据的面积也非常有效。

色彩搭配所产生的美感虽然千变万化，重点却是处理好对比与调和的关系，保持整体和局部的协调统一。例如，在单调的配色中为了给整体创造一个焦点而使用小面积对比色进行配色。在使用强调色彩时和分离配色一样需要考虑到面积比例大小，强调色面积过大会使主次颠倒，表现不够简洁。

11.5.2　网页中的色彩设计

一个网站给人的第一印象就是它的色彩，因此在设计网页时必须要高度重视色彩的搭配。在网页设计中可以利用色彩所具有的丰富表现力和情感效应使网页的形式和内容有机地结合起来，借助色彩能够体现网站的特色和风格，突出其表达主题。

网页中的色彩包括网页的底色、文字字形、图片的色系、颜色等。不同的色系体现了不同的风格，例如政府网站，其首页的风格应当是沉稳、简明、大方，因此宜用一两种基色的搭配作为主色来显示内容信息。同时为了防止由于主色构成相对单一而造成的色彩过淡，还可以通过对比鲜明的色彩来强化人们的视觉。

1. 利用色彩确定网站基调

网站色彩设计的第一步应选择网站的基色彩，也称为网站的标准色彩。网站给人的第一印象来自视觉冲击，确定网站的标准色彩是相当重要的一步。“标准色彩”是指能体现网站形象和延伸内涵的色彩。例如 IBM 网站的深蓝色、肯德基网站的红色条型、Windows 视窗标志上的红蓝黄绿色块,都使我们觉得很贴切、很和谐。一个网站的标准色彩不能超过三种,太多则会让人眼花缭乱。适合做网页标准色的颜色有蓝色、黄/橙色、黑/灰/白色三大系列色。标准色彩要用于网站的标志、标题、主菜单和主色块,给人以整体统一的感觉。至于其他色彩也可以使用,只是作为点缀和衬托,绝不能喧宾夺主。

2. 利用色彩划分版面布局

网页信息量大,内容丰富,设计师还可以通过不同的色彩进行网页界面的视觉区域划分。利用不同色彩给人的心理效果进行主次顺序的区分,使网站具有良好的易读性和方便的导向性。例如IBM的网站,设计师充分利用了色彩对网页的信息进行划分,将它们按主次和视觉流程进行编排,使内容更方便阅读,并且使所有内容在统一的视觉风格下达到完整、有序的视觉效果。

3. 利用色彩进行强调和引导

在网页设计中可以充分利用色彩对重要的信息进行强调,引起浏览者的注意,例如新产品的推广。对需要强调的内容适当运用色彩加以突出,使浏览者加深记忆,能够有效地提高信息传递效果。在产品展示网页中,色彩的强调功能尤为明显。

小结

有效的Web设计不是人们通常所认为的页面的华美和漂亮,它是一个融合了多种设计原则和设计过程的系统工程。学习Web设计的基本原则及其在结构、布局、内容、色彩等实现中的具体方法,有助于Web开发人员有效提升网站的可用性和建立良好的用户体验,保证网站对客户的持续吸引力。

习题

1. 浏览几个优秀的网站,对这些网站的主页进行分析,了解优秀网页的布局结构、文字处理、色彩搭配、导航设计、动画效果等。

(1) 海尔集团网站:https://www.midea.com.cn(企业网站)

(2) 中国人:https://www.chinaren.com(班级网站)

(3) 求职网:https://www.51job.com(信息类网站)

(4) 新浪网:https://www.sina.com.cn(综合类网站)

(5) 当当网:https://www.dangdang.com(购物类网站)

(6) 教育部网:https://www.moe.edu.cn(教育网站)

2. 浏览几个网站,对所浏览网站首页的特色和不足进行说明,主要从页面布局、色彩搭配、导航、图片文字效果、用户友好性等几个方面分析。

(1) 太平洋电脑网:https://www.pconline.com.cn

(2) 阿里巴巴:https://china.alibaba.com

(3) 易趣网:https://www.ebay.com.cn

(4) 新东方教育:https://www.neworiental.org

(5) 携程旅游网:https://www.ctrip.com

(6) 淘宝网:https://www.taobao.com

第12章

页面布局技术

网页布局的好坏是决定网页美观与否的一个重要因素，通过合理的布局可以将页面中的文字、图像等内容完美、直观地展现给访问者，同时能够合理地安排网页空间，优化网页的页面效果和下载速度。本章主要讲述了基于表格和DIV+CSS的网页布局技术。

本章重点

- 表格布局方法。
- DIV+CSS布局方法。

12.1 表格布局方法

视频讲解

表格布局已经有很多年历史了，在HTML和浏览器还不是很完善的时候，要想让页面内的元素能有一个比较好的格局是比较麻烦的事情，由于表格不仅可以控制单元格的宽度和高度，而且可以互相嵌套，所以为了让各个网页元素能够放在预设的位置，表格就成为网页布局最常用的方式。

传统表格布局方式实际上利用了HTML中table表格元素具有的无边框特性。由于table元素可以在显示时使得单元格的边框和间距为0，即不显示边框，因此可以将网页中的各个元素按版式划分放入表格的各个单元格中，从而实现复杂的排版组合。

12.1.1 表格布局的案例分析

表格布局在目前大多数的网站中仍然被广泛使用，尤其是以小型企业网站和个人网站的网页布局为多。采用表格布局可以快速地实现排版定位，开发网站的速度较快。

图12-1是一个采用了表格布局的产品介绍页面。该页面总体上采用了7行1列的表格进行布局，并且通过设置表格的宽度、高度、对齐方式以及以像素为单位设置上、下、左、右边距属性等的合理使用达到了整齐明确的排版要求，同时通过设定不同的背景颜色使得页面的视觉效果更加美观。

图12-2是一个采用表格布局的新闻列表页面。该页面总体上采用了5行3列的表格，通过合并单元格并设置相应的表格背景属性、内外边距属性等调整表格布局页面的表达效果。尤其是使用了表格明边框和暗边框的处理方式，以实现表格边框的立体效果，使第2列的栏目看起来更美观。

著名的搜索引擎网站www.google.com也使用了表格作为其页面布局的方法，如图12-3所示。

Google的页面以简洁、干净为特色，且布局几乎很少变化。这样的页面使用表格布局方便、快速。其页面布局结构使用了4行1列的表格实现，同时需要设置表格的对齐方式为居

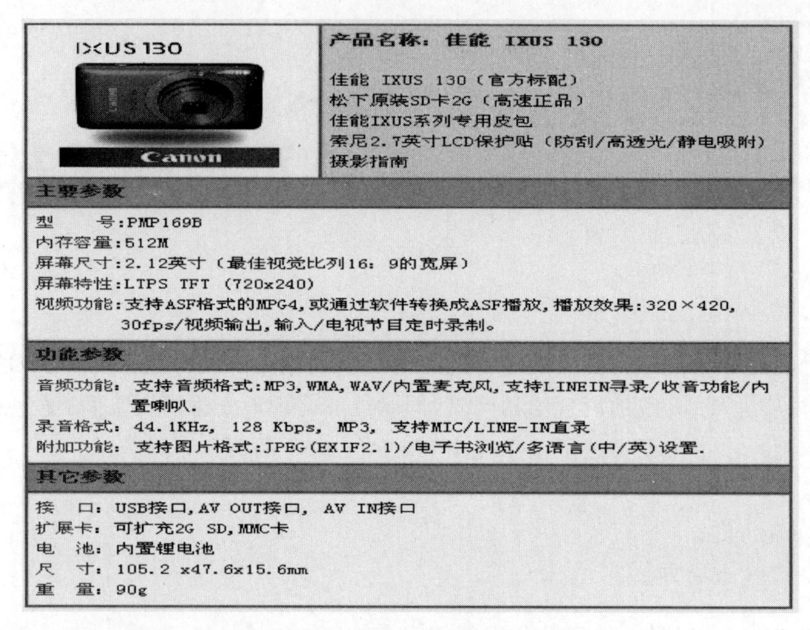

图 12-1　表格布局的产品介绍页面

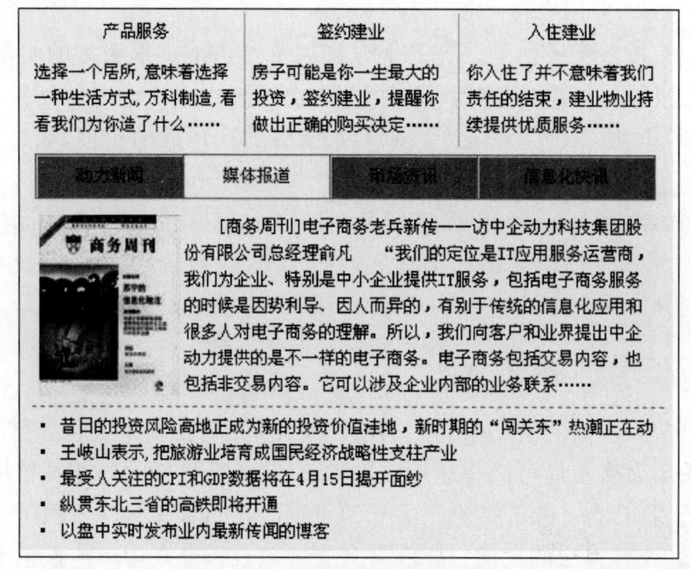

图 12-2　表格布局的新闻页面

中，表格内容的水平对齐方式为居中，以达到如图 12-3 所示的显示效果。

用表格控制表单的布局在网页制作中很常见，一般应用于用户登录、搜索区域、用户注册、在线留言、产品订单等。用户注册、在线留言与产品订单在网页中应用的表单分为左右结构。表格都采用 N 行 2 列或 N 行 4 列的方式。在标签区域中内容右对齐，单行文本框、单选按钮等标签左对齐，对于必须输入的区域应该有红色星号提示。例如开心网的用户注册页面如图 12-4 所示。

开心网的注册表单区域分为三部分，即电子邮件与密码区、基本信息区、验证码区。三个区域都采用 N 行 2 列的布局方式，第一列的内容居右显示，第二列的内容居左显示，并通过对所有的单元格属性设置 CSS 样式达到布局效果。

图 12-3　用表格布局 Google 主页面

注册：开通您的开心账户

开心网是帮助你与你的朋友、同事、同学、家人保持更紧密联系的真实社交平台，通过这个平台你可以及时了解他们的最新动态；分享你的照片、心情、快乐；结识更多的新朋友

你的电子邮箱：*

如果没有邮箱，你可以用账号注册

设置开心网密码：*

再输入一遍密码：*

你的姓名：*

性别：*　男　女

出生日期：*　年　月　日

谁可以浏览我：*　仅我的好友可以浏览我

验证码：*

看不清 换一张

开心网服务条款

同意条款，立即注册

图 12-4　开心网的用户注册页面

12.1.2　表格布局的操作方法

在利用表格搭建页面时应先规划好页面中各元素的具体位置，通过表格将这些区域划分出来，在单元格中插入元素后再仔细调整各单元格的大小、位置，使页面中各个元素的所在位置与实际需要相符，同时灵活利用表格的背景、框线等属性设置准确定位页面元素的排版技术，创建布局合理、美观的网页效果。在表格布局中大家应注意了解下面几个方面的问题。

1. 表格属性的设置

表格由边框、行、列、单元格组成。整张表格的边缘称为边框，水平方向的一组单元格称为行，垂直方向的一组单元格称为列，行列交叉部分称为单元格，单元格中的内容和边框之间的距离称为边距，单元格和单元格之间的距离称为间距，如图 12-5 所示。

通常，在表格实现的页面布局中，外层表格需要水平居中显示，由于系统默认水平居左对齐，如不设置居中，在宽屏显示器下页面居左，右侧很大的区域没有内容，显得非常不协调，宽

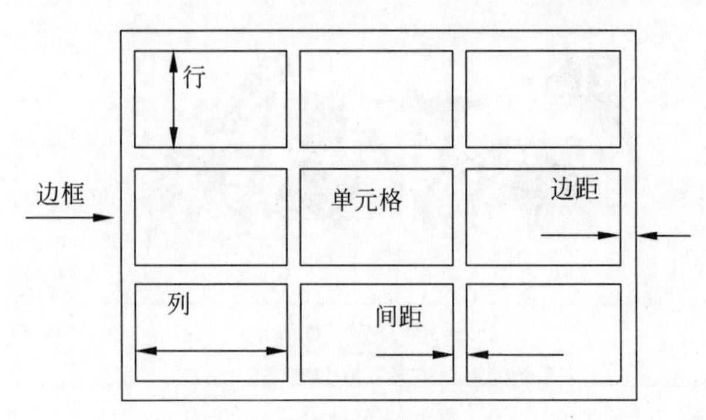

图 12-5　表格示意图

度的设置目前比较难统一，因为现在用户用到的分辨率有 800×600、1024×768、1280×1024 甚至更高，所以我们只能考虑到大多数用户，而很难照顾每一个用户，所以在 1024×768 分辨率下满屏的网站可以设置为 1000 像素，如果还想为网站两侧加对联广告，宽度设置为 940 像素比较合适。在表格属性中边距和间距通常设置为 0 像素，在为网页添加内容时如果需要间距可以用 CSS 实现。

2. 嵌套表格

网页的排版有时会很复杂。在通过一个表格控制页面的整体布局的情况下，如果一些内部元素也通过总表来实现排版细节，很容易引起行高或列宽的冲突；并且浏览器在解析网页时下载完整个表格的结构后才显示表格，通常浏览者需等待很长才能看到网页内容。这些问题可以通过使用嵌套表格解决。

嵌套表格是在现有的单元格内插入一个表格，插入表格的大小受所在单元格大小的限制。嵌套表格的使用使页面布局更加灵活，外部父表格控制页面的整体布局，嵌套表格负责各子栏目的排版，互不干扰。表格可以无限制地多层嵌套，但嵌套层数越多，浏览器解析的速度越慢，访问者等待的时间就越久。通常情况下，在保证页面内容合理排版的前提下应尽可能减少嵌套的层数。

嵌套表格会对父表格产生一定的影响，当嵌套表格的宽度大于所在父表格单元格的宽度时，父表格的单元格将会自动调整；如果嵌套表格过大，甚至会增加整个父表格的大小。因此，在使用嵌套表格时为了保持不同分辨率下的外观结构，父表格的宽度和高度一般使用像素值，而嵌套表格一般使用百分比。

12.1.3　表格布局实例制作

表格布局在网站中的应用很广。网站的内容列表与版式布局都可以应用表格布局技术达到合理展示信息内容的要求。图 12-6 是一个企业网站。

网页包括 LOGO、导航、Banner 条、主体内容、页脚等部分。由于这类网站信息量不大，内容及版面更新不频繁，所以可以采用传统的表格布局方法。网页采用典型的上中下布局类型，上部主要是 LOGO、导航和 Banner 条，中部又分为左右两个区域，下部为页脚内容。抽象后的结构布局如图 12-7 所示。

1. 搭建页面主体框架

整个网站从布局图上看可以使用一个 4 行 2 列的表格实现前述的上中下布局，但一般情况下，为了加快下载速度并且减少版块之间的相关性，可采用 4 个 1 行多列的表格实现上述布

图 12-6　表格布局页面

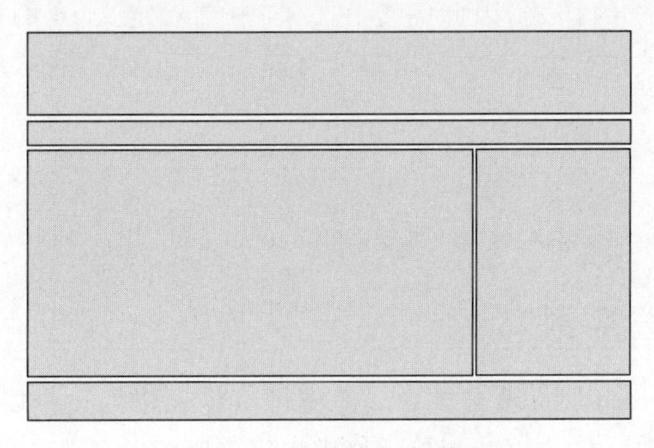

图 12-7　网站抽象布局图

局。其主体框架内容如下：

```
<table>
    <tr>
        <td>顶部导航</td>
    </tr>
</table>
```

```
<table>
    <tr>
        <td>banner</td>
    </tr>
</table>
<table>
    <tr>
        <td>内容区域左侧文章</td>
        <td>内容区域右侧文章</td>
    </tr>
</table>
<table>
    <tr>
        <td>底部版权</td>
    </tr>
</table>
```

该网页中 LOGO 和导航部分的内容较少。在内容不多的情况下,可以灵活使用两个 1 行 1 列的表格或者一个 2 行 1 列的表格进行控制。本例中使用了一个 1 行 1 列的表格。Banner 栏主要由图片构成,也使用一个 1 行 1 列的表格进行版面的控制。接下来的内容区域主要分为左、右两部分内容,使用一个 1 行 2 列的表格进行内容版块的划分。最后,底部版权区同样使用了一个 1 行 1 列的表格。

2. 全局属性的设置

用表格布局制作的网页离不开 CSS 样式表的定义,CSS 样式表需要对网页的背景、表格的属性、文字大小和颜色等属性进行定义。

网页整体属性设置的 CSS 样式应对< body >标签进行定义,主要包括页面字体大小、字体颜色、背景色,以及页面上、下、左、右边距等内容。由于在 CSS 中有些属性不被继承,例如 td 标签不能继承来自 body 的样式,因此需要在 CSS 中重新定义 td 的样式。[body,td,th]将 HTML 标签以组的方式进行定义,中间用逗号分隔需要定义的标签,所以可以将上述代码写为下面的形式:

```
*{margin:0px;}
body,td,th {font-size: 12px;color: #000000;}
body{background:#f5fff7;}
table,td{padding:0px;margin:0px; border-width:0px;}
```

Table 的 border-width 属性值被置为 0 使得可以将表格的边框隐藏掉,以利于页面的美观; padding 为 0 是让单元格边框线与单元格中内容之间的距离为 0 像素,即单元格中的内容紧挨着单元格的边线。

视频讲解

12.2 DIV+CSS 布局方法

随着 Web 2.0 标准化设计理念的普及,越来越多的人关注基于 DIV+CSS 的网页标准化设计。这是 Web 标准中的一种新的布局方式,正逐渐代替传统的表格(Table)布局。

12.2.1　DIV＋CSS布局的优势

使用DIV＋CSS构建网页，要转变传统的表格(Table)布局的思维方式，采用层(DIV)布局，并且使用层叠样式表(CSS)来实现页面的外观，给网站浏览者更好的体验。

在制作网页时采用DIV＋CSS技术可以有效地对页面的布局、字体、颜色、背景和其他效果实现精确控制，并且只要对相应的代码做一些简单的修改，就可以改变同一页面的不同部分，或者不同页面的外观和格式，这是基于Table的布局技术所无法做到的。同时，一个由DIV＋CSS布局、结构良好的页面可以通过CSS定义成任何外观，在任何网络设备上(包括手机、PDA和计算机)表现出来，而且与表格布局的网页相比，用DIV＋CSS布局构建的网页能够简化代码，加快显示速度。总的来讲，使用CSS＋DIV构架主要有以下三大优势：

1. 表现和内容分离，便于站点重构页面

DIV＋CSS模式具有比表格更大的优势，它将网页结构与内容相分离，代码简洁，利于搜索，方便后期维护和修改。内容和样式的分离导致在重构页面布局的时候只用针对每一个DIV元素重新定义其具体位置、样式就可以了，而如果采用Table布局，由于内容和结构密不可分，修改布局是一件非常困难的事情。

2. 结构清晰，对搜索引擎更加友好

一般来说，Table构架描述的页面样式结构和内容信息混合，特别是一些复杂嵌套的布局更是严重地影响了搜索引擎的搜索效率，而采用DIV＋CSS构架的页面具备搜索引擎SEO的先天条件，配合优秀的内容和一些SEO处理，可以获得更好的网站排名。

3. 便于Web项目开发分工协作

以往的Web开发程序员和页面设计者结合得必须相当紧密。DIV＋CSS构架的表现和内容分离的特性使得程序员和页面设计者只要通过一定页面元素的约定便可进行各自擅长的程序控制和页面展示部分的开发，减少相互的关联性，大大提高了开发效率。

因此，目前国内很多大型门户网站多采用DIV＋CSS制作方法，例如163、新浪、搜狐等门户网站。

12.2.2　DIV＋CSS布局的案例分析

DIV＋CSS的布局方式是目前主流的网页布局方式，尤其适合内容信息量大、版块较多且经常进行版面更新的大型门户网站。

图12-8是新浪页面的局部截图。新浪网是综合型信息网站，信息量巨大，栏目版块繁多，且内容经常要进行更新。这样的网站尤其适合DIV＋CSS的布局方式。从新浪网局部图上来看，版块内容利用了DIV的层设置，每一版块使用独立的层。同时利用层的边距、间距等属性有效地对版块进行了间隔，使得页面内容集中但不凌乱，且便于进行维护、更新。

图12-9展示的页面从整体上来看是“上中下”的布局模型。其头部包含网站的LOGO和搜索框，在实现上可以用左、右两个div层布局，并利用左右浮动进行定位；下面是一张精美的图片做Banner条，起到了美化网页的作用，同时，该图片也是用一个div标签实现定位；紧接着是网站的导航条；中间部分是左右分开的两部分内容页，分别使用独立的div层进行控制；底部为版权信息内容，同样使用独立的div层进行控制。

图12-10是豆瓣网主页面的局部截图。豆瓣网是典型的多行两栏的布局，第一行使用了一个div层容器进行控制，在这个div层中嵌套了两个独立的div层，即一个包含了豆瓣网的

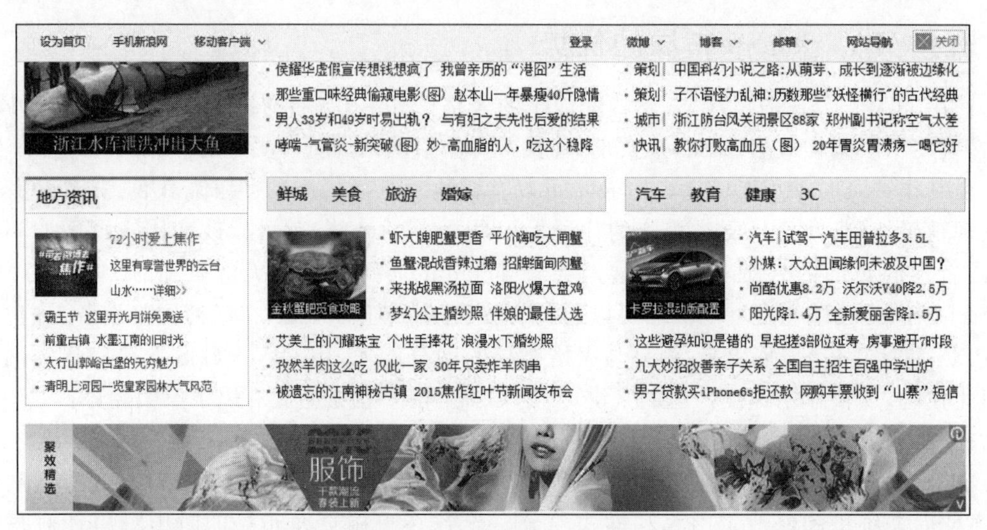

图 12-8 新浪页面局部图

图 12-9 Zenlike 页面局部图

LOGO，一个包含了导航列表；第二行利用一个 div 层容器进行控制，嵌套两个 div 子层分别控制注册区和登录区；第三行为内容层，使用 div 层划分内容部分为两栏，左栏是自适应，右栏是固定宽度。这样的布局使用 div 的方式变得简单并且灵活。

图 12-10　豆瓣网主页面局部图

12.2.3　DIV+CSS 布局的操作方法

图 12-11 列出了目前 DIV+CSS 布局常用的几种形式。

图 12-11　常见的页面布局图

图 12-11 中的几种布局都是标准的头部+导航+内容+尾部的布局方式。其中，内容部分的布局又可以分为两列右窄左宽型、两列左窄右宽型、3 列宽度居中几种方式。这些页面布局的基本原则是为每个独立的部分建立一个 div 层。以头部+导航+两列右窄左宽型+尾部

布局为例,其 div 布局如下:

```
<div id="container">
  <div id="header">This is the Header</div>
  <div id="menu">This is the Menu</div>
  <div id="mainContent">
    <div id="sidebar">This is the sidebar</div>
    <div id="content"></div>
  </div>
  <div id="footer">This is the footer</div>
</div>
```

然后利用 css 属性对 div 层进行版式等相关信息的控制。例如 sidebar 层和 content 层的相对位置可以通过设定#sidebar{ float:right}和#content { float:left}进行,即通过设定层的向右浮动和向左浮动完成定位。

DIV+CSS 布局的难度主要在于如何使用 CSS 属性实现对 div 层的精准控制。CSS 对层的控制主要体现在层容器与页面相对的上下左右边距、内容与边框之间的填充边距、内容区域大小、边框变化等几方面问题,如图 12-12 所示。

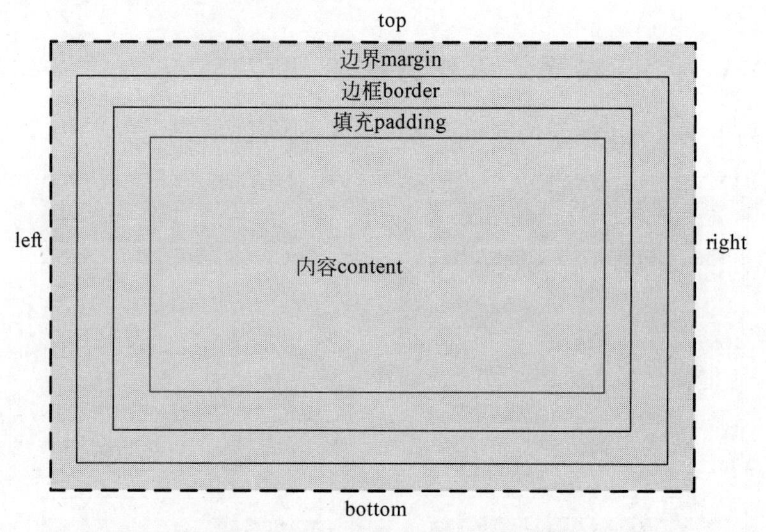

图 12-12 CSS 盒模型(Box Model)

width 和 height 定义的是 content 部分的宽度和高度,padding、border 和 margin 的宽度依次加在外面,背景会填充 padding 和 content 部分。通常,与页面的相对位置主要由 margin 属性来控制,如使用 margin-top:0px 使得层与 body 部分的顶部边距为 0 像素;而 padding 是指元素的周边和内部的内容之间所空的空格,又称为填充区域,同样可以用 padding-left、padding-right、padding-top 和 padding-bottom 分别控制内容的周边空格;边框主要涉及元素边框的宽度、颜色、形态等的控制。

在 CSS 的样式表定义中,进行一般的网页布局需要了解以下几方面的问题。

1. 保持居中

DIV+CSS 的布局保持居中主要包含下面几个要考虑的问题。

第一,保持整体页面居中。页面显示位居屏幕中间是网页浏览的一个基本要求,通过 CSS

的 margin 属性对< body >元素进行定义可以达到控制网页显示位置的效果。

```
body{text - aligh:center; margin:0 auto ;}
```

“margin：0 auto”代表上下边距为 0，左右边距为自动调整。另一种方法是可以设置所有的< div >的间距为{margin：0 auto}；使用这个设置，网页每个通栏的最外层 div 就会自动居中，另外如果要让 div 层居左或者居右，则用 float 属性设置居左或者居右就可以了。

第二，保持页面背景居中。

页面背景的居中包括左右居中和上下居中，可使用下面的定义：

```
body{BACKGROUND: url() #FFF no - repeat center;}
```

让 url 指示的图片设置背景不重复(no-repeat)，并将居中(center)。这个居中是左右居中，而垂直不需要设置，自动会居中。

第三，文字图片内容居中。

对于左右居中，直接用 text-align：center 即可让文字与图片内容居中。但是对于文字垂直居中，则要靠设置行高方法居中文字内容，通过使用 CSS 属性类样式 line-heigh 来实现文字与图片的垂直居中。

2. 内容排版

在需要水平排版内容时，例如水平导航、水平排列的用户名和用户名输入框、水平排列的多个按钮或者图片等，都可以采用水平列表排版，并且通过 margin-left 或 margin-right 来调整左、右间距达到合适的效果；在需要垂直排版内容时，例如新闻列表等，同样可以采用无序列表实现，通过 margin-top 或者 margin-bottom 调整上、下间距达到适合页面的效果。

3. 浏览器的兼容性

不同的浏览器由于设计的不同，对于同样的 CSS 设计可能效果略有不同，所以在完成页面的设计后需要在可能碰到的浏览器上进行测试，看同一个页面在大多数常用的浏览器中显示的效果是否相同，可以测试目前较流行的浏览器(例如 IE9、IE10、Google Chrome、FireFox、Opera 等)的显示效果。

12.2.4　DIV+CSS 页面布局实例制作

1. 页面 DIV 布局分析

网页制作的第一步，一般是由设计人员根据客户的需求和提供的内容制作出网页效果图，这是最基础的一步。效果图既要满足客户的要求，又要符合用户访问的需要。从内容上，要把各种信息进行合理的布局，并且将重点突出地展现给用户；从形式上，要符合大众的审美观，尽可能吸引用户的注意力。效果图可以使用 Photoshop 或 Fireworks 等图片处理软件将需要制作的界面布局简单地勾画出来。图 12-13 是一个构思好的个人博客网站界面的效果图。

接下来需要根据效果图规划一下页面的布局。仔细分析该图，不难发现，页面结构大致分为以下几个部分。

(1) 头部区域：包含网站的标题和说明文字。

(2) 导航区域：包含一组横向导航条。

(3) 主体部分：又分为侧边栏、主体内容。

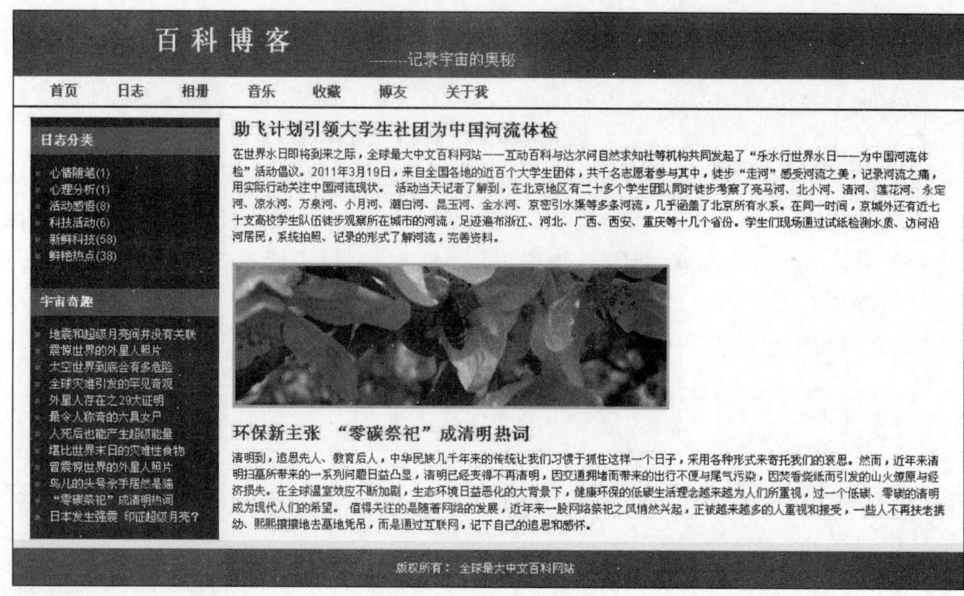

图 12-13 网站效果图

(4) 底部：包括一些版权信息。

根据结构分析,设计层结构如图 12-14 所示。

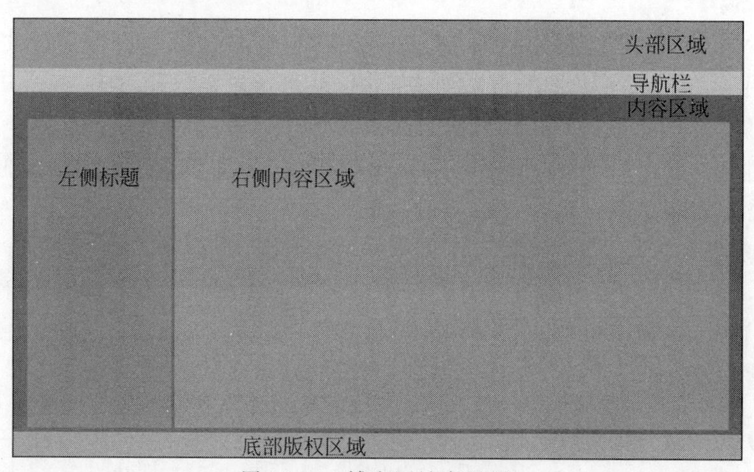

图 12-14 博客网站布局图

其 DIV 结构如下面的代码块：

```
<DIV id = "Header"><! -- 页面头部 --></DIV>
<DIV id = "menu"><! -- 页面导航 --></DIV>
<DIV id = "content"><! -- 页面主体 -->
    <DIV class = "content_left"><! -- 侧边栏 --></DIV>
    <DIV class = "content_right"><! -- 主体内容 --></DIV>
</DIV>
<DIV id = "Footer"><! -- 页面底部 --></DIV>
```

有了这些分析,页面布局与规划已经完成,接下来要做的就是完成 HTML 代码和 CSS 搭建出整个界面的框架。

2. 定义结构的外观实现

全局的 CSS 文件主要规定了网站的统一视觉效果，例如基本的页面宽度、网页背景色、默认字体风格，以及主体结构的相对位置等。在 layout. css 文件中依次对网页的基本样式、头部、导航、内容和底部进行了定义。

基本信息部分主要用于网站的全局默认风格的定义，主要包含页面背景颜色、背景图片、超链接、字体、字号、字间距等样式定义。这部分信息主要针对 body 标记和 a 标记进行。

```
body {background: #2E3033;font-family: Arial,Helvetica,sans-serif;
    font-size: 12px;line-height: 17px;color: #333;}
a {text-decoration: none; color: #004990;}
a:hover {text-decoration: underline; color: #111;}
```

头部内容主要给页面头部加入背景图颜色，并设置了头部区域的宽度为 1000px，头部所占区域的高度为 60px，以及头部站点名称的文字格式。

```
#header {width: 1000px; height: 60px; background:#5185E6;}
#header h1 {font-size: 28px; letter-spacing: 10px; padding: 23px 0 0 150px;
color: #fff;}
```

导航的样式设定主要定义导航所占的宽度和高度，另外，为使得导航和下面紧邻的主题内容有一个分割，设置导航 DIV 底部显示边框宽度为 2 像素。

```
#menu {width: 1000px;height: 30px;line-height: 30px;color:#6A7794;
      font-weight:bold;font-size:14px;background-color:#ffffff;
      border-bottom:2px solid #2E3033;}
```

对于主体内容区域，通过“padding：0 20px”设置内容填充上下间距为 0 像素、左右间距为 20 像素，使内容不至于太靠紧 DIV 边框。

```
#content {width: 960px;padding: 0 20px;background-color:#FFFFFF;}
```

设置左侧栏的基本样式为向左浮动，使左侧的对齐方式为左对齐，设置左侧栏的宽度为 200 像素，用 margin-top 属性设置左侧栏的上间距为 10 像素。

```
.content_left{float:left;width:200px;margin-top:10px;background:#004990;}
```

使用 float：right 设置右侧栏的对齐方式为右对齐，设置右侧栏的宽度为 750 像素。

```
. content_right {float: right;width:750px;}
```

底部版权信息区域设置样式主要设置背景颜色、字体颜色等。宽度与头部等宽为 1000 像素，文字及布局都居中。另外，为了不让页脚文字和边框贴得太近，用 padding 在上、下空出填充空间。

```
#footer {margin: 0px auto; background-color: #5185E6;color: #FFFFFF;
    border-top: 9px solid #F7F7F6; height:30px;line-height:30px;
   width: 1000px; padding: 5px 0; text-align: center;    }
```

3. 各区域内容的实现

头部部分的主要内容为站点的 LOGO 展示。该例站点的 LOGO 主要是文字,因此可以通过插入 LOGO 图片实现,也可以使用 H1 标签实现。

导航是一个横向的导航菜单,可以通过在 menu 子容器中放置实现导航的无序列表 ul 标签,并通过 CSS 改变其外观和形式的方法实现。样式表对该部分的定义主要包括利用 list-style:none 取消列表前面的默认圆点。利用 padding-left 属性使每个列表项之间有 20 像素的间距,不至于太紧密。使用 display: inline 能够使列表项在行内显示,从而实现水平列表的显示,因为在默认情况下列表是垂直排列的。

主体部分涉及 content_left 和 content_right 两部分。侧边栏位于页面主体的左侧,主要包含了分类和博文索引两部分内容。栏目标题利用 H2 标签实现,而链接链表还是用无序列表 ul 实现,并将在 CSS 中定义其 width、margin 和 padding 等属性。

视频讲解

12.3 页面导航布局方法

在网站设计中导航栏的设置非常重要,漂亮的导航菜单会给网站增加不少色彩,同时引导浏览者迅速找到感兴趣的信息。根据导航在页面中的布局形式不同,常见的导航栏可以分为纵向导航栏、横向导航栏、二级弹出菜单、下拉及多级弹出菜单、不规则导航等几种形式,其中以纵向导航、横向导航和二级弹出菜单比较常用。

12.3.1 页面导航案例分析

优秀的导航设计不仅可以方便用户浏览网站内容,还能在第一时间给用户以准确的信息传达,直观地表现网站的内容,让用户更方便地找到想要的、需要的内容。因此,导航在 Web 设计中占据非常重要的位置,甚至决定了网站的风格。

图 12-15 为网易和新浪网的首页导航的部分展示。从上面可以看出,由于大型门户网站的栏目内容较多,因此导航多为简单的文字信息,不做过多的修饰,以便在有限的空间中展示尽可能多的信息。这类导航基本上都使用 DIV 定义大版块的信息,版块内部使用简单文字或列表进行具体导航内容的定义。

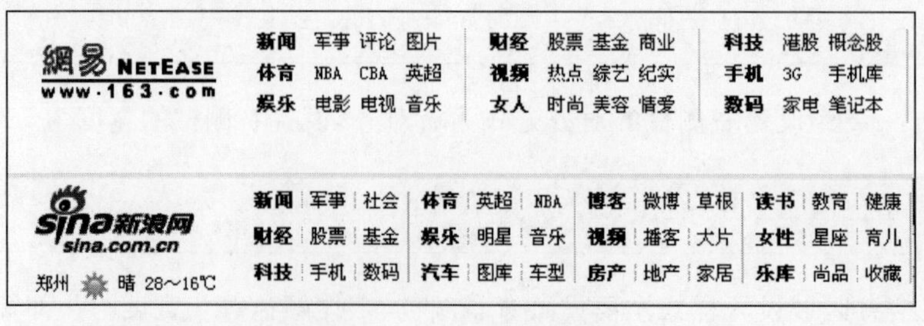

图 12-15 水平导航效果图

图 12-16 是当当网和卓越网的垂直导航栏目。这类网站的商品分类较多,利用水平和垂直导航可以使顾客快速地定位到需要的商品。一般而言,垂直导航也是采用首先定义 DIV 容器,然后利用列表的方式定义导航栏目内容,最后利用 CSS 调节位置、间距等细节使其美观。

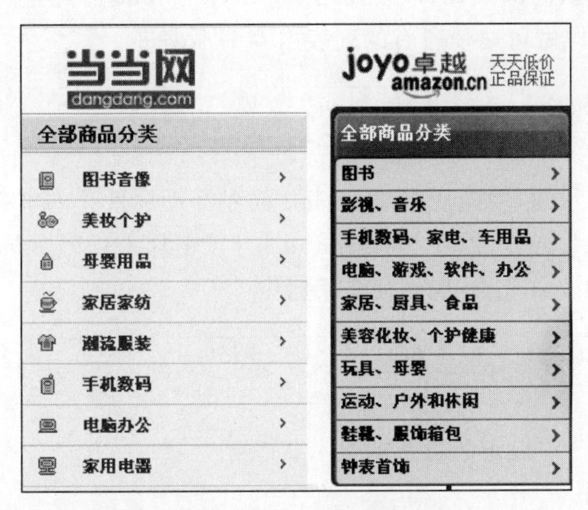

图 12-16　垂直导航效果图

12.3.2　页面导航实例制作

由于大多数站点导航条所列出的条目都是并列的关系,因此我们通常使用一个无序列表 ul 作为导航条的代码,这样如何给 ul 定义基本的样式就成了制作导航条的重要基础。

1. 水平导航的制作

水平导航是网站导航最常见的形式,被广泛地应用于企业门户、政府教育、购物等多种类型的网站中,其制作方法也比较简单。以图 12-17 中新飞网站的水平导航为例,导航内容可以采用定义 DIV 容器的方法,在容器内使用列表的形式显示内容。

图 12-17　水平导航效果图

具体的 HTML 代码如下:

```
<div id = "menu">
 <ul>
    <li><a href = "">首页</a></li>
    <li><a href = "">产品世界</a></li>
    <li><a href = "">绿色服务</a></li>
    …
 </ul>
</div>
```

然后对其进行 CSS 样式定义。首先要给导航栏设置 26 像素的高度以及蓝色的背景,并设定边框的效果。在 CSS 中写入以下代码即可实现:

```
#menu { border: 1px solid #CCC; height:26px; background: #0000ff;}
```

由于列表前面有默认的圆点,所以要使用 list-style: none 清除这些圆点。“margin:0px”用于删除 ul 的缩进,这样做可以使所有的列表内容都不缩进。

```
#menu ul { list-style: none; margin: 0px; }
```

列表默认是垂直显示的,因此使用 float:left 向左浮动属性让内容都在同一行显示。这时列表内容紧密地排列在一行,可以在“#menu ul li {}”中加入代码“margin:0 40px”使导航栏目的间距增大,并使用 line-height 属性使文字居中。

```
#menu ul li { float:left; padding: 0px 40px;  line-height: 26px; }
```

另外,还可以在 CSS 中设定超链接的显示状态等。

2. 垂直导航的制作

CSS 纵向导航菜单通常指放置在网页左侧或右侧的从上至下排列的一种导航形式。纵向导航菜单的使用较为常见,例如淘宝网的淘宝服务,如图 12-18 所示。

图 12-18　垂直导航效果图

制作这样一个简单的垂直导航菜单首先需要创建一个 ID 为 menu 的 div 标签,在这个标签内部采用无序列表设置菜单的内容,代码如下:

```
<div id="menu">
    <h3>淘宝服务</h3>
    <ul>
        <li>淘宝天下</li>
        <li>彩票</li>
        <li>淘宝旅行</li>
        …
    </ul>
</div>
```

目前显示效果时每一行前面还有一个黑点,这是由列表标签的默认样式造成的,同时间距也比较密集,应创建样式表把标签的默认样式清除掉并调整间距到合适的位置,这可以对 ul

标签应用 list-style：none 属性实现。为显示效果图中的灰色边框，可以给 #menu 定义一个灰色的 1 像素边框及宽度，给 li 定义一下背景色、下边框及内边距等。因为导航菜单需要链接到其他页面，接下来把这些导航加上链接，然后再定义 a 的状态和鼠标划过状态。具体的 CSS 代码设置如下：

```
body { font-family: Verdana; font-size: 12px; line-height: 1.5; }
a { color: #000; text-decoration: none; }
a:hover { color: #F00; }
#menu { width: 100px; border: 1px solid #CCC; }
#menu ul { list-style: none; margin: 0px; padding: 0px; }
#menu ul li { background: #eee; padding: 0px 8px; height: 26px; line-height: 26px; border-bottom: 1px solid #CCC; }
```

3. 纵向二级导航的制作

二级导航常用于主栏目下还细分子栏目的情况，在一些企业网站中的应用尤为广泛，它存在使用方便、占用的空间小等特点。一些咨询类网站、电子商城等首页分类比较多的网站的首页导航适合二级分类，如海尔官网、当当网等。纵向二级导航的案例可参见淘宝网、卓越网等大型购物网站。图 12-19 是一个简单的纵向二级导航。

首页	
图书	
百货	家居
服装	文具
	生活

图 12-19　嵌套列表结构

嵌套列表用一个很好的方式来描述导航系统。在图 12-19 所示的例子中使用了一个列表来表示主菜单，而子菜单包含在主菜单的下面。

```
<div id="menu">
  <ul>
    <li><a href="#">首页</a></li>
    <li><a href="#">图书</a>
        <ul>
          <li><a href="#">少儿</a></li>
          <li><a href="#">外语</a></li>
        </ul>
   </li>
   <li><a href="#">百货</a>
        <ul>
          <li><a href="#">生活</a></li>
          <li><a href="#">家具</a></li>
        </ul>
   </li>
…
  </ul>
</div>
```

这样如果没有 CSS 样式，结构也非常清晰，如图 12-20 所示。

对于一级菜单的样式控制，仍然使用垂直导航制作的 CSS 样式文件作用于其上，此时预览效果如图 12-21 所示。

- 首页
- 图书
  - 少儿
  - 外语
  - 考试
- 百货
  - 生活
  - 家具

图 12-20　嵌套列表结构

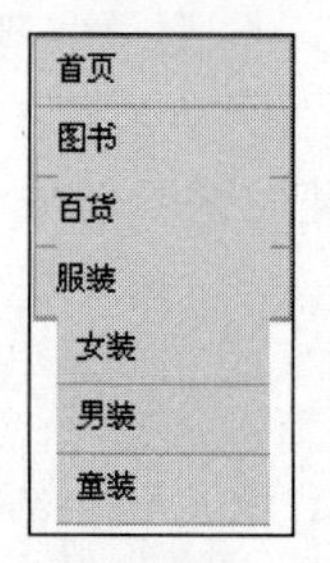

图 12-21　二级导航栏制作中间状态 1

从效果可以看到,二级菜单的内容被一级菜单遮住了。在 CSS 中修改代码如下:

```
#menu ul li { position:relative; }
#menu ul li ul { display:none; position: absolute; left: 100px; top: 0px; width:100px; border:
1px solid #ccc; border-bottom:none; }
```

给一级菜单增加一个 position: relative 属性。position:relative 属性是指如果对一个元素进行相对定位,首先它将出现在它所在的位置上。为了使子元素不被遮盖,对二级菜单的设置主要是将它以相对于其父元素 li 的上为 0、左为 100 的位置显示,然后设置当鼠标划过后显示下级菜单的样式。

图 12-22　二级导航栏制作中间状态 2

预览效果如图 12-22 所示。

在 CSS 中输入如下代码:

```
#menu ul li.current ul { display:block;}
#menu ul li:hover ul { display:block;}
```

#menu ul li:hover ul 样式用于定义 ID 为 menu 的 ul 的 li,当鼠标划过时 ul 的样式,这里设置为 display:block,指的是鼠标划过时显示这块内容,这就是二级菜单要实现的弹出效果。其中,:hover 和前边所说的链接一样,同属于伪类,但目前 IE6 只支持 a 的伪类,对其他标签的伪类不支持,所以要想在 IE6 下也显示正确,需要借助 JS 来实现,可定义一个类.current(这个名字可随意命名,但必须与 JS 中的相同)的属性为 display:block,然后当鼠标划过后,用 JS 给当前 li 添加这个样式,根据 CSS 的优先级——指定的高于继承的原则,就实现了 IE6 下的正确显示。其中,JS 的实现比较复杂,大家可作为了解,具体 JS 代码可参考源程序。

小　　结

基于表格的布局方法和基于 DIV+CSS 的布局方法各有优缺点,在实际的应用开发过程中应根据具体的情况进行选择或综合利用。页面导航的形式也多种多样,只有在学习的过程中多思考、多实践,大家才能不断提高实际的动手能力。

习　题

1. 根据提供的素材，利用表格布局制作如图 12-23 所示的介绍页面。

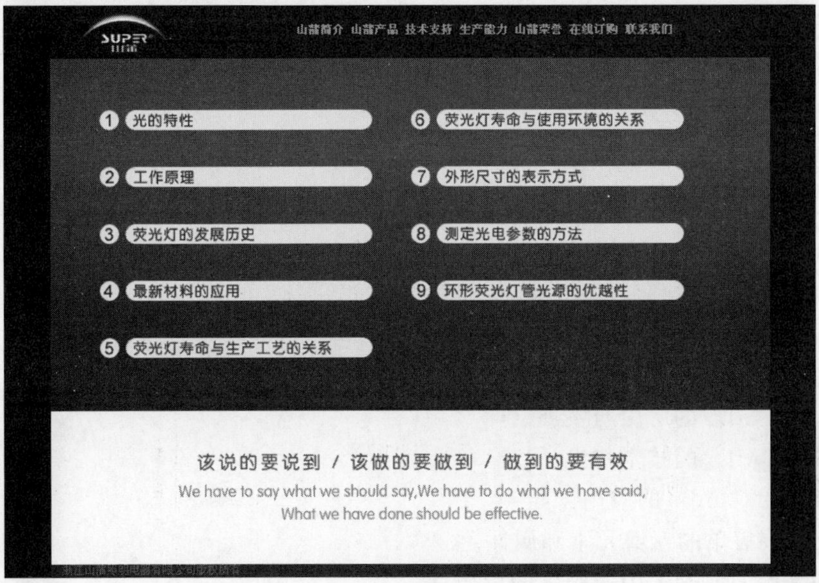

SUPER
山蕾简介 山蕾产品 技术支持 生产能力 山蕾荣誉 在线订购 联系我们
1 光的特性
2 工作原理
3 荧光灯的发展历史
4 最新材料的应用
5 荧光灯寿命与生产工艺的关系
6 荧光灯寿命与使用环境的关系
7 外形尺寸的表示方式
8 测定光电参数的方法
9 环形荧光灯管光源的优越性
该说的要说到 / 该做的要做到 / 做到的要有效
We have to say what we should say,We have to do what we have said,
What we have done should be effective.

图 12-23　表格布局的介绍页面

2. 根据提供的素材，利用 DIV＋CSS 完成如图 12-24 所示的个人博客页面。

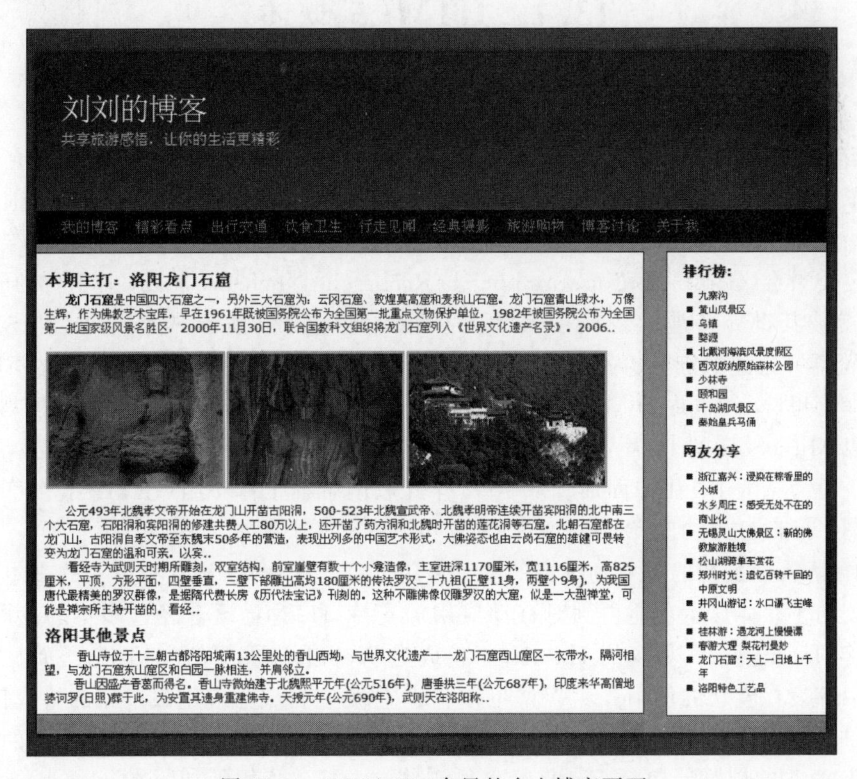

图 12-24　DIV＋CSS 布局的个人博客页面

第13章

HTML5 开发

现在，HTML5 已经成为开发者最钟爱的开发技术，该技术增加了对 Canvas 2D 和多媒体元素的支持，实现了大多数第三方 API 功能的接口，提高了程序开发的可用性和用户的友好体验。HTML5 将成为 HTML、XHTML 以及 HTML DOM 的新标准。虽然 HTML5 现在仍处于完善之中，但是大部分浏览器已经支持某些 HTML5 的特性。我们将在本章详细讲解 HTML5 开发技术。

本章重点

- 了解 HTML5 的历史与发展。
- 了解 HTML5 的技术特性。
- 熟练掌握 Canvas 的应用。
- 熟练掌握表单的新增元素和属性。
- 熟练掌握 HTML5 中多媒体的应用。
- 了解 HTML5 中的其他功能应用。

视频讲解

13.1 HTML5 概述

13.1.1 HTML5 发展历程

1982 年，Tim Berners-Lee 为使世界各地的物理学家能够方便地进行合作研究以及信息共享创造了 HTML(Hyper Text Markup Language，超文本标记语言)。1990 年，他又发明了世界上第一个浏览器——World Wide Web。在 1991 年 3 月，他把这项发明介绍给了他在欧洲核子研究委员会(Conseil Européenn pour la Recherche Nucléaire，CERN)工作的朋友，当时网页浏览器被其世界各地的成员用来浏览 CERN 庞大的电话簿。1993 年，NCSA 推出了 Mosaic 浏览器并迅速爆红，成为世界上第一个被广泛应用的浏览器，推动着互联网迅猛发展。在随后的 5 年里，Netscape 和 MicroSoft 两个软件巨头掀起了一场互联网浏览器大战。这场战争最后以 MicroSoft 的 Internet Explorer 全胜告终，它极大地推动了互联网的发展，把网络带到了千千万万普通 PC 用户面前。从 1993 年互联网工程工作小组(IETF)工作草案发布到 1999 年 W3C HTML 4.01 标准发布，HTML 共经历了 5 个版本。

HTML 语言从最初的 1.0 到现在的 5.0 经历了巨大的变化，从具有单一的文本显示功能到图文并茂的多媒体显示功能再到对移动应用的支持，HTML 语言经过多年的发展，已经成为非常完善的标记语言。如今的 HTML 不仅成为 Web 上最主要的文档格式，而且在个人及商业应用中都发挥着它的作用。尽管它还有不足，但是它将成为应用最广泛的格式化文档。

现在，HTML5 仍处于完善之中，然而大部分浏览器已经具备了某些 HTML5 的特性。目前支持 HTML5 的浏览器包括 Firefox(火狐浏览器)、IE9 及其更高版本、Chrome(谷歌浏览器)、苹果 Safari、Opera 等；国内的傲游浏览器(Maxthon)，以及基于 IE 或 Chromium(Chrome 的工程版或称实验版)所推出的 360 浏览器、搜狗浏览器、QQ 浏览器、猎豹浏览器等国产浏览器同样具备支持 HTML5 的能力。

13.1.2 HTML5 新特性

HTML5 技术的兴起有多个方面的原因，其中比较重要的一点就是 1999 年制定的 HTML4 标准在十几年后已经无法满足快速增长的网络开发需求。与传统的“客户端-服务器”架构相比，越来越多的开发者开始选择以网页的形式来制作应用软件与游戏，这样做能够降低维护成本，将原来更新客户端所花的精力投入到网页程序的完善上，以便更加及时地满足新出现的客户需求。如此一来，怎样弥补网页程序在图形绘制、设备底层功能调用、文件访问、影音播放等方面的劣势就成为制定新标准时必须考虑的问题。HTML5 标准新增的各类 API 能够很好地应对这些状况。

作为下一代的 Web 语言，HTML5 的新功能使得它不仅仅是一种 Web 标记语言，而且为下一代 Web 应用提供了全新的框架和平台，包括免插件的音频/视频、图像/动画、本地存储以及更多酷炫且实用的功能。

HTML5 在原有功能上增加了许多新的特性，在下列几个方面尤为突出。

1. 增加语义化标签，使文档结构更加明确

HTML 规范一直在往语义化的方向努力，许多元素、属性在设计的时候就已经考虑了如何让各种用户代理甚至网络爬虫更好地理解 HTML 文档。HTML5 更是在之前规范的基础上将所有表现层(presentational)的语义描述都进行了修改或者删除，增加了不少可以表达更丰富语义的元素。例如新增< header >、< nav >、< aside >、< section >、< footer >等指示结构的语义标签。HTML5 的语义化标签使得网络上的信息更加容易被机器理解和查找，从而提升了人类使用网络获取信息的体验。

2. HTML5 出现了新的< canvas >标签

在 HTML5 出现之前，富客户端的应用主要通过插件技术实现，例如 Adobe Flash、Microsoft Silverlight、Java Applet 等。这些方式存在一些问题，例如需要安装插件、加载速度过慢、不支持移动设备等。另外，< canvas >标签还支持在线绘图功能，并赋予了图片图形更多的交互可能。

3. 增加了多媒体呈现能力

HTML5 之所以会被大家普遍赞誉，关键还在于用户体验上的突破，相比于 HTML4，HTML5 新增了< audio >和< video >标签，它能将音频以及视频完美地嵌入到网页中，且不影响网站的加载速度。< audio >和< video >标记更加人性化，结合脚本技术，将原本只能在系统级别上的视频处理、音效处理等功能带入到了互联网应用的范畴，提升了用户体验，为多媒体呈现功能的拓展提供了新的方法。

4. 新的表单控件

HTML 表单一直都是 Web 的核心技术之一，有了它才能在 Web 上进行各种各样的应用。HTML5 Forms 新增了许多新控件及其 API，例如 calendar、date、time、email、url、search，方便进行更复杂的应用设计，且不用借助其他 JavaScript 框架。

5. 使用了离线存储

过去的技术在开发网站实现访客人数等类似功能时需要设计对应的方法和计数存储功能，在 HTML5 技术中实现了对 Web 存储的支持和应用。在该技术中也存在脱机功能的离线存储能力,以进行缓存操作。

另外,HTML5 还实现了拖放、跨文档消息、浏览器历史管理、MIME 类型和协议注册等新功能。基于新的技术,HTML5 提供了丰富的 API,可以实现地理位置的部分操作,并能够实现多线程处理的 workers 支持,以及 HTML5 文档的拖放功能和离线编辑等。

13.1.3 HTML5 浏览器支持

对于网站开发人员来说,浏览器信息和统计数据是非常重要的。目前主流的浏览器包括 IE 浏览器、Firefox 浏览器、Chrome 浏览器、Safari 浏览器、Opera 浏览器以及腾讯浏览器、世界之窗浏览器、360 浏览器、傲游浏览器等,不同厂商的浏览器对于 CSS 样式的解析和支持有所差别,甚至部分属性标签在某些浏览器下无法解析。

随着 HTML5 技术的普及和推广,Web 开发社区逐渐开始尝试在 RIA(富互联网应用)中使用 HTML5,这种实践的主要优势在于开发人员能够通过 HTML5 的各种技术以一种前所未有的统一、简洁、无插件依赖的方式实现炫目、复杂的 Web 应用,HTML5 的优越性已经得到了开发社区的普遍认可。不过,和其他 Web 技术诞生时的情况一样,作为"新生儿"的 HTML5 在各种 Web 浏览器中的实现程度或者说平台兼容性方面一直是 Web 开发人员的"心病"。本书后面将介绍 Web 浏览器对 HTML5 技术的兼容性,希望能够帮助 Web 开发人员在应用 HTML5 技术时充分考虑到平台差异性。

在 HTML5 新特性中,Canvas 元素在绝大多数主流浏览器中都可正常解析,而对于其他各种特性的支持程度,不同浏览器和不同版本的浏览器有所差别。

对于 HTML5 的其他新特性、Web 存储以及新增控件元素等技术,目前主流浏览器的最新版本大多都可以兼容。而对于新增元素的兼容性,因不同浏览器版本的发布时间与 HTML5 标准的发布时间不同步,导致对 HTML5 的支持程度不同,并且运行效果也不一样。

对于 HTML5、CSS3 以及之前的网页设计技术,兼容性最好的浏览器是 Chrome、IE10 和 Firefox、Opera 以及 Safari 等相当。本章案例采用 IE 浏览器运行,针对个别案例,采用兼容该案例的浏览器来显示效果。

视频讲解

13.2 HTML5 语义化标签

在 HTML4.01 中,文档结构的布局主要是通过< div >实现的。例如一个包含头部、导航、内容、文章的主体、侧边栏和页脚等部分的页面,页面结构采用< div >实现的效果如图 13-1 所示。

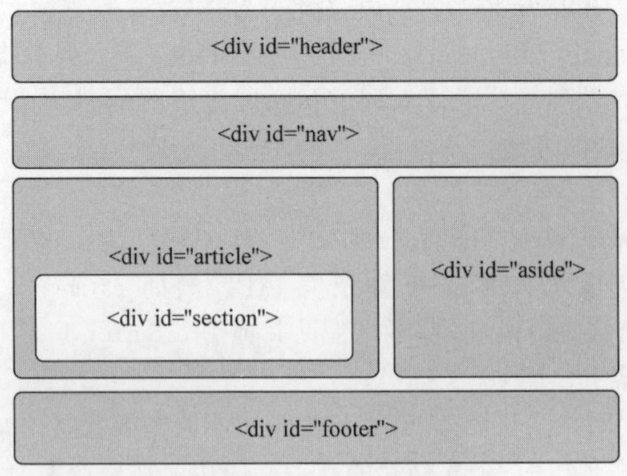

图 13-1 HTML 页面结构

对于上述页面结构，使用 HTML4 的布局代码主要如下：

```
<body>
  <div id="header">头部</div>
  <div id="nav">导航</div>
  <div id="article">文章
    <div id="section">主体</div>
  </div>
  <div id="aside">侧边</div>
  <div id="footer">页脚</div>
</body>
```

在上述代码中，所有页面元素均采用<div>元素来布局，不同 id 的<div>元素表示不同的文档结构。严格来说，<div>元素并不具有区分文档结构的语义，因此很难清楚地表达一个文档结构。

在 HTML5 中，通过提供与文档结构有关的语义元素使得文档结构更加清晰、明确。上述代码可修改为以下格式：

```
<body>
  <header>头部</header>
  <nav>导航</nav>
  <article>文章
    <section>主体</section>
  </article>
  <aside>侧边</aside>
  <footer>页脚</footer>
</body>
```

上述代码所表现的页面结构如图 13-2 所示。

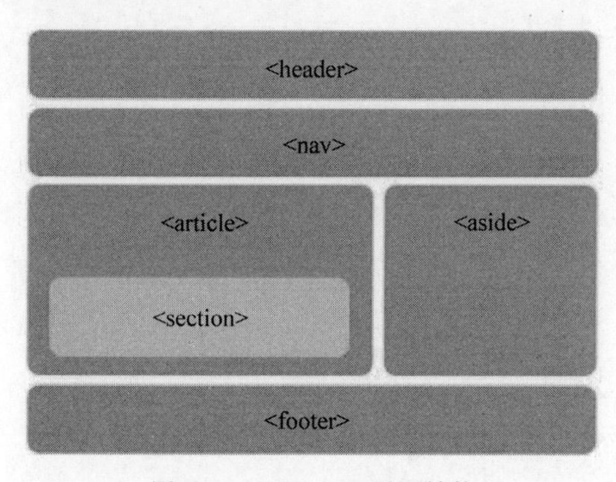

图 13-2　HTML5 页面结构

上述代码所采用的语义标签都是 HTML5 中新增的元素标签。HTML5 新增的语义化标签主要包括 body、article、nav、aside、section、header、footer、hgroup，另外还有 h1～h6、address。

对于有关语义化标签，现做以下介绍。

1. article

该标签装载显示一个独立的文章内容,例如一篇完整的论坛帖子、一则网站新闻、一篇博客文章、一个用户评论等。article 可以嵌套,这样内层的 artile 对外层的 article 标签就有了隶属的关系。例如,一个博客文章可以用 article 显示,一些评论可以以 article 的形式嵌入其中。

实例代码片段如下:

```
<article>
<h1>文章标题</h1>
这是一篇文章
   <article>评论 1 </article>
   <article>评论 2 </article>
</article>
```

2. section

该标签定义文档中的节(section、区段),例如章节、页眉、页脚或文档中的其他部分。实例代码片段如下:

```
<section>
   <h1>章节 1 </h1>
    <p>内容 1 </p>
</section>
<section>
   <h1>章节 2 </h1>
    <p>内容 2 </p>
</section>
```

3. aside

该标签用来装载非正文类的内容,例如广告、成组的链接、侧边栏等。实例代码片段如下:

```
<aside>
热门文章
</aside>
<aside>
广告
</aside>
<article>
<h1>文章标题</h1>
这是一篇文章
   <article>评论 1 </article>
   <article>评论 2 </article>
</article>
```

4. hgroup

该标签用于对网页或区段的标题元素(h1~h6)进行组合。例如,在一个区段中如有连续的 h 系列的标签元素,则可以用 hgroup 将它们括起来。实例代码片段如下:

```
<hgroup>
<h1>组 1 标题 1 </h1>
<h2>组 1 标题 2 </h2>
</hgroup>
<hgroup>
<h1>组 2 标题 1 </h1>
<h2>组 2 标题 2 </h2>
</hgroup>
```

5. header

该标签用于定义文档的页面组合，通常是一些引导和导航信息。实例代码片段如下：

```
<header>
<p>引导段落</p>
<nav>页面导航</nav>
</header>
```

6. footer

该标签定义 section 或 document 的页脚。在典型情况下，该元素会包含创作者的姓名、文档的创作日期以及(或者)联系信息。实例代码片段如下：

```
<footer>  2015 Baidu 使用百度前必读 京 ICP 证 030173 号 </footer>
```

7. nav

该标签定义显示导航链接。不是所有成组的超链接都需要放在 nav 标签中，在 nav 标签中应该放入一些当前页面的主要导航链接。例如在页脚显示一个站点的导航链接(如首页、服务信息页面、版权信息页面等)，就可以使用 nav 标签，当然这不是必需的。实例代码片段如下：

```
<nav>
<ul>
<li><a href = "1.html">导航项 1 </a></li>
<li><a href = "2.html">导航项 2 </a></li>
<li><a href = "3.html">导航项 3 </a></li>
</ul>
</nav>
```

除此之外，还有其他语义标签元素，例如：

(1) address 代表区块容器，必须是作为联系信息出现，例如邮编地址、邮件地址等，一般出现在 footer。

(2) 因为 hgroup、section 和 article 的出现，h1～h6 定义也发生了变化，允许一张页面中出现多个 h1。

(3) time 标签定义公历的时间(24 小时制)或日期，时间和时区偏移是可选的。该元素能够以机器可读的方式对日期和时间进行编码。举例来说，用户代理能够把生日提醒或排定的事件添加到用户日程表中，搜索引擎也能够生成更智能的搜索结果。

(4) mark 标签定义带有记号的文本,请在需要突出显示文本时使用< mark >标签。

(5) figure 标签规定独立的流内容(图像、图表、照片、代码等)。figure 元素的内容应该与主内容相关,但如果被删除,则不应对文档流产生影响。

(6) figcaption 标签定义 figure 元素的标题(caption)。"figcaption"元素应该被置于"figure"元素的第一个或最后一个子元素的位置。

13.3 Canvas 应用

视频讲解

13.3.1 Canvas 概述

Canvas 是 HTML5 中新增的一个重要元素,该元素可以被脚本语言(通常为 JavaScript)控制用来绘制各种图形显示效果,例如文字、图像、图片等。然而,Canvas 元素本身并不具备绘图功能,其仅仅是作为图形依赖的容器而已。当在页面上使用 Canvas 元素时,它会创建一块矩形区域。在默认情况下,该矩形区域的宽为 300 像素、高为 150 像素,用户可以自定义具体的大小及其他属性。Canvas 在页面中使用的常见形式如程序 13-1 所示。

```
<! -- 程序 13-1 -- >
< canvas id = "mycanvas" width = "400" height = "400"
    style = "background - color:blue;border: 10px yellow solid"></canvas >
```

Canvas 标签默认会在页面上显示一块"隐藏区域",为了使区域可见,在上述代码中增加 style 属性,为其增加了一个边框使其可见。id 属性表示画布名称,由于 Canvas 仅是绘画的容器,必须使用脚本绘制图形,因此,id 对于 Canvas 非常重要。脚本语言可以使用 id 准确定位要操作的 Canvas 元素。

使用 Canvas 结合 JavaScript 绘制图形通常需要以下几个步骤。

(1) 使用 id 来定位 Canvas 元素,获取当前画布的访问权。

```
var mycanvas = document.getElementById("mycanvas");
```

(2) 通过调用 Canvas 的 getcontext()方法定义一个 Context 对象。其中,参数为"2d",表示返回的对象为 2D 模型,目前版本已经支持参数为"3d"。

```
var context2D = mycanvas.getContext("2d");
```

(3) 通过 Context 对象的方法和属性绘制各种文字及基本图形。

Context 对象是 HTML5 的内建对象,包含很多图形绘制方法。在下列示例代码中,fillStyle 为设置填充颜色、font 为设置字体,设置完成后调用 fillText()方法执行绘制字符串功能。该方法提供 4 个参数,第一个为要绘制的字符串内容;中间两个是坐标,代表字符串从(60,60)点开始绘制;最后一个参数可以省略,代表字符串绘制的最大长度。

```
context2D.font = "30px Times New Roman";
context2D.fillStyle = "#ff0000";
context2D.fillText("Hello Canvas,my name is HTML5!",60,60);
```

程序 13-1 的执行效果如图 13-3 所示。

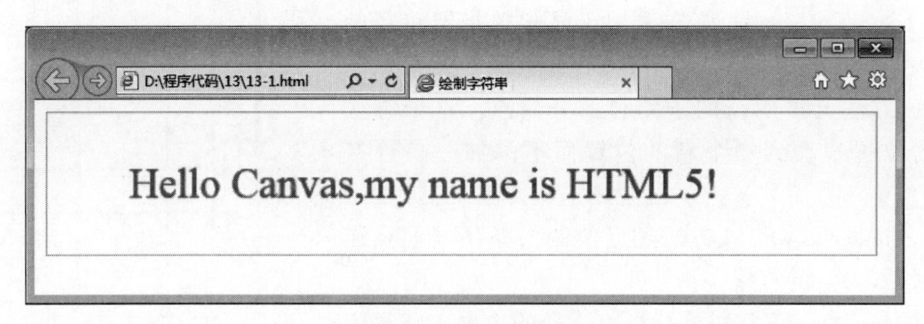

图 13-3　绘制字符串

Canvas 拥有多种绘制字符串、路径、矩形、圆形(弧)以及添加图像的方法。表 13-1 总结了 Canvas 中常用的绘制方法,大家若想了解更加详细、完整的方法和属性,请参考 W3CSchool 官网网站或手册。

表 13-1　绘制方法

方　法	描　述
getContext()	返回一个 Context 对象
fill()	填充当前路径或绘图
stroke()	在当前定义的路径上进行绘制
fillXXX()	XXX 代表对应方法,可以是 Text,也可以是各种图形,如 Rect
strokeXXX()	二者的区别在于是否填充路径内的区域,默认颜色为黑色
clearRect()	给定矩形清除指定区域
beginPath()	开始一条路径,重置当前路径(之前的路径被清除)
moveTo()	将路径移动到指定坐标
closePath()	显式地关闭当前路径,绘制一条从当前点到起始点的路径,形成闭合路径区域
lineTo()	创建从指定点到该点的路径
rect()	在指定位置创建指定大小的矩形
arc()	在指定位置创建指定类型的圆弧
quadraticCuveTo()	为当前的子路径添加一个二次贝塞尔曲线
bezierCurveTo()	为当前的子路径添加一个三次贝塞尔曲线
drawImage()	在画布上进行图片、画布以及视频的绘制
save()	保存当前环境状态

13.3.2　坐标与路径

视频讲解

坐标在几何意义上分为二维和三维坐标,分别是 X、Y 轴和 X、Y、Z 轴。在 Canvas 画布坐标系中,坐标原点位于左上角,以像素为单位。坐标的表示为(x,y),x 表示当前坐标位置在水平方向上距离坐标原点 x 个像素,y 表示当前坐标位置在垂直方向上距离坐标原点 y 个像素。在 Canvas 元素中没有负坐标。图 13-4 说明了坐标(3,3)在画布坐标系中的位置。

路径是在 HTML5 中用 Canvas 元素绘制基本图形的基础。在 Context 对象中有很多方法,例如 moveTo()、lineTo()、rect()、arc()等方法用来描绘图形路径点,fill()、stroke()方法用来填充路径上的各个点以完成图形的绘制。通常,在描绘路径前需要调用 Context 对象的 beginPath()方法,作用是清除之前的路径并开始绘制新路径,然后使用描绘方法完成路径的绘制。在绘制路径结束后可以调用 closePath()方法显式地关闭当前路径,但不会清除路径。

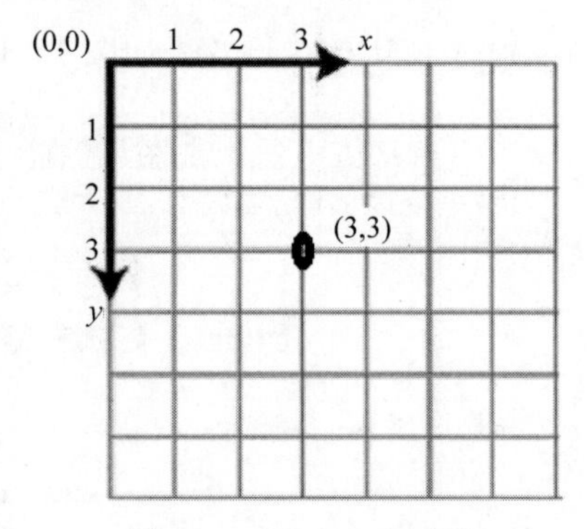

图 13-4 Canvas 坐标系

下面提供了基础的描绘路径的方法原型。

(1) moveTo(x,y):该方法用于显式地指定路径的起点。从字面意思看就是"移动到该点,然后开始绘制"。moveTo()方法会声明新的子路径的开始点。这个方法把当前的位置移动到一个新的位置而不添加一条连接线段。

(2) lineTo(x,y):该方法用于绘制一条从当前点作为起点到(x,y)点的直线。

(3) stroke():该方法绘制当前路径的边框。路径定义的几何线条产生了,但线条的可视化取决于strokeStyle、lineWidth、lineJoin、lineCap 和 miterLimit 等属性。和 stroke()方法相对的是 fill(),该方法会填充路径的内部区域而不是勾勒出路径的边框。

下面使用一个应用案例来说明 Canvas 坐标及路径的使用,如程序 13-2 所示。

```
<!-- 程序 13-2 -->
<!DOCTYPE HTML>
<html>
<head>
   <title>绘制线条</title>
</head>
<body>
<canvas id="myCanvas" width="200" height="100"
style="border:1px solid #c3c3c3;">
对不起,当前浏览器不支持画布元素!请更换浏览器或升级该浏览器版本!<!-- 该句以后省略 -->
</canvas>
<script type="text/javascript">
var myCanvas = document.getElementById("myCanvas");
var context2D = myCanvas.getContext("2d");
context2D.beginPath();
context2D.moveTo(10,10);
context2D.lineTo(150,50);
context2D.lineTo(10,50);
context2D.stroke();
context2D.closePath();
</script>
</body>
</html>
```

页面效果如图 13-5 所示。

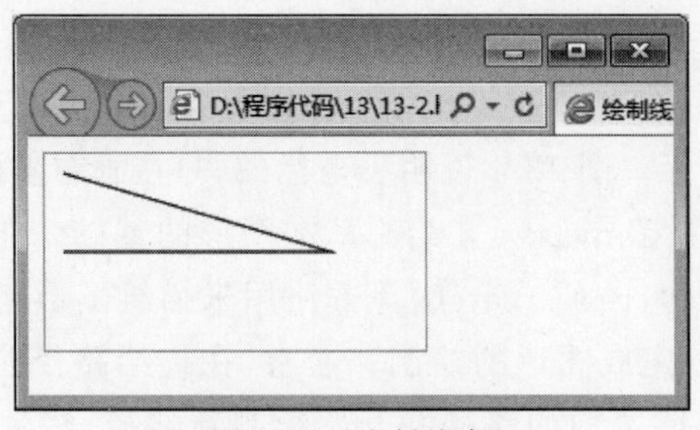

图 13-5 绘制线条

13.3.3　绘制矩形

矩形是几何中的规则图形，在 Canvas 中提供了对应的矩形绘制方法。除此之外，矩形是由 4 条线段拼接而成的，也可以使用路径来绘制该图形。有关矩形的常用方法如表 13-2 所示。

表 13-2　矩形的绘制方法

方　法	描　述
rect()	在指定位置创建指定大小的矩形
fillRect()	绘制“被填充”的矩形
strokeRect()	绘制矩形，无填充，仅仅勾勒矩形边框
clearRect()	给定矩形清除指定区域

其中，rect 方法用于绘制一个矩形，用法如下：

```
context2D.rect(x,y,width,height);
```

x 表示矩形左上角的 x 坐标；y 表示矩形左上角的 y 坐标；width 表示矩形的宽度，单位默认为像素；height 表示矩形的高度，单位默认为像素。其他三种方法的参数同 rect()。

程序 13-3 采用 rect()方法实现矩形的绘制。

```
<!-- 程序 13-3 -->
<!DOCTYPE HTML>
<html>
<head>
  <title>绘制矩形</title>
</head>
<body>
<canvas id="myCanvas" width="200" height="150"
        style="margin:10px 50px;border:1px solid #d3d3d3;">
<!-- 提示省略 -->
</canvas>
<canvas  id="myCanvas2"   width="200" height="150"
         style="margin:10px;border:1px solid #d3d3d3;">
<!-- 提示省略 -->
</canvas>
<script>
    var myCanvas = document.getElementById("myCanvas");
    var context2D = myCanvas.getContext("2d");
    context2D.rect(30,30,140,80);
    context2D.stroke();
    var myCanvas2 = document.getElementById("myCanvas2");
    var context2D2 = myCanvas2.getContext("2d");
    context2D2.rect(30,30,140,80);
    context2D2.fill();
</script>
</body>
</html>
```

在该程序中绘制两个矩形,同样采用 rect()方法原型,但执行效果却不同,如图 13-6 所示。这是由于 stroke()和 fill()方法实现的效果有所不同。stroke()是根据路径来绘制一个图形,内部填充为空,fill()是用来填充路径所围成的闭合区域。换言之,前者绘制的图形是空心的,后者是实心的。

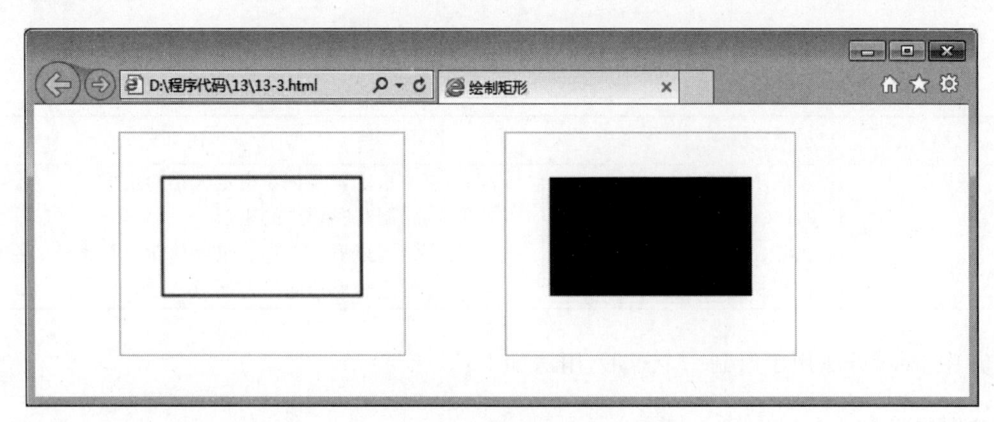

图 13-6 矩形的绘制

在表 13-2 所示的方法中,其他方法的实现效果与 rect()方法相似。rect()方法只是创建矩形路径,需要填充或者渲染路径。我们可以将程序 13-3 中的 context2D. rect(30,30,140,80)和 context2D. stroke()合并修改为 context2D. strokeRect(30,30,140,80),效果相同。同样的,将 context2D. rect()和 context2D. fill()合并修改为 context2D. fillRect()效果相同。

视频讲解

13.3.4 绘制圆形

圆形是一种规则的曲线路径。根据弧度不同,构建的路径不同,绘制出的图形也不一样。绘制圆形和半圆形都使用 arc()方法,该方法的定义和用法如下:

```
context.arc(x,y,r,sAngle,eAngle,counterclockwise);
```

x 表示圆的中心的 x 坐标; y 表示圆的中心的 y 坐标; r 表示圆的半径,单位默认为像素; eAngle 表示起始角,以弧度计,圆形的三点钟位置为 0 度; eAngle 表示结束角,以弧度计; counterclockwise 为可选项,规定应该逆时针还是顺时针绘图,当其值为 true 时,弧形以逆时针绘制,当为 false 时,弧形以顺时针绘制。

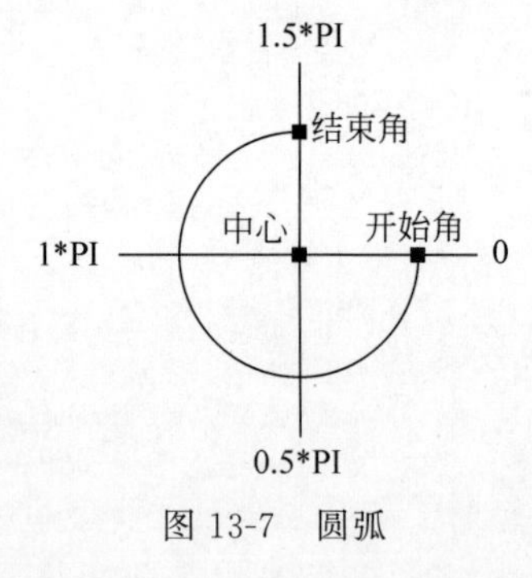

图 13-7 圆弧

如需通过 arc()创建圆,可以把起始角设置为 0、把结束角设置为 2 * Math. PI。具体起始位置的定义可参见图 13-7。

程序 13-4 采用 arc()方法实现圆形的绘制。

```
<! -- 程序 13-4 -- >
<! DOCTYPE HTML >
< html >
< head >
   < title >绘制圆弧</title >
```

```
</head>
<body>
<canvas id="myCanvas" width="200" height="150"
       style="border:1px solid #c3c3c3;">
</canvas>
<script type="text/javascript">
    var myCanvas = document.getElementById("myCanvas");
    var context2D = myCanvas.getContext("2d");
    context2D.beginPath();
     context2D.arc(75,75,50,0,Math.PI * 2,true);      //外圈
     context2D.moveTo(110,75);
     context2D.arc(75,75,35,0,Math.PI,false);         //嘴,半圈
     context2D.moveTo(65,65);
     context2D.arc(60,65,5,0,Math.PI * 2,true);       //左眼
     context2D.moveTo(95,65);
     context2D.arc(90,65,5,0,Math.PI * 2,true);       //右眼
    context2D.stroke();
</script>
</body>
</html>
```

页面效果如图 13-8 所示。

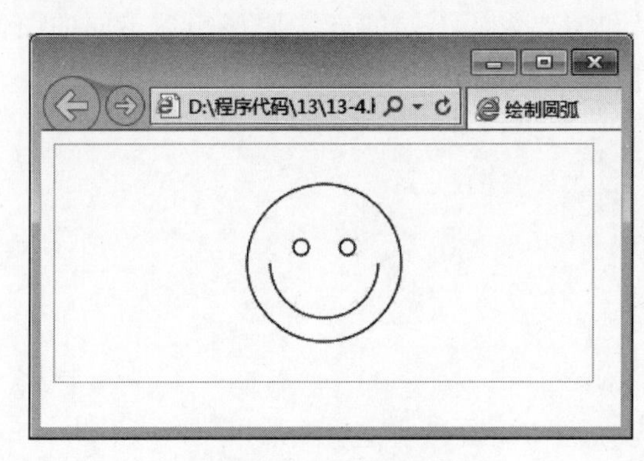

图 13-8　圆形绘制实例

13.3.5　绘制图像

Canvas 使用 drawImage()方法在一个画布上绘制图像。drawImage()方法有三个变形，分别代表不同的绘制图像方式。三种变形对应方法的定义和用法如下：

```
Context.drawImage(image,x,y)
Context.drawImage(image,x,y,width,height)
Context.drawImage ( image, sourceX, sourceY, sourceWidth, sourceHeight, destX, destY, destWidth,
destHeight)
```

参数值描述如表 13-3 所示。

表 13-3 图像绘制参数

方法	描述
image	所要绘制的图像,必须是表示<img>标记或者屏幕外图像的 Image 对象,或者是 Canvas 元素
x,y	要绘制图像的左上角的位置
width,height	图像应该绘制的尺寸,指定这些参数使得图像可以缩放
sourceX,sourceY	图像将要被绘制的区域的左上角,这些整数参数用图像像素来度量
sourceWidth,sourceHeight	图像所要绘制区域的大小,用图像像素表示
destX,destY	所要绘制的图像区域的左上角的画布坐标
destWidth,destHeight	图像区域所要绘制的画布大小

第一个方法将源 img 图像(整个图像)复制到画布,即从画布坐标(x,y)的位置按照原图像大小进行绘制。第二个方法也把整个图像复制到画布,但是允许用画布单位来指定想要的图像的宽度和高度,即将 img 从画布坐标(x,y)的位置绘制成宽为 width、高为 hight 的图像,相当于对图像进行放大或缩小。第三个变形则是完全通用的,它允许用户指定图像的任何矩形区域并复制它,对画布中的任何位置可以进行任何缩放,即从 img 图像的坐标位置(sourceX,sourceY)开始绘制,相当于裁剪掉部分源图像。

值得注意的是,image 参数的类型并非仅仅是 HTMLImageElement 的图片元素类型,也可以是 HTMCanvasElement 的画布元素,或者是 HTMLVideoElement 的视频元素。也就是说,在画布上可以操作图片,也可以操作另一个画布元素,甚至将视频资源绘制在画布上。

用户可根据实际情况和需要采用不同的方法原型实现不同的图像元素操作。程序 13-5 展示了绘制效果,代码片段如下:

```
<!-- 程序 13-5 -->
<!DOCTYPE HTML>
<html>
<head>
   <title>绘制图片</title>
</head>
<body>
<canvas id="myCanvas" width="200" height="240"
        style="border:1px solid #c3c3c3;">
</canvas>
<script type="text/javascript">
  var img = new Image();
  img.src = "HTML5.jpg";
  var myCanvas = document.getElementById("myCanvas");
  var context2D = myCanvas.getContext("2d");
  context2D.drawImage(img,0,0);
</script>
</body>
</html>
```

该程序把一幅图像放置到画布上,页面效果如图 13-9 所示。

图 13-9 绘制图像

13.3.6 图形渐变

渐变就是从一种颜色过渡到另一种颜色的填充过程，两种颜色相交时会进行混合。在画布中创建的渐变有两种：线性和辐射型的。

渐变方法的定义和用法如下：

```
context.createLinearGradient(x0,y0,x1,y1);            //创建线性颜色渐变
context.createRadialGradient(x0,y0,r0,x1,y1,r1);      //创建辐射型颜色渐变
```

参数值描述如下。

(1) x0,y0：渐变起点坐标(环状时为开始圆心坐标位置)；

(2) x1,y1：渐变结束坐标(环状时为结束圆心坐标位置)；

(3) r0：开始圆的半径；

(4) r1：结束圆的半径。

渐变对象作为样式的属性值使用。在创建的渐变对象中指定了从(x0,y0)渐变开始到(x1,y1)渐变结束，然后配合方法 addColorStop()实现对对象渐变颜色的设置。

关于 addColorStop()方法的语法为：

```
addColorStop(offset,color);
```

该方法允许指定 offset 参数为介于 0 和 1 之间的偏移量，在该偏移量后开始渐变到另一种颜色。值 0 是渐变的一端的偏移量，1 是渐变的另一端的偏移量。在定义颜色渐变之后，就可以将渐变对象分配给 fillStyle()了，还可以通过 fillText()方法使用渐变绘制文本。

可以通过调用一次或多次 addColorStop()方法来改变渐变的开始点和结束点之间的特定百分段的颜色。如果不对渐变对象使用该方法，那么渐变将不可见。为了获得可见的渐变，用户需要创建至少一个色标。

程序 13-6 展示了绘制效果，代码片段如下：

```
<! -- 程序 13-6 -->
<! DOCTYPE HTML>
<html>
<head>
```

```
    <title>图像渐变</title>
</head>
<body>
<canvas id="myCanvas" width="400" height="200" style="border:1px solid #c3c3c3">
</canvas>
<script language="javascript">
var context2D = document.getElementById('myCanvas').getContext('2d');
    var grd=context2D.createLinearGradient(20,0,170,0);
    grd.addColorStop(0,"white");
    grd.addColorStop(0.5,"red");
    context2D.fillStyle=grd;
    context2D.fillRect(20,20,150,100);
    context2D.strokeStyle="blue";
    context2D.strokeRect(20,20,150,100);
    var grd=context2D.createRadialGradient(275,70,10,275,70,50);
    grd.addColorStop(0,"blue");
    grd.addColorStop(1,"white");
    context2D.fillStyle=grd;
    context2D.fillRect(200,20,150,100);
    context2D.strokeStyle="blue";
    context2D.strokeRect(200,20,150,100);
</script>
</body>
</html>
```

该程序把一幅图像放置到画布上，页面效果如图13-10所示。

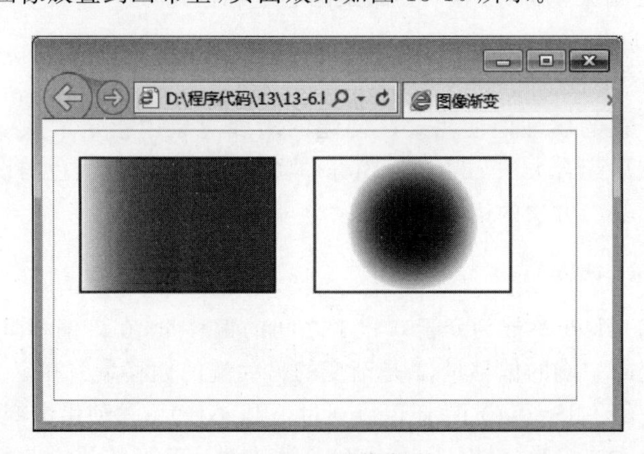

图13-10　图像渐变

视频讲解

13.3.7　空间转换

本节之前学习的绘制完全建立在2D模型的坐标空间中，因此，对画布的操作可以通过转换坐标空间来实现。通过对应的操作方法，可以完成前面所绘制的图形图像的空间转换，实现坐标位置的移动、大小的改变以及角度的展现。

表13-4中列出了空间转换的常用操作：缩放、旋转、移动。

表 13-4　空间转换方法

方　法	描　述
scale()	缩放当前绘图至更大或更小
rotate()	旋转当前绘图
translate()	重新映射画布上的(0,0)位置(移动)
transform()	替换绘图的当前转换矩阵
setTransform()	将当前转换重置为单位矩阵,然后运行 transform()

当然,程序能够操作的空间是在有效范围内移动、缩放或旋转,这可以通过 translate()、scale()和 rotate()方法来实现,它们会对画布的变换矩阵产生影响。

translate(x,y)方法将画布上的元素移动到网格上的不同点,(x,y)坐标表明图形在 X 轴和 Y 轴方向上应该移动的像素数,从而实现图形的平移。scale(x,y)方法可以改变图形的大小,实现图形的缩放,其中 x 参数指定水平缩放因子,y 参数指定垂直缩放因子。rotate(angle)方法可以根据指定的角度来旋转图形。同样,当画布元素操作的对象是图像时,效果和图形转换一致。

程序 13-7 展示了可以使用 translate()、scale()和 rotate()方法呈现的内容。

```
<! -- 程序 13-7 -->
<! DOCTYPE HTML >
< html >
< head >
   < title >图形转换</title >
< script >
    window.onload = function() {
    var myCanvas = document.getElementById("myCanvas");
    var context2D = myCanvas.getContext("2d");
    var rectWidth = 250;
    var rectHeight = 75;
    //平移,画布元素中点
    context2D.translate(myCanvas.width/2,myCanvas.height/2);
    //Y 轴方向上缩放 0.5 倍
    context2D.scale(1,0.5);
    //逆时针旋转 45 度
    context2D.rotate( - Math.PI/4);
    context2D.fillStyle = "blue";
    context2D.fillRect( - rectWidth/2, - rectHeight/2,rectWidth,rectHeight);
    //水平翻转
    context2D.scale( - 1,1);
    context2D.font = "30pt Calibri";
    context2D.textAlign = "center";
    context2D.fillStyle = "#ffffff";
    context2D.fillText("Mirror Image",3,10);
}
 </script >
</head >
< body >
< canvas id = "myCanvas" width = "400" height = "300"></canvas >
</body >
</html >
```

页面效果如图 13-11 所示。

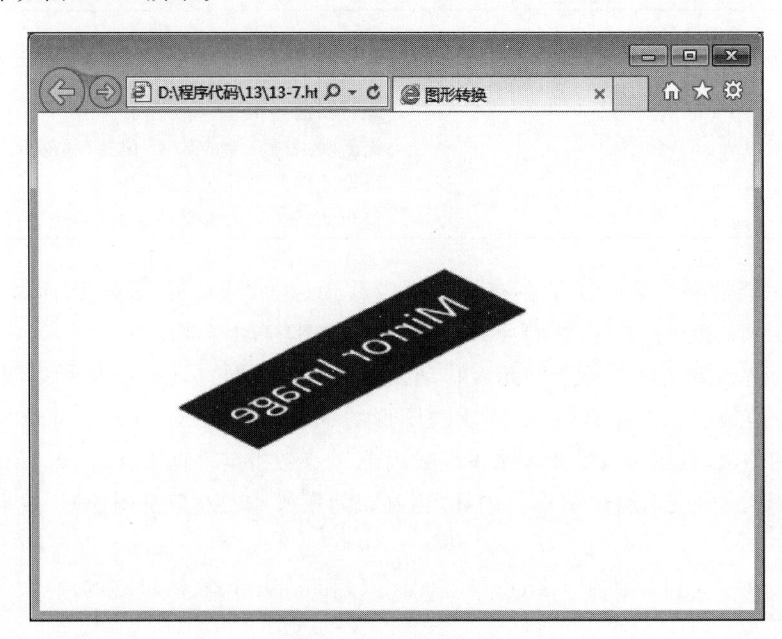

图 13-11　图像转换

视频讲解

13.3.8　样式特效

除了画布常用的方法以外，Context 对象还提供了相应的属性来调整线条样式和填充风格，以及线条宽度、端点样式、阴影效果和透明度等。表 13-5 总结了 Canvas 中常用的样式属性。

表 13-5　样式属性

方　法	描　述
fillStyle	设置填充样式，属性值可以是颜色值、渐变对象以及模式对象
strokeStyle	设置路径线条样式，属性值可以是颜色值、渐变对象以及模式对象
lineWidth	线条的宽度，单位是像素(px)，默认为 1.0
lineCap	线条的端点样式，有 butt(无)、round(圆头)、square(方头)三种类型可以选择，默认为 butt
lineJoin	线条转折处的样式，有 round(圆角)、bevel(平角)、miter(尖角)三种类型可以选择，默认为 miter
miterLimit	线条尖角折角的锐利程序，默认为 10
shadowColor	设置阴影效果的颜色
shadowBlur	设置阴影的模糊级别，默认值为 0
shadowColor	设置或返回用于阴影的颜色
shadowBlur	设置或返回用于阴影的模糊级别
shadowOffsetX	设置或返回阴影距形状的水平距离
shadowOffsetY	设置或返回阴影距形状的垂直距离

在填充和勾勒路径时，可用 fillStyle 和 strokeStyle 属性来指定线段或者绘制区域颜色以及内容样式。其基本语法为：

```
context2D. fillStyle = color|gradient|pattern;
context2D. strokeStyle = color|gradient|pattern;
```

color 表示 CSS 颜色值(默认 #000000)；gradient 表示渐变对象；pattern 表示模式对象。

Canvas API 包含了可以自动为所绘制的任何图形添加下拉阴影的属性。阴影的颜色可以用 shadowColor 属性来指定，并且可以通过 shadowOffsetX 和 shadowOffsetY 属性来改变。另外，应用到阴影边缘的羽化量也可以使用 shadowBlur 属性来设置。其基本语法为：

```
context2D. shadowBlur = number;
```

画布为调整各种线条显示提供了几个选项，可以使用 lineWidth 属性来指定线条的宽度，用 lineCap 属性来指定端点如何绘制，并且用 lineJoin 属性来指定线条如何连接。

以上属性的基本语法如下：

```
context2D. lineCap = "butt|round|square";
context2D. lineJoin = "bevel|round|miter";
context2D. lineWidth = number;
```

butt 表示线条末端为平直边缘，此参数为默认值；round 表示线条末端添加圆形线帽；square 表示线条末端添加正方向线帽子；bevel 表示两条线相交创建斜角；第 2 个 round 表示圆角；miter 表示两条线相交创建尖角，该值为默认值；number 表示设置线条宽度。

下面的实例演示以上属性效果。程序 13-8 运用部分样式属性展现了线条路径样式以及阴影显示效果。

```
<!-- 程序 13-8 -->
<!DOCTYPE HTML>
<html>
<body>
<canvas id = "myCanvas" width = "550" height = "200"
style = "margin:10px 50px ;border:1px solid #c3c3c3; ">
</canvas>
<script type = "text/javascript">
 var myCanvas = document.getElementById("myCanvas");
 var context2D = myCanvas.getContext("2d");
 //设置线宽 20,线条交点为平角,线条终点为圆头
 context2D.lineWidth = 20;
 context2D.lineJoin = "bevel";
 context2D.lineCap = "round";
 //设置阴影:阴影距水平方向 10px,距垂直方向 15px
 //模糊级别为 5,阴影颜色为黑色,透明度为 0.5
    context2D.shadowOffsetX = 10;
    context2D.shadowOffsetY = 15;
    context2D.shadowBlur = 5;
    context2D.shadowColor = "rgba(0,0,0,0.5)";
//"H"
context2D.moveTo(50,50);
context2D.lineTo(50,150);
context2D.moveTo(125,50);
context2D.lineTo(125,150);
```

```
context2D.moveTo(50,100);
context2D.lineTo(125,100);
//"T"
context2D.moveTo(150,50);
context2D.lineTo(250,50);
context2D.moveTo(200,50);
context2D.lineTo(200,150);
//"M"
context2D.moveTo(285,150);
context2D.lineTo(285,50);
context2D.lineTo(335,150);
context2D.lineTo(385,50);
context2D.lineTo(385,150);
//"L"
context2D.moveTo(425,50);
context2D.lineTo(425,150);
context2D.lineTo(500,150);
//设置颜色
context2D.strokeStyle = "#ff0000";
context2D.stroke();
</script>
</body>
</html>
```

页面效果如图 13-12 所示。

图 13-12　样式效果实例

该程序实现了线条终端样式和两条线条路径相交时交点样式的设置,也实现了阴影效果。该类属性都是设置在 Canvas 对象上的,每设置一次,就需要重新绘制路径,否则前面设置的属性值会被覆盖。

视频讲解

13.4　表　　单

对于企业级 Web 应用来说，表单控件是最重要的页面元素之一。在 HTML5 之前，各种类型的表单只能由开发人员通过复杂的属性设置和限制条件（通过脚本计算）来完成。HTML5 标准引入了一系列分类清晰、功能完善的表单控件标记，包括 email、url、number、range、search、color、tel 等输入类型，还有表单属性 autocomplete、autofocus 等，以及一些新增的表单元素。

13.4.1　新增输入元素

1. email 类型

email 类型用于包含 E-mail 地址的输入域，在提交表单时会自动验证 email 域的值，不用使用带有正则表达式的脚本来验证输入域的值。根据浏览器的不同，email 格式错误将会弹出不同的提示信息。

实例代码片段如下：

```
< input type = "email" name = "userEmail" />
```

在该代码片段中，type 属性值被设置为“email”，要求用户必须输入形如< wfz >@< qq >.com 或其他符合格式的邮箱地址，否则会报错。

2. url 类型

url 类型用于包含 url 地址的输入域，在提交表单时会自动验证 url 域的值。

实例代码片段如下：

```
< input type = "url" name = "userUrl " />
```

在该代码片段中，type 属性值被设置为“url”，要求用户必须输入如“scheme://host.domain:port/path/filename”的 url 地址，否则会报错。

3. number 类型

number 类型用于规定输入数值的输入域。该类型包含一些属性值，能够设定对所接受数字的限定。表 13-6 中列出了 number 类型的主要属性。

表 13-6　number 类型包含的属性

属　　性	值	描　　述
max	number	指定数值最大值
min	number	指定数值最小值
step	number	指定步长（数值间隔），默认步长为 1
value	number	指定默认值

实例代码片段如下：

```
< input  type = "number"  min = "0"  max = "9"  step = "2"  name = "userNumber" />
```

该代码片段指定了输入域只能输入0、2、4、6和8几个数值,其他的数值均会弹出错误提示。

4. range 类型

range类型用于确定包含一定范围内数字值的输入域,和number类型一致,并且属性相同,均有min、max、value和step。两者的区别在于,range类型显示为滑动条,number是输入框。

实例代码片段如下:

```
<input type="range" min="0" max="9" step="2" name="userRange" />
```

该滑动条根据浏览器不同显示效果有所差异。

5. color 类型

color类型用于弹出颜色选择框。

实例代码片段如下:

```
<input type="color" name="userColor " />
```

打开的颜色选择框根据浏览器不同显示效果有所差异。

6. Date Picker 类型

Date Picker类型用于弹出日期选择器。

实例代码片段如下:

```
<input type="date" name="user_date" />
```

HTML5中支持多种type的输入类型。

(1) date:选取日、月、年。

(2) month:选取月、年。

(3) week:选取周和年。

(4) time:选取时间(小时和分钟)。

(5) datetime:选取时间、日、月、年(UTC时间)。

(6) datetime-local:选取时间、日、月、年(本地时间)。

7. search 类型

search类型用于搜索域,例如站点搜索或Google搜索。search域显示为常规的文本域。

实例代码片段如下:

```
<input type="search" name="user_date" />
```

目前各大主流浏览器厂家对这些新增类型的支持还在不断完善中。根据不同浏览器的兼容程度以及内核的不同,可能会导致自动提示内容以及边框样式不完全相同,读者在实际应用中可以多加测试。

13.4.2　新增其他元素

在 HTML5 中，除了对 input 元素新增了许多类型外，还新增了一些表单元素，例如 datalist、output 等元素。这些元素的加入极大地提高了表单数据的操作，也提高了用户体验。

1. datalist

datalist 元素的功能是辅助表单文本框的内容输入，用于生成隐藏的可选下拉菜单，相当于一个 select 元素。

其基本语法如下：

```
<datalist id="datalistId">
    <option label=" " value=" " />
    <option label=" " value=" " />
    <option label=" " value=" " />
</datalist>
```

datalist 下拉菜单包含的选项使用<option>标签产生。显示文本是<option>的 label 属性值，而应该显示文本的实际参数值为 value 属性值。值得注意的是，datalist 元素需要与某文本框结合使用，其结合方式是通过将文本框的 list 属性值设置为 datalist 的 id 值，这样就完成了两者的绑定。

程序 13-9 实现了文本框下拉菜单的创建。

```
<!-- 程序 13-9 -->
<!DOCTYPE HTML>
<html>
<head>
   <title>datalist 显示效果</title>
</head>
<body>
请输入要学习的课程名:
<input type="text" list="datalistId" name="cname" style="width:200px" />
<datalist id="datalistId">
<option label="HTML5" value="HTML5" />
<option label="Java" value="Java" />
<option label="C 语言" value="C 语言" />
</datalist>
<input type="submit" value="提交"/>
</body>
</html>
```

页面效果如图 13-13 所示。

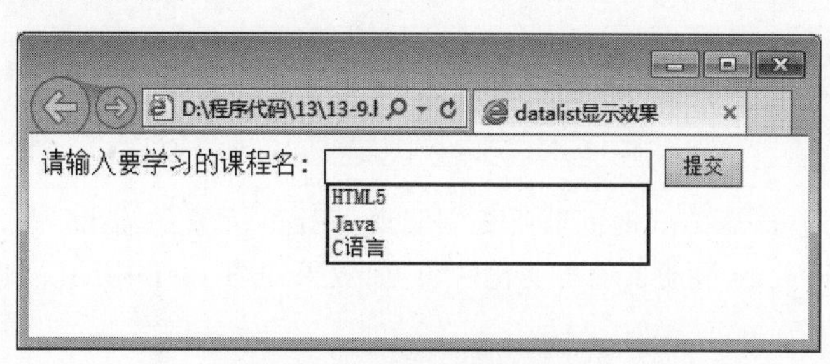

图 13-13　datalist 显示效果

2. keygen

keygen 元素的作用是提供一种验证用户的可靠方法。

keygen 元素是密钥对生成器(key-pair generator)。当提交表单时会生成两个键，一个是私钥、一个是公钥。私钥(private key)存储于客户端，公钥(public key)则被发送到服务器。公钥可用于之后验证用户的客户端证书(client certificate)。

对应的实例代码如下：

```
<form action = "demo_form.asp" method = "get">
用户名: <input type = "text" name = "usr_name" />
加密级别: <keygen name = "security" />
<input type = "submit" />
</form>
```

目前，浏览器对此元素的支持度不足以使其成为一种有用的安全标准。

3. output

output 元素用于显示各种表单元素的内容或脚本执行的结果。其必须从属于某个表单，不同于其他表单元素。该元素不会生成请求参数，它的作用只是显示输出结果。

其基本语法为：

<output id="outputId" onforminput="function ()"></output>

在该语法中 onforminput 属性已经被废弃。新的语法不唯一，可以用脚本代替该属性来监听表单，也可以采用在页面加载时获取表单。

程序 13-10 实现了脚本监听表单时应用 output 元素的输出。

```
<! -- 程序 13-10 -- >
<! DOCTYPE HTML >
< html >
< head >
   < title > output 显示效果</title >
</head >
< script type = "text/javascript">
document. addEventListener(  " input",   function(e){e. target. form. output. value = e. target.
form. range. value;},  true);
</script >
< body >
< form onsubmit = "return false">
< input id = "range" type = "range" value = "0" />
< output name = "output"  > 0 </output >
</form >
</body >
</html >
```

在该程序中采用 javascript 时间监听机制实现 output 元素的输出。滑动条后面默认显示 output 初始值 0，当 range 滑动条动态变化时，页面效果如图 13-14 所示。

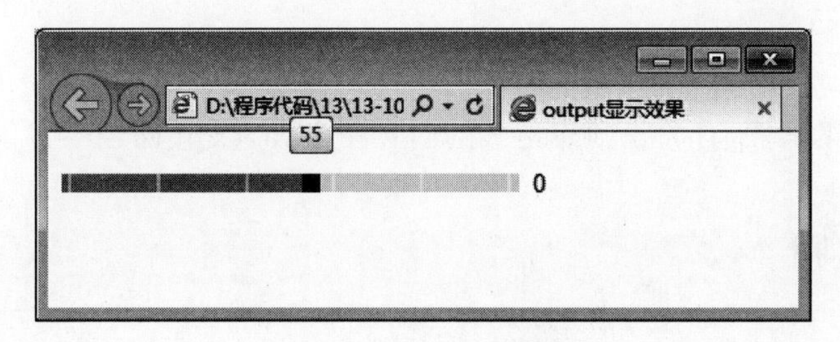

图 13-14 output 输出

13.4.3 新增属性

HTML5 中表单的新增属性使得表单的交互设计变得简单，表 13-7 列出了新增属性名以及相应描述。

表 13-7 新增属性

属 性	描 述
autocomplete	表单或文本框的自动完成功能
autofocus	页面加载时自动获取焦点
form	所属表单 id
formaction	重写表单 action 属性
formenctype	重写表单 enctype 属性
formmethod	重写表单 method 属性
formnovalidate	重写表单 novalidate 属性
formtarget	重写表单 target 属性
list	新增表单元素 datalist 的属性，规定了下拉菜单列表
min、max、step	部分新增 input 类型元素的属性，最小、最大以及步长
multiple	规定输入域可选择多个
pattern	验证输入域的模式(正则表达式)
placeholder	输入域的提示文本，描述了当前输入域所期待的值
required	输入域必填项，不能为空

在当前表单的属性中，不同版本以及不同内核的浏览器的兼容程度不同。该表中所列的属性较多，常用的属性有 autofocus、pattern、placeholder、required 等。

1. autofocus

autofocus 属性规定在页面加载时域自动获得焦点。HTML5 表单的< textarea >和所有< input >元素都具有 autofocus 属性，其属性值为布尔值，默认为 false。在 HTML5 之前的版本中，若要实现当前功能需要借助 JS 来完成。值得注意的是，由于每加载一个页面只能有一个域获取焦点，因此，在一个页面中只可以针对一个元素设置该属性。

实例代码片段如下：

```
< input type = "password" name = "user_pwd"   style = "margin:10px" autofocus/>
```

在该实例片段中，在密码输入域中指定了 autofocus 属性，并未对其赋值，但等效于将 autofocus 属性值设为 true，当运行当前页面时，光标自动定位到当前所在域。

2. pattern

pattern 属性是 input 元素的验证属性,该属性值为正则表达式。该正则表达式可以有效地验证输入内容的正确性,有关正则表达式的内容在 JavaScript 已经学习了,请大家查阅前面的内容。

实例代码片段如下:

```
< input type = "text" name = "country_code" pattern = "[A - z]{3}" title = "Three letter country code" />
```

该实例代码显示了一个只能包含三个字母的文本域(不含数字及特殊字符)。

3. placeholder

placeholder 属性主要用于在文本框或其输入域中提供提示信息,以增加用户界面的友好性和可用性。当输入域获得焦点后,文本提示内容自动消失,等待用户输入。若当前输入域没有输入,提示信息自动回显。

实例代码片段如下:

```
< input type = "text"   placeholder = "提示信息" />
```

placeholder 的属性值"提示信息"将回显在文本输入域中。

4. required

required 属性规定必须在提交之前填写输入域(不能为空)。当表单验证属性为 require 类型时,若输入值为空,则拒绝提交,并会有相应提示。required 属性值为布尔值,因此,可以设置其属性值为 true,也可以和 autofocus 属性一样直接指定该属性,等效于赋值为 true。

实例代码片段如下:

```
< input type = "text"   required />   //指定属性
```

或

```
< input type = "text"   required = "true"   />   //属性赋值为 true
```

HTML5 中新增的表单属性还包括 min、max、step、multiple 等多种,目前各浏览器对属性的支持还不一致,读者可以在实际应用中进行多种尝试。

程序 13-11 是一个完整的程序,使用到了常用属性。

```
<! -- 程序 13-11 -->
<! DOCTYPE HTML >
< html >
< head >
    < title >新增属性实例</title >
</head >
```

```
<body>
<form action="" method="get" style="margin:10px">
用户：<input type="text" name="user_name"
            style="margin:10px"
             placeholder="这是用户名"/>
      <br/>
密码：<input type="password" name="user_pwd"
            style="margin:10px"
             autofocus  required
            pattern="\d{6}" title="密码为 6 个数字" />
<input type="submit" value="提交"/>
</form>
</body>
</html>
```

在该程序中对两个输入域进行设置。其中，对用户输入域设置 placehodler 属性，其属性值为“这是用户名”，该内容会在当前输入域未获得焦点时显示。若用户表单输入域获得焦点，该提示内容会自动消失。对于密码输入域表单，设置了 autofocus、required 以及 pattern 三个新增属性，分别实现了该表单自动获得光标，该输入域不能为空，并且模式值表示该输入域内容为 6 个数字，如果不符合模式要求，将会显示 title 属性值。

页面效果如图 13-15 所示。

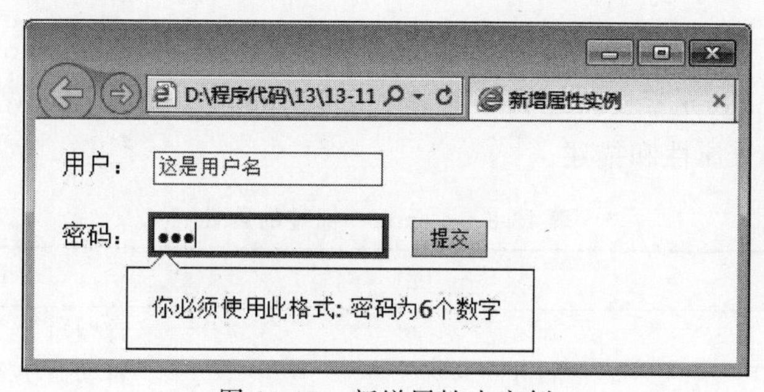

图 13-15　新增属性小实例

13.5　HTML5 中的多媒体应用

在 HTML 中虽然播放音频和视频的方法有很多种，但是在 HTML 中播放音频和视频并不容易。为了可以播放多种格式的音频、视频，大家需要熟知大量技巧，以确保自己的音频、视频文件在所有浏览器中(Internet Explorer、Chrome、Firefox、Safari、Opera)和所有硬件上(PC、Mac、iPad、iPhone)都能够播放。

在 HTML5 之前的版本中，大多数多媒体文件是通过插件(例如 Flash)来播放的，常用的方法是使用<object>或<embed>标签，使用<embed>标签可以插入各种各样的多媒体，如 WMV、MP3、AVI、SWF、MOV、RMVB 等格式的多媒体文件。

基本语法：

```
<embed src="url"  loop="true|false" autostart="true|false" width="width" height="height" type="media-type" pluginspage="plugin">
```

语法说明：

(1) src 指定多媒体文件的 URL 来源，即其路径，为必选属性；

(2) loop 指定声音文件的循环播放次数，值为 true 时可循环播放无限次，值为 false 时只播放一次，false 为默认值；

(3) autostart 指定多媒体文件在下载完后是否自动播放；

(4) width 和 height 分别指定多媒体窗口的宽和高，值均为 0 时类似于背景音乐可隐藏面板；

(5) type 指定多媒体的播放类型；

(6) pluginspage 指定插件页面。

然而，<embed>标签是 HTML5 的新标签，在之前的版本中是非法的，尽管所有浏览器可以正常、有效的运行，却无法通过 HTML4 的验证。并且，不同的浏览器对音频和视频格式的支持也不同。如果浏览器不支持该文件格式，没有插件就无法播放该多媒体文件；如果用户的计算机上未安装插件，也无法播放多媒体文件；如果把该文件转换为其他格式，仍然无法在所有浏览器中播放。

因此，在 HTML5 中实现了网页中多媒体的统一，采用<audio>和<video>标签来实现音频和视频的应用，能够在支持该标签的浏览器上运行几乎所有类型的多媒体文件。除此之外，该标签表达方便、代码简单，极大地提高了开发效率。

13.5.1 音频的应用

HTML5 规定了一种通过 audio 元素来包含音频的标准方法。audio 元素能够播放声音文件或者音频流。audio 元素支持三种音频格式，即 Ogg Vorbis、MP3、Wav。表 13-8 中列出了<audio>标签的部分属性和描述。

表 13-8 <audio>标签的属性

属　性	值	描　述
src	url	音频路径
loop	loop	自动循环播放
preload	preload|auto|meta|none	预加载，与 autoplay 属性冲突
autoplay	autoplay	音频就绪后自动播放
controls	controls	向用户显示控件
muted	muted	静音模式

在应用时，如果不确定目标浏览器支持哪种音频格式，可以添加多个音频路径。<audio>标签元素允许多个<source>元素，该元素可以连接不同的音频文件，并使用<type>标签指定该音频文件类型，浏览器将采用第一个可识别的文件。另外，<audio>标签不存在 width 和 height 属性。

程序 13-12 演示了多个音频文件资源的播放。

```
<!-- 程序 13-12 -->
<!DOCTYPE HTML>
<html>
<head>
```

```
    <title>音频</title>
</head>
<body>
<audio controls = "controls"   style = "margin:10px 50px ;border:1px solid #ff0000; ">
<source src = "song.wav" type = "audio/wav">
<source src = "song.ogg" type = "audio/ogg">
<source src = "song.mp3" type = "audio/mp3">
对不起,当前浏览器不支持音频标签元素!请更换浏览器或升级该浏览器版本!
</audio>
</body>
</html>
```

该程序指定了三种音频格式文件，但在浏览器解析时仅仅执行浏览器可以识别的第一个音频文件。也就是说，如果该浏览器可以兼容给定的三种格式，那么仅仅运行第一个音频文件。controls 属性供用户添加播放、暂停和音量控件。

程序 13-12 的页面效果如图 13-16 所示。

图 13-16　IE 浏览器显示的音频效果

其中，< source >标签中属性 typede 的值可以不指定，但不可以指定当前浏览器不支持的音频编码格式。IE 浏览器只能支持 MP3 的音频，那么在 type 的属性值中只能是“audio/mp3”，如果是其他的类型，IE 浏览器就会给出错误提示。

13.5.2　视频的应用

在 HTML5 技术出现之前，和音频一样，大部分 Web 视频的播放是通过浏览器插件（如 Adobe Flash）来实现的，这要求客户在观看视频之前安装相应的组件。Video 元素的出现使得开发人员不再依赖于特定的第三方技术。

Video 元素潜在地支持多种视频格式：

(1) Ogg：采用 Theora 视频编码和 Vorbis 音频编码的 Ogg 视频文件；

(2) MPEG4：采用 H.264 视频编码和 AAC 音频编码的 MPEG4 视频文件；

(3) WebM：采用 VP8 视频编码和 Vorbis 音频编码的 WebM 视频文件。

< video >标签和< audio >标签的属性基本相同，唯一不同的是< video >标签存在 width 和 height 属性，可以自行设置视频播放时的界面大小，而< audio >标签不存在该属性。

表 13-9 列出了< video >标签的部分属性和描述。

表 13-9　<video>标签的属性

属　性	值	描　述
autoplay	autoplay	如果出现该属性,则视频在就绪后马上播放
controls	controls	如果出现该属性,则向用户显示控件,例如播放按钮
height	pixels	设置视频播放器的高度
loop	loop	如果出现该属性,则当媒体文件完成播放后再次开始播放
preload	preload|auto|meta|none	如果出现该属性,则视频在页面加载时进行加载,并预备播放。如果使用 autoplay,则忽略该属性
src	url	要播放的视频的 URL
width	pixels	设置视频播放器的宽度
autoplay	autoplay	如果出现该属性,则视频在就绪后马上播放

程序 13-13 演示了多个视频文件资源的播放。

```
<!-- 程序 13-13 -->
<!DOCTYPE HTML>
<html>
<head>
   <title>视频</title>
</head>
<body>
<video width="320" height="240" preload="auto" controls="controls"
     style="margin:10px 50px;border:1px solid #ff0000; ">
<source src="test.ogg" type="video/ogg">
<source src="test.mp4" type="video/mp4">
对不起,当前浏览器不支持视频标签元素!请更换浏览器或升级该浏览器版本!
</video>
</body>
</html>
```

程序 13-13 的页面效果如图 13-17 所示。

图 13-17　IE 浏览器显示的视频效果

视频讲解

13.6 HTML5 中的其他应用

13.6.1 Web 存储

Web 开发人员经常通过 cookie 管理客户信息，但是当数据量比较大时，这种方法相对低效，一方面是因为 cookie 存在大小限制，另一方面每次都通过网络请求来传递，这使得 cookie 的速度很慢而且效率不高。在 HTML5 中引入了以下两种新的在客户端存储数据的方式。

(1) localStorage：没有时间限制的数据存储。

(2) sessionStorage：针对 session 的数据存储。

在 HTML5 中，数据不是由每个服务器请求传递的，而是只有在请求时使用数据，这使得在不影响网站性能的情况下存储大量数据成为可能。

对于不同的网站，数据存储于不同的区域，并且一个网站只能访问其自身的数据。HTML5 使用 JavaScript 来存储和访问数据。

1. localStorage 方法

使用 localStorage 方法存储的数据没有时间限制。在不手动删除的情况下，在任何时候数据依然可用。用户可以使用 localStorage 方法实现一个简单的页面访问计数器，代码如程序 13-14 所示。

```
<! -- 程序 13-14 -->
<!DOCTYPE HTML>
<html>
<head>
    <title>localStorage 实例</title>
</head>
<body>
<script type = "text/javascript">
    window.onload = function()
    {
        if(localStorage.visiterCount)
        {
            localStorage.visiterCount = Number(localStorage.visiterCount) + 1;
        }
        else
        {
            localStorage.visiterCount = 1;
        }
        document.getElementById("visiterCount").innerHTML = "当前网站访问量："
          + localStorage.visiterCount + " 次。";
    }
    function clearVisiterCount()
    {
        localStorage.visiterCount = 0;
        document.getElementById("visiterCount").innerHTML = "当前网站访问量" +
        "<span style = 'font - size:20px;color:#ff0000' >已清空</span>。";
    }
```

```
</script>
<body>
<div id="visiterCount" style="float:left;width:200px ;height:30px;
    padding:20px 10px 5px 30px;margin:10px 50px;border:1px solid #ff0000;">
</div>
<button style="margin:10px;width:150px;height:55px;font-size:20px;"
    onclick="clearVisiterCount()">清除访客量</button>
</body>
</html>
```

运行后可以看到,每刷新一次页面计数器的值都会加1。关闭浏览器窗口,然后再试一次,计数器会继续计数。页面效果如图13-18所示。

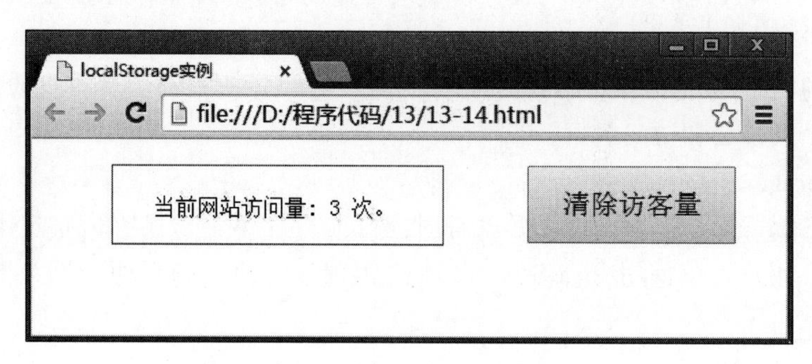

图13-18 localStorage 实例

2. sessionStorage 方法

sessionStorage 方法针对一个 session 进行数据存储。当用户关闭浏览器窗口后,数据会被删除。程序13-15用于实现对用户在当前 session 中访问页面的次数进行计数。

```
<!-- 程序13-15 -->
<!DOCTYPE HTML>
<html>
<head>
  <title>sessionStorage 实例</title>
</head>
<body>
<script type="text/javascript">
    window.onload = function()
    {
        if(sessionStorage.visiterCount)
        {
            sessionStorage.visiterCount = Number(sessionStorage.visiterCount) + 1;
        }
        else
        {
            sessionStorage.visiterCount = 1;
        }
        document.getElementById("visiterCount").innerHTML = "当前网站访问量:"
          + sessionStorage.visiterCount + "次。";
    }
```

```
        function clearVisiterCount()
        {
            sessionStorage.visiterCount = 0;
            document.getElementById("visiterCount").innerHTML = "当前网站访问量" +
            "< span style = 'font - size:20px;color: # ff0000'  >已清空</span>。";
        }
    </script>
    < body >
    < div id = "visiterCount" style = "float:left;width:200px ;height:30px;
        padding:20px 10px 5px 30px;margin:10px 50px;border:1px solid # ff0000;">
    </div>
    < button style = "margin:10px;width:150px;height:55px;font - size:20px;"
        onclick = "clearVisiterCount()">清除访客量
    </button>
    </body>
    </html>
```

程序运行后，刷新页面会看到计数器的值在增加。与 localStorage 方法不同的是，关闭浏览器窗口，然后再试一次，计数器已经重置了。

对于 Web 开发人员来说，浏览器都实现了 HTML5 的本地客户端存储标记。不过，在这里要注意一下安全性，Web 开发人员在使用这些元素时要时刻谨记存储在客户端的数据可能会被授权使用浏览器的其他人查看甚至修改，所以需要注意保存敏感信息。

13.6.2 地理定位

在 HTML5 中拥有众多 API，可以通过其 API 接口操作 Web 上的资源，HTML5 Geolocation 就是一款用于获得用户地理位置的 API。

鉴于该特性可能侵犯用户的隐私，除非用户同意，否则用户的位置信息是不可用的。

13.6.3 应用缓存

在 HTML5 中引入了应用程序缓存 Application Cache，这意味着 Web 应用可进行缓存，并可在没有因特网连接时进行访问。

应用程序缓存为应用带来以下三个优势。

(1) 离线浏览：用户可在应用离线时使用它们；

(2) 速度：已缓存资源加载得更快；

(3) 减少服务器负载：浏览器将只从服务器下载更新过或更改过的资源。

目前，所有主流浏览器的最新版本均支持应用程序缓存。

13.6.4 Web Workers

当在 HTML 页面中执行脚本时，页面的状态是不可响应的，直到脚本已完成。Web Workers 为 Web 前端网页上的脚本提供了一种能在后台进程中运行的方法。Web Workers 进程能够在不影响用户界面的情况下处理任务，因此其独立于其他脚本，不会影响页面的性能。我们可以继续做任何愿意做的事情，例如单击、选取内容等，而此时 Web Workers 在后台运行。

目前，所有主流浏览器的最新版本均支持 Web Workers。

小　结

在 HTML5 中,画布对于构建基于浏览器的 RIA 至关重要,它提供受 JavaScript 支持的实用绘制环境,便于用户施展自己的想象力。画布能够以可视的方式修改文本、图像和模拟动画,这些让 Canvas 成为极有价值的工具。不管是设计者还是开发人员,也不管是使用 Canvas 构建运行在移动设备上的游戏应用程序,还是仅仅使用它改善网页的布局,Canvas 都是 HTML5 体验的"重头戏"。在 HTML5 中还实现了对多媒体的统一,方便了开发者,也可以使网页中多媒体的格式多种多样。新增的表单元素和属性极大地提高了开发效率,有效地增加了用户体验,也使得程序的开发难度大大降低。HTML5 中其他的新特性都可以在应用开发中得到很好的应用,起到不可取代的作用。

习　题

1. HTML5 之前的 HTML 版本是(　　)。

A. HTML4.01　　B. HTML4　　C. HTML4.1　　D. HTML4.9

2. HTML5 的正确 doctype 是(　　)。

A. <!DOCTYPE HTML>　　B. <!DOCTYPE HTML5>

C. <!DOCTYPE>　　D. <!DOCTYPE HTML4>

3. 用于播放 HTML5 视频文件的正确 HTML5 元素是(　　)。

A. <movie>　　B. <media>　　C. <video>　　D. <audio>

4. 用于播放 HTML5 音频文件的正确 HTML5 元素是(　　)。

A. <movie>　　B. <media>　　C. <video>　　D. <audio>

5. 在 HTML5 中,(　　)方法用于获得用户的当前位置。

A. getPosition()　　B. getCurrentPosition()

C. getUserPosition()　　D. getContentSize()

6. HTML5 中的<canvas>元素用于(　　)。

A. 显示数据库记录　　B. 操作 MySQL 中的数据

C. 绘制图形　　D. 创建可拖动的元素

7. HTML5 内建对象(　　)用于在画布上绘制。

A. getContent()　　B. getContext()　　C. getGraphics()　　D. getCanvas()

8. 使用 HTML5 表单实现客户端的非空校验,需要使用表单元素的________属性,在输入或文本域元素中显示提示信息需要设置________属性,在页面加载完成后自动在元素中获取焦点需要设置________属性,使用________属性可以对客户端使用正则表达式进行校验。

9. 在 HTML5 表单中,如果只允许用户在文本框中输入数值,需要设置文本框类型为________,如果只允许输入 10~300 的数值,还需要同时设置________和________属性。若只允许用户输入 email,则需要设置输入文本框类型为________;若只允许用户在文本框中输入 URL,则设置其类型为________。

10. 在 HTML5 中实现存储的方法有________和________,其区别是________。

11. HTML5 的新特性有哪些?

实　　验

美乐乐网站主页。实验要求：根据给定素材，采用 HTML5 技术完成如图 13-19 所示的企业网站。

图 13-19　美乐乐网站主页效果图

第14章

综合网站制作实例

本章通过一个班级网站的建设过程描述了如何将本书所介绍的创建网页的知识应用于实际项目中。

本章重点

- 站点定义与目录管理。
- 网页设计与制作。

视频讲解

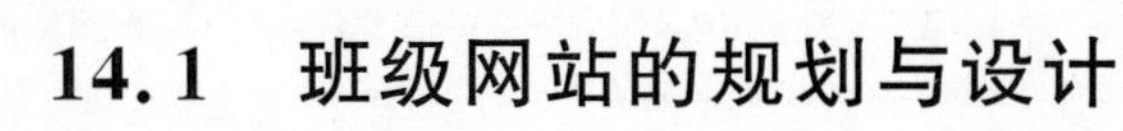

14.1 班级网站的规划与设计

14.1.1 网站定位

网站定位就是网站在 Internet 上扮演什么角色，要向目标访问者传达什么样的核心概念，通过网站发挥什么样的作用等。

一个班级的组成首先是构成它的学生，其次是学生的老师、父母，这是密切相关的群体，一个班级网站提供了学生、老师和父母可以聚集、相互沟通的平台。

明确了网站的客户群体，接着要分析建设网站的目的，这可以从分析客户对于网站的需要开始。建设网站的目的就是为了满足访问者的使用。

14.1.2 需求分析

不同的客户群体对于一个网站可能有不同的需要，这种需要是建设网站的基础。

对于一个班级的学生而言，创建班级网站可能存在共同管理班级事务的要求，展现集体或者个人学习、生活风采的需要，具体包括：

(1) 发布班级公告，并对公告进行管理的功能；

(2) 建立留言板，对留言能够进行回复、修改和删除等管理功能；

(3) 建立班级相册，能够建立不同主题的图片集，实现对于每个主题的说明、每张图片的介绍，并提供留言的功能；

(4) 建立基于课程的讨论，能够针对某个主题进行讨论，或者完成老师布置的作业等。

对于老师而言，通过网站可以更直观地了解学生的学习和生活状态，具体包括：

(1) 具有对学生的管理功能；

(2) 能够发布相关通知；

(3) 能够发布课程的作业，并参与到学生的讨论，引导学生。

对于家长而言，他们可能更多地希望通过网站了解孩子在集体中的信息，具体包括：

(1) 能够提供指定学生的所有信息的汇聚功能；

(2) 参与学生讨论的功能；

(3) 留言的功能。

14.1.3　栏目设计

班级网站具有自身的特殊性，主要面向在校的学生，反映的内容主要包括学生的学习安排、日常活动、留言和讨论等，对于具体栏目的设计大家可以根据自己的需要以及分析同类网站的栏目设计确定。图 14-1 是本书配套的一个班级网站的栏目设置。

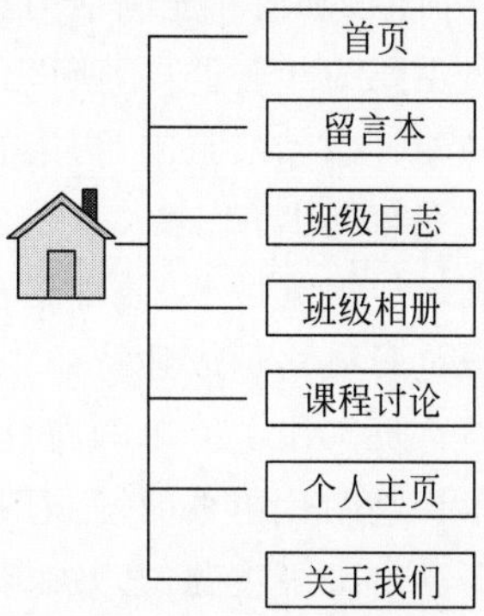

首页
留言本
班级日志
班级相册
课程讨论
个人主页
关于我们

图 14-1　班级网站栏目结构图

(1) 首页：进入网站的第一个页面，主要向浏览者传递日常访问和使用较多的信息，因此内容包含注册与登录区、班级日历、班级公告、班级新闻、课程表、个人展示区；

(2) 留言本：供班级成员或其他浏览者进行交流、发表评论的地方，也包含对以往评论的显示；

(3) 班级日志：记录班级重要活动的版块；

(4) 班级相册：用图片展示班级风采的版块，可浏览、查看不同类别的照片；

(5) 课程讨论：对于网页设计课程的相关问题进行讨论；

(6) 个人主页：指向一个班级内每个学生制作的关于自己个人主页的列表；

(7) 关于我们：班级描述和班级宣言的版块。

14.1.4　站点定义与目录管理

站点是一个管理网页文档的场所。简单地讲，一个个网页文档连接起来就构成了站点。站点可以小到一个网页，也可以大到一个网站。制作网站，第一步是创建站点，为网站指定本地的文件夹和服务器，使之建立联系。首先应建立公共目录，存放各网页需访问和使用的公共信息，如 image 文件夹存放图片信息，js 文件夹存放 javascript 程序，css 文件夹存放对全局的一些页面定义。然后各栏目建立各自的文件夹。一般来说，如果网站信息较多，在栏目较复杂的情况下，除公共文件夹 css 外，在每个栏目目录下还可以存放该栏目的图片文件夹和 css 文件夹，以方便管理班级网站的目录，结果如图 14-2 所示。

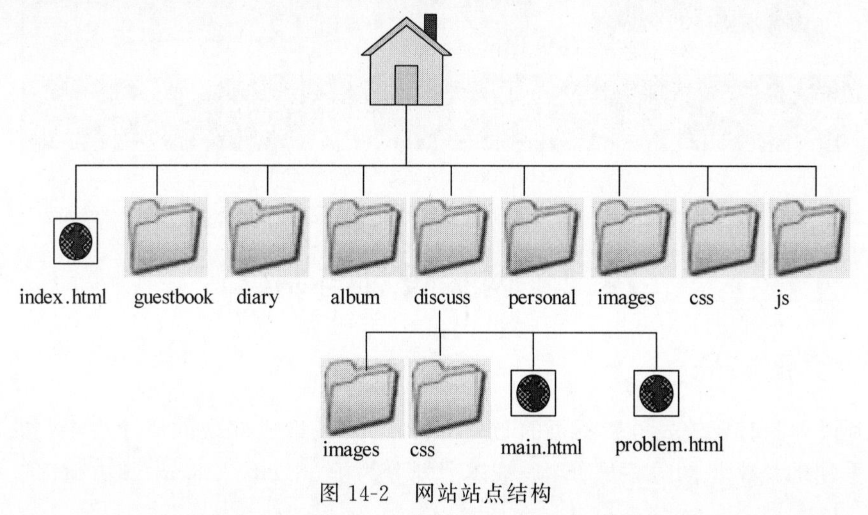

图 14-2　网站站点结构

14.1.5 网站的风格设计

网站的风格设计是一个网站区别于其他网站的重点,包含了品牌传达、氛围渲染、信息排版等纯粹的视觉表现技术。对于班级网站,如果属于一个相关设计专业的班级,则应当考虑进行更专业的网站设计来体现专业特色,否则尽可能地基于简洁的原则进行风格设计。

简洁、明快和充满活力应是班级网站传递给访问者的第一感觉。在配色设计上,因为客户群体主要为年轻群体,所以色彩以明快为主要基调。页面的整体使用橙色偏绿的色调,凸显出一种朝气蓬勃的氛围,再配合白色形成大气的感觉。

在布局上,考虑大多数人的浏览习惯,布局采用横向版式、上中下的格局,并且将网站名称放入最佳视觉区域,通常为左上角。版面设计可运用多种元素的组合,版式设计简洁明快,并配合色彩风格形成独特的视觉效果。

首页采用了简单的布局,将网站的名称和内容直观地显示给浏览者,顶部的 Banner 使用艺术铅笔图片给页面增添不少活力。通过经常更新的班级公告、班级日历、班级新闻、班级相册等突出班级主题,其效果如图 14-3 所示。

图 14-3 班级网站首页效果图

视频讲解

14.2 网页设计与制作

14.2.1 页面布局

在拿到设计图时要首先分析网页的布局结构,了解各组成部分的尺寸大小。效果图中网页的布局采用的是常见的分栏式结构,整体上划分为上、中、下三部分,其中上部区域主要为

LOGO、导航和 Banner 三块内容；下部区域主要包含底部导航和版权栏两部分内容；中部区域面积最大，为重要的信息栏区。在不同的页面中，该区域可根据需要进行布局的划分。其整体布局如图 14-4 所示。

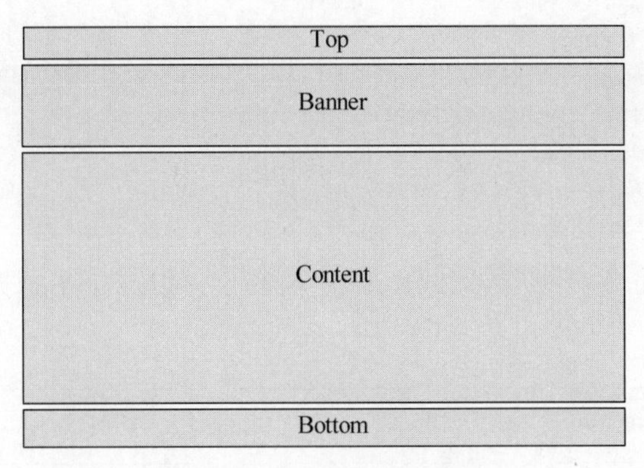

图 14-4　首页布局

在布局网页时遵循自顶向下、从左到右的原则。对于图 14-4 的布局图排版的顺序应该是头部、导航、内容区域、滚动信息栏、版权栏。对于这种结构的布局，可以使用 div 层搭建主结构，主体代码如下：

```
<div id = "container">
    <div id = "header">头部区域</div>
    <div id = "banner"> Banner 区域</div>
    <div id = "mainContent">中间内容区域 </div>
    <div id = "footer">底部区域</div>
</div>
```

14.2.2　全局 CSS 的定义

在对页面的布局进行分割之后，整个页面被分成了头部、导航、内容、底部 4 个区域。除了内容区之外，其他 4 个部分都属于相对固定的区域，将会出现在网站的每个页面上，在进行网站设计时，为保持站点的一致性，应当将应用于它们的样式独立出来，定义为全局的 CSS，以保证风格的统一。

下面的代码对班级网站全局的页面元素进行统一的定义，一般可以将此文件命名为 default.css、main.css 或 global.css 等，以便在每个页面加以引用。

```
img{border:0px;}
.clear{clear:both;}
h1,h2,h3,h4{line - height:normal;}
h2{color:#0a356d;font - weight:bold;display:block;padding - bottom:20px;font - size:13px;}
a{color:#0a356d;text - decoration:none;}
a:hover a:active{text - decoration:none;}
```

上述代码是对全局共用的一些元素进行定义，这些元素在整个页面中的任何地方出现都保持风格一致。例如，对所有图片定义无边框、对各级标题风格的定义、对超链接格式的定义，已经由.clear定义的清除浮动效果。接下来是对全局div层的格式定义：

```
*{margin:0px;padding:0px;}
body { font-family:Verdana; font-size:14px; margin:0;}
#container {margin:0 auto; width:900px;}
#header { height:70px; background:#FFCC99; margin-bottom:5px;}
#banner { height: 214px; background:#FFCC99; margin-bottom:5px;}
#mainContent { height:470px; margin-bottom:5px;background:#9ff;}
#footer { height:60px; background:#CCFF00;}
```

在这个CSS文件中，主要是对各部分div层的高度、宽度、上下边距等进行控制。从代码中可以看出首先定义了

```
*{margin:0px;padding:0px;}
```

这个定义被称为CSS Reset技术，即重设浏览器的样式。在各种浏览器中都会对CSS的选择器默认一些数值，例如当h1没有被设置数值时显示一定的大小。但并不是所有的浏览器都使用一样的数值，所以有了CSS Reset，以让网页的样式在各浏览器中表现一致。这一代码让容器不会有对外的空隙以及对内的空隙。然后定义body的默认显示字体、字号等基本属性，还可以看到在header层和mainContent之间都留出了用margin-bottom控制的5像素的间隔。

为了使读者能清楚地体会布局的效果，给每部分div层设定了不同的背景色和具体的高度值，保存后浏览效果如图14-5所示。可以清楚地看到，班级网站的主结构已经搭建起来了。

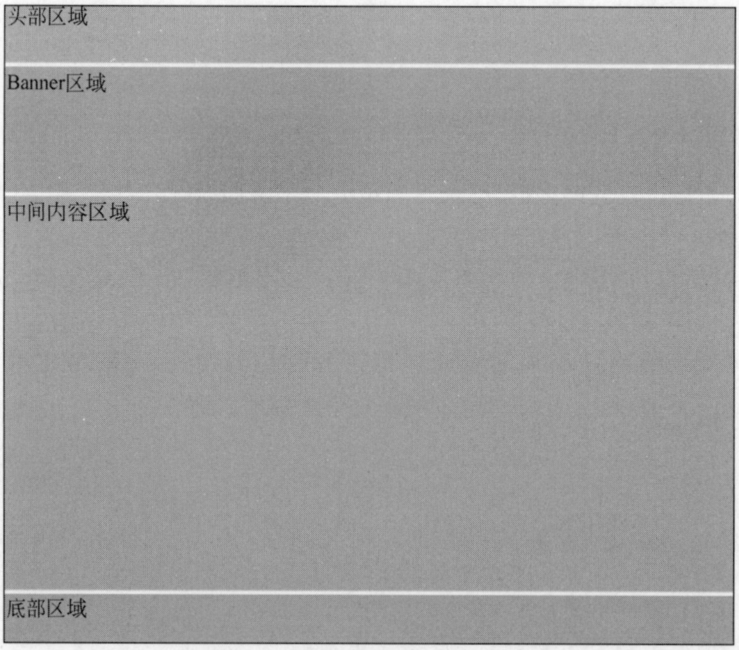

头部区域

Banner区域

中间内容区域

底部区域

图14-5 首页布局

14.2.3　首页的制作

接下来制作首页各部分的细节内容，首先要清除掉上面测试用的背景色。

1. 头部的制作

该主页的头部从效果图中可以看出分为两部分内容，左边为班级网站的 LOGO 和名称，右边为网站的主导航条，可以使用嵌套在 header 层中的两个 div 层分别控制 LOGO 和导航区域。其 HTML 文件中的 div 结构如下：

```
<div id = "header">头部区域
        <div id = "logo"> LOGO 位置</div>
        <div id = "menu">导航位置</div>
</div>
```

对这两个 div 层进行 CSS 的控制，定义其 CSS 如下：

```
#logo{ height:70px;width:300px; background:#CCFFee ; float:left; }
#menu{ height:70px;width:700px; background:#D3F8BC; float:right;}
```

可以看出，CSS 样式中定义了左、右两部分的宽度和高度，并使这两部分分别向左、右浮动，以便两部分能分别位于头部区域的左部和右部。为使读者能清晰地看到布局的效果，仍然为区域加入背景颜色，读者在后续的制作过程中可以删除该颜色，效果如图 14-6 所示。

图 14-6　首页头部布局

继续细化头部的制作，首先将 LOGO 图片加入 logo 层中。

```
<div id = "logo"> <img src = "images/logo.gif" /> </div>
```

设定 logo 层的 CSS 控制信息，默认图片位于层的左上边侧，因此使用 padding 属性调整其内边距，并使其向左浮动。

```
#logo{padding - top:20px;padding - left:10px; float:left;}
```

接下来制作导航部分，导航区域使用了标准的横向导航栏，采用通用的列表方式实现。在 HTML 导航 div 中利用列表标记加入栏目名称作为导航内容：

```
<-- 导航开始 -->
<div id = "menu">
    <ul>
        <li><a href = "index.html">首页</a></li>
```

```
        <li><a href = "classblog.html">班级日志</a></li>
        <li><a href = "classphoto.html">班级相册</a></li>
        <li><a href = "personpage.html">个人主页</a></li>
        <li><a href = "message.html">留言本</a></li>
        <li><a href = "about.html">关于我们</a></li>
    </ul>
</div>
<! -- 导航结束 -->
```

此时预览，列表项目竖向排列，看不到横向效果。在 CSS 文件中对列表进行控制，首先在 CSS 文件中加入如下代码：

```
#menu ul {list-style:none;margin:0px;}
#menu ul li {float:left;}
```

这两句分别是取消列表前点、删除 UL 的缩进，float:left 的意思是使用浮动属性让内容在同一行显示。预览效果如图 14-7 所示。

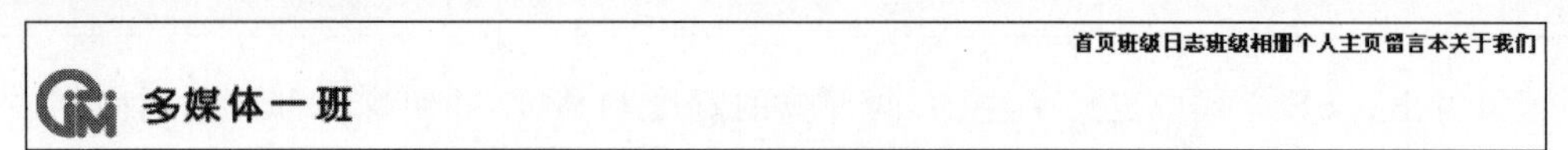

图 14-7　导航中间制作过程预览效果

目前看到整个列表内容密集排列在一行并紧贴窗口上边界。在#menu ul li {}中加入代码“padding:0 20px;”，其作用是让列表内容之间产生一个 20 像素的距离，这样列表内容就有间距了，这个间距的像素值可以根据实际调整。同时在#menu ul{}中加入“padding-top:22px;”，使其距上边距 22 像素。

```
#menu ul {list-style:none;margin:0px; padding-top:22px;}
#menu ul li {float:left; padding:0 20px;}
```

现在进行预览，如图 14-8 所示，发现雏形已经出来了，但与效果图还有一些差异，主要存在的还有导航间无间隔线、链接颜色、导航字体效果、文字垂直居中显示等问题。

多媒体一班　首页　班级日志　班级相册　个人主页　留言本　关于我们

图 14-8　导航中间制作过程效果

在 CSS 文件中继续写入以下代码：

```
#menu ul li { float:left;padding:0 20px; color:#272727;
background:url(images/li-seperator.gif) top right
no-repeat;font-weight:bold;line-height:20px;};}
```

在该代码中，对导航栏目元素使用了插入分割线图片 menu-bg.gif 并且不允许做平铺的效果，line-height:20px 使得文字垂直居中显示。

```
#menu a:link {text-decoration:none;color:#272727;font-weight:bold; }
#menu a:hover {color:#517208;}
#menu a:active{color:#517208;}
```

该部分代码对导航超链接样式进行定义，预览后效果如图 14-9 所示，现在一个漂亮的导航效果就出来了。

多媒体一班　首页 | 班级日志 | 班级相册 | 个人主页 | 留言本 | 关于我们 |

图 14-9　导航栏效果

2. Banner 的制作

该网站的 Banner 栏使用了一张制作好的背景图片显示。在主体结构中使用了一个 div 层进行控制，并设置层的 CSS 样式。现在把这张图片加入为该层的背景图片，并且不做填充，因为图片本身的大小已经处理好，要求和层的高度与宽度匹配。

```
#banner{background:url(images/header-bg.gif) bottom left no-repeat;
height:214px;}
```

页面效果如图 14-10 所示。

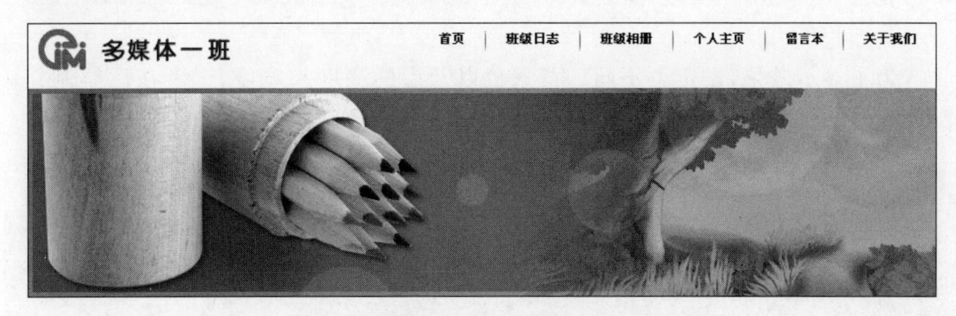

图 14-10　Banner 栏

在设计效果图上还有一句班级宣言，读者可以在 Banner 中嵌套 div 层，自行进行内容和字体的创意发挥。

3. 内容部分的制作

首页中间部分的布局是将中间主体内容分为左、右两个部分。其中左部分作为主要区域，又分为上、下区域，上部区域为班级欢迎内容，下部区域又分为对等宽度的左、右两个版块，分别放置班级活动和班级新闻。右部分作为侧边栏分为上、下两部分，上部分放置动态滚动班级网页信息，下部分放置班级课程表。中间区域布局的划分要使用嵌套 div 的形式。其 HTML 代码如下：

```
<div id="mainContent">中间内容区域
        <div id="content_left">
            <div id="con_welcome">欢迎区</div>
            <div id="con_bott">
                <div id="con_activity">班级活动</div>
```

```
                <div id = "con_classNews">班级新闻</div>
            </div>
        </div>
        <div id = "content_right">
            <div id = "blackboard">班级公告</div>
            <div id = "schedule">课程表</div>
        </div>
</div>
```

进行相应的 CSS 样式设定,这部分代码主要对各区域的高度、宽度、边距、字体、背景等进行设定。其中,左侧区域的三个版块内容(即班级欢迎、班级相册、班级新闻)都应进行向左浮动属性设定。

```
#mainContent { height:470px; margin-bottom:5px;background:#9ff;}
#content_left{ width:700px; height:470px; float:left; background:#ffbb00;}
# con_welcome {width:700px; height:200px; background-color:#666699; margin-top:5px;}
#con_bott{width:700px; height:260px; background-color:#660099; margin-top:5px;}
#con_activity{width:335px; height:250px; background:#ACF47B; float:left; margin:5px 5px;}
#con_classNews {width:335px; height:250px; background:#EACEB7; float:left; margin:5px 5px;}
#content_right{ width:300px; height:470px; float:right; background:#ff0000;}
#rig_blackboard {width:300px; height:300px; background:#E7B5EE; margin-top:5px;}
#rig_schedule {width:300px; height:160px; background:#DBCEFF; margin-top:5px;}
```

同样,为了显示效果,设定了不同的背景色以及层的高度和宽度,读者在后续制作中可以删除背景色,对于宽度和高度可灵活调整。布局划分效果如图 14-11 所示。

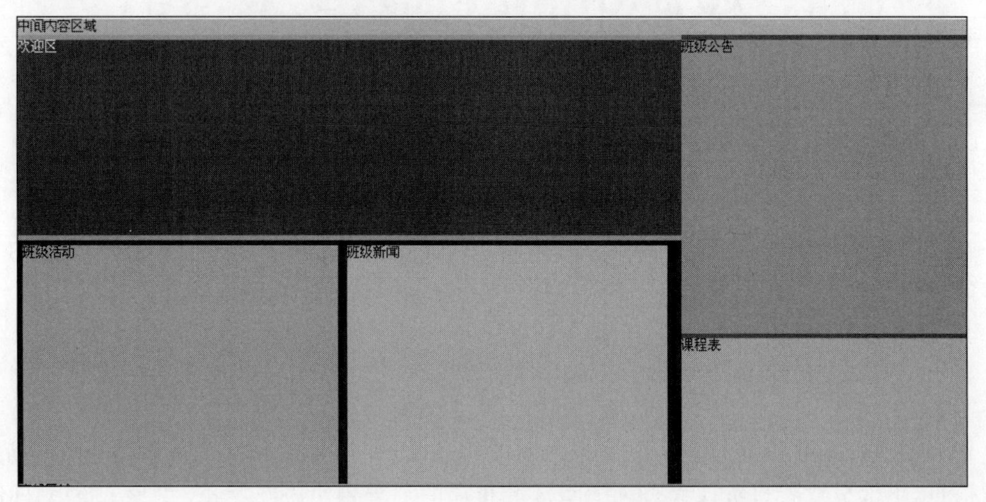

图 14-11　首页主内容区域布局

接下来细化中间部分各部分的内容。首先制作左上栏区域的班级欢迎,班级欢迎区域主要由文字组成。在这个区域的设计中应重点关注文字的排版,例如标题栏的字体、颜色、字号的处理,内容栏字体、字号、行间距等的处理。标题可采用一些字体类型的变形,以突出效果。在 HTML 文件中写入以下代码:

```
<div id = "con_welcome ">
    <h1 >欢迎您访问我们的班级网站</h1 >
    <h2 > 57 位来自五湖四海的学子,57 张意气风发的笑脸汇集在这里为了梦想共同奋斗。</h2 >
    <p>多媒体一班于 2010 年 9 月成立。成立半年多以来,全班同学以"团结、和谐、文明、进取"为班级文化,团结一心、锐意进取,在各方面都交出了令人满意的答卷。
    </p>
    <a href = "#">< img src = "images/readmore - button.gif"/></a>
</div>
```

对于这部分内容,读者也可以根据自己的制作风格在 CSS 文件中对 #con_welcome {}的内容进行调整。

班级活动区域主要由版块标题和班级图片组成。2×2 的班级图片的展示可以由很多方法实现。例如可以使用嵌套在这个 div 层的表格实现,或者在该 div 层中继续嵌套 div。其具体的代码如下:

```
<div id = "con_activity ">
    <h1 >班级活动</h1 >
        <div class = "second_heading"> Class Active </div>
    <a href = "#">< img src = "images/gallery - img1.gif" /></a>
    <a href = "#">< img src = "images/gallery - img2.gif" /></a>
    <a href = "#">< img src = "images/gallery - img3.gif" /></a>
    <a href = "#">< img src = "images/gallery - img4.gif" /></a>
</div>
```

对这部分的 CSS 样式的控制最主要的就是对图片位置的控制。

```
#con_activity img{padding - right:10px;padding - bottom:10px;}
```

设定图片的右边距的填充为 10 像素、下边距的填充是 10 像素,这个属性使得图片之间右、下都有了间距。同时,由于设定了该层的宽度是 255 像素,而图片本身的大小是 116×69,实现图片的 2 行 2 列的显示效果。页面效果如图 14-12 所示。

图 14-12　班级活动效果图

班级新闻主要是定期公布班级重大事件的地方。通常来说,新闻实现如果是纯粹的文字信息,一般较多采用列表的方式实现。但从本列的效果图上来看,该区域为配合整体页面的美观布局采用了标题、图片、文字内容等混合排版的实现方式，因此在实现上采用了更灵活的形式。其HTML代码具体如下：

```
<div id="classNews">
    <h1>班级新闻</h1>
    <div class="second_heading">Class News</div>
    <img src="images/news1.gif" align="left" hspace="10" />
    <span class="news-title">
        <a href="#">关于普通话考试的通知</a>
    </span>
    <p>我院今年3月份的普通话水平测试开始接受报名…</p>
    <img src="images/news2.gif"  hspace="10" align="left"/>
    <span class="news-title">
        <a href="#">"卫生健康大讲堂"大学走进</a>
    </span>
    <p>怎么预防传染病?食物出现什么变化后不能吃?… </p>
</div>
```

CSS的样式设定分别对栏目标题、新闻标题、新闻图片、新闻文字做了不同的样式定义。其具体内容也较为简单，读者可参考本书的配套代码实现。

班级活动和班级新闻版块之间有一条简单的竖虚线，这是对班级新闻区域div层的右边框设置了虚线显示来进行版块分割，如图14-13所示。

图14-13　内容区左侧效果图

中间内容部分的右侧简单地分为上、下两个部分，上部为滚动班级公告，下部显示课程表信息。

滚动班级公告主要是日常通知信息的显示。从整体布局的美观性来看，左边区域主要使用了白色的背景，依赖版块与版块之间的留白区域进行版块的分隔，这样达到的效果是简单、干净。但如果右边区域仍然使用这种手法，内容区域的大面积空白又会使整体显得单调和空洞了。所以，在公告栏使用了一个带背景底色的区域框来展示动态的公告信息，从表现形式上进行了改变。其HTML代码如下：

```
<div class=" rig_top ">
    <div class="rig_blackboard">
    <h1>公告栏</h1>
```

```
    <h2>Bulletin Board</h2><br>
    <marquee direction="up" height="190" onmouseover="this.stop()"
            onmouseout="this.start()">
    <div class="right-title">"五一"节放假的通知</div>
    <p>根据国家法定节假日安排,放假时间为 4 月 30 日至 5 月 2 日,共 3 天。5 月 3 日(星期二)正
常上班。各单位做好假期工作安排及学生安全教育工作。</p>
    <div class="right-title">校园卡拉 OK 大赛</div>
    <p>学校将于近期举办校园卡拉 OK 大赛,报名截止日期 4 月 30 日,报名处在班文艺委员处,希望
同学们踊跃参加。
    </p>
    </marquee>
</div>
```

在这部分代码中,首先注意到使用了 marquee 标签及其 direction 属性实现了从下向上的滚动显示。为实现鼠标指向时滚动信息停止方便查看,使用了 onmouseover 和 onmouseout 所定义的两个鼠标事件。

课程表采用标准的 table 表格标签实现,其实现原理较为简单,需要关注的问题主要在于表格中文字应居中显示。表格背景颜色的设定应该和整体页面的布局色彩协调。在本例中,调整表格背景与公告栏背景一致,对外边框进行加粗并显示灰色边框,用于进行区域版块的分割。具体代码参考本书实例代码,读者也可自行调整,以使其更美观。

4. 底部版权栏的制作

底部区域包含了底部导航和版权信息两部分内容,底部导航主要是为了方便浏览者在过长的内容页面中浏览到底部时可以快速进行二级页面的切换。其实现和顶部导航相似。

14.2.4　二级页面的制作

按照逻辑结构来分,网站首页被视为网站结构中的第一级,与其有从属关系的页面则为网站结构中的第二级,一般称其为二级页面。二级页面的内容应该和一级页面存在从属关系。例如,一个叫"课程讨论"的二级页面上所列的文章内容都应该是跟"课程讨论"这个主题相关的。二级页面在经过合理优化后带来的用户又可以通过二级页面本身的内容、导航分流引导到其他版块的二级页或者首页(也称为一级页),最终形成网站的链接结构。

班级新闻二级页是我们在主页上单击"班级新闻"后链接的页面,内容应该是新闻的列表,效果如图 14-14 所示。

任何一个网站的整体风格都是统一的,一级页、二级页和其他的页面会有一部分是相同的,因此可以把这些相同的内容做成一个文件,例如 Banner 和导航,每个页面都是一样的,可以做成一个 top.html 文件;在内容区域左侧,每个页面也都存在这部分,可以把这部分内容做成 left.html 文件;底部滚动信息栏和版权栏的每个页面也是相同的,可以把这部分内容做成 bottom.html 文件。做好这些文件之后,在做其他页面的时候就不需要再重新布局了,而是在动态页面中用 include 包含就可以了。使用 include 包含文件的方法更有利于网站的维护,例如导航栏要增加一个栏目,只需要修改 top.html 文件就可以了,而不用修改每个文件的导航,大大节省了技术成本。

班级新闻二级页和主页相比,顶部的 Banner 导航栏、底部的导航、版权栏都是一样的,不同的是内容区域。主页的内容区域是两列式排版,各列又使用 div 划分了不同的版块内容。

图 14-14　班级新闻二级页

而新闻二级页是简单的两列式排版，左侧为新闻列表区，右侧为新闻分类和热点新闻区。新闻主内容区域框架 HTML 代码如下：

```
<div id="mainContent">中间内容区域
    <div id="content_left">
        <div id="con_nweslist">新闻列表</div>
    </div>
    <div id="con_right">
        <div id="con_newscategory">新闻分类</div>
        <div id="con_hotnews">热点新闻</div>
    </div>
</div>
```

其中，左侧班级新闻的实现由于图文混排，为了保证其各条新闻的宽度、高度、间距的精确控制，该例中通过嵌套多个 div 层进行布局。部分代码如下：

```
<div id="con_newslist">
    <div class="row">
        <span class="news-title"><b><a href="#">专业基础教学部召开 2010 级学生专业分
流动员大会 </a></b></span>
        <p>理性地选择自己的专业方向？… </p>
    </div>
```

```
    <div class = "clear"></div>
  …
  </div>
```

在该代码中对每条新闻使用了一个子 div 层,并定义了名为 row 的 class 类的 CSS 样式用于控制单条新闻的排版,同时在其他新闻条目中可以直接引用这个选择符实现统一风格的控制。这部分 CSS 的样式定义主要从内、外边距及行高等方面进行控制。

```
.row{margin - bottom:20px;border - bottom:1px dashed #d7d7d7; padding - top:10px;
        padding - bottom:10px; line - height:22px;}
.row p{line - height:16px;margin:5px 0;}
```

对于其他版块的二级页,读者可参考以上页面自行设计,在制作二级页面时应当注意和首页的风格保持一致。

14.2.5　内容页面的制作

班级新闻二级页面仅显示每个新闻的标题,单击新闻标题进入到特定新闻的详细内容,该页面一般称为内容页面。内容页面的主导航、Banner、版权栏等仍和主页的布局风格相同,其他内容区域可以根据需要灵活布局。内容页面是主要展示新闻内容、新闻照片,提供浏览次数以及发表评论的地方。文字的修饰在 css 文件夹下的 style. css 里设置。新闻内容页如图 14-15 所示,由于此页面的代码比较简单,在此不再赘述。

图 14-15　班级新闻内容页面

视频讲解

14.3 网站的测试与发布

整个网站制作完成后，首先要在本地机器进行测试，然后上传到服务器。那么在本地浏览网站的时候需要在本地机器上建立虚拟目录进行浏览，在做这项工作之前首先要安装 IIS(Internet Information Services)服务器。

14.3.1 安装 IIS 服务器

(1) 在光驱中放入 Windows XP 安装光盘，打开控制面板，然后单击其中的"添加/删除程序"。

(2) 在"添加/删除程序"窗口左边单击"添加/删除 Windows 组件"。

(3) 稍等片刻，系统会启动 Windows 组件向导，选中"Internet 信息服务(IIS)"(见图 14-16)，然后单击"下一步"按钮完成安装。

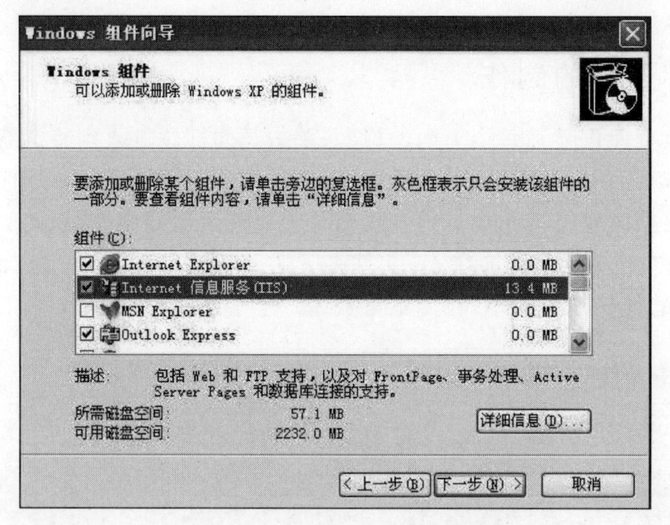

图 14-16 Windows 组件向导

14.3.2 建立虚拟目录

(1) 安装成功后，系统会自动在系统盘上新建网站目录，默认目录为 C:\Inetpub\wwwroot。

(2) 打开控制面板，单击"性能和维护→管理工具→Internet 信息服务"选项，打开"Internet 信息服务"窗口，如图 14-17 所示。

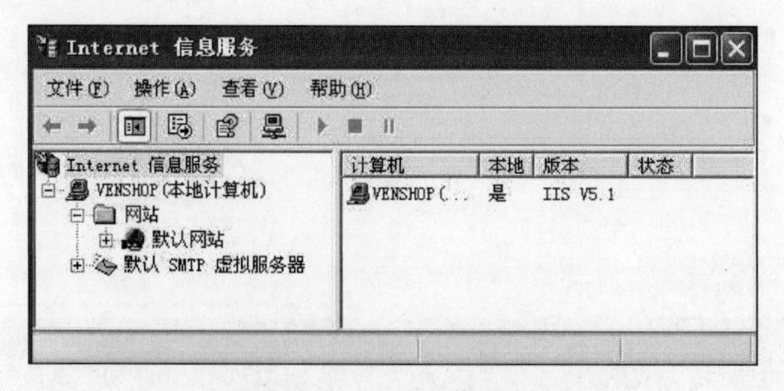

图 14-17 Internet 信息服务

(3) 在默认网站上右击,选择"属性"命令,弹出如图 14-18 所示的对话框。

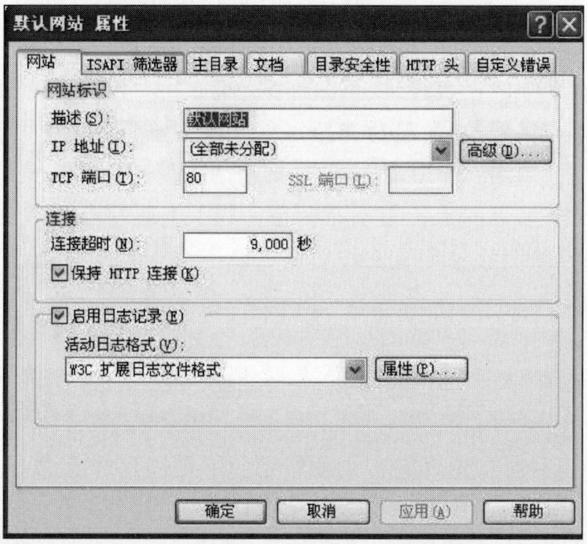

图 14-18　Internet 信息服务的网站属性

(4) 选择"主目录"选项卡,在本地路径输入框后单击"浏览"按钮可以更改网站所在的文件位置,默认目录为 C:\Inetpub\wwwroot。

在执行权限后面单击"配置→调试→脚本错误信息",选中"向客户端发送文本错误信息:处理 URL 时服务器出错,请与系统管理员联系"。

选择"文档"选项卡,可以设置网站的默认首页,推荐删除 iisstart. asp,添加 index. asp 和 index. htm。

选择"目录安全性"选项卡,单击"编辑"按钮可以对服务器访问权限进行设置。

(5) 把班级网站的压缩包复制到网站目录下,假设选择的目录为默认目录(C:\Inetpub\wwwroot)。

(6) 把 class. rar 解压之后的文件复制到 C:\Inetpub\wwwroot\class 下即可。

(7) 可以通过以下方式访问网站:

http://localhost/class/、http://127.0.0.1/class/

或

http://计算机名/class/

或

http://本机 IP 地址/class/

其他人可以通过 http://计算机名/class/或 http://本机 IP 地址/class/访问。

14.3.3　管理站点

当在本地测试好网站后就可以上传到服务器了,可以借助一些 FTP 的工具进行网站的上传。使用 FTP 工具上传文件速度较快,所以大家经常会用到它,也可使用 Dreamweaver 或 Frontpage 中的"发布站点"命令进行上传。当站点成功上传到服务器以后,一般要隔一段时间对站点的内容进行更新,或者是直接通过后台添加一些信息,保持网站内容的更新,定期检查网站的页面是否正常显示。

小　结

本章讲解了网站规则中的栏目设计、网页布局、网页基本元素设计、风格设计,并且以班级网站为例介绍了其设计与实现过程,最后介绍了网站的发布问题。一个网站从设计、开发、构建到投入使用要遵循以下顺序:合理规划站点→定义网站开发标准→按要求进行设计→构建本地站点→站点的测试→站点的上传与发布。在完成了本地站点所有页面的设计之后必须经过必要的测试工作,当网站能够稳定地工作后就可以将站点上传到 Web 服务器上成为真正的站点。

习　题

浏览以下几个网站,对所浏览网站首页的特色和不足进行赏析说明。主要从页面布局、色彩搭配、导航、图片文字效果、用户友好性等几个方面分析。

(1) 太平洋电脑网:https://www.pconline.com.cn。

(2) 阿里巴巴:https://china.alibaba.com。

(3) 易趣网:https://www.ebay.com.cn。

(4) 新东方教育:https://www.neworiental.org。

(5) 携程旅游网:https://www.ctrip.com。

(6) 淘宝网:https://www.taobao.com。

质检5